高等院校机械设计制造及其自动化专业系列规划教材

机械制造基础(上册)——
工程材料及热加工工艺基础(第2版)

主　编　侯书林　朱　海
副主编　徐　杨　陈　晖　凌　刚

内 容 简 介

本书是按照高等学校机械学科本科专业规范、培养方案和课程教学大纲的要求，组织富有多年教学经验的教学一线的骨干教师编写的。编写中根据教学需要主要介绍了以下两部分内容：工程材料及热加工工艺基础。其中，工程材料部分介绍了材料的种类与性能、金属的晶体结构与结晶、合金的相结构与二元合金相图、铁碳合金相图与碳钢、金属的塑性变形与再结晶、钢的热处理、合金钢、铸铁、有色金属及合金、其他工程材料、机械零件的失效分析与选材；热加工工艺基础部分介绍了铸造、锻压、焊接和毛坯的选择。共计 15 章，每章后面附有练习与思考。

本书注重学生获取知识、分析问题与解决工程技术问题能力的培养，注重学生工程素质与创新思维能力的培养。为此，本书的编写既体现现代制造技术、材料科学、现代信息技术的密切交叉与融合，又体现工程材料和制造技术的历史传承和发展趋势。

本书可作为高等工科院校、高等农林院校等机械类、近机类各专业的教材和参考书，也可供机械制造工程技术人员学习参考。

图书在版编目(CIP)数据

机械制造基础. 上册，工程材料及热加工工艺基础/侯书林，朱海主编. —2 版. —北京：北京大学出版社，2011.2

（高等院校机械设计制造及其自动化专业系列规划教材）

ISBN 978-7-301-18474-5

Ⅰ. ①机… Ⅱ. ①侯…②朱… Ⅲ. ①机械制造—高等学校—教材②工程材料—加工—高等学校—教材③热加工—工艺学—高等学校—教材 Ⅳ. ①TH②TB3③TG306

中国版本图书馆 CIP 数据核字(2011)第 010743 号

书　　　　名：	机械制造基础(上册)——工程材料及热加工工艺基础(第 2 版)
著作责任者：	侯书林　朱　海　主编
责 任 编 辑：	郭穗娟
标 准 书 号：	ISBN 978-7-301-18474-5/TH·0230
出　版　者：	北京大学出版社
地　　　　址：	北京市海淀区成府路 205 号　100871
网　　　　址：	http://www.pup.cn　http://www.pup6.com
电　　　　话：	邮购部 010-62752015　发行部 010-62750672　编辑部 010-62750667
电 子 邮 箱：	编辑部 pup6@pup.cn　总编室 zpup@pup.cn
印　刷　者：	北京虎彩文化传播有限公司
发　行　者：	北京大学出版社
经　销　者：	新华书店
	787mm×1092mm　16 开本　22 印张　510 千字
	2006 年 8 月第 1 版　2011 年 2 月第 2 版　2024 年 6 月第 13 次印刷
定　　　　价：	56.00 元

未经许可，不得以任何方式复制或抄袭本书之部分或全部内容。
版权所有　侵权必究　　举报电话：010-62752024
　　　　　　　　　　　　电子邮箱：fd@pup.cn

第 2 版前言

由北京大学出版社组织编写的《机械制造基础》(分上、下册)第 1 版于 2006 年 8 月出版,由于其优秀的编写和出版质量、内容涵盖面宽、适用专业面广的特色,使用效果很好,深受同行老师的首肯和学生们的厚爱,已印刷 3 次。这期间,本书第 1 版获 2008 年度中国林业教育系统优秀教材建设一等奖、北京大学出版社优秀教材建设奖和中国农业大学教学成果二等奖。

在第 2 版编写过程中也收到了多位同行老师对于优秀教材建设的建议和一些建设性的意见,编者结合学科建设的发展和新技术新工艺发展的需要,在第 1 版的基础上,对内容重新组织,主要体现了如下特点。

(1) 本次修订,以原教材稿为基础进行修改、完善和提高,并新编写了部分内容。

(2) 进一步提高编写质量,专业术语和插图进一步规范、完善,采用最新的国家标准,采用最新编排格式。

(3) 针对本书插图多的特点,改变传统使用二维图与示意图的单调表达方式,更多地采用三维图与彩图表达,增强教材的可读性、易读性。

(4) 考虑到适应面的扩大,增加应用数量,本书在内容的选择上比较宽泛,使其尽可能满足不同学校层次、学科及学时教学内容的需要。

第 2 版包括内容如下。

第 1 章　材料的种类与性能

第 2 章　金属的晶体结构与结晶

第 3 章　合金的相结构与二元合金相图

第 4 章　铁碳合金相图与碳钢

第 5 章　金属的塑性变形与再结晶

第 6 章　钢的热处理

第 7 章　合金钢

第 8 章　铸铁

第 9 章　有色金属及合金

第 10 章　其他工程材料

第 11 章　机械零件的失效分析与选材

第 12 章　铸造

第 13 章　锻压

第 14 章　焊接

第 15 章　毛坯的选择

《机械制造基础》分为上、下两册,上册副标题为《工程材料及热加工工艺基础》,介绍了机械工程材料和零件毛坯的成形方法；下册副标题为《机械加工工艺基础》，介绍了机械加工工艺基础。上册的编写人员为东北林业大学朱海、陈晖、张云鹤，中国农业大学侯书林、徐杨、凌刚、简建明，华北水利水电学院侯艳君，河南南阳理工学院马世榜，解放军军械工程学院许宝才。本书由侯书林、朱海负责组织编写并任主编，徐杨、陈晖、凌刚任副主编。

  在本书的编写过程中，吸收了许多教师对编写工作的宝贵意见，在此表示由衷的谢意。同时也参考了许多文献，在此对有关出版社和作者表示衷心感谢。

  由于编者水平有限，书中不妥之处在所难免，敬请广大读者批评指正。

编　者

2010 年 12 月

目 录

第1章 材料的种类与性能 1
1.1 材料的种类 2
- 1.1.1 金属材料 2
- 1.1.2 高分子材料 3
- 1.1.3 陶瓷材料 3
- 1.1.4 复合材料 3

1.2 材料的性能 4
- 1.2.1 力学性能 4
- 1.2.2 物理、化学性能 10
- 1.2.3 工艺性能 11

小结 11
练习与思考 11

第2章 金属的晶体结构与结晶 12
2.1 金属的晶体结构 13
- 2.1.1 晶体基础 13
- 2.1.2 常见的金属晶体结构 18

2.2 金属的实际晶体结构 19
- 2.2.1 多晶体结构和亚结构 19
- 2.2.2 实际金属晶体缺陷 20

2.3 纯金属的结晶与铸锭 21
- 2.3.1 纯金属的结晶 21
- 2.3.2 细化铸态金属晶粒的措施 26
- 2.3.3 金属的同素异构转变 28
- 2.3.4 金属的铸锭组织 29
- 2.3.5 定向凝固和连铸技术以及单晶的制取 30

小结 32
练习与思考 32

第3章 合金的相结构与二元合金相图 33
3.1 合金的相结构 34
- 3.1.1 基本概念 34
- 3.1.2 固态合金的相结构 35

3.2 二元合金相图 37
- 3.2.1 相图的概念 37
- 3.2.2 匀晶相图 38
- 3.2.3 共晶相图 40
- 3.2.4 其他相图 44
- 3.2.5 二元合金相图的分析步骤 46
- 3.2.6 相图与性能的关系 47

小结 48
练习与思考 49

第4章 铁碳合金相图与碳钢 50
4.1 铁碳合金相图 51
- 4.1.1 铁碳合金的基本相及组织 51
- 4.1.2 铁碳合金相图分析 52
- 4.1.3 铁碳合金的成分、组织和性能的变化规律 59
- 4.1.4 铁碳合金相图的应用 61

4.2 碳素钢 62
- 4.2.1 碳钢中的常存杂质及其对性能的影响 62
- 4.2.2 碳钢的分类 63
- 4.2.3 碳钢的牌号、性能及用途 63

小结 68
练习与思考 69

第5章 金属的塑性变形与再结晶 70
5.1 金属的塑性变形 71
- 5.1.1 金属单晶体的塑性变形 71
- 5.1.2 金属多晶体的塑性变形 73
- 5.1.3 塑性变形对合金组织和性能的影响 73

5.2 变形金属在加热时组织和性能的变化 75

5.3 金属的强化机制 76
- 5.3.1 固溶强化 76
- 5.3.2 第二相强化 78

5.3.3	细晶强化	81
5.3.4	形变强化	82

小结 83
练习与思考 84

第6章 钢的热处理 85

6.1 钢的热处理原理 86
    6.1.1 钢在加热时的转变 87
    6.1.2 钢在冷却时的转变 89
6.2 钢的普通热处理 98
    6.2.1 钢的退火和正火 98
    6.2.2 钢的淬火 101
    6.2.3 钢的回火 106
6.3 钢的表面热处理 108
    6.3.1 钢的表面淬火 108
    6.3.2 化学热处理 110
6.4 钢的其他热处理 113
    6.4.1 真空热处理 113
    6.4.2 形变热处理 114
    6.4.3 热喷涂 114
    6.4.4 气相沉积 115
6.5 热处理的结构工艺性 116
    6.5.1 尽量避免尖角、棱角、
          减少台阶 116
    6.5.2 零件外形应尽量简单，
          避免厚薄悬殊的截面 116
    6.5.3 尽量采用对称结构 116
    6.5.4 尽量采用封闭结构 117
    6.5.5 尽量采用组合结构 117
    6.5.6 便于加热冷却时装夹、
          吊挂 117

小结 117
练习与思考 118

第7章 合金钢 121

7.1 合金元素在钢中的作用 122
    7.1.1 合金元素对钢中基本相的
          影响 122
    7.1.2 合金元素对铁碳相图的影响 ...123
    7.1.3 合金元素对钢热处理的影响 ...123
7.2 合金钢分类和牌号 125
    7.2.1 合金钢的分类 126
    7.2.2 合金钢的编号 126
7.3 合金结构钢 127
    7.3.1 低合金结构钢 127
    7.3.2 合金渗碳钢 128
    7.3.3 合金调质钢 132
    7.3.4 合金弹簧钢 135
    7.3.5 滚动轴承钢 138
7.4 合金工具钢 140
    7.4.1 合金刃具钢 140
    7.4.2 合金模具钢 145
    7.4.3 合金量具钢 147
7.5 特殊性能钢 149
    7.5.1 不锈钢 149
    7.5.2 耐热钢 153
    7.5.3 耐磨钢 155

小结 157
练习与思考 157

第8章 铸铁 159

8.1 铸铁的石墨化及分类 160
    8.1.1 铸铁的石墨化 160
    8.1.2 铸铁的分类 162
8.2 常用铸铁 162
    8.2.1 普通灰铸铁 162
    8.2.2 球墨铸铁 165
    8.2.3 可锻铸铁 167
    8.2.4 蠕墨铸铁 169
8.3 合金铸铁 170
    8.3.1 耐磨铸铁 170
    8.3.2 耐热铸铁 170
    8.3.3 耐蚀铸铁 171

小结 172
练习与思考 172

第9章 有色金属及合金 174

9.1 铝及铝合金 175
    9.1.1 工业纯铝 175
    9.1.2 铝合金 175
    9.1.3 常用铝合金 176
9.2 铜及铜合金 179

目 录

  9.2.1 工业纯铜 179
  9.2.2 黄铜 180
  9.2.3 青铜 182
 9.3 滑动轴承合金 184
  9.3.1 轴承合金的性能要求和
     组织特征 184
  9.3.2 轴承合金的分类及牌号 ...185
 小结 186
 练习与思考 187

第 10 章 其他工程材料 188

 10.1 塑料 189
  10.1.1 塑料的组成 189
  10.1.2 塑料的分类 189
  10.1.3 塑料的成形方法 190
  10.1.4 塑料的性能 190
  10.1.5 常用工程塑料 190
 10.2 橡胶 193
  10.2.1 橡胶的组成 193
  10.2.2 橡胶的种类 193
 10.3 陶瓷 195
  10.3.1 陶瓷材料制作工艺 ...195
  10.3.2 陶瓷材料的显微结构及
      性能 196
  10.3.3 常用工业陶瓷及其应用 ...197
 10.4 复合材料 199
  10.4.1 复合材料的分类 199
  10.4.2 复合材料的性能特点 ...199
  10.4.3 复合材料简介 200
 10.5 新型工程材料简介 202
  10.5.1 纳米材料 202
  10.5.2 超导材料 203
  10.5.3 储氢材料 204
  10.5.4 超硬材料 204
  10.5.5 光纤材料 205
  10.5.6 隐身材料 205
  10.5.7 压电材料 206
  10.5.8 非晶合金 207
  10.5.9 形状记忆合金 207
 小结 208
 练习与思考 208

第 11 章 机械零件的失效分析与选材 210

 11.1 机械零件的失效分析 211
  11.1.1 零件的失效形式 211
  11.1.2 零件失效的原因 213
  11.1.3 失效分析的步骤、方法 213
 11.2 选材的一般原则 214
  11.2.1 失效形式分析 214
  11.2.2 材料的工艺性能原则 ...215
  11.2.3 材料的经济性原则 ...215
 11.3 典型零件的选材与工艺 ...216
  11.3.1 提高疲劳强度与耐磨性的
      选材与工艺 216
  11.3.2 齿轮类与轴类零件的
      选材与工艺 217
 小结 221
 练习与思考 222

第 12 章 铸造 223

 12.1 铸造工艺基础 224
  12.1.1 合金的流动性及充型能力 ...224
  12.1.2 铸件的凝固方式 226
  12.1.3 铸造合金的收缩 227
  12.1.4 铸造应力 230
  12.1.5 铸件的变形 231
  12.1.6 铸件的裂纹 232
  12.1.7 铸件的常见缺陷 232
 12.2 砂型铸造 234
  12.2.1 造型材料 234
  12.2.2 砂型铸造造型方法 ...235
  12.2.3 铸造工艺设计 238
 12.3 特种铸造 243
  12.3.1 熔模铸造(失蜡铸造) ...244
  12.3.2 金属型铸造 245
  12.3.3 压力铸造 247
  12.3.4 低压铸造 248
  12.3.5 离心铸造 248
 12.4 铸件结构设计 249
  12.4.1 铸造工艺对铸件结构设计的
      要求 249

12.4.2 合金铸造性能对铸件结构设计的要求 252
12.4.3 不同铸造方法对铸件结构的要求 255
12.5 铸造新技术与发展趋势 257
　12.5.1 造型技术的发展 257
　12.5.2 快速原型制造技术 258
　12.5.3 计算机在铸造中的应用 258
小结 259
练习与思考 259

第 13 章　锻压 262

13.1 锻压加工工艺基础 264
　13.1.1 金属的热加工和冷加工 264
　13.1.2 金属的锻造性能 265
　13.1.3 锻造比及流线组织 267
　13.1.4 金属的塑性变形规律 268
13.2 常用锻造方法 269
　13.2.1 自由锻 269
　13.2.2 模锻 272
13.3 板料冲压 281
　13.3.1 板料冲压特点及应用 281
　13.3.2 冲裁 281
　13.3.3 拉伸 283
　13.3.4 弯曲 285
　13.3.5 成形 286
　13.3.6 板料冲压件的结构工艺性 287
13.4 现代塑性加工与发展趋势 289
　13.4.1 精密模锻 289
　13.4.2 挤压 290
　13.4.3 轧制成形 291
　13.4.4 超塑性变形 292
　13.4.5 塑性加工发展趋势 293
小结 294
练习与思考 295

第 14 章　焊接 297

14.1 焊接工程理论基础 298
　14.1.1 熔焊冶金过程 298
　14.1.2 焊接接头组织和性能 299
　14.1.3 焊接应力与变形 301
14.2 常用焊接方法 304
　14.2.1 手工电弧焊 304
　14.2.2 埋弧自动焊 307
　14.2.3 气体保护焊 309
　14.2.4 压焊与钎焊 311
14.3 常用金属材料的焊接 315
　14.3.1 金属材料的焊接性 315
　14.3.2 碳钢及低合金结构钢的焊接 317
　14.3.3 不锈钢的焊接 318
　14.3.4 铸铁的焊补 318
　14.3.5 非铁金属的焊接 319
14.4 焊接结构工艺性 320
　14.4.1 焊接结构的材料选择 320
　14.4.2 焊接方法的选择 321
　14.4.3 焊接接头的工艺设计 321
14.5 现代焊接技术与发展趋势 324
　14.5.1 等离子弧焊接与切割 325
　14.5.2 电子束焊接 326
　14.5.3 激光焊接 327
　14.5.4 扩散焊接 328
　14.5.5 焊接技术的发展趋势 328
小结 329
练习与思考 329

第 15 章　毛坯的选择 331

15.1 毛坯的选择原则 332
　15.1.1 毛坯的种类及成形方法的比较 332
　15.1.2 毛坯的选择原则 334
15.2 零件的结构分析及毛坯选择 335
　15.2.1 轴杆类零件 335
　15.2.2 盘套类零件 336
　15.2.3 机架、壳体类零件 337
15.3 毛坯选择实例 338
小结 340
练习与思考 340

参考文献 341

第 1 章

材料的种类与性能

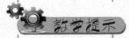

工程上所用的各种金属材料、非金属材料和复合材料统称为工程材料。迄今为止，人类发现和使用的材料种类繁多。为了便于材料的生产、应用与管理，也为了便于材料的研究与开发，有必要对材料进行分类并研究其性能。

教学要求

本章让学生了解工程材料的分类、性能及测试方法。重点让学生了解工程材料的力学性能指标和测试方法，以及各个指标的物理意义。设计零件和材料选择时要考虑零件的工作环境，根据承受的载荷情况重点考虑某些力学性能指标。

1.1 材料的种类

人类生活、生产的过程是使用材料和将材料加工成成品的过程。材料使用的能力和水平标志着人类的文明和进步程度。人类发展的历史时代按人类对材料的使用分为石器时代、青铜器时代、铁器时代等。在当今社会，能源、信息和材料已成为现代化技术的三大支柱，而能源和信息的发展又依托于材料。因此，世界各国都把材料的研究、开发放在突出的地位。

为了便于材料的生产、应用与管理，也为了便于材料的研究与开发，有必要对材料进行分类。由于材料的种类繁多，用途甚广，因此分类的方法也很多。

按材料的用途可分为建筑材料、电工材料、结构材料等；按材料的结晶状态可分为单晶体材料、多晶体材料及非晶体材料；按材料的物理性能及物理效应可分为半导体材料、磁性材料、激光材料(这类材料能受激辐射而发出方向恒定、波长范围窄、颜色单纯的激光，如红宝石、钇铝石榴石、含钕玻璃等)、热电材料(在温度作用下产生热电效应，由热能直接转变为电能或由电能转变为热能，可用于制造引燃、引爆器件)、光电材料(利用光电效应，可将光能直接转变成电能，如用硅、硫化镉等光电材料制作的太阳能电池)等。

值得指出的是，在工程上通常按材料的化学成分、结合键的特点将工程材料分为金属材料、高分子材料、陶瓷材料及复合材料等几大类。

1.1.1 金属材料

金属材料是以过渡族金属为基础的纯金属及其含有金属、半金属或非金属的合金。由于金属材料具有良好的力学性能、物理性能、化学性能及工艺性能，能采用比较简便和经济的加工方法制成零件，因此金属材料是目前应用最广泛的材料。工业上通常把金属材料分为两大类：一类是黑色金属，它是指铁、锰、铬及其合金，其中以铁为基的合金——钢和铸铁应用最广，占整个结构和工具材料的80%以上；另一类是有色金属，它是指黑色金属以外的所有金属及其合金。

这两类材料还可进一步细分为图 1.1 所示的系列。

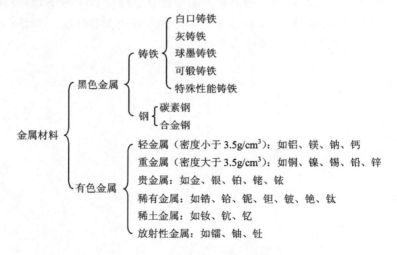

图 1.1 不同系列的金属材料

1.1.2 高分子材料

高分子材料是指分子量很大的化合物，它们的分子量可达几千甚至几百万以上。高分子材料包括塑料、橡胶等。因其原料丰富，成本低，加工方便等优点，发展极其迅速，目前在工业上得到广泛应用，并将越来越多地被采用，这类材料大体可细分为图1.2所示系列。

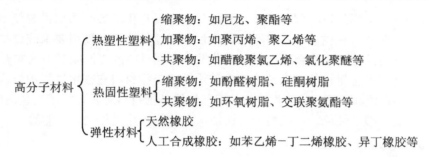

图 1.2 不同系列的高分子材料

1.1.3 陶瓷材料

所谓陶瓷是指以天然硅酸盐(黏土、石英、长石等)或人工合成化合物(氮化物、氧化物、碳化物等)为原料，经粉碎、配制、成形和高温烧结而成的无机非金属材料。

陶瓷材料可以根据原料来源、化学组成、性能特点或用途等不同方法进行分类。一般归纳为工程陶瓷和功能陶瓷两大类。

(1) 按原料来源分类。

① 普通陶瓷。又称为传统陶瓷，是以天然的硅酸盐矿物为原料(黏土、石英、长石等)，经粉碎、成形和烧结等过程制成。主要用于日用品、建筑、卫生以及工业上的低压和高压电瓷、耐酸和过滤制品等。

② 特种陶瓷。又称现代陶瓷，是采用纯度较高的人工合成化合物为原料(氮化物、氧化物、碳化物等)，用与普通陶瓷类似的加工工艺制成新型陶瓷，这种陶瓷一般具有各种独特的物理、化学性能或力学性能，主要用于化工、冶金、机械、电子、能源和某些新技术领域中。

(2) 按化学成分分类。如氧化物陶瓷、氮化物陶瓷、碳化物陶瓷及几种元素化合物复合的陶瓷(如氧氮化硅铝陶瓷等)。

(3) 按性能分类。有高强度陶瓷、耐磨陶瓷、高温陶瓷、耐酸陶瓷、压电陶瓷、光学陶瓷等。

(4) 按用途分类。按用途可分为日用陶瓷、建筑陶瓷、电器绝缘陶瓷、化工耐腐蚀陶瓷，以及保温隔热用的多孔陶瓷和过滤用陶瓷等。

1.1.4 复合材料

采用两种或多种物理和化学性能不同的材料，制成一种多相固体材料，称为复合材料。复合材料是由基体材料(树脂、金属、陶瓷)和增强剂(颗粒、纤维、晶须)复合而成的。它既保持所组成材料的各自特性，又具有组成后的新特性，且它的力学性能和功能可以根据使用需要进行设计、制造，所以自1940年玻璃钢问世以来，复合材料的应用领域在迅速扩大，品种、数量和质量有了飞速发展。目前已经能够应用的复合材料有纤维增强材料、树脂基复合材料、碳硅复合材料、金属基复合材料、陶瓷基复合材料、夹层结构复合材料等。

1.2 材料的性能

在机械制造、交通运输、国防工业、石油化工和日常生活各个领域需要使用大量的工程材料。生产实践中，往往由于选材不当造成设备或器件达不到使用要求或过早失效，因此了解和熟悉材料的性能成为合理选材、充分发挥工程材料内在性能潜力的主要依据。

材料的性能包括使用性能和工艺性能。使用性能是指材料在使用过程中表现出来的性能，它包括力学性能和物理、化学性能等；工艺性能是指材料对各种加工工艺适应的能力，它包括铸造性能、锻造性能、焊接性能、切削加工性能和热处理工艺性能等。

1.2.1 力学性能

材料的力学性能是指材料在外力作用下所表现出的抵抗能力。由于载荷的形式不同，材料可表现出不同的力学性能，如强度、硬度、塑性、韧度、疲劳强度等。材料的力学性能是零件设计、材料选择及工艺评定的主要依据。

1. 强度

材料在外力作用下抵抗变形和断裂的能力称为材料的强度。根据外力的作用方式，材料的强度分为抗拉强度、抗压强度、抗弯强度和抗剪强度等。在使用中一般多以抗拉强度作为基本的强度指标，常简称为强度。强度单位为 $MPa(MN/m^2)$。

材料的强度、塑性是依据国家标准《金属材料室温拉伸试验方法》GB/T 228—2002 通过静拉伸试验测定的。它是把一定尺寸和形状的试样装夹在拉力试验机上，然后对试样逐渐施加拉伸载荷，直至把试样拉断为止，拉伸前后的试样如图 1.3 所示。标准试样的截面有圆形的和矩形的，圆形试样用的较多，圆形试样有长试样（$L_u=10d_0$）和短试样（$L_0=5d_0$）。一般拉伸试验机上都带有自动记录装置，可绘制出载荷(F)与试样伸长量(ΔL)之间的关系曲线，并据此可测定应力(R)-应变关系：$R=F/S$（S 为试样原始截面积），$\varepsilon=(L_u-L_0)/L_0(\%)$。图 1.4 为低碳钢的应力-应变曲线($R-\varepsilon$ 曲线)。研究表明低碳钢在外加载荷作用下的变形过程一般可分为 3 个阶段，即弹性变形、塑性变形和断裂。

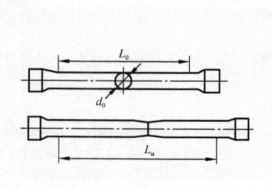

图 1.3 拉伸试样

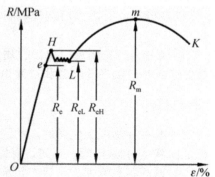

图 1.4 低碳钢的应力-应变曲线图

(1) 弹性极限。在图 1.4 中，Oe 段为弹性阶段，即去掉外力后，变形立即恢复。这种变形称为弹性变形，其应变值很小，e 点的应力 R_e 称为弹性极限。

在弹性变形范围内，应力与应变的比值称为材料的弹性模量 E(MPa)。弹性模量 E 是衡量材料产生弹性变形难易程度的指标，工程上常把它叫做材料的刚度。E 值越大，则使其产生一定量弹性变形的应力也越大，亦即材料的刚度越大，说明材料抵抗产生弹性变形的能力越强，越不容易产生弹性变形。

(2) 上屈服强度 R_{eH}。试样发生屈服而力首次下降前的最高应力。

$$R_{eH} = \frac{F_{eH}}{S_0} \text{ (MPa)}$$

式中：R_{eH}——试样发生屈服而力首次下降前的最高应力，N；
  S_0——试样的原始横断面积，mm^2；

(3) 下屈服强度 R_{eL} 在屈服期间，不计初始瞬时效应时的最低应力。

$$R_{eL} = \frac{F_{eL}}{S_0} \text{ (MPa)}$$

式中：F_{eL}——在屈服期间，不计初始瞬时效应时的最低应力，N。

上屈服强度对微小应力集中、试样偏心和其他因素很敏感，试验结果相当分散，因此，常取下屈服强度作为设计计算的依据。对大多数零件而言，塑形变形就意味着零件的丧失了对尺寸和公差的控制。工程中常根据屈服强度确定材料的许用应力。

很多金属材料，如高碳钢、大多数合金钢、铜合金以及铝合金的拉伸曲线不出现平台。脆性材料如普通铸铁、镁合金等，甚至断裂前也不发生塑性变形。因此工程上规定当拉伸试样的非比例延伸率或者发生某以微量塑性变形等于规定(例如，0.2%)的应力作为该材料的屈服强度。

(4) 规定非比例延伸强度 R_p

非比例延伸率等于规定的引申计标距百分率时(例如：ε_p)，对应的应力称为规定非比例延伸强度，用 R_p 表示。使用该符号时应附以下脚标说明所规定的百分率，例如，$R_{p0.2}$ 表示规定非比例延伸率 ε_p 为 0.2%时的应力。

(5) 规定残余延伸强度 R_r。卸除应力后残余延伸率等于规定的引伸计标距百分率时(例如：ε_r)，对应的应力为称为残余延伸强度，规定残余延伸强度的符号为 R_r，使用该符号时应附以下脚标说明所规定的百分率，例如，$R_{r0.2}$ 表示规定残余延伸率 ε_r 为 0.2%时的应力。

(6) 抗拉强度 R_m 材料在拉断前所能承受的最大拉应力值，用符号 R_m 表示。

$$R_m = \frac{F_m}{S_0} \text{ (MPa)}$$

式中：F_m——试样断裂前所承受的最大载荷，N。

机械零件在工作中一般不允许产生塑性变形，所以屈服强度是工程技术上重要的力学性能指标之一，也是大多数机械零件选材和设计的依据。

2. 塑性

材料在载荷作用下，产生塑性变形而不被破坏的能力称为塑性。可以用延伸率和断面收缩率来表示。

1) 断后伸长率

在拉伸试验中,试样拉断后,标距的残余伸长与原始标距的百分比称为延伸率。用符号 A 表示。A 可用下式计算:

$$A = \frac{L_u - L_0}{L_0} \times 100\%$$

式中:L_u——试样拉断后的标距,mm;

L_0——为试样的原始标距,mm;

由于拉伸试样分为长拉伸试样和短拉伸试样,使用长拉伸试样测定的延伸率用符号 $A_{11.3}$ 表示;使用短拉伸试样测定的延伸率采用 A_5 表示,通常写成 A。对于比例试样若原始标距 $L_0 \neq 5.65\sqrt{S_0}$(S_0 试样的原始横断面积,mm^2),符号 A 应附以下标说明比例系数,例如,$L_0 = 11.3\sqrt{S_0}$ 时,延伸率为 $A_{11.3}$。同一种材料的延伸率 $A_{11.3}$ 和 A 在数值上是不相等的,因而不能直接用 $A_{11.3}$ 和 A 进行比较。一般短拉伸试样的 A 值大于长试样 $A_{11.3}$。

2) 断面收缩率

试样拉断后,缩颈处横截面积的最大缩减量与原横截面积的百分比称为断面收缩率,用符号 Z 表示。

$$Z = \frac{S_0 - S_u}{S_0} \times 100\%$$

式中:S_u——试样拉断后缩颈处最小横截面积,mm^2;

S_0——试样的原始横断面积,mm^2;

断面收缩率不受试样尺寸的影响,因此能更好地反映材料的塑形。

金属材料塑性的好坏,对零件的加工与使用都有十分重要的意义。塑性好的材料不但容易进行轧制、锻压、冲压等,而且所制成的零件在使用时,万一超载,也能通过塑性变形而避免突然断裂。因此,大多数机器零件除满足强度要求以外,还必须具有一定的塑性,这样工作时才能更可靠。

金属材料的断后伸长率(A)和断面收缩率(Z)数值越大,表示材料的塑性越好。塑性好的金属可以发生大量塑性变形而不破坏,便于通过各种压力加工获得复杂形状的零件。铜、铝、铁的塑性很好,如工业纯铁的 A 可达 80%,可以拉成细丝,轧成薄板,进行深冲成型。灰铸铁塑性很差,A 几乎为零,不能进行塑性变形加工。塑性好的材料,在受力过大时,由于首先产生塑性变形而不致发生突然断裂,因此比较安全。

目前金属材料室温拉伸试验方法采用 GB/T228—2002 新标准,原有的金属材料力学性能数据是采用 GB/T228—1987 旧标准进行测定和标注的。本书除了在新标准中没有规定的符号依然延用旧标准,其他符号采用了新标准。关于新、旧标准名词和符号对照参见表1-1。

表1-1 金属材料强度与塑性的新旧标准对照表

新标准(GB/T 228—2002)		旧标准(GB/T 228—1987)	
性能名称	符号	性能名称	符号
断面收缩率	Z	断面收缩率	ψ
断后伸长率	A	断后伸长率	δ_5
	$A_{11.3}$		δ_{10}
	A_{xmm}		δ_{xmm}

续表

新标准(GB/T 228—2002)		旧标准(GB/T 228—1987)	
性能名称	符号	性能名称	符号
断裂总伸长率	A_t	—	—
最大力总伸长率	A_{gt}	最大力下的总伸长率	δ_{gt}
屈服点延伸率	A_e	屈服点延伸率	δ_s
屈服强度	—	屈服点	σ_s
上屈服强度	R_{eH}	上屈服点	σ_{sU}
下屈服强度	R_{eL}	下屈服点	σ_{sL}
规定总延伸强度	R_t 例如 $R_{t0.5}$	规定总伸长应力	σ_t 例如 $\sigma_{t0.5}$
规定残余延伸强度	R_r 例如 $R_{r0.2}$	规定残余伸长应力	σ_r 例如 $\sigma_{r0.2}$
抗拉强度	R_m	抗拉强度	σ_b

3. 硬度

材料抵抗更硬物体压入的能力称为硬度，常用的硬度指标有布氏硬度、洛氏硬度等。

(1) 布氏硬度。图1.5为布氏硬度测试原理图。一定直径的硬质合金球在一定载荷作用下压入试样表面，保持一定的时间后卸载，量出压痕直径，由此计算出压痕球冠面积 A_R，求出单位面积所受的力，即为材料的硬度。显然，材料越软，压痕直径越大，布氏硬度越低；反之，布氏硬度越高。布氏硬度值用符号 HBW 来表示，其计算公式为：

$$HBW = 0.102 \frac{P}{\pi D h} = \frac{2P}{\pi D(D - \sqrt{D^2 - d^2})}$$

式中：P——荷载，N；

D——球体直径，mm；

h——压痕深度，mm；

d——压痕平均直径，mm。

布氏硬度的完整表示方法为：硬度数值＋HBW＋硬质合金球直径(mm)+试验力+试验力保持时间。HBW 符号前的数字为硬度值，符号后的数字依次表示球体直径、载荷大小及载荷保持时间等试验1条件。

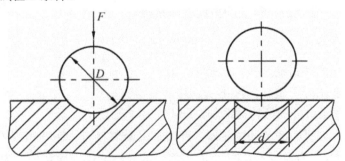

图 1.5 布氏硬度测试原理

(2) 洛氏硬度。洛氏硬度也是以规定的载荷，将坚硬的压头垂直压向被测金属来测定硬度的。它由压痕深度计算硬度。实际测试时，直接从刻度盘上读值。

为了适应不同材料的硬度测试，采用不同的压头与载荷组合成几种不同的洛氏硬度标尺，每一种标尺用一个字母在洛氏硬度符号后注明，如 HRA、HRB、HRC 等，几种常用洛氏硬度级别试验规范及应用范围见表 1-2。

表 1-2 常用洛氏硬度的级别及其应用范围

洛氏硬度	压头	总载荷/N	测量范围	适用材料
HRA	120°金刚石圆锥体	588.4	20~88	硬质合金材料、表面淬火钢等
HRB	ϕ 1.588mm 淬火钢球	980.7	20~100	软钢、退火钢、铜合金等
HRC	120°金刚石圆锥体	1471.1	20~70	淬火钢、调质钢等

洛氏硬度试验测试方便，操作简捷；试验压痕较小，可测量成品件；测试硬度值范围宽，采用不同标尺可测定各种软硬不同和厚薄不同的材料，但应注意，不同级别的硬度值之间无可比性。由于压痕较小，测试值的重复性差，必须进行多点测试，取平均值作为材料的硬度。

洛氏硬度试验是由美国洛克威尔(S.P.Rockwell 和 H.M.Rockwell)于 1919 年提出的。

4. 冲击韧度

以很大速度作用于机件上的载荷称为冲击载荷，许多机器零件和工具在工作过程中往往受到冲击载荷的作用，如蒸汽锤的锤杆、冲床上的一些部件、柴油机曲轴、飞机的起落架等。瞬时冲击的破坏作用远远大于静载荷的破坏作用，所以在设计受冲击载荷件时还要考虑抗冲击性能。材料在冲击载荷作用下抵抗变形和断裂的能力称为冲击韧度 α_K，常采用一次冲击试验来测量。

一次冲击试验通常是在摆锤式冲击试验机上进行的。试验时将带有缺口的试样放在试验机两支座上[图 1.6(a)]，将质量为 m 的摆锤抬到 H 高度[图 1.6(b)]，使摆锤具有的势能为 mHg（g 为重力加速度）。然后让摆锤由此高度下落将试样冲断，并向另一方向升高到 h 的高度，这时摆锤具有的势能为 mhg。因而冲击试样消耗的能量(即冲击功 A_K)为

$$A_K = m(H-h)g$$

在试验时，冲击功 A_K 值可以从试验机的刻度盘上直接读得。标准试样断口处单位横截面所消耗的冲击功，即代表材料的冲击韧度的指标。

$$\alpha_K = \frac{A_K}{S_0}$$

式中：α_K——试样的冲击韧度值，J/cm^2；

A_K——冲断试样所消耗的冲击功，J；

S_0——试样断口处的原始截面积，cm^2。

α_K 的值越大，材料的冲击韧度越好。冲击韧度是对材料一次冲击破坏测得的。在实际应用中许多受冲击件，往往是受到较小冲击能量的多次冲击而破坏的，它受很多因素的影响。由于冲击韧度的影响因素较多，α_K 值仅作设计时的选材参考。

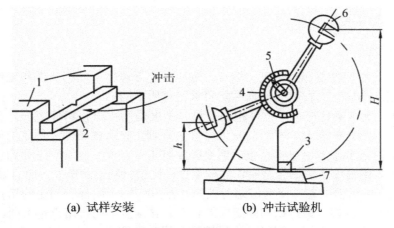

(a) 试样安装　　　(b) 冲击试验机

图 1.6　冲击韧度试验原理示意

1、7—支座　2、3—试样　4—刻度盘　5—指针　6—摆锤

5. 疲劳强度

许多机械零件是在交变应力下工作的，如机床主轴、连杆、齿轮、弹簧、各种滚动轴承等。所谓交变应力是指零件所受应力的大小和方向随时间作周期性变化。例如，受力发生弯曲的轴，在转动时材料要反复受到拉应力和压应力，属于对称交变应力循环。零件在交变应力作用下，当交变应力值远低于材料的屈服强度时，经长时间运行后也会发生破坏，这种破坏称为疲劳破坏。疲劳破坏往往突然发生，无论是塑性材料还是脆性材料，断裂时都不产生明显的塑性变形，具有很大的危险性，常常造成事故。

材料抵抗疲劳破坏的能力由疲劳试验获得。通过疲劳试验，把被测材料承受交变应力与材料断裂前的应力循环次数的关系曲线称为疲劳曲线(图 1.7)。由图中可以看出，随着应力循环次数 N 的增大，材料所能承受的最大交变应力不断减小。材料能够承受无数次应力循环的最大应力称为疲劳强度。材料疲劳强度用 σ_r 表示，r 表示交变应力循环系数，对称应力循环时的疲劳强度用 σ_{-1} 表示。由于无数次应力循环难以实现，规定钢铁材料经受 10^7 次循环，有色金属经受 10^8 次循环时的应力值确定为 σ_{-1}。

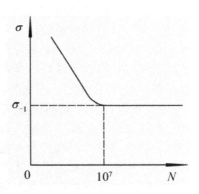

图 1.7　钢铁材料的疲劳曲线

一般认为，产生疲劳破坏的原因是材料的某些缺陷，如夹杂物，气孔等所致。交变应力下，缺陷处首先形成微小裂纹，裂纹逐步扩展，导致零件的受力截面减小，以致突然产生破坏。零件表面的机械加工刀痕和构件截面突然变化部位，均会产生应力集中。交变应力下，应力集中处易于产生显微裂纹，也是产生疲劳破坏的主要原因。

为了防止或减少零件的疲劳破坏，除应合理设计结构防止应力集中外，还要尽量减小零件表面粗糙度值，采取表面硬化处理等措施来提高材料的抗疲劳能力。

1.2.2 物理、化学性能

1. 物理性能

工程材料的物理性能包括密度、熔点、导热性、导电性、热膨胀性和磁性等,各种机械零件由于用途不同,对材料的物理性能要求也有所不同。

(1) 密度。表示某种材料单位体积的质量。密度是工程材料特性之一,工程上通常用密度来计算零件毛坯的质量。材料的密度直接关系到由它所制成的零件或构件的重量或紧凑程度,这点对于要求减轻机件自重的航空和宇航工业制件具有特别重要的意义。例如,飞机、火箭等。用密度小的铝合金制作同样零件,比钢材制造的零件重量可减轻 1/3~1/4。

(2) 熔点。材料由固态转变为液态时的熔化温度。纯金属都有固定的熔点,而合金的熔点取决于成分,例如,钢是铁和碳组成的合金,含碳量不同,熔点也不同。

根据熔点的不同,金属材料又分为低熔点金属和高熔点金属。熔点高的金属称为难熔金属(如 W、Mo、V 等),可用来制造耐高温零件,例如,喷气发动机的燃烧室需用高熔点合金来制造。熔点低的金属(Sn、Pb 等),可用来制造印刷铅字和电路上的熔丝等。对于热加工材料,熔点是制定热加工工艺的重要依据之一,例如,铸铁和铸铝熔点不同,它们的熔炼工艺有较大区别。

(3) 导热性。材料传导热量的能力。导热性能是工程上选择保温或热交换材料的重要依据之一,也是确定机件热处理保温时间的一个参数,如果热处理件所用材料的导热性差,则在加热或冷却时,表面与心部会产生较大的温差,造成不同程度的膨胀或收缩,导致机件破裂。一般来说,金属材料的导热性远高于非金属材料,而合金的导热性比纯金属差。例如,合金钢的导热性较差,当其进行锻造或热处理时,加热速度应慢一些,否则会形成较大的内应力而产生裂纹。

(4) 导电性。材料传导电流的能力。电导率是表示材料导电能力的性能指标。在金属中,以银的导电性为最好,其次是铜和铝,合金的导电性比纯金属差。导电性好的金属适于制作导电材料(纯铝、纯铜等);导电性差的材料适于制作电热元件。

(5) 热膨胀性。材料随温度变化体积发生膨胀或收缩的特性。一般材料都具有热胀和冷缩的特点。在工程实际中,许多场合要考虑热膨胀性。例如,相互配合的柴油机活塞和缸套之间间隙很小,既要允许活塞在缸套内往复运动又要保证气密性,这就要求活塞与缸套材料的热膨胀性要相近,才能避免两者卡住或漏气;铺设铁轨时,两根钢轨衔接处应留有一定空隙,让钢轨在长度方向有伸缩的余地;制定热加工工艺时,应考虑材料的热膨胀影响,尽量减小工件的变形和开裂等。

2. 化学性能

金属及合金的化学性能主要指它们在室温或高温时抵抗各种介质的化学侵蚀能力,主要有耐腐蚀性、抗氧化性和化学稳定性。

(1) 耐腐蚀性。金属材料在常温下抵抗氧、水蒸汽等化学介质腐蚀破坏作用的能力。腐蚀对金属的危害很大。

(2) 抗氧化性。几乎所有的金属能与空气中的氧作用形成氧化物,这称为氧化。如果氧化物膜结构致密(如 Al_2O_3),则可保护金属表层不再进行氧化,否则金属将受到破坏。

(3) 化学稳定性。金属材料的耐腐蚀性和抗氧化性的总称。在高温下工作的热能设备

(锅炉、汽轮机、喷气发动机等)上的零件应选择热稳定性好的材料制造；在海水、酸、碱等腐蚀环境中工作的零件，必须采用化学稳定性良好材料，例如，化工设备通常采用不锈钢来制造。

1.2.3 工艺性能

材料的工艺性能是物理、化学和力学性能的综合，指的是材料对各种加工工艺的适应能力，它包括铸造性能、锻压性能、焊接性能、切削加工性能和热处理性能。工艺性能的好坏直接影响零件的加工质量和生产成本，所以它也是选材和制定零件加工工艺必须考虑的因素之一。有关工艺性能的内容在后续章节会专门讨论。

小 结

在工程上通常按材料的化学成分、结合键的特点将工程材料分为金属材料、高分子材料、陶瓷材料及复合材料等几大类。

材料的力学性能是指材料在外力作用下所表现出的抵抗能力。由于载荷的形式不同，材料可表现出不同的力学性能，如强度、硬度、塑性、冲击韧度、疲劳强度等。

通过静拉伸试验可测得强度和塑性。硬度也是在静载荷作用下测试的，常用的有布氏硬度和洛氏硬度。冲击韧度在一次冲击载荷下测试。疲劳强度是在交变应力作用下测试的。

注意：金属材料的各力学性能之间有一定的联系。一般提高金属的强度、硬度往往会降低其塑性、韧性。反之提高塑性、韧性，则会削弱其强度。

另外，本章还简要介绍了材料的物理和化学性能等。

练习与思考

1. 简答题

(1) 根据化学成分、结合键的特点，工程材料是如何分类的？主要差异表现在哪里？

(2) 什么是材料的力学性能？力学性能主要包括哪些指标？

(3) 什么是强度？什么是塑性？衡量这两种性能的指标有哪些？各用什么符号表示？

(4) 什么是硬度？HBW、HRA、HRB、HRC 各代表用什么方法测出的硬度？各种硬度测试方法的特点有何不同？

(5) 什么是冲击韧度？

(6) 什么是疲劳破坏？为什么疲劳破坏对机械零件危害性较大？什么是疲劳强度？如何提高零件的疲劳强度？

(7) 简述各力学性能指标是在什么载荷作用下测试的。

(8) 用标准试样测得的材料的力学性能能否直接代表材料制成零件的力学性能？为什么？

2. 计算题

现有标准圆形长、短试样各一根，原始直径 d_0=10mm，经拉伸试验测得其伸长率 δ_5、δ_{10} 均为 25%，求两试样拉断时的标距长度。这两试样中哪一个塑性较好？为什么？

第 2 章

金属的晶体结构与结晶

金属的内部结构和组织状态是决定金属材料性能的一个重要因素。金属在固态下通常都是晶体,了解和掌握金属的晶体结构、结晶过程及其组织特点是零件设计时合理选材的根本依据。

本章让学生了解金属的晶体结构、晶体缺陷、纯金属的结晶与铸锭等。

第2章　金属的晶体结构与结晶

2.1 金属的晶体结构

2.1.1 晶体基础

1. 晶体与非晶体

一切物质都是由原子组成的，根据原子在物质内部排列的特征，固态物质可分为晶体与非晶体两类。

1) 晶体

所谓晶体是指原子在其内部沿三维空间呈周期性重复排列的一类物质。几乎所有金属、大部分的陶瓷以及部分聚合物在其凝固后具有晶体结构。晶体的主要特点有：

(1) 结构有序；

(2) 物理性质表现为各向异性；

(3) 有固定的熔点；

(4) 在一定的条件下有规则的几何外形。

2) 非晶体

所谓非晶体是指原子在其内部沿三维空间呈紊乱、无序排列的一类物质。如玻璃、松香、沥青、石蜡、木材、棉花等。虽然非晶体在整体上是无序的，但在很小的范围内原子排列还是有一定规律性的，所以原子的这种排列规律性又称"短程有序"；而晶体中的原子排列规律性又称"长程有序"。非晶体的主要特点有：

(1) 结构无序。

(2) 物理性质表现为各向同性。

(3) 没有固定的熔点。

(4) 导热率(导热系数)和热膨胀性小。

(5) 在相同应力作用下，非晶体的塑性变形大。

(6) 组成非晶体的化学成分变化范围大。

3) 晶体与非晶体的转化

非晶体的结构是短程有序，即在很小的尺寸范围内存在着有序性；而在晶体内部虽存在着长程有序结构，但在小范围内存在缺陷，即在很小的尺寸范围内存在着无序性，所以两种结构上存在有共同特点。物质在不同条件下，既可形成晶体结构，又可形成非晶体结构。如金属液体在高速冷却条件下($>10^7$℃/s)可以得到非晶体金属，而玻璃经适当热处理也可形成晶体玻璃。

有些物质可看成有序与无序的中间状态，如塑料、液晶、准晶等。

2. 晶体结构的概念

1) 晶格与晶胞

金属在固态下通常都是晶体，在自然界中包括金属在内的绝大多数固体都是晶体。晶体之所以具有这种规则的原子排列，主要是由于各原子之间相互吸引力和排斥力相平衡的结果。由于晶体内部原子排列的规律性，有时甚至可以见到某些物质的外形也具有规则的轮廓，如水晶、食盐、钻石、雪花等，而金属晶体一般看不到有这种规则的外形。将晶体中的原子(或离子、分子)看作为固定的刚球，那么晶体就由这些刚球有规则地堆垛而成，如图2.1(a)所示，原子堆垛模型尽管直观，但是不便于看清晶体内部的质点排列规律。为此，可将晶体的内部结构抽象为无数个点子按一定方式在空间作有规则的周期性分布。这些点子可以是原子或离子本身的位置，也可以是彼此相同的原子群或离子群中心。这些点子的总体就称为空间点阵或布喇菲点阵，点子则称为阵点或结点。为观察阵点的分布，常用许多假想的平行直线将阵点联结起来，形成的空间网络称为空间格子，也称晶格，如图2.1(b)所示。空间点阵或空间格子的主要特征是每个阵点周围空间的环境相同。

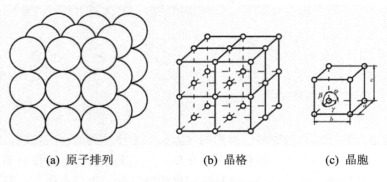

(a) 原子排列　　　　　(b) 晶格　　　　　(c) 晶胞

图 2.1　晶体的结构

晶格所包含的原子数量相当多，不便于研究分析，将能够代表原子排列规律的最小单元体划分出来，这种最小的单元体称为晶胞，如图2.1(c)所示。晶胞的大小和形状常以晶胞的棱边长度 a、b、c 和棱边间夹角 α、β、γ 来表示，其中 a、b、c 称作晶格常数。通过分析晶胞的结构可以了解金属的原子排列规律，判断金属的某些性能。

空间点阵的阵点有多少种排列方式？法国晶体学家布喇菲(A.Bravals)用数学方法证明了在"每个阵点周围环境相同"的要求下，阵点只能有14种排列方式，即只能有14种空间点阵(图2.2)，其中7种点阵的晶胞仅在平行六面体的角顶上有阵点，此时的晶胞称简单晶胞。简单晶胞每个角顶的阵点为8个相邻的晶胞所共有，因而每个简单晶胞只包含1个阵点(即 $\frac{1}{8} \times 8 = 1$)。其余7种晶胞则为复合晶胞，即除了角顶有阵点，或在晶胞中心(称体心)，或在每个面的中心(称面心)，或在上下底面的中心(称底心)位置还有阵点，显然，每个复合晶胞包含的阵点数将≥2。

按照晶胞的外形，即晶胞的六个参数中，a、b、c 是否相等，α、β、γ 是否成直角，而不涉及晶胞中阵点的具体排列，又可将14种空间点阵归纳为7种(结)晶系，见表2-1。

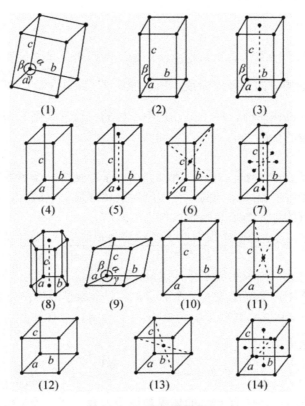

图 2.2　14 种布喇菲点阵

表 2-1　晶系及空间点阵

晶系	空间点阵	棱边长度及夹角关系	实例
三斜晶系	简单三斜点阵	$a \neq b \neq c$，$\alpha \neq \beta \neq \gamma \neq 90°$	K_2CrO_7
单斜晶系	简单单斜点阵	$a \neq b \neq c$，$\alpha = \gamma = 90° \neq \beta$	β-硫
	底心单斜点阵		$CaSO_4 \cdot 2H_2O$
正交晶系	简单正交点阵	$a \neq b \neq c$，$\alpha = \beta = \gamma = 90°$	
	底心正交点阵		A-铀
	体心正交点阵		镓
	面心正交点阵		α-硫
正方(四方)晶系	简单正方点阵	$a = b \neq c$，$\alpha = \beta = \gamma = 90°$	白锡、铟
	体心正方点阵		
六方(六角)晶系	简单六方点阵	$a = b \neq c$，$\alpha = \beta = 90°$，$\gamma = 120°$	镁、镉、锌
菱方(三角)晶系	简单菱方点阵	$a = b = c$，$\alpha = \beta = \gamma \neq 90°$	α-砷、锑、铋、汞
立方晶系	简单立方点阵	$a = b = c$，$\alpha = \beta = \gamma = 90°$	α-钋
	体心立方点阵		铬、钼、钨、α-铁
	面心立方点阵		铜、铝、镍、γ-铁

　　实际晶体结构，即实际晶体中原子或离子的具体排列情况几乎是无限多的，但是由于其在空间排列的规则性，将排列的方式进行几何学抽象后，都可以被归于 14 种空间点阵中

的一种。

2) 原子半径

金属晶体的原子半径通常是指晶胞中相距最近的两个原子之间距离的一半。如：体心立方晶胞中距离最近的方向是体对角线，所以原子半径 $r = \frac{\sqrt{3}}{4}a$。对于同一种金属原子，当它处于不同类型的晶格中时，原子半径是不一样的，通常采用最密排晶胞的原子半径作为金属之间进行比较的标准。

3) 致密度

由于把金属原子看成是刚性小球，所以金属原子即使是一个紧挨一个地排列，原子间仍会存在空隙。原子在晶格中排列的紧密程度对晶体性质影响较大，晶体结构的致密度是指晶胞中原子所占有的体积与该晶胞体积之比，即

$$致密度 = \frac{晶胞中原子体积}{晶胞体积} = \frac{晶胞原子数 \times 原子体积}{晶胞体积} \tag{2-1}$$

晶格的致密度越大，则说明原子排列越紧密。

在体心立方晶格中每个晶胞含有 2 个原子，这 2 个原子的体积为 $2 \times 4\pi r^3/3$，式中 r 为原子半径。原子半径 r 与晶格常数 a 的关系为 $r = (\sqrt{3}/4)a$，体心立方晶胞体积为 a^3，因此体心立方晶格的致密度为

$$致密度 = \frac{2 \times 4\pi r^3/3}{a^3} = \frac{\sqrt{3}}{8}\pi = 0.68$$

这表明在体心立方晶格中有 68% 的体积被原子占有，其余为空隙。同理可求出面心立方及密排六方晶格的致密度均为 0.74。

4) 晶面和晶向

在晶体中由一系列原子组成的平面称为晶面。通过两个或两个以上原子中心的直线，可以代表晶格空间排列的一定方向，称为晶向。由于在同一晶格的不同晶面和晶向上原子排列的疏密程度不同，因此原子结合力也就不同，从而在不同的晶面和晶向上显示出不同的性能，这就是晶体具有各向异性的原因。

为了确定晶面和晶向在晶体中的位向，分别采用晶面指数和晶向指数来描述。

(1) 晶面指数。以图 2.3 所示带影线的晶面为例，说明其晶面指数确定的方法和步骤。

① 选原点：选晶格中某一原子为三维坐标的原点 O(原点应位于待测晶面外，以免出现零截距)。

② 设坐标：过原点以晶胞的三棱边作 OX、OY、OZ 三个坐标轴，并以晶格常数 a、b、c 分别作三个坐标轴上的单位。

③ 求截距：求晶面在三个坐标轴上的截距(当晶面与坐标轴平行时，截距为 ∞)。1、2、∞。

④ 取倒数：取晶面截距的倒数。1、1/2、0。

⑤ 化整数：把倒数化为最小整数。2、1、0。

⑥ 加圆括号：放入圆括号内，即为所求晶面指数(210)。

在立方晶胞中，通常以 (hkl) 作为晶面指数的通式。图 2.4 为立方晶格的三个重要晶面：(100)、(110)、(111)。如果晶面与坐标的负半轴相交，则在晶面指数之上冠以负号，如 $(\bar{1}00)$。

应该指出,晶面指数并非表示某一晶面,而是代表一组平行的晶面,其晶面指数相同。另外,在一种晶格中,有些晶面位向不同,但原子排列相同,这些面归为一个晶面族,统用{hkl}表示。如{100}=(100)+(010)+(001)+($\bar{1}$00)+(0$\bar{1}$0)+(00$\bar{1}$)。

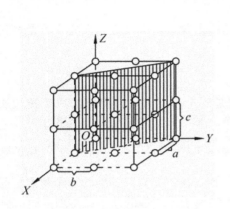

图2.3 确定晶面指数示意

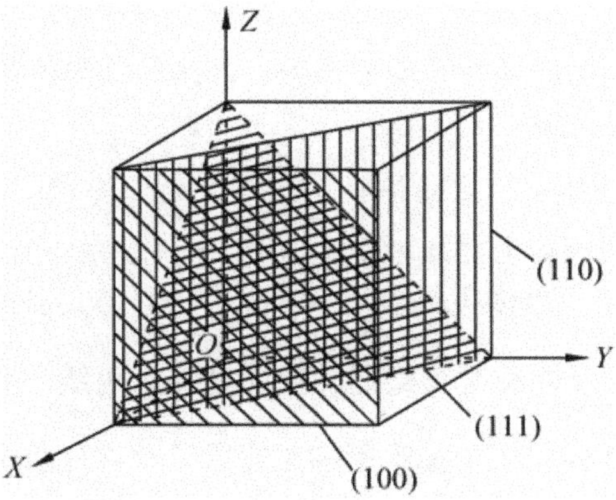

图2.4 立方晶格中三个重要晶面

(2) 晶向指数。在立方晶格中,确定晶向指数的方法:
① 过坐标原点 O 作一直线平行于待测的晶向。
② 在所引直线上任取一点,求该点的三个坐标值。
③ 将两个坐标轴化为最小整数,放入方括号内,即为所求的晶向指数[uvw]。

如图2.5所示的 AB 晶向:过坐标原点 O 作 OC∥AB 交顶面于 C 点;C 点的三个坐标值分别是:1/2、1/2、1;化为最小整数为 1、1、2,放入方括号内,即为所求的晶向指数[112]。

显然,晶向指数表示所有相互平行而方向一致的晶向。另外,具有相同原子排列的晶向可归为一个晶向族<uvw>。

在立方晶格中,凡指数相同的晶面与晶向垂直,如(100)⊥[100];若晶向指数[uvw]与晶面指数(hkl)满足下式关系:uh+vk+wl=0,则[uvw]∥(hkl),如[010]∥(100)。

图2.6中的[100]、[110]、[111]晶向为立方晶格中最重要的三种晶向。

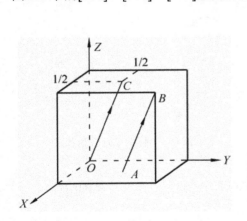

图2.5 确定晶向指数的示意

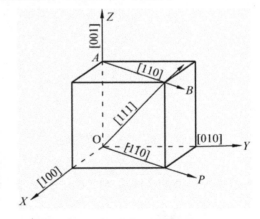

图2.6 立方晶格中三个重要的晶向

(3) 晶面及晶向的原子密度。晶面原子密度是指单位面积中的原子数。晶向原子密度是指单位长度上的原子数。在各种晶格中，不同晶面和晶向上的原子密度是不同的。在体心立方晶格中原子密度最大的晶面是{110}，而原子密度最大的晶向是<111>。

2.1.2 常见的金属晶体结构

金属的晶格类型有很多，纯金属常见的晶体结构主要为体心立方、面心立方及密排六方三种类型。

1. 体心立方晶格

体心立方晶格的晶胞如图 2.7 所示。其晶胞是一个正立方体，晶胞的三个棱边长度 $a=b=c$，晶胞棱边夹角 $\alpha=\beta=\gamma=90°$，其晶格常数通常只用一个晶格常数 a 表示即可。体心立方晶胞中距离最近的方向是体对角线，所以原子半径 $r=\frac{\sqrt{3}}{4}a$。体心立方晶格的致密度为 0.68。一个晶胞所包含的原子数称为晶胞原子数。在体心立方晶胞的每个角上和晶胞中心都排列有一个原子。体心立方晶胞的每个角上的原子为相邻的八个晶胞所共有。体心立方晶胞中属于单个晶胞的原子数为 $\frac{1}{8}\times 8+1=2$ 个。

属于这种类型的金属有 Cr、Mo、W、V、α-Fe 等。它们大多具有较高的强度和韧性。

2. 面心立方晶格

面心立方晶格的晶胞如图 2.8 所示。其晶胞也是一个正立方体，晶胞的三个棱边长度 $a=b=c$，晶胞棱边夹角 $\alpha=\beta=\gamma=90°$，其晶格常数也只用一个晶格常数 a 表示。面心立方晶胞中距离最近的方向是面对角线，所以原子半径 $r=\frac{\sqrt{2}}{4}a$。面心立方晶格的致密度为 0.74。在面心立方晶胞的每个角上和立方体六个面的中心都排列有一个原子。面心立方晶胞的每个角上的原子为相邻的八个晶胞所共有，而每个面中心的原子为相邻的两个晶胞所共有。面心立方晶胞中属于单个晶胞的原子数为 $\frac{1}{8}\times 8+\frac{1}{2}\times 6=4$ 个。

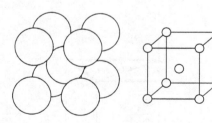
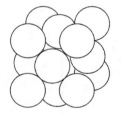
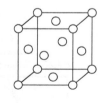

图 2.7 体心立方晶胞示意　　　　　图 2.8 面心立方晶胞示意

属于这种类型的金属有 Al、Cu、Ni、γ-Fe 等，它们大多具有较高的塑性。

3. 密排六方晶格

密排六方晶格的晶胞如图 2.9 所示。其晶胞是一个正六棱柱体，晶胞的三个棱边长度 $a=b\neq c$，晶胞棱边夹角 $\alpha=\beta=90°$、$\gamma=120°$，其晶格常数用正六边形底面的边长 a 和晶

胞的高度 c 表示。密排六方晶胞，在理想情况下三层原子都紧密接触，轴比 $\frac{c}{a} = \sqrt{8/3} = 1.633$，晶胞中原子相距最近的方向是上下底面的对角线，所以原子半径 $r = 1/2a$。密排六方晶格的致密度为 0.74。在密排六方晶胞的两个底面的中心处和十二个角上都排列有一个原子，柱体内部还包含着三个原子。每个角上的原子同时为相邻的六个晶胞所共有，面中心的原子同时属于相邻的两个晶胞所共有，而体中心的三个原子为该晶胞所独有。密排六方晶胞中属于单个晶胞的原子数为 $1/6 \times 12 + 1/2 \times 2 + 3 = 6$ 个。

属于这种类型的金属有 Mg、Zn、Be、α-Ti、α-Co 等，它们大多具有较大的脆性，塑性较差。

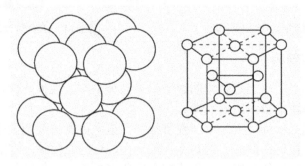

图 2.9　密排六方晶胞示意

2.2　金属的实际晶体结构

2.2.1　多晶体结构和亚结构

如果一块晶体，其内部的晶格位向完全一致时，我们称这块晶体为"单晶体"或"理想单晶体"，以上的讨论指的都是这种单晶体中的情况。在工业生产中，只有经过特殊制作才能获得内部结构相对完整的单晶体。一般所用的工业金属材料，即使体积很小，其内部仍包含有许许多多的小晶体，每个小晶体内部的晶格位向是一致的，而各个小晶体彼此间位向都不同，如图 2.10 所示。把这种外形不规则的小晶体称为"晶粒"。晶粒与晶粒间的界面称为"晶界"。这种实际上由多个晶粒组成的晶体称为"多晶体"结构。由于实际的金属材料都是多晶体结构，一般测不出其像在单晶体中那样的各向异性，测出的是各位向不同的晶粒的平均性能，结果使实际金属不表现各向异性，而显示出各向同性。

晶粒的尺寸通常很小，如钢铁材料的晶粒一般在 10^{-1} mm～10^{-3} mm，故只有在金相显微镜下才能观察到。图 2.11 是在金相显微镜下所观察到的工业纯铁的晶粒和晶界。这种在金相显微镜下所观察到的金属组织，称为"显微组织"或"金相组织"。

每个晶粒内部，实际上也并不像理想单晶体那样位向完全一致，而是存在着许多尺寸更小，位向差也很小一般是 10'～20'，最大到 2° 的小晶块。它们相互镶嵌成一颗晶粒，这些在晶格位向上彼此有微小差别的晶内小区域称为亚结构(或称亚晶粒、镶嵌块)。因其组织尺寸较小，需在高倍显微镜或电子显微镜下才能观察到。

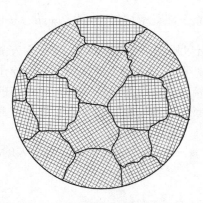

图 2.10 金属的多晶体结构示意

图 2.11 工业纯铁的显微组织

2.2.2 实际金属晶体缺陷

我们将实际晶体中偏离理想结构的区域称为晶体缺陷。根据几何形状特征，可将晶体缺陷分为点缺陷、线缺陷和面缺陷三类。

在金属中偏离规则排列位置的原子数目很少，至多占原子总数的千分之一，所以实际金属材料的结构还是接近完整的。但是尽管数量少，这些晶体缺陷却对金属的塑性变形、强度、断裂等起着决定性的作用，并且还在金属的固态相变、扩散等过程中起重要作用。因此，晶体缺陷的分析研究具有重要理论和实际意义。

1. 点缺陷

点缺陷是指在三维尺度上都很小的，不超过几个原子直径的缺陷，亦称为零维缺陷。主要有空位、置换原子、间隙原子三种，如图 2.12 所示。

如果晶格上应该有原子的地方没有原子，在那里就会出现"空洞"，这种原子堆积上的缺陷称为"空位"；异类原子占据晶格的结点位置的缺陷称为"置换原子"；在晶格的某些空隙处出现多余的原子或挤入外来原子的缺陷称为"间隙原子"。空位、置换原子和间隙原子的存在，均会使周围的原子偏离平衡位置，引起附近晶格畸变。点缺陷是金属扩散和固溶强化的理论基础。

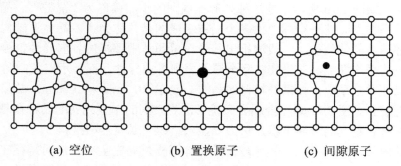

(a) 空位　　　　　(b) 置换原子　　　　　(c) 间隙原子

图 2.12 点缺陷

2. 线缺陷

线缺陷是指晶体内沿某一条线，附近原子的排列偏离了完整晶格所形成的线形缺陷区。

其特征是：二维尺度很小，而第三维尺度很大，亦称为一维缺陷。位错就是一种最重要的线缺陷。位错在晶体的塑性变形、断裂、强度等一系列结构敏感性的问题中均起着主要的作用，位错理论是材料强化的重要理论。

晶体中某处有一列或若干列原子发生有规律的错排现象叫做位错，位错可视为晶格中一部分晶体相对于另一部分晶体的局部滑移而造成的结果。位错有刃型位错、螺型位错等。形式比较简单的是如图 2.13 所示的刃型位错。在这个晶体的某一水平面(ABCD)的上方，多出一个原子面(EFGH)，它中断于 ABCD 面上的 EF 处，这个原子面如同刀刃一样插入晶体，故称刃型位错。在位错的附近区域，晶格发生了畸变。

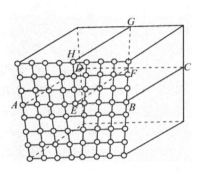

图 2.13　刃型位错示意

3. 面缺陷

面缺陷是指二维尺度很大而第三维尺度很小的缺陷，亦称二维缺陷，例如，晶界、亚晶界、相界、堆垛层错等，都是因晶体中不同区域之间的晶格位向过渡所造成的，但在小角度位向差的亚晶界情况下，则可把它看成是一种位错线的堆积或称"位错壁"。

面缺陷是晶体中不稳定区域，原子处于较高能量状态，它能提高材料的强度和塑性。细化晶粒，增大晶界总面积是强化晶体材料力学性能的有效手段。同时，它对晶体的性能及许多过程均有极重要的作用。

晶体缺陷在晶体的塑性、强度、扩散以及其他的结构敏感性问题中起着主要的作用。近年来对晶体缺陷的理论和实验的研究，进展非常快。还需指出，上述缺陷都存在于晶体的周期性结构之中，它们都不能取消晶体的点阵结构。我们既要注意晶体点阵结构的特点，又要注意到其非完整性的一面，才能对晶体结构有一个比较全面的认识。

2.3　纯金属的结晶与铸锭

2.3.1　纯金属的结晶

1. 金属结晶的基本概念

金属自液态经冷却转变为固态的过程是原子从排列不规则的液态转变为排列规则的晶态的过程，此过程称为金属的结晶过程。研究金属结晶过程的基本规律，对改善金属材料的组织和性能，都具有重要的意义。

广义地讲，金属从一种原子排列状态过渡为另一种原子规则排列状态的转变都属于结晶过程。金属从液态过渡为固体晶态的转变称为一次结晶，而金属从一种固态过渡为另一种固态的转变称为二次结晶。

2. 纯金属的冷却曲线和过冷现象

纯金属都有一个固定的熔点(或称平衡结晶温度、理论结晶温度)，因此纯金属的结晶过程总是在一个恒定的温度下进行。金属的理论结晶温度可用热分析法来测定,即将液体金属放在坩埚中以极其缓慢的速度进行冷却,在冷却过程中,每隔一段时间测量一次温度并记录下来。这样就可以获得如图2.14(a)所示的纯金属冷却曲线。

由此曲线可见,液态金属从高温开始冷却时,由于周围环境的吸热,温度均匀下降,状态保持不变,当温度下降到 T_0 时,金属开始结晶,放出结晶潜热,抵消了金属向四周散出的热量,因而冷却曲线上出现了"平台"。持续一段时间之后,结晶完毕,固态金属的温度继续均匀下降,直至室温。

曲线上平台所对应的温度 T_0 为理论结晶温度。平台所对应的时间就是结晶过程所用的时间。

在实际生产中,金属自液态向固态结晶中,有较快的冷却速度,使液态金属的结晶过程在低于理论结晶温度的某一温度 T_1 下进行[图 2.14(b)],通常把实际结晶温度低于理论结晶温度的现象称为过冷现象,理论结晶温度与实际结晶温度的差 ΔT 称为过冷度,过冷度 $\Delta T = T_0 - T_1$。

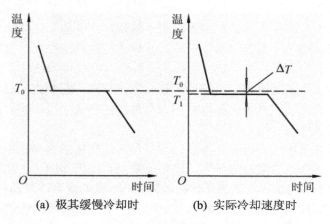

(a) 极其缓慢冷却时　　(b) 实际冷却速度时

图 2.14　纯金属的冷却曲线

过冷是金属结晶的必要条件,但同一种金属结晶时的过冷度不是一个恒定值,它与冷却速度有关。结晶时的冷却速度越快,过冷度就越大,金属的实际结晶温度也就越低。

3. 纯金属的结晶过程

金属的结晶都要经历晶核的形成和晶核的长大两个过程(图 2.15)。但从整体上说,先析出的晶核长大的同时,液态金属中又不断产生新的晶核,形核和长大两个过程是交错重叠的。

图 2.15　金属结晶过程示意

1) 形核

在金属结晶过程中，晶核的形成有两种方式：自发成核(均质成核)和非自发成核(异质成核)。

(1) 自发成核。在液态下，当过冷度达到一定大小之后，液体具备了进行结晶的条件，液体中那些超过一定大小(大于临界晶核尺寸)的短程有序原子集团便由不稳定开始变得稳定，不再消失，而成为结晶核心。这种从液体结构内部自发长出结晶核心的过程称为自发成核(所形成的结晶核心称为自发晶核，或称为均质核心)。

温度愈低，即过冷度愈大，金属由液态向固态转变的动力愈大，能稳定存在的短程有序原子集团的尺寸可以愈小，所生成的自发晶核愈多。但是过冷度过大或温度过低时，由于生成晶核所需要的原子扩散能力下降，生核的速率反而减小。所以，生核速率 N 与过冷度有图 2.16 所示的关系。

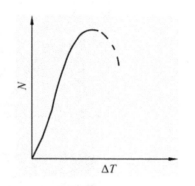

图 2.16 晶体生核速率与过冷度的关系

(2) 非自发成核。实际金属往往是不纯净的，内部总含有这样或那样的外来杂质。杂质的存在常常能够促进晶核在其表面上的形成。这种依附于杂质而生成晶核的过程称为非自发成核(所形成的结晶核心称为非自发晶核，或称为异质核心)。

按照生核时能量有利的条件分析，能起非自发成核作用的杂质，必须符合"结构相似、尺寸相当"的原则。只有当杂质的晶体结构和晶格参数与金属的相似或相当时，它才能成为非自发晶核的基底，容易在其上生长出晶核来。但是，有一些难熔杂质，虽然其晶体结构与金属的相结构差距甚远，但由于表面的微细凹孔和裂缝中有时能残留未熔金属，故也能强烈地促进非自发晶核的生成。

自发成核和非自发成核是同时存在的，在实际金属和合金中，非自发成核比自发成核更重要，往往起优先、主导的作用。

2) 长大

晶核形成后，开始长大。晶体长大的过程也就是液态金属中的原子不断向晶体表面堆砌、固液界面不断向液态金属中推移的过程。晶体生长，界面处也需要有一定的过冷，这种界面推进所需要的过冷度称为动态过冷度，记为 ΔT_K。

晶体长大机制，即液态金属原子向固液界面堆砌的具体方式与界面的微观结构密切相关。从原子尺度看，固液界面可以分为小平面(型)界面和非小平面(型)界面两大类，如图 2.17 所示。

非小平面型界面生长过程中，固态一侧只有 50%左右的结晶位置散乱地随机分布有固态金属原子，形成高低不平几个原子层厚度的固态与液态金属之间的过渡层，在原子尺度范围内是粗糙不平的。小平面型界面则是基本完整的原子密排晶面，界面处液、固态截然分开，在原子尺度范围内是平滑的。必须指出，以上的界面分类是按原子尺度划分的。在显微尺度范围内，非小平面型界面由于散乱原子分布的随机性反而显得较为平直光滑；而小平面型界面则由若干个轮廓清晰的小晶面构成，在显微尺度范围内，生长界面是参差不齐的。

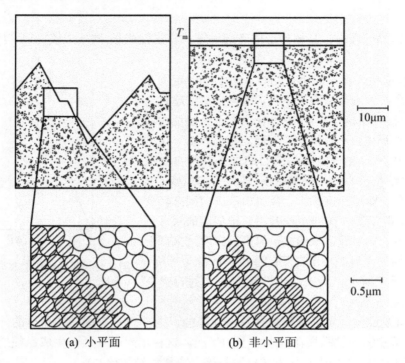

(a) 小平面　　　　　　(b) 非小平面

图 2.17　界面形状

具有非小平面型界面的物质,生长过程中界面上始终有一半的结晶位置空着,液态金属原子可以等效占据界面任何位置连续向上堆砌,于是固液界面连续、均匀地垂直向前推进。这种生长称为连续长大(或垂直长大)。连续长大时有较大的生长速度,需要的动态过冷度 ΔT_K 小到几乎难以测定的程度,仅为 $10^{2} \sim 10^{4}$ K。绝大多数金属生长时具有非小平面型界面结构,所以连续生长机制适用于绝大多数金属的结晶长大过程。

小平面型界面的晶体生长主要有两种机制:二维形核机制和晶体缺陷生长机制(图 2.18)。二维形核生长时,首先在界面上形成二维的薄层状晶核,然后液态金属原子堆砌到二维晶核侧边所形成的台阶上,使薄层沿界面扩展而铸满整个界面,界面推进一个晶面间距。此后生长中断,界面的继续推进必须借助于二维形核产生新的台阶,所以二维形核生长是不连续的。二维形核生长机制的实验根据不多。若在固液界面上存在某些可以提供现成生长台阶的晶体缺陷,则液态金属原子就可以连续地向上堆砌而使晶体得以生长。最简单的台阶便是存在于小平面界面上的螺型位错的露头(图 2.18),此时界面成为一个螺旋面,并且形成现成的生长台阶,此种螺旋式台阶在生长过程中不会消失,避免了二维生核的必要性,从而使生长速度加快,很多合金中的非金属物质都是通过晶体缺陷生长机制进行生长的。

晶体生长时有两种散热情况,对晶体的生长形态影响不同。

(1) 固液界面前方为正温度梯度时的平面长大。正温度梯度是指界面前方液态金属中的温度随离界面距离增加而提高的温度分布状况。金属溶液浇入铸型,型壁散热,越接近熔液中心温度越高,此时的温度分布即是正温度梯度,如图 2.19(a)所示,此时液态金属的(过热)热量和界面推进时释放的结晶潜热通过固相导走,结晶前沿熔液中的过冷度随离界面距离增加而减小。在正温度梯度时,界面上偶然产生的任何突起必将伸入过热的熔体中被熔化,宏观平坦的生长界面是稳定的[图 2.20(a)],此时的界面生长方式称为平面长大。

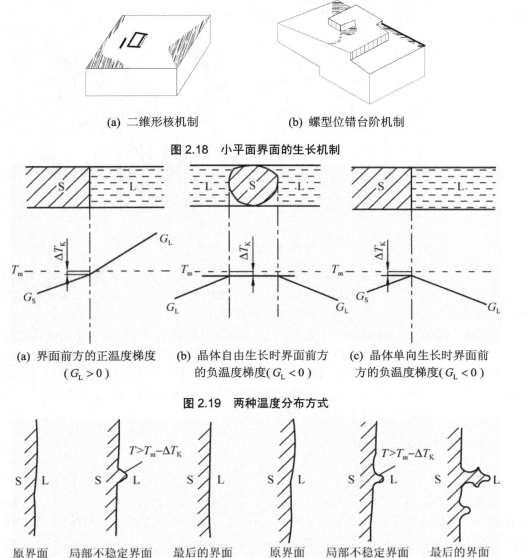

(a) 二维形核机制　　　　　　(b) 螺型位错台阶机制

图 2.18　小平面界面的生长机制

(a) 界面前方的正温度梯度 ($G_L > 0$)　　(b) 晶体自由生长时界面前方的负温度梯度($G_L < 0$)　　(c) 晶体单向生长时界面前方的负温度梯度($G_L < 0$)

图 2.19　两种温度分布方式

原界面　局部不稳定界面　最后的界面　　　　原界面　局部不稳定界面　最后的界面

(a) 平面长大($G_L > 0$)　　　　　　(b) 枝晶长大($G_L < 0$)

图 2.20　液态金属中温度分布对纯金属结晶过程的影响

(2) 固液界面前方为负温度梯度时的枝晶长大。负温度梯度时[图 2.19(b)、(c)],过冷度随离界面距离增加而增加。负温度梯度情况一般产生于熔体内部晶体的自由生长过程。液态金属形核通常有几度甚至十几度的过冷,晶核析出长大时释放的结晶潜热使界面温度很快升高到接近熔点 T_m 的温度,在固液界面前方建立起负的温度梯度。晶体只需界面处有很小的动态过冷度就可生长,之后晶体生长的结晶潜热就通过液态金属传走。负温度梯度使界面前方存在一个很大的过冷区域,这时宏观平坦的界面不稳定(图 2.20)。界面上偶然产

25

生的凸起必将和过冷度更大的熔体接触而更快地向前生长，形成一个伸向熔体的主干，称为一次(晶)轴、一次轴侧面由于析出结晶潜热使温度升高，于是侧面也面临过冷，从而侧面的偶然凸起也会发展成所谓二次(晶)轴，二次轴上还可能长出三次(晶)轴，最后形成树枝晶。这种界面生长方式则称为枝晶长大，如图2.21所示。

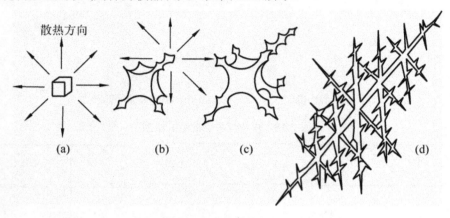

图2.21 枝晶长大示意

枝晶长大时，伸展的晶轴具有一定的晶体取向，且与晶体结构类型有关。例如面心立方和体心立方的金属，其树枝晶的各次晶轴均沿(100)方向长大，各次晶轴彼此垂直。当然，不是立方晶系的金属，各次晶轴可能彼此并不垂直。

枝晶长大是实际金属最常见的生长方式，晶体的树枝骨架一方面生长出更高次的晶轴，一方面晶轴不断加粗，熔体消耗完毕，各次晶轴互相接触而形成一个充实的晶粒。晶粒间的交界面称为晶界。金属晶体是这些小晶粒组成的多晶体。如果枝晶在三维空间得以均衡发展，各方向一次轴近似相等，这时形成的晶粒称为等轴(枝)晶。例如金属晶体在具有负的温度梯度的过冷熔体中自由生长就会生成等轴晶。

2.3.2 细化铸态金属晶粒的措施

1. 晶粒大小与性能的关系

金属的晶粒大小对金属的性能影响很大，一般是晶粒愈细，强度、硬度愈高，塑性、韧性愈好。例如纯铁晶粒平均直径为97 μm时，$R_m=165MPa$，$R_{eL}=40MPa$，$A=28.8\%$；而晶粒平均直径为1 μm时，$R_m=278MPa$，$R_{eL}=116MPa$，$A=50\%$。因此，通常希望钢铁材料的晶粒越细越好。但是，有些情况下希望晶粒越粗越好，例如，制造变压器的硅钢片，晶粒越粗，磁滞损耗越小，效率越高。

2. 晶粒大小及其控制方法

常用的金属材料是由无数个晶粒组成的多晶体。每个晶粒的大小称为晶粒度。目前工业生产中大都采用晶粒度等级来表示晶粒的大小。标准晶粒度共分8级。1级晶粒最粗，5级晶粒最小。生产中，通常是在放大100倍的金相显微镜下，用标准晶粒度等级对金属材料进行比较评级。

金属的结晶过程是晶核的形成与长大同时进行的过程。因此，影响晶粒大小的主要因

素是形核率 N(单位时间、单位体积中产生的晶核数)和长大速度 G(单位时间内晶核长大的平均速度)。凡能促进形核率 N、抑制长大速度 G 的因素,均能细化晶粒。金属材料单位体积中的晶粒数目 Z_v 或单位面积上的晶粒数目 Z_s 与 N、G 存在下列关系:

$$Z_v = 0.9(N/G)^{1/4} \tag{2-2}$$

$$Z_s = 1.1(N/G)^{1/2} \tag{2-3}$$

生产中,为了细化铸件晶粒,常采用以下方法:

1) 增加过冷度

金属结晶时的过冷度与形核率、长大速度的影响如图 2.22 所示。由图中看出,形核率和长大速度随过冷度的增加而增加,并在一定的过冷度时各自达最大值。而后过冷度再增加时,形核率和长大速度却逐渐减小。这是因为结晶过程中,自由能差是晶核形成与长大的驱动力,而液体中原子迁移能或扩散系数是晶核形成和长大的必需条件。在过冷度较小时,虽然扩散系数大,但自由能差小。所以形核率和长大速度都较小;过冷度很大时、虽然自由能差大,但扩散系数小,原子扩散困难,故晶核形成与长大也难。过冷度再大时、凝固后的金属已不是晶体,而是非晶态金属。但是,经实验研究表明,在一般液态金属可以达到的过冷的范围 ΔT 越大,N/G 比值越大,因而晶粒越小。

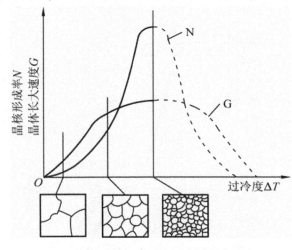

图 2.22 过冷度与形核率和长大速度的关系

在生产中,提高过冷度的方法有采用金属型铸造、局部加冷铁及采用水冷铸型等。但是,对大型铸件,很难获得大的过冷度。而且大的冷却速度又增加了铸件变形与开裂的倾向,因此,在工业生产中多采用孕育(变质)处理方法细化晶粒。

2) 孕育(变质)处理

在浇注前往液态金属中加入一些细小的、难熔的物质(称孕育剂或变质剂),以改变液态金属结晶过程,从而起到细化晶粒、改善组织作用的一种工艺处理方法。从更严格的意义上讲,影响形核过程促使形核的处理工艺称孕育,影响晶体生长过程的处理工艺称为变质。但在很多情况下,两个技术术语往往混用。例如碳钢中加入钒、钛等,可以形成能促进非自发形核的 TiN、TiC、VN、VC 而达到细化晶粒的目的。在铸铁中加入硅铁、硅钙,可以促使碳以石墨形式析出并使铸铁组织中的石墨细化。铝硅合金中加入钠盐,钠能在硅表面的固有生长台阶上吸附,阻止硅的生长,使合金组织细化,并且硅由板片状变为纤维状,显著改善了铝硅合金的强度和韧性。

3) 附加振动

对于形状非常复杂的铸件,可以来用机械、超声波、电磁振动等,使液态金属在振动时结晶、促进正在成长的枝晶熔断成碎晶而细化,而且碎晶又成为新的晶核,增加了形核率 N,也使晶粒细化。

2.3.3 金属的同素异构转变

多数固态纯金属的晶格类型不会改变,但有些金属(如铁、锰、锡、钛、钴等)的晶格会因温度的改变而发生变化,固态金属在不同温度区间具有不同晶格类型的性质,称为同素异构性。材料在固态下改变晶格类型的过程称为同素异构转变。

图 2.23 为纯铁的冷却曲线,该图表明纯铁在结晶后继续冷却至室温的过程中,会发生两次晶格结构转变,其转变过程如下:

$$\delta-\text{Fe} \underset{}{\overset{1394℃}{\rightleftharpoons}} \gamma-\text{Fe} \underset{}{\overset{912℃}{\rightleftharpoons}} \alpha-\text{Fe}$$
体心立方晶格　　面心立方晶格　　体心立方晶格

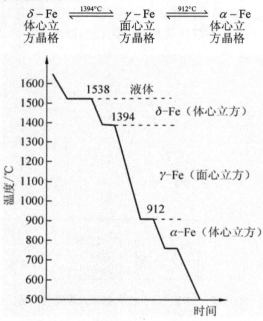

图 2.23　纯铁的冷却曲线

液态纯铁在 1 538 ℃时进行结晶,得到具有体心立方晶格的 $\delta-\text{Fe}$。$\delta-\text{Fe}$ 继续冷却到 1 394 ℃时发生同素异构转变,成为面心立方晶格的 $\gamma-\text{Fe}$。$\gamma-\text{Fe}$ 再冷却到 912 ℃时又发生一次同素异构转变,成为体心立方晶格的 $\alpha-\text{Fe}$。

同素异构转变具有十分重要的实际意义,钢的性能之所以是多种多样的,正是由于对其施加合适的热处理,从而利用同素异构转变来改变钢的性能。此外,由于同素异构转变的过程中有体积的变化而形成较大的内应力。例如,$\gamma-\text{Fe} \rightarrow \alpha-\text{Fe}$ 时,体积膨胀约为 1%。这样导致产生变形和裂纹,须采取适当的工艺措施予以防止。

2.3.4 金属的铸锭组织

过冷度和难熔杂质对金属的结晶过程会产生很大的影响，此外，结晶过程还可能受其它各种各样因素的影响。如金属的浇注温度、浇注方法和铸件的截面尺寸等。下面通过金属铸锭的剖面组织来说明铸件的组织特点。其典型的宏观组织从表面到中心分别由细晶粒区、柱状晶粒区和粗大等轴晶粒区三层组成，如图 2.24 所示。

1. 表面细晶粒区

表面细晶粒区的形成主要是因为金属液刚浇入铸锭模时，模壁温度较低，表层金属受到剧烈的冷却，造成了较大的过冷所致。此外，模壁的人工晶核作用也是这层晶粒细化的原因之一。

2. 柱状晶粒区

柱状晶粒区是紧接表面细晶粒区向铸锭中心长出的一层长轴形晶粒，它们的轴向是垂直于模壁的。柱状晶粒的形成主要是因为铸锭垂直于其模壁散热的影响。在表层细晶粒形成时，随着模壁温度的升高，铸锭的冷却速度便有所降低，晶核的形核率不如长大速度大，各晶粒便可得到较快的成长，此时所有枝轴垂直于模壁的晶粒，因为其沿着枝轴向模壁传热比较有利，同时，它们的成长也不致因相互抵触而受到限制，所以只有这些晶粒才可能优先得到成长，从而形成柱状晶粒。

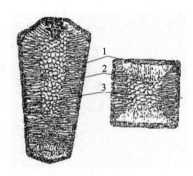

图 2.24 金属铸锭的组织示意

1—表面细晶粒区　2—柱状晶粒区
3—中心等轴晶粒区

3. 中心等轴晶粒区

随着柱状晶区的发展，液体金属的冷却速度很快降低，过冷度大大减小，温度差不断降低，散热的方向性已不明显，而趋于均匀冷却的状态。同时由于种种原因，如液体金属的流动可能将一些未熔杂质推至铸锭中心，或将柱状晶粒的枝晶分枝冲断，飘移到铸锭中心，它们都可以成为剩余液体的晶核，这些晶核由于在不同方向上的长大速度相同，因而便形成较粗大的等轴晶粒区。

铸锭组织从表层到心部是不均匀的。通过改变结晶条件可以改变这三层晶区的相对大小和晶粒的粗细，甚至可以获得只有两层或单独一个晶区所组成的铸锭。

钢锭一般不希望得到柱状晶粒组织，因为这时钢的塑性较差，而且柱状晶粒平行排列呈现各向异性，在锻造或轧制时容易发生裂纹，尤其在柱状晶粒区的前沿及柱状晶粒彼此相通处，若存在低熔点杂质，则可形成一个明显的脆弱界面，更容易发生开裂。所以生产中经常采用振动浇注或变质处理等方法来抑制结晶时柱状晶粒区的扩展。而对于某些铸件则常希望获得柱状晶粒，如涡轮叶片，常采用定向凝固法有意使整个叶片由同一方向、平行排列的柱状晶粒构成。因为这种结构沿一定方向能承受较大的负荷而使涡轮叶片具有良好的使用性能。此外，对于具有良好塑性的有色金属(如铜、铝等)也希望得到柱状晶粒组织。因为这种组织较致密，对力学性能有利，而在压力加工时，由于这些金属本身具有良好的塑性，而不至于发生开裂。

在金属铸锭中，除组织不均匀外，还经常存在有各种铸造缺陷，如缩孔、缩松、气孔及偏析等。

2.3.5 定向凝固和连铸技术以及单晶的制取

1. 定向凝固

定向凝固是指在凝固过程中采用强制手段，在凝固金属和未凝固金属熔体中建立起特定方向的温度梯度，从而使熔体沿着与热流相反的方向，按照要求的结晶取向凝固的一种铸造工艺。

普通铸件一般均由无一定结晶方向的多晶体组成。在高温疲劳和蠕变过程中，垂直于主应力的横向晶界往往是裂纹产生和扩展的主要部位，也是涡轮叶片高温工作时的薄弱环节。采用定向凝固技术可获得生长方向与主应力方向一致的单向生长的柱状晶体。定向凝固由于消除了横向晶界，从而提高了材料抗高温蠕变和疲劳的能力。定向凝固铸件的组织分为柱状、单晶和定向共晶3种。

铸件定向凝固需要两个条件：首先，热流向单一方向流动并垂直于生长中的固-液界面；其次，晶体生长前方的熔液中没有稳定的结晶核心。为此，在工艺上必须采取措施避免侧向散热，同时在靠近固-液界面的熔液中应造成较大的温度梯度。这是保证定向柱晶和单晶生长挺直，取向正确的基本要素。

定向凝固是研究凝固理论和金属凝固规律的重要手段，也是制备单晶材料和微米级(或纳米级)连续纤维晶高性能结构材料和功能材料的重要方法。自 20 世纪 60 年代以来，定向凝固技术发展很快。由最初的发热剂法、功率降低法发展到目前广泛应用的高速凝固法、液态金属冷却法和连续定向凝固技术。现代航空发动机的涡轮叶片和导向叶片是用铸造高温合金材料制成，这类材料晶界在高温受力条件下是较薄弱的地方，这是因为晶界处原子排列不规则，杂质较多，扩散较快，于是人们设想利用定向凝固方法制成单晶，消除所有晶界，结果性能明显提高了。定向凝固技术广泛应用于高温合金、磁性材料、单晶生长、自生复合材料的制备等方面，并且在类单晶金属间化合物、形状记忆合金领域具有极广阔的应用前景。

2. 连铸技术

亨利·贝塞麦是提出连铸思想的第一人。他在1858 年钢铁协会伦敦会议的论文《模铸不如连铸》中提出了这一设想，但一直到20 世纪 40 年代，连铸工艺才实现工业应用。

连铸即为连续铸钢(Continuous Steel Casting)的简称。在钢铁厂生产各类钢铁产品过程中，使用钢水凝固成型有两种方法：传统的模铸法和连续铸钢法。而在 20 世纪 50 年代在欧美国家出现的连铸技术是一项把钢水直接浇注成形的先进技术。与传统方法相比，连铸技术具有大幅提高金属收得率和铸坯质量，节约能源等显著优势。

连续铸钢的具体流程为钢水不断地通过水冷结晶器，凝成硬壳后从结晶器下方出口连续拉出，经喷水冷却，全部凝固后切成坯料的铸造工艺过程。

从 20 世纪 80 年代，连铸技术作为主导技术逐步完善，并在世界各地主要产钢国得到大幅应用，到了 90 年代初，世界各主要产钢国已经实现了 90%以上的连铸比。中国则在改革开放后才真正开始了对国外连铸技术的消化和移植，到 90 年代初中国的连铸比仅为 30%。

铸铁水平连铸课题曾为国家"七五"攻关项目,铸铁经过水平连铸方法生产的型材,无砂型铸造经常出现的夹渣、缩松等缺陷,其表面平整,铸坯尺寸精度高,无需表面粗加工,即可用于加工各种零件。特别是铸铁型材组织致密,灰铸铁型材石墨细小强度高,球铁型材石墨球细小圆整,机械性能兼有高强度与高韧性结合的优点。目前国际上铸铁型材已广泛运用到制造液压阀体,高耐压零件,齿轮、轴、柱塞、印刷机辊轴及纺织机零部件。在汽车、内燃机、液压、机床、纺织、印刷、制冷等行业有广泛用途。

3. 单晶制取

由一个晶粒组成的晶体就是单晶体。制取单晶体的基本原理是保证液体结晶时只形成一个晶核,并由这个晶核长成一个单晶体。

图 2.25(a)为普通铸造叶片,图 2.25(b)为单向凝固生产的叶片,图 2.25(c)为单晶叶片。单晶叶片的高温性能最好,单向凝固叶片次之。

(a) 普通铸造　　(b) 单向凝固　　(c) 单晶叶片

图 2.25　三种方法生产的飞机发动机叶片

制取单晶体的方法有挥发法、扩散法、水热法、重结晶法、盐析法等,这里只简单介绍较常用的挥发法和扩散法。

1) 挥发法

将纯的化合物溶于适当溶剂或混合溶剂。理想的溶剂是一个易挥发的良溶剂和一个不易挥发的不良溶剂的混合物。此溶液最好稀一些。用氮/氩鼓泡除氧。容器可用橡胶塞(可缓慢透过溶剂)。为了让晶体长得致密,要挥发得慢一些,溶剂挥发性大的可置入冰箱。大约要几天到几星期的时间。

2) 扩散法

在一个大容器内置入易挥发的不良溶剂(如戊烷、己烷),其中加一个内管,置入化合物的良溶剂溶液。将大容器密闭,也可放入冰箱。经易挥发溶剂向内管扩散可得较好的晶体。时间可能比挥发法要长。

另外如果这一化合物是室温反应得到,且产物比较单一,溶解度较小,可将反应物溶液分两层放置,不加搅拌,令其缓慢反应沉淀出晶体。

小　结

纯金属常见的晶格结构主要为体心立方、面心立方及密排六方3种类型。金属晶体中的晶面和晶向可以用晶面指数和晶向指数加以标注。

实际金属的晶体结构都存在着一些缺陷，按晶格缺陷的几何特征可将其分为3类：点缺陷、线缺陷和面缺陷。

金属的结晶是液态金属原子近程有序排列状态向固态金属原子长程有序排列状态转变的过程，可以分为形核和晶核长大两个阶段。结晶的驱动力是固态金属和液态金属的自由能之差，过冷提供了这一驱动力。形核时出现固液界面的界面能是形核的阻力，所以形核不但必须过冷，而且过冷只有达到一定数值时，才能提供足够的驱动力促使形核。

晶核长大所需的动态过冷度较小。固液界面从原子尺度可以分为小平面型界面和非小平面型界面，绝大多数金属的固液生长界面是非小平面型界面，以连续长大机制推进。在正温度梯度条件下，纯金属固液界面呈平面生长；负温度梯度时，呈枝晶生长，生成树枝晶。晶核在过冷熔体中自由生长时，生成等轴(枝)晶。

一般生产条件下增加液态金属的过冷度、孕育(变质)处理或附加振动，可以细化金属材料的晶粒，显著改善其力学性能。

另外还介绍了金属铸锭的组织结构、同素异构转变、定向凝固、连铸技术以及单晶的制取。

练习与思考

1. 名词解释

(1) 晶体；(2) 非晶体；(3) 晶格；(4) 晶面；(5) 晶向；(6) 致密度；(7) 过冷度；(8) 同素异构转变；(9) 变质处理。

2. 简答题

(1) 晶体与非晶体的主要区别是什么？

(2) 常见的金属晶格结构有哪几种？Cr、Mg、Zn、W、V、Fe、Al、Cu等各具有哪种晶格结构？

(3) 实际金属晶体中存在哪些晶体缺陷？它们对金属的性能有哪些影响？

(4) 在立方晶体结构中，一平面通过 $y=\dfrac{1}{2}$，$z=3$，并平行于 x 轴，它的晶面指数是多少？请绘图表示。

(5) 画出立方晶系中(110)晶面和[110]晶向，(101)晶面和[101]晶向，并说明它们之间存在的关系。

(6) 简述金属的结晶过程，为什么一般金属结晶后会形成很多晶粒？

(7) 晶粒的大小对金属的性能有何影响？在铸造生产中常采用哪些措施控制晶粒大小？

(8) 分析柱状晶的形成条件及其性能特点。

第 3 章

合金的相结构与二元合金相图

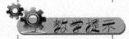

工业生产中广泛应用合金材料。合金优异的性能与合金的成分、晶体结构、组织形态密切相关。人们需要了解合金性能与这些因素之间的变化规律,相图是研究这些规律的重要工具。工业生产中研究元素对某种金属材料的影响,确定熔炼、铸造、锻造、热处理工艺参数,往往都是以相应的合金相图为依据的。相图中,有二元合金相图、三元合金相图和多元合金相图,作为相图基础和应用最广的是二元合金相图。

本章让学生了解固态合金中两种基本相,即固溶体和金属化合物的结构、种类和性能特征;了解具有匀晶、共晶、包晶等相图的二元合金的平衡结晶过程和形成合金的组织,合金使用性能和工艺性能与相图的关系。重点掌握固溶体和金属化合物的种类和性能特征;重点掌握杠杆定律以及运用杠杆定律对平衡组织中各种相与组织组成物的相对质量进行计算。

3.1 合金的相结构

3.1.1 基本概念

1. 合金

由两种或两种以上的金属元素或金属元素与非金属元素组成的具有金属特性的物质称为合金。例如，黄铜是铜和锌组成的合金，碳钢和铸铁是铁和碳组成的合金。

2. 组元

组成合金的最基本、独立的物质称为组元。组元可以是纯元素，也可以是稳定的化合物。例如，Cu、Ni、Fe、C(石墨)、Fe_3C 等均可作为合金的组元。金属材料的组元多为纯元素，陶瓷材料的组元多为化合物。

3. 合金系

由给定组元可按不同比例配制出一系列不同成分的合金，这一系列合金就构成一个合金系统，简称合金系。两个组元组成的合金系为二元合金系，三个组元组成的合金系为三元合金系等。例如，上述的 Cu 和 Ni 组元可组成 Cu-Ni 二元合金系，Fe 和 Fe_3C 组元可组成 $Fe-Fe_3C$ 二元合金系。

4. 相

材料中具有同一聚集状态、同一化学成分、同一结构并与其他部分有界面分开的均匀组成部分称为相，(Phase)。若材料是由化学成分、结构相同的同种晶粒构成，尽管各晶粒之间有界面隔开，但它们仍属同一种相。若材料由化学成分、结构都不相同的几部分构成的，则它们应属于不同的相。例如，纯金属是单相合金，钢在室温下由铁素体和渗碳体两相组成，普通陶瓷由晶相、玻璃相(即非晶相)与气相三相组成。相结构指的是某一相中原子的具体排列规律。

5. 组织

通常人眼看到或借助于显微镜观察到的材料内部的微观形貌(图像)称为组织(Structure)。人眼(或借助放大镜)看到的组织称为宏观组织(Macrostructure)；用显微镜所观察到的组织称为显微组织(Microstructure)。组织是与相有紧密联系的概念。相是构成组织的最基本的组成部分。但当相的种类、数量、大小、形态与分布不同时会构成不同的微观形貌(图像)，各自成为独立的单相组织，或与别的相一起形成不同的复相组织。例如，Cu-Ni 二元合金系在室温下为 α 单相组织；$Fe-Fe_3C$ 二元合金在碳质量分数为 0.77%、温度为 727℃条件下为珠光体组织，该组织是一种复相组织，由铁素体和渗碳体两个相组成。

组织决定了材料的性能，有什么样的组织就有什么样的性能，而组织则是由材料的化学成分和加工工艺共同决定的。在工业生产中，一般通过调整材料的化学成分和不同的加工工艺来控制和改变材料的组织，获得所需要的性能。

3.1.2 固态合金的相结构

合金在熔点以上,通常各组元相互溶解成为均匀的溶液,称为液相。当合金溶液凝固(结晶)后,各组元之间产生相互作用,可能形成两种基本相:固溶体和金属化合物。

1. 固溶体

合金在固态时,组元之间相互溶解,形成在某一组元晶格中包含有其他组元原子的新相,这种新相称为固溶体。保持原有晶格的组元称为溶剂,而其他组元称为溶质。溶剂在合金中含量较多,溶质含量较少,溶解到溶剂中。固溶体的晶体结构由溶剂决定。如碳溶入 $\alpha-Fe$ 中,形成以 $\alpha-Fe$ 为溶剂的固溶体,其晶格与 $\alpha-Fe$ 相同,仍为体心立方结构。

如果 A 和 B 组元形成固溶体,A 是溶剂,B 是溶质,则固溶体可记为 A(B)。为了方便,固溶体一般用 α,β,γ … 符号表示。

在一定的温度和压力的外界条件下,溶质在固溶体中的极限浓度称为溶解度(或固溶度)溶解度有一定限制的固溶体称为有限固溶体,溶剂与溶质能在任何比例下互溶的固溶体称为无限固溶体。

根据溶质原子在溶剂晶格中所占位置的不同,固溶体可以分为置换固溶体和间隙固溶体两种类型。

(1) 置换固溶体。溶质原子替代溶剂的部分原子占据溶剂晶格的正常位置所形成的固体,称为置换固溶体,如图 3.1(a)所示。形成置换固溶体的基本条件是溶质原子直径与溶剂原子直径相差较小。通常置换固溶体的溶解度都比较大。如果溶质与溶剂的组元原子直径相差很小,且晶格类型相同时,溶质原子可以不受数量限制任意替代溶剂原子,则形成无限固溶体。例如,Cu-Ni 二元合金系中的 α 相是无限固溶体,而 Pb-Sn 二元合金系中的 α 相和 β 相则是有限固溶体。

(2) 间隙固溶体。溶质原子存在于溶剂晶格间隙处所形成的固溶体,称为间隙固溶体,如图 3.1(b)所示。通常条件下,溶质原子直径与溶剂原子直径相差较大,两直径之比小于 0.59 时易形成此类固溶体。间隙固溶体的固溶度均是有限的,是有限固溶体。例如,铁碳合金中的铁素体和奥氏体是碳(作为溶质)分别溶解到 $\alpha-Fe$ 和 $\gamma-Fe$ 中所形成的间隙固溶体,它们的最大溶解度分别为 0.0218%(质量分数,在 727℃)和 2.11%(质量分数,在 1 148℃)。

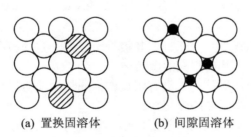

(a) 置换固溶体　　(b) 间隙固溶体

图 3.1　固溶体的晶体结构示意

(3) 固溶强化。无论哪种固溶体,由于溶质原子的渗入,固溶体的晶格都存在畸变现象,如图 3.2 所示。晶格畸变增大位错运动的阻力,使合金的塑性(滑移)变形变得更加困难,从而提高合金的强度和硬度。这种通过形成固溶体使合金强度和硬度提高的现象称为固溶强化。

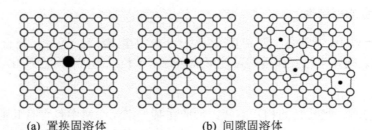

(a) 置换固溶体　　　　　　(b) 间隙固溶体

图 3.2　固溶体的晶格畸变

固溶强化是合金强化的一种重要形式。在溶质含量适当时，可显著提高金属材料的强度和硬度，而塑性和韧性没有明显降低。纯铜的抗拉强度 R_m 为 220MPa，硬度为 40HBW，断面收缩率 Z 为 70%。当加入 1%镍形成单相固溶体后，R_m 升高到 390MPa，硬度升高到 70HBW，而 Z 仍有 50%。固溶体的综合机械性能好，常作为合金的基体相。与纯金属相比，固溶体的物理性能有较大的变化，如电阻率上升，电导率下降，磁矫顽力增大。

2. 金属化合物

当溶质的含量超过溶剂的溶解度时，溶质元素与溶剂元素相互作用形成一种不同于任一组元晶格的新物质，这种新物质称为金属化合物。一般可用分子式来表示组成，如钢中的渗碳体(Fe_3C)，合金钢中的 VC，锡青铜中的 Cu_5Sn。

金属化合物一般都具有高熔点、高硬度、高脆性等性能特点。当合金中出现金属化合物时，合金的强度、硬度和耐磨性提高，但塑性和韧性下降。金属化合物是合金中重要强化相。

根据金属化合物形成的规律和结构特点，常见的金属化合物有以下 3 种。

(1) 正常价化合物。正常价化合物严格遵守化合价规律，可用确定的化学式表示。它通常由元素周期表中相距较远、电负性相差较大的两元素组成，如 Mg_2Si、MnS、Mg_2Sn、Cu_2Se。这类化合物性能的特点是硬度高、脆性大。

(2) 电子化合物。正常价化合物不遵守化合价规律但符合于一定电子浓度(化合物中价电子与原子数之比)，由ⅠB族元素或过渡族元素与ⅡB族、ⅢA族、ⅣA族、ⅤA族元素相结合而成，如 Cu-Zn 合金和 Cu-Al 合金中的 β 相(CuZn、Cu_3Al)、γ 相(Cu_5Zn_8、Cu_9Al_4)和 ε 相($CuZn_3$、Cu_5Al_3)。

电子化合物虽然可用化学式表示，但其成分可以在一定的范围内变化，因此可以把它看作是以化合物为基溶解了其他组元的固溶体。

电子化合物主要以金属键结合，具有明显的金属特性，可以导电。它们的熔点和硬度较高，在许多有色金属中为重要的强化相。

(3) 间隙化合物。间隙化合物由过渡族金属与碳(C)、氮(N)、氢(H)、硼(B)等原子直径较小的非金属元素组成。尺寸较大的过渡族元素占据晶格的节点位置，尺寸较小的非金属元素则规则地嵌入晶格间隙之中。根据结构特点，间隙化合物可分为间隙相和复杂结构的间隙化合物。

① 间隙相。当非金属原子半径与金属原子半径之比小于 0.59 时，形成具有简单晶格的间隙化合物，称为间隙相。间隙相组成元素间的比例一般能满足简单的化学式：M_4X、M_2X、MX 和 MX_2 等(其中 M 代表金属元素，X 代表非金属元素)。一些间隙相及其晶格

类型见表 3-1，过渡族金属的氮化物、钨(W)、钼(Mo)、钒(V)、钛(Ti)、铌(Nb)等的碳化物，都是间隙相。

表 3-1 间隙相的化学式与晶格类型

间隙相的化学式	钢中可能遇到的间隙相	晶格类型
M_4X	Fe_4N、Nb_4C、Mn_4C	面心立方
M_2X	Fe_2N、Cr_2N、W_2C、Mo_2C	密排六方
MX	TaC、TiC、ZrC、VC	面心立方
MX	TiN、ZrN、VN	体心立方
MX	MoN、CrN、WC	简单六方
MX_2	VC_2、CeC_2、ZrH_2、TiH_2、LaC_2	面心立方

② 复杂结构的间隙化合物。当非金属原子半径与金属原子半径之比大于 0.59 时，形成具有复杂结构的间隙化合物。钢中的 Fe_3C、$Cr_{23}C_6$、Fe_4W_2C、Cr_7C_3、Mn_3C、FeB、Fe_2B 等都是这类化合物。Fe_3C 是铁碳合金(碳钢)中的重要组成相，具有复杂的斜方结晶格，其中铁原子可以部分地被锰(Mn)、铬(Cr)、钼(Mo)、钨(W)等金属所置换，形成以间隙化合物为基的固溶体，如 $(Fe,Mn)_3C$、$(Fe,Cr)_3C$ 等。

间隙相具有金属特性，有极高的熔点和硬度，非常稳定，是合金钢和硬质合金中重要的组成相。适当数量、尺寸及分布的间隙相，可以有效地提高合金钢的强度、红硬性和耐磨性。复杂结构的间隙化合物也具有很高的熔点和硬度，但比间隙相稍低，在钢中也起强化相的作用。表 3-2 是钢中常见间隙化合物的熔点和硬度。

表 3-2 钢中常见间隙相的熔点及硬度

类型	间隙相							复杂结构间隙化合物	
化学式	TiC	ZrC	VC	NbC	TaC	WC	MoC	$Cr_{23}C_6$	Fe_3C
熔点/℃	3080	3472	2650	3608	3983	2785	2527	1577	1227
硬度/HV	2850	2840	2010	2050	1550	1730	1480	1650	~800

(4) 第二相强化。在工业应用的合金中，其组织一般是由固溶体和金属化合物组成，固溶体塑性好作为基体相，而金属化合物作为第二相分布在基体相上。控制金属化合物的种类、数量、尺寸和分布，可以获得所需的力学性能。利用金属化合物提高合金强度和硬度的方法，称为第二相强化。第二相强化是在固溶强化的基础上，进一步提高合金力学性能的重要手段。

3.2 二元合金相图

3.2.1 相图的概念

二元合金相图是表示两种组元构成的具有不同比例的合金，在平衡状态(即极其缓慢加热或冷却的条件)下，合金相随温度、化学成分发生变化的平面图形。由相图可了解合金的结晶过程以及各种组织的形成和变化规律。目前，合金相图主要采用实验方法测定，常用的有热分析法、膨胀法、磁性法等方法,可以通过合金相图手册来查阅某一合金的相图。

图3.3是铜镍二元合金相图,有液相(用L表示)和Cu与Ni形成的无限固溶体(用α表示)两个相。图中纵坐标表示温度,横坐标表示合金成分。横坐标包含了Cu-Ni二元合金系所有合金的成分,最左侧代表纯金属Cu,最右侧代表纯金属Ni,从左到右合金中的Ni含量逐步提高。所以,横坐标上任何一点都代表一种成分的合金。通过成分(横)坐标上的任一点作的垂线称为合金线,合金线上不同的点表示该成分合金在某一温度下相的组成。因此相图中的任意一点都代表某一成分合金在某一温度下相的组成。例如,a点表示Ni的质量分数w_{Ni}=30%的Cu-Ni合金在1200℃处于L和α的两相状态;b点表示Ni的质量分数w_{Ni}=60%的Cu-Ni合金在1000℃处于单一α相状态。

二元合金相图有多种类型,其形式大多比较复杂,但复杂相图总可以看作由若干基本类型的相图组合而成。下面重点分析二元匀晶相图和二元共晶相图,其他类型二元合金相图仅作简单介绍。

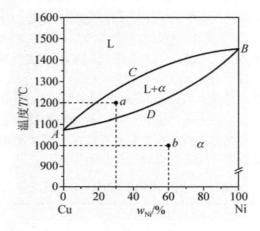

图3.3 Cu-Ni合金相图

3.2.2 匀晶相图

两组元在液态和固态均能无限互溶所构成的相图称为二元匀晶相图。具有这类相图的二元合金有Cu-Ni、Cu-Au、Au-Ag、Fe-Ni、Fe-Cr、W-Mo等。下面以Cu-Ni合金相图为例进行分析。

1. 相图分析

如图3.3所示,A点和B点是纯Cu和纯Ni的熔点,分别为1083℃和1455℃。ACB线是各种成分Cu-Ni合金冷却时起始凝固点(或加热时完全熔化点)的轨迹线,称为液相线,该线以上合金都处于高温熔融的液态。ADB线是各种成分Cu-Ni合金冷却时终止凝固点(或加热时开始熔化)的轨迹线,称为固相线,在该线以下合金全部呈α固溶体。由固相线和液相线将相图分为3个区域:液相线ACB以上的液相区L,固相线ADB以下的α单相区,液相线ACB与固相线ADB之间的液相L和固相α平衡共存的两相区L+α。

2. 合金的结晶过程

现以合金K为例,讨论合金的结晶过程,如图3.4所示。

第3章 合金的相结构与二元合金相图

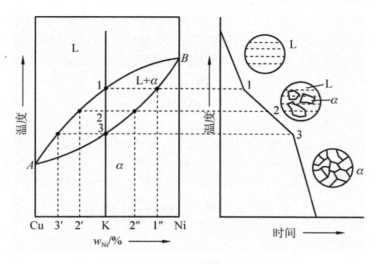

图 3.4 Cu-Ni 合金的结晶过程

当合金自高温液态缓慢冷却至液相线上 1 点温度时，开始从液相 L 中结晶出固溶体 α，此时 α 的成分为 1"(该点 Ni 质量分数含量高于合金的 Ni 质量分数)。随着温度下降，固溶体 α 量逐渐增多，剩余的液相 L 量逐渐减少。当温度冷却至 2 点温度时，α 的成分为 2"，液相的成分为 2'(该点 Ni 质量分数低于合金的 Ni 质量分数)。冷却至 3 点温度时，最后一滴成分为 3' 的液相转变为 α，K 合金的结晶过程结束。由于是缓慢冷却，原子可以充分扩散，最后得到 Ni 质量分数为 K 成分均匀的固溶体。

3. 杠杆定律

如上所述，在合金的结晶过程中，液相 L 和固相 α 的成分及其相对质量都在不断地变化。在 L+α 两相区某一温度下各相的成分及其相对质量，可通过杠杆定律求得。

由图 3.5(a)可知，合金 x 在 T 温度时，由 L 和 α 两个平衡相组成。求 L 相和 α 相的成分时可通过 x 点(即 T 温度)作水平线，此水平线与液相线的交点 a 即为 L 相的成分 x_1，与固相线的交点 b 即为 α 相的成分 x_2。

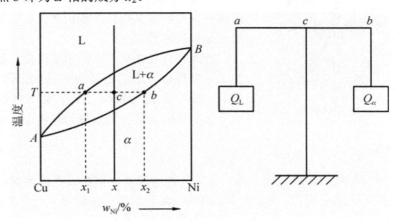

图 3.5 杠杆定律证明及力学比喻

设合金的总质量为 1，T 温度时，液相的质量为 Q_L，固相的质量为 $Q_α$，温度 T 水平线与合金线 x 的交点记作 c，如图 3.5(a)所示。根据质量守恒原理，液相和固相的质量之和应等于合金的总质量，液相 L 和固相 $α$ 之中 Ni 的总质量应等于合金中 Ni 的总质量，即

$$Q_L + Q_α = 1$$
$$Q_L \cdot x_1 + Q_α \cdot x_2 = x$$

联立上述二式，解方程得

$$Q_L = \frac{x_2 - x}{x_2 - x_1} \times 100\% \qquad Q_α = \frac{x - x_1}{x_2 - x_1} \times 100\%$$

$x_2 - x_1$ 为线段 ab 的长度，$x - x_1$ 为线段 ac 的长度，$x_2 - x$ 为线段 cb 的长度，故得

$$Q_L = \frac{cb}{ab} \times 100\% \qquad Q_α = \frac{ac}{ab} \times 100\%$$

上式也可变换为

$$\frac{Q_L}{Q_α} = \frac{cb}{ac} \qquad 或者 \qquad Q_L \cdot ac = Q_α \cdot cb$$

该式与力学中的杠杆定律相似[图 3.5(b)]，因而被称作杠杆定律。需要特别注意的是，杠杆定律只适用于相图的两相区，并且只能在平衡状态下使用。杠杆的端点为给定温度下两相的成分点，支点为合金的成分点。

4. 枝晶偏析

固溶体合金在结晶过程中，只有在极其缓慢冷却使原子能进行充分扩散的条件下，固相 $α$ 的成分才能沿着固相线均匀地变化，最终获得与原合金成分相同的均匀 $α$ 固溶体。但在实际生产条件下，冷却较快，原子扩散不能充分进行，形成的是成分不均匀的固溶体。先结晶的固溶体含高熔点组元(如 Cu-Ni 合金中的 Ni)较多，后结晶的固溶体含低熔点组元(如 Cu-Ni 合金中的 Cu)较多。这种在一个晶粒内部化学成分不均匀的现象称为晶内偏析。

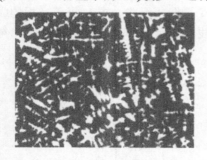

图 3.6 Cu-Ni 合金的枝晶偏析图(100×)

因为固溶体的结晶一般是按树枝状方式长大，首先结晶出枝干，剩余的液体填入枝间，这就使先结晶的枝干成分与后结晶的枝间成分不同，由于这种晶内偏析成树枝分布，故又称枝晶偏析。图 3.6 为 Cu-Ni 合金的枝晶偏析的显微组织。

枝晶偏析会影响合金的力学性能、耐腐蚀性能和加工工艺性能。通常把铸件加热到高温(低于固相线 200～100℃)，进行长时间保温(数小时至几十小时)，消除枝晶偏析。这种处理称为扩散退火。

3.2.3 共晶相图

两组元在液态时能以任何比例互溶，在固态时有限互相溶解或不能溶解，并发生共晶反应的合金系所形成的相图，称为二元共晶相图。具有这类相图的合金系有 Pb-Sn、Pb-Sb、Cu-Ag、Al-Si、Zn-Sn 等，下面以 Pb-Sn 相图为例进行分析。

1. 相图分析

图 3.7 是 Pb-Sn 合金相图，下面分析重要的相和相区、线以及主要相反应。

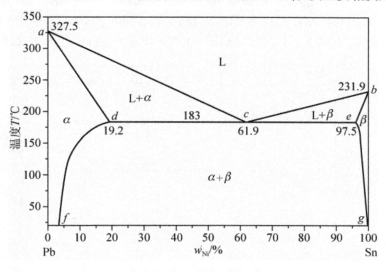

图 3.7 Pb-Sn 共晶相图

(1) 相及相区。L、α 和 β 为合金系的 3 个单相。L 是液相，α 是以 Pb 为溶剂、Sn 为溶质的固溶体，β 是以 Sn 为溶剂、Pb 为溶质的固溶体。相图中有 L、α 和 β 三个单相区，L+α、L+β 和 α+β 三个两相区，L+α+β 一个三相区。

(2) 线。相图中 acb 为液相线，$adceb$ 为固相线，a 点和 b 点分别是纯 Pb 的熔点(327.5℃)和纯 Sn 的熔点(231.9℃)。df 和 eg 分别是固溶体 α 和固溶体 β 的溶解度曲线，α 和 β 的溶解度均随温度的下降而减小。

(3) 共晶反应。相图中 dce 水平线(183℃)是共晶反应线。在 183℃，成分为 c 点(ω_{Sn}=61.9%)的液相 L 要同时结晶出成分为 d 点(ω_{Sn}=19.2%)的 α 相和成分为 e 点(ω_{Sn}=97.5%)的 β 相，反应式为

$$L_c \xrightleftharpoons[\text{恒温}]{183℃} (\alpha_d + \beta_e) \quad \text{即} \quad L_{61.9} \xrightleftharpoons[\text{恒温}]{183℃} (\alpha_{19.2} + \beta_{97.5})$$

上式的反应称为共晶反应或共晶转变。反应产物为 α 和 β 两相机械混合物，称为共晶体或共晶组织；反应的温度称为共晶温度，成分 c 点称为共晶点。在平衡结晶过程中，凡成分在 d 点和 e 点之间的合金在共晶温度(183℃)都会发生共晶反应。在共晶反应时，温度恒定不变，L、α 和 β 三相平衡共存，各相成分保持不变。

在相图中，成分为 c 点的合金称为共晶合金，成分在 $d\sim c$ 点之间的合金称为亚共晶合金，成分在 $c\sim e$ 点之间的合金称为过共晶合金。

2. 合金的结晶过程

下面分析典型合金的结晶过程。对于在不同条件下结晶的合金相，采用在相的名称后面标注下标的方式加以区别。通常把直接从液体中结晶的固相称为初生相或一次相，用下标Ⅰ表示或者不标注；从固态母相中析出的新固相称作次生相或二次相，用下标Ⅱ表示。

(1) 共晶合金。图 3.8 中合金①为共晶合金，当它冷却到 1 点时(共晶温度 183℃)，液

态合金将在恒温下(需要有过冷度)发生共晶转变,全部形成($\alpha_d + \beta_e$)共晶体。该共晶体的α相和β相通常是相互交替排列,形成一种片层状显微组织,记作($\alpha+\beta$)。继续冷却,共晶体中的α相和β相的成分分别沿固溶线 df 和 eg 变化,并析出二次β相(β_{II})和二次α相(α_{II}),β_{II}和α_{II}分别与母相α和β紧密地连接在一起。随着β_{II}和α_{II}的析出,共晶体的形态和成分不发生变化。室温(2 点)下合金的组织为 100%的($\alpha+\beta$)共晶体,由α和β两相组成。

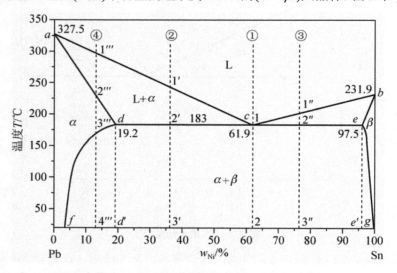

图 3.8 四种典型合金在 Pb-Sn 共晶相图中的位置

(2) 亚共晶合金。图 3.8 中合金②为亚共晶合金,当它冷却到液相线 1'点时,开始从液相 L 中结晶出一次α相。随着温度下降,α相的量不断增加,L 相的量不断减少,L 相成分沿液相线 ac 变化,α相的成分沿固相线 ad 变化。当温度降到 2'点(共晶温度183℃)时,剩余 L 相和α相的成分分别到达 c 点和 d 点;此时,剩余 L 相将在恒温下发生共晶反应形成($\alpha+\beta$)共晶体。当共晶转变结束后,合金②的组织为$\alpha+(\alpha+\beta)$。在 2'点温度以下,α相中不断析出β_{II},共晶体($\alpha+\beta$)保持成分和数量不变。室温(3 点)下合金的组织为$\alpha+\beta_{II}+(\alpha+\beta)$。因此,合金②的结晶过程可表示为:L $\xrightarrow{1'\sim 2'}$ L+α $\xrightarrow{2'}$ $\alpha+(\alpha+\beta)$ $\xrightarrow{2'\sim 3'}$ $\alpha+\beta_{II}+(\alpha+\beta)$。

(3) 过共晶合金。合金③为过共晶合金,结晶过程和分析方法与上述亚共晶合金类似,只是一次相为β相,二次相为α相。在室温(3"点)下,合金的组织为$\beta+\alpha_{II}+(\alpha+\beta)$。合金③结晶过程可表示为:L $\xrightarrow{1''\sim 2''}$ L+β $\xrightarrow{2''}$ $\beta+(\alpha+\beta)$ $\xrightarrow{2''\sim 3''}$ $\beta+\alpha_{II}+(\alpha+\beta)$。

(4) 固溶体合金。d 点左侧和 e 点右侧的合金在冷却过程中不会发生共晶反应,是匀晶结晶过程。合金④冷却至 1'''点时结晶出一次α相,随着温度下降,α相的量不断增加,L 相的量不断减少,L 相成分沿液相线 ac 变化,α相的成分沿固相线 ad 变化。当温度降到 2'''点时,L 相全部结晶成α相,α相的成分为合金的成分。在 2'''~3'''点温度范围内,是α相自然冷却过程。当冷却到 3'''点时开始从α相中不断析出β_{II}相,直到室温(4'''点)。室温下合金的组织为$\alpha+\beta_{II}$。合金④的结晶过程可表示为:L $\xrightarrow{1'''\sim 2'''}$ L+α $\xrightarrow{2'''\sim 3'''}$ α $\xrightarrow{3'''\sim 4'''}$ $\alpha+\beta_{II}$。

同理,e 点右侧的合金在冷却过程中,首先会从液相中结晶出一次β相,最后从β相中析出α_{II}。在室温下,合金的组织为$\beta+\alpha_{II}$。

3. 合金的组成相和组织组成物

从上述几种典型合金的结晶过程可以看到，Pb-Sn 合金结晶后室温下所得的组织中仅有 α 和 β 两个相，因此把 α 相和 β 相称为合金的组成相。图 3.7 中各相区就是以合金的组成相填写的。从相图手册上查阅到的相图，各相区一般按合金的组成相填写。

随着合金中 Sn 含量的增加，依次出现 α、$\alpha+\beta_{II}$、$\alpha+\beta_{II}+(\alpha+\beta)$、$(\alpha+\beta)$、$\beta+\alpha_{II}+(\alpha+\beta)$、$\beta+\alpha_{II}$、$\beta$ 等组织，其中 α、α_{II}、β、β_{II}、$(\alpha+\beta)$ 称为合金的"组织组成物"。组织组成物是指合金的组织中，那些具有确定本质、一定形成机制的特殊形态的组成部分。组织组成物可以是单相，也可以是两相混合物，在显微镜下可以明显的区分。在进行金相分析时，主要用组织组成物来表示合金的显微组织，故常将合金的组织组成物填写于合金相图中。图 3.9 为按组织组成物填写的 Pb-Sn 合金相图。

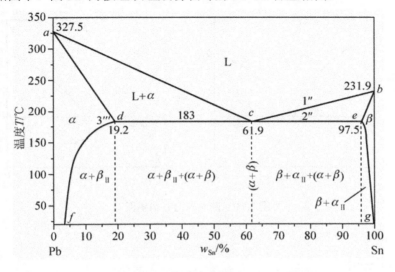

图 3.9 按组织组成物填写的 Pb-Sn 合金相图

每种组织的组成相的成分和相对质量以及组织组成物的成分和相对质量均可根据杠杆定律来确定。表 3-3 列出了典型 Pb-Sn 合金在室温下组成相和组织组成物的相对质量的计算公式，其中 2g、f2、fg、3'g、f3'、d'g、fd'、2'c、d2'、dc、3"g、f3"、fe'、e'g、c2"、2"e、4'''g、f4''' 等为图 3.8 中相应的线段长度。

表 3-3 典型 Pb-Sn 合金室温下组成相和组织组成物的相对质量

合 金	组成相的相对质量	组织组成物的相对质量
共晶合金 (合金①)	$Q_\alpha = \dfrac{2g}{fg} \times 100\%$　　$Q_\beta = \dfrac{f2}{fg} \times 100\%$	$Q_{(\alpha+\beta)} = 100\%$
亚共晶合金 (合金②)	$Q_\alpha = \dfrac{3'g}{fg} \times 100\%$　　$Q_\beta = \dfrac{f3'}{fg} \times 100\%$	$Q_\alpha = \dfrac{d'g}{fg} \times \dfrac{2'c}{dc} \times 100\%$　　$Q_{\beta_{II}} = \dfrac{fd'}{fg} \times \dfrac{2'c}{dc} \times 100\%$ $Q_{(\alpha+\beta)} = \dfrac{d2'}{dc} \times 100\%$

续表

合　金	组成相的相对质量	组织组成物的相对质量
过共晶合金 (合金③)	$Q_\alpha = \dfrac{3''g}{fg} \times 100\%$　　$Q_\beta = \dfrac{f3''}{fg} \times 100\%$	$Q_\beta = \dfrac{fe'}{fg} \times \dfrac{c2''}{ce} \times 100\%$　　$Q_{\alpha_{II}} = \dfrac{e'g}{fg} \times \dfrac{c2''}{ce} \times 100\%$ $Q_{(\alpha+\beta)} = \dfrac{2''e}{ce} \times 100\%$
固溶体合金 (合金④)	$Q_\alpha = \dfrac{4'''g}{fg} \times 100\%$　　$Q_\beta = \dfrac{f4'''}{fg} \times 100\%$	$Q_\alpha = \dfrac{4'''g}{fg} \times 100\%$　　$Q_{\beta_{II}} = \dfrac{f4'''}{fg} \times 100\%$

在部分二元共晶相图中，在固态下组元之间不溶解，此类相图称为简单共晶相图。图 3.10(a)是两组元 A 和 B 在固态时彼此不溶解，共晶体为两组元的混合物。图 3.10(b)是固态下组元 B 不溶解组元 A，而组元 A 溶解了部分组元 B，共晶体为 A(B)固溶体和 B 组元的混合物。

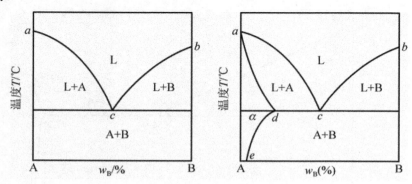

图 3.10　简单二元共晶相图

3.2.4　其他相图

1. 二元共析相图

图 3.11 的下半部为二元共析相图，其形状与共晶相图类似。在恒定温度 T_1 下，成分为 c 点的 γ 相发生如下反应

$$\gamma \xrightleftharpoons[\text{恒温}]{T_1} (\alpha_d + \beta_e)$$

这种在恒温下从一种固态母相中同时析出两种新固相的过程称为共析反应，c 点称为共析点，dce 线称为共析线。共析反应与共晶反应的不同之处是反应前的母相不是液相，而是固相。

共析反应的产物称为共析体或共析组织。由于共析反应是在固态下进行的，原子的扩散困难，转变的过冷度大。因此与共晶体相比，共析体为更加细小的、均匀的两种合金相交错分布的致密的机械混合物，有片层状、颗粒状、条棒状、螺旋状等多种形态，以片层状和颗粒状最为常见。

与共晶相图类似，成分为 c 点的合金称为共析合金，成分在 $d\sim c$ 点之间的合金称为亚共析合金，成分在 $c\sim e$ 点之间的合金称为过共析合金。

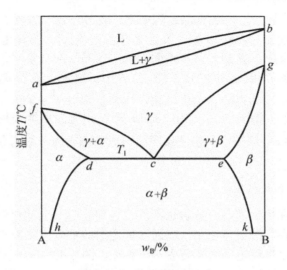

图 3.11 二元共析相图

2. 二元包晶相图

两组元在液态时无限互溶,在固态时形成有限固溶体,并发生包晶反应的合金系构成的相图,称为二元包晶相图。具有包晶相图的合金系主要有 Pt-Ag、Ag-Sn、Al-Pt 等,应用最多的 Cu-Zn、Cu-Sn、Fe-Fe$_3$C 等合金系中也包含这种类型的相图。

二元包晶相图如图 3.12 所示。图中 adb 为液相线,$aceb$ 为固相线,cf 为 A 组元在 α 固溶体中的溶解度曲线,eg 是 B 组元在 β 固溶体中的溶解度曲线。e 是包晶点,成分为 e 点的合金冷却到温度 T_1(包晶温度)时发生包晶反应

$$L_d + \alpha_c \xrightleftharpoons[\text{恒温}]{T_1} \beta_e$$

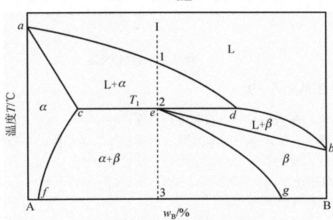

图 3.12 二元包晶相图

此时 L_d、α_c、β_e 三相共存,成分确定,反应温度恒定。水平线 ced 为包晶线,成分在 c 点与 d 点间的合金,在包晶温度 T_1 下,均发生包晶反应。

与共晶相图类似,成分为 e 点的合金称为包晶合金,成分在 $c\sim e$ 点之间的合金称为亚包晶合金,成分在 $e\sim d$ 点之间的合金称为过包晶合金。

包晶合金(图3.12中合金Ⅰ)的结晶过程如下：液态合金冷却至1~2点温度之间，按匀晶结晶方式结晶出一次 α 相；冷却至2点温度(包晶温度)时，液相L成分为 d 点，α 相成分为 c 点，发生包晶反应，β 相包围 α 相而形成。包晶反应结束时，α 相与液相L耗尽，全部生成成分为 e 点的 β 相。温度继续下降，从 β 中析出 α_{II}。最后室温下的组织为 $\beta+\alpha_{II}$。

合金在结晶过程中，如果冷却速度较快，包晶反应时原子扩散不能充分进行，则生成的β固溶体会发生较大的偏析。在 β 相中，原 α 处A组元的质量分数较高，而原液相L区A组元的质量分数较低，这种由于包晶反应而形成的偏析现象称为包晶偏析。包晶偏析可以通过扩散退火消除。

3. 形成稳定化合物的相图

稳定化合物是指在熔化前既不分解也不产生任何化学反应的化合物。它具有一定化学成分和固定的熔点，在相图中可以用一条通过固定成分的垂直线来表示。它的结晶过程与纯金属相似。因此可以把稳定化合物看成一个组元。图3.13是一个具有稳定化合物 A_mB_n 的相图，A_mB_n 将整个相图分为两个相对独立的相图，即 A-A_mB_n 相图和 A_mB_n-B 相图。

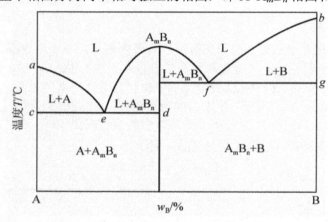

图3.13 含稳定化合物的相图

3.2.5 二元合金相图的分析步骤

在分析二元合金相图时，一般可按照下列步骤进行。

(1) 首先分清相图中包含哪些基本类型的相图，如匀晶相图、共晶相图等。如有稳定化合物存在，则以化合物为界，分成几个区域分别进行分析。

(2) 在二元合金相图中，相邻相区的相数差为1(点接触情况除外)。两相区中的相一定是由相邻的两个单相区中的相组成。

(3) 找出三相共存的水平等温线，根据与水平线相邻的相区，确定三相转变，这是分析复杂相图的关键。三相反应等温线主要有共晶线、共析线和包晶线等3种。

(4) 在单相区，相的成分与该合金的成分相同。在两相区，不同温度下各相的成分均沿其相界线变化，各相的相对质量可由杠杆定律求出。三相平衡时，3个相的成分固定，相对质量在不断地变化，但是参与反应的两个母相或析出的两个新相的相对质量是固定的，并可通过杠杆定律求出。

3.2.6 相图与性能的关系

相图表达了合金的成分、组织与温度之间的关系，而成分和组织是决定合金性能的主要因素。因此，在合金的相图与性能(使用性能和工艺性能)之间必定存在着某种联系。可以通过分析合金相图，掌握合金的性能特点及其变化规律，作为配制合金、选择材料和制定工艺的依据。

1. 合金的使用性能与相图的关系

二元合金在室温下的平衡组织可分为两大类：一类是由单相固溶体构成的组织，这种合金称为(单相)固溶体合金，由匀晶转变获得；另一类是由两固相构成的组织，这种合金称为两相混合物合金。共晶转变、共析转变、包晶转变都会形成两相混合物合金。

图 3.14 是二元合金的物理性能和力学性能与相图关系的示意图。对于固溶体合金，随着溶质含量的增加，晶格畸变逐渐增大，合金的强度、硬度、电阻率也随之增大。当溶质浓度达到一定值(大约 50%)时，它们分别达到最大值[图 3.14(a)]。在一般情况下，固溶体在具有较高强度的同时也具有较高的塑性和韧性，故形成的单相固溶体合金具有较好的综合力学性能。

虽然单相固溶体合金的强度和硬度比纯金属有明显的提高，但还不能完全满足工程结构对材料性能的要求，因此，工程上常用的合金多是两相或多相组成的复杂合金，并常将固溶体作为复杂合金的基体相。

两相混合物合金(如含共晶组织的合金)的力学性能和物理性能与成分呈直线变化关系。在平衡状态下，其性能约等于两相性能按质量分数的加权平均值。对于组织敏感的某些性能，如强度、硬度等，与组织的形态有很大关系，组织越细小，则强度越高。图 3.14(b)中的虚线表示合金处在共晶成分附近时，由于合金中两相晶粒构成的细密的共晶体组织的比例大大增加，强度、硬度偏离与成分的直线变化关系出现一个高峰，其峰值的大小随着组织细密程度的增加而增加。

2. 合金的工艺性能与相图的关系

图 3.15 为合金的铸造性能与相图的关系。合金的铸造性能取决于相图中液相线与固相线的距离(结晶温度范围)的大小。合金的结晶温度范围越大，则形成枝晶偏析的倾向就越大。发达的树枝晶阻碍合金液体的流动，容易形成分散的缩孔或缩松，合金的铸造性能差；反之结晶温度范围小，缩孔集中，合金的铸造性能好。共晶及其共晶附近的合金，结晶温度范围窄，同时结晶温度低，液体流动性好，是比较理想的铸造合金。

单相固溶体合金的变形抗力小，不易开裂，有较好的塑性，故压力加工性能好。两相混合的合金，因组织中两相的塑性不同，又相界面较多，阻碍塑性变形，因此塑性加工性能差。如果合金中含有较多的硬脆化合物时，其塑性加工性能会更差。

单相固溶体合金的切削加工性能差，其原因是硬度低，容易粘刀，表现为不易断屑，表面粗糙度大等，而当合金为两相混合物时，切削加工性能得到改善。

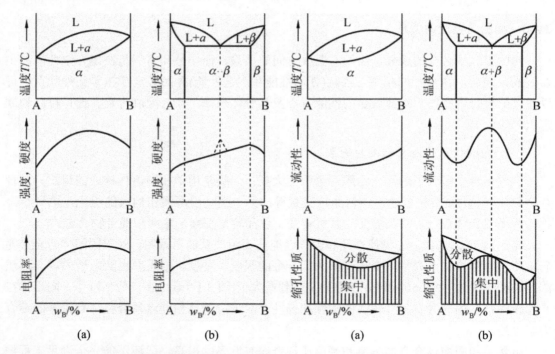

图 3.14 合金的力学及物理性能和力学性能与相图关系　　图 3.15 合金的铸造性能与相图关系

小　　结

具有工业应用价值的金属材料几乎都是合金。

固态合金中有两类基本相：固溶体和金属化合物。固溶体可分为置换固溶体和间隙固溶体，也可分为有限固溶体和无限固溶体。溶质原子溶入溶剂晶格可以提高合金的强度和硬度。固溶体强化，是提高合金力学性能的重要手段。

金属化合物可分为正常价化合物、电子化合物和间隙化合物(间隙相和复杂结构的间隙化合物)，金属化合物的性能特征是熔点高、硬度高、脆性大，也是合金中的重要强化相。间隙相对提高合金钢的强度、红硬性和耐磨性有重要作用。

二元合金相图是描述合金系在平衡状态下，合金相随温度和成分变化规律的平面图形。常见二元合金相图有匀晶相图、共晶相图和包晶相图等类型。匀晶合金平衡结晶特点是变温结晶、液相及固相的成分和相对质量随温度的变化而变化。共晶反应时，反应温度恒定不变，参与反应的 3 个相平衡共存，各相成分保持不变。

运用杠杆定律，可计算平衡组织中的组成相和组织组成物的相对质量。非平衡结晶会产生枝晶偏析，可用扩散退火消除之。

合金的性能取决于合金的组织，合金中相的种类、数量、大小、形态与分布决定了合金的组织。合金的使用性能和工艺性能与合金相图有规律性关系。

练习与思考

1. 名词解释

(1) 固溶体；(2) 金属化合物；(3) 相；(4) 组织；(5) 间隙相；(6) 共晶反应；(7) 共析反应；(8) 枝晶偏析。

2. 简答题

(1) 简述固溶体、金属化合物在晶体结构与力学性能方面的特点。
(2) 二元合金相图表达了合金的哪些关系？各有哪些实际意义？
(3) 试分析共晶反应、包晶反应和共析反应的异同点。
(4) 为什么铸造合金常选用接近共晶成分的合金，而压力加工合金常选用单相固溶体成分合金？

3. 分析题

(1) 根据图 3.9 的 Pb-Sn 二元合金相图，分析下列问题。

① 指出组织中 β_{II} 质量分数最多、最少的成分点；共晶体最多、最少的成分点；最容易和最不容易产生枝晶偏析的成分点。

② 说明含 Sn 量为 50%的合金在下列温度时，组织中有哪些相？并求出相的相对质量。

a. 高于 300℃。
b. 刚冷到 183℃共晶温度，转变尚未开始。
c. 在 183℃，共晶转变完毕。

(3) 分析 w_{Sn}=70%的合金，从液态缓慢冷却至室温的结晶过程，并计算室温下组织组成物和组成相的相对质量。

(2) 已知 A 组元(熔点 600℃)与 B 组元(熔点 500℃)在液态无限互溶；在固态 300℃时，A 溶于 B 的最大溶解度为 30%。室温时为 10%，但 B 不溶于 A，在 300℃时，w_B=40%的液态合金发生共晶反应。

① 画出 A-B 二元合金相图。
② 分析 w_A=20%的合金结晶过程，并确定室温下组织组成物和组成相的相对质量。

第 4 章

铁碳合金相图与碳钢

以铁碳合金为基础的碳钢、铸铁是工业上应用最为广泛的金属材料,铁碳合金相图是研究铁碳合金的成分、组织结构与性能关系的理论基础,通过铁碳相图可以确定碳钢、铸铁的熔炼、铸造、锻造和热处理的工艺参数。碳钢冶炼加工方便,力学性能较好,价格便宜,在工业、农业各个领域得到了极为广泛的应用,使用量占全部钢铁材料80%以上。

本章让学生了解七类铁碳合金的平衡结晶过程和形成的组织,并且运用杠杆定律,对平衡组织中各种相及组织组成物的相对质量进行计算;了解碳钢的分类方法、牌号、性能及用途。重点掌握铁碳合金相图中的铁素体、奥氏体、渗碳体、珠光体和莱氏体之间的联系与区别,随碳含量的增加室温下七类铁碳合金的组织以及性能的变化规律,铁碳合金相图的应用;重点掌握碳钢的主要分类、牌号、性能及用途。

4.1 铁碳合金相图

碳钢和铸铁是现代机械制造工业中应用最广泛的金属材料,它们是由铁和碳为主要元素构成的铁碳合金。合金钢和合金铸铁实际上是有目的地加入一些合金元素的铁碳合金。为了合理地选用钢铁材料,必须掌握铁碳合金的成分、组织结构与性能之间的关系。

4.1.1 铁碳合金的基本相及组织

铁碳合金在液态时铁和碳可以无限互溶;在固态时,根据碳含量的不同,碳可以溶解在铁中形成固溶体,也可以与铁形成化合物,或者形成固溶体与化合物组成的机械混合物。因此,铁碳合金在固态下存在δ铁素体、铁素体、奥氏体和渗碳体四种基本相以及珠光体和莱氏体两种基本组织。

1. 铁素体(Ferrite)

碳溶于$\alpha-Fe$形成的间隙固溶体称为铁素体,具有体心立方晶格结构,常用符号 F 表示。铁素体的溶碳能力很小,随着温度的升高溶碳能力增加,727℃时溶碳能力最大,碳质量分数w_C达到 0.0218%。铁素体的力学性能接近纯铁,强度、硬度很低,塑性和韧性很好。含有较多铁素体的铁碳合金(如低碳钢),易于进行冲压等塑性变形加工。

在 1 394℃以上,碳溶于$\delta-Fe$形成的间隙固溶体称为高温铁素体,常用符号δ表示,也称δ铁素体。

2. 奥氏体(Austenite)

奥氏体是碳溶解在$\gamma-Fe$中形成的间隙固溶体,具有面心立方晶格结构,常用符号 A 表示。奥氏体在 1 148℃时其溶碳能力最大,碳质量分数w_C达到 2.11%。在铁碳合金中奥氏体存在于 727℃以上。奥氏体的硬度低,塑性好,通常把钢加热到奥氏体状态进行锻造。

3. 渗碳体(Cementite)

渗碳体是铁和碳形成的 Fe_3C 金属化合物,渗碳体中碳质量分数 w_C=6.69%,性能特征是硬度高(>800HBW),脆性大,塑性极差($A\approx0$)。如果铁碳合金中的渗碳体量过多,将导致材料的强度和塑性等力学性能显著下降,甚至失去工业应用价值。一定量的渗碳体若呈细小而均匀地分布于基体之上,可以提高材料的强度和硬度。

渗碳体在一定的条件下,能分解形成石墨状的自由碳和铁:$Fe_3C \rightarrow 3Fe+C$(石墨)。这一过程对铸铁具有重要的意义。

4. 珠光体(Pearlite)

珠光体是共析反应所形成的铁素体和渗碳体两相组成的机械混合物,平均碳质量分数 w_C=0.77%,常用符号 P 表示。

常见的珠光体形态呈片层状,铁素体片(宽条)与渗碳体片(窄条)相互交替排列。珠光体中的渗碳体称为共析渗碳体,数量较少,质量分数为 11.4%。

珠光体的强度、硬度、塑性和韧性介于铁素体和渗碳体之间。片层间距越小,强度和硬度越高。一般珠光体具有较高的硬度、强度和良好的塑性、韧性。

5. 莱氏体(Ledeburite)

莱氏体是共晶反应所形成的奥氏体和渗碳体两相组成的机械混合物,平均碳质量分数 w_C=4.3%,常用符号 Ld 表示。

莱氏体中的渗碳体称为共晶渗碳体,数量多,质量分数达到 47.8%,作为莱氏体的基体,奥氏体分布其中。

莱氏体由于含有较多的渗碳体,导致硬度高,脆性大,塑性很差。通常用于提高合金的耐磨性。

4.1.2 铁碳合金相图分析

铁碳合金相图是研究铁碳合金的基础。碳质量分数 w_C>6.69% 的铁碳合金脆性极大,没有使用价值。渗碳体(w_C=6.69%)是个稳定的金属化合物,可以作为一个组元。因此,工业上研究的铁碳合金相图实际上是 Fe-Fe$_3$C 相图,如图 4.1 所示。

1. 相图中的点、线、区

相图中各主要点的温度、碳质量分数及含义见表 4-1。

相图中各主要线的意义如下:

ABCD 线——液相线。该线以上的合金为液态,合金冷却至该线以下便开始结晶。

AHJECF 线——固相线。该线以下合金为固态。加热时温度达到该线后合金开始融化。

HJB 线——包晶线。碳质量分数 w_C=0.09%~0.53% 的铁碳合金,在 1495℃ 的恒温下均发生包晶反应,反应式为

$$L_B + \delta_H \xrightleftharpoons[\text{恒温}]{1495℃} A_J \quad 即 \quad L_{0.53} + \delta_{0.09} \xrightleftharpoons[\text{恒温}]{1495℃} A_{0.17}$$

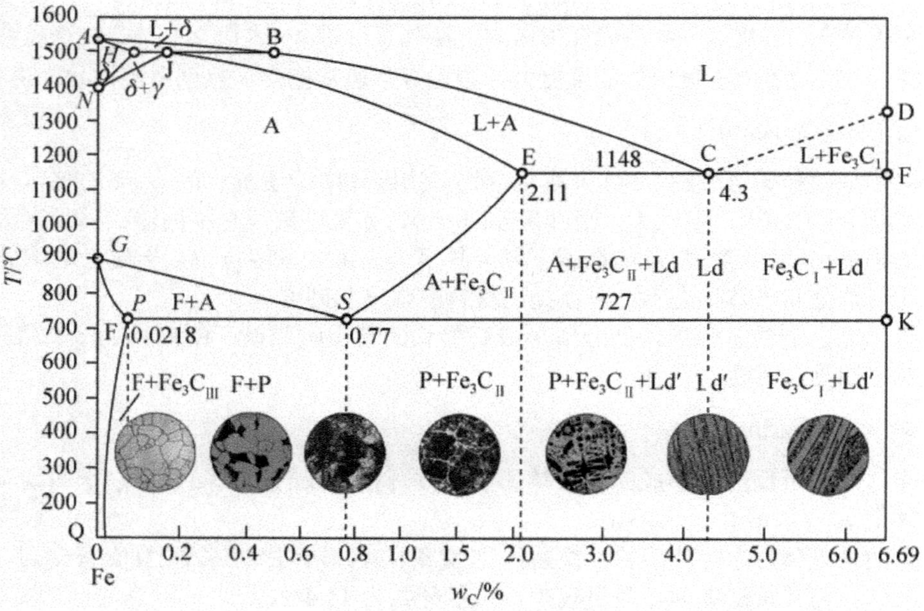

图 4.1 Fe-Fe$_3$C 相图

表 4-1 Fe-Fe₃C 相图中各主要点的温度、碳含量及含义

点的符号	温度/℃	碳含量(质量分数)/%	说　明
A	1 538	0	纯铁的熔点
B	1 495	0.53	包晶转变时液态合金成分
C	1 148	4.3	共晶点
D	1 227	6.69	渗碳体的熔点
E	1 148	2.11	碳在 $\gamma-Fe$ 中的最大溶解度
F	1 148	6.69	渗碳体的成分
G	912	0	$\gamma-Fe \rightleftharpoons \alpha-Fe$ 转变温度
H	1 495	0.09	碳在 $\delta-Fe$ 中的最大溶解度
J	1 495	0.17	包晶点
K	727	6.69	渗碳体的成分
N	1 394	0	$\delta-Fe \rightleftharpoons \gamma-Fe$ 转变温度
P	727	0.021 8	碳在 $\alpha-Fe$ 中的最大溶解度
S	727	0.77	共析点
Q	室温	0.000 8	室温时碳在 $\alpha-Fe$ 中的溶解度

PSK——共析线。当奥氏体冷却到该线温度时发生共析反应，反应式为

$$A_S \underset{\text{恒温}}{\overset{727\,^\circ\text{C}}{\rightleftharpoons}} F_P + Fe_3C \qquad 即 \qquad A_{0.77} \underset{\text{恒温}}{\overset{727\,^\circ\text{C}}{\rightleftharpoons}} F_{0.0218} + Fe_3C$$

共析反应的产物是铁素体与渗碳体的机械混合物，即前面所述的珠光体(P)。*PSK* 共析线又称 A_1 线。

ECF 线——共晶线。碳质量分数 $w_C > 2.11\%$ 的铁碳合金当冷却到该线时，液态合金均要发生共晶反应，反应式为

$$L_C \underset{\text{恒温}}{\overset{1148\,^\circ\text{C}}{\rightleftharpoons}} A_E + Fe_3C \qquad 即 \qquad L_{4.3} \underset{\text{恒温}}{\overset{1148\,^\circ\text{C}}{\rightleftharpoons}} A_{2.11} + Fe_3C$$

共晶反应的产物是奥氏体与渗碳体的机械混合物，即前面所述的莱氏体(Ld)。共晶反应所产生的莱氏体冷却至 PSK 线时，内部的奥氏体也要发生共析反应转变成为珠光体，这时的莱氏体是珠光体与渗碳体的机械混合物，称作"低温莱氏体"，或称"变态莱氏体"，用符号 Ld′ 表示。

NH、*NJ* 和 *GS*、*GP* 线——固溶体的同素异构转变线。在 *NH* 与 *NJ* 线之间发生 $\delta-Fe \rightleftharpoons \gamma-Fe$ 转变，*NJ* 线又称 A_4 线，在 *GS* 与 *GP* 之间发生 $\gamma-Fe \rightleftharpoons \alpha-Fe$ 转变，*GS* 线又称 A_3 线。

ES 和 *PQ* 线——溶解度曲线，分别表示碳在奥氏体和铁素体中的极限溶解度随温度的变化线，*ES* 线又称 A_{cm} 线。当奥氏体中碳的质量分数超过 *ES* 线时，就会从奥氏体中析出渗碳体，该渗碳体称为二次渗碳体，用 Fe_3C_{II} 表示。Fe_3C_{II} 分布于原奥氏体晶粒的周围(即晶界)，在金相显微镜下观察呈网状结构，故又称网状渗碳体。碳含量越高，Fe_3C_{II} 网状层越厚。同样，当铁素体中碳的质量分数超过 *PQ* 线时，就会从铁素体中析出渗碳体，该渗碳体称为三次渗碳体，用 Fe_3C_{III} 表示。

此外，*CD* 线是从液相 L 中结晶出渗碳体的起始温度线，从液相中结晶出的渗碳体称为一次渗碳体，用 Fe_3C_I 表示。

相图中有 5 个基本相，相应的有 5 个单相区：液相区 L，δ 固相区，奥氏体(A)相区，铁素体(F)相区，渗碳体(Fe_3C)相区(相图中为 *DFK* 直线)。

相图中有 7 个两相区：L+δ，L+A，L+Fe_3C_I，δ+A，A+F，A+Fe_3C_{II}，F+Fe_3C_{III}。

相图中有 3 个三相区，各表现为一条水平直线，即 *HJB* 线，L+δ+A；*ECF* 线，L+A+Fe_3C；*PSK* 线，A+F+Fe_3C。在水平线上 3 个相同时存在，处于平衡状态。

2. 铁碳合金的分类和室温平衡组织

Fe-Fe_3C 相图中不同成分的铁碳合金，在室温下将得到不同的平衡组织，其性能也不同。通常根据相图中的 *P* 点和 *E* 点成分将铁碳合金分为工业纯铁、钢及白口铸铁三类。

(1) 工业纯铁。工业纯铁是指室温下组织为 F(铁素体)和少量 Fe_3C_{III}(三次渗碳体)的铁碳合金，成分范围在 *P* 点以左，碳质量分数 $w_C<0.0218\%$。室温平衡组织为 F。

(2) 钢。钢是指高温固态组织为单相 A(奥氏体)的一类铁碳合金，成分范围在 *P*～*E* 点之间，碳质量分数 $w_C=0.0218\%$～2.11%。钢具有良好的塑性，适合进行锻造、轧制等压力加工。根据室温平衡组织的不同，又分为下列三种。

① 亚共析钢，成分范围在 *P*～*S* 点之间，碳质量分数 $w_C=0.0218\%$～0.77%，室温平衡组织为 F+P。

② 共析钢，成分为共析 *S* 点，碳质量分数 $w_C=0.77\%$，室温平衡组织全部是 P(珠光体)。

③ 过共析钢，成分范围在 *S*～*E* 点之间，碳的质量分数 $w_C=0.77\%$～2.11%。室温平衡组织为 P+Fe_3C_{II}。

(3) 白口铸铁。白口铸铁是指成分在 *E* 点以右的铁碳合金，碳质量分数为 $w_C=2.11\%$～6.69%。白口铸铁熔点较低，流动性好，便于铸造，但脆性大。根据室温平衡组织的不同，又分为下列三种。

① 亚共晶白口铸铁，成分范围在 *E*～*C* 点之间，碳质量分数 $w_C=2.11\%$～4.3%，室温平衡组织为 P+Fe_3C_{II}+Ld'。

② 共晶白口铸铁，成分为共晶 *C* 点，碳质量分数 $w_C=4.3\%$，室温平衡组织全部是 Ld'(低温莱氏体)。

③ 过共晶白口铸铁，成分范围在共晶 *C* 点以右，碳质量分数 $w_C=4.3\%$～6.69%，室温平衡组织为 Fe_3C_I+Ld'。

3. 典型铁碳合金结晶过程分析

为了了解工业纯铁、钢和白口铸铁组织的形成规律，现选择七种典型的合金，分析其平衡结晶过程及组织的变化。图 4.2 中标有①～⑦的七条合金线(成分垂线)，分别是工业纯铁、钢和白口铸铁三类铁碳合金中的典型合金所在的成分位置。

1) 工业纯铁

碳质量分数 $w_C=0.01\%$ 的工业纯铁为图 4.2 中的①，结晶过程如图 4.3 所示。合金在 1 点温度以上为液态，在 1～2 点温度间，按匀晶转变结晶出 δ 铁素体，在 2 点结晶结束，液态合金全部转变为 δ 铁素体。在 2～3 点温度间，为 δ 铁素体的自然冷却过程。δ 铁素体冷却到 3～4 点温度间发生 δ 铁素体→A(奥氏体)的匀析转变，这一转变在 4 点温度结束，合金全部转变成单相 A。在 4～5 点温度间，为 A 的自然冷却过程。冷却到 5～6 点温度间又发生 A(奥氏体)→F(铁素体)的匀析转变，6 点温度以下全部是 F。冷却到 7 点温度时，碳在 F 中的溶解量达到饱和。在 7 点温度以下，随着温度的下降，从 F 中析出 Fe_3C_{III}(三次渗碳体)。

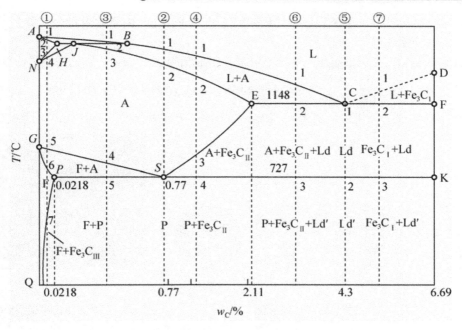

图 4.2　典型合金在 Fe-Fe₃C 相图中的位置

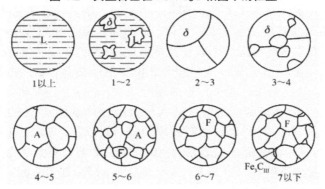

图 4.3　工业纯铁(w_C=0.01%)结晶过程示意

工业纯铁的室温组织为 F+少量 Fe_3C_{III}，F 和 Fe_3C_{III} 是组织组成物。随着工业纯铁碳含量的提高，析出的 Fe_3C_{III} 的量稍有增加，在相图中的 P 点(w_C=0.0218%)，Fe_3C_{III} 的量达到最大值 0.3%(质量百分数)。由于从 F 中析出的 Fe_3C_{III} 数量少，对性能影响小，通常可以忽略 Fe_3C_{III} 的存在。忽略了少量 Fe_3C_{III}，工业纯铁的室温平衡组织为 F，如图 4.3 所示，F 呈白色块状。在后面讨论的铁碳合金组织中，均忽略从 F 中析出的 Fe_3C_{III}。

2) 共析钢

共析钢为图 4.2 中的②，为共析 S 点的成分，碳质量分数 w_C=0.77%，结晶过程如图 4.4 所示。液态合金缓冷至 1 点温度时，其成分垂线与液相线 BC 相交，于是从液相 L 中开始结晶出 A(奥氏体)。在 1~2 点温度间，随着温度的下降，A 量不断增加，其成分沿固相线 JE 变化，而液相 L 的量不断减少，其成分沿液相线 BC 变化。当温度降至 2 点时，合金的成分垂线与固相线 JE 相交，此时合金全部结晶成 A，在 2~3 点温度之间是 A 的自然冷却过程，合金的成分、组织均不发生变化。当温度降至 3 点(727℃)时，发生共析反应，成形单一的 P(珠光体)组织。在 3 点以下，P 中的 F 析出 Fe_3C_{III}，由于数量极少，并且不改变 P 的片层状显微组织特征，可以忽略。

因此，共析钢在室温的组织由单一 P 组成，组成相为 F 和 Fe_3C，它们的质量分数分别为

$$w_F = \frac{6.69-0.77}{6.69-0.008} \times 100\% = 88.6\% \qquad w_{Fe_3C} = 100\% - 88\% = 11.4\%$$

共析钢的室温平衡组织全部为 P，如图 4.5 所示。P 呈片层状，F 和 Fe_3C 相互交错排列。

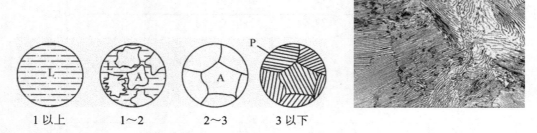

图 4.4　共析钢结晶过程示意　　　　　图 4.5　共析钢室温平衡组织(500×)

3) 亚共析钢

碳质量分数 $w_C=0.4\%$ 的亚共析钢为图 4.2 中的③，结晶过程如图 4.6 所示。液态合金在 1～2 点温度间按匀晶转变结晶出 δ 铁素体。冷却到 2 点(1 495℃)温度时，全部 δ 铁素体和液相 L 在恒温下发生包晶反应，形成 J 点成分的 A(奥氏体)。包晶反应结束时还有剩余的液相 L 存在，冷却至 2～3 点温度间，剩余液相 L 继续结晶为 A，A 的成分沿固相线 JE 变化。在 3 点温度，结晶结束，成形单相 A 组织。在 3～4 点温度间，A 自然冷却，组织不发生变化。当缓慢冷却至 4 点温度时，从 A 中析出 F(铁素体)。随着温度的下降，A 和 F 的成分分别沿 GS 和 GP 线变化。当温度降至 5 点(727℃)时，F 的成分为 P 点成分($w_C=0.0218\%$)，A 的成分为共析 S 点成分($w_C=0.77\%$)。此时，剩余 A 发生共析反应转变成 P，而 F 不变化，转变结束后组织为 F+P。从 5 点温度继续冷却至室温，忽略 Fe_3C_{III} 的析出，可以认为合金的组织不再发生变化。

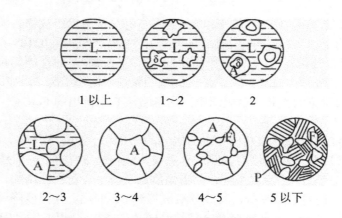

图 4.6　亚共析钢($w_C=0.4\%$)结晶过程示意

因此，$w_C=0.4\%$亚共析钢的室温平衡组织为 F+P，组织组成物为 F 和 P，质量分数分别为

$$w_F=\frac{0.4-0.0218}{0.77-0.0218}\times 100\%=50.5\% \qquad w_{Fe_3C}=100\%-50.5\%=49.5\%$$

组成相为 F 和 Fe_3C，质量分数分别为

$$w_F=\frac{6.69-0.40}{6.69-0.008}\times 100\%=94.1\% \qquad w_{Fe_3C}=100\%-94.1\%=5.9\%$$

类似，所有亚共析钢的室温平衡组织均为 F+P。随着钢中碳质量分数 w_C 的增加，P 量逐步增加，F 量逐步减少。图 4.7 是 $w_C=0.4\%$ 亚共析钢的室温平衡组织，图中白色块状为 F，黑色块状为 P。如果提高放大倍数至 500 倍以上，黑色块状 P 仍然呈现片层状组织特征。

图 4.7 亚共析钢($w_C=0.4\%$)室温平衡组织(200×)

亚共析钢的碳含量可根据室温平衡组织中 P 所占的面积百分数来近似估算，即 w_C=组织中 P 的面积百分数×0.77%。

4) 过共析钢

碳质量分数 $w_C=1.2\%$ 的过共析钢为图 4.2 中的④，结晶过程如图 4.8 所示。过共析钢在 1~3 点温度间的结晶过程与共析钢相似，1~2 点温度间为液相 L 结晶出 A(奥氏体)过程，2~3 点温度间为单相 A。当缓慢冷却至 3 点温度时，合金的成分垂线与 ES 线相交，此时由 A 开始析出 Fe_3C_{II}(二次渗碳体)。随着温度的下降，A 成分沿 ES 线变化，不断从 A 中析出 Fe_3C_{II}。当温度降至 4 点(727℃)时，A 的成分变为共析 S 点成分(0.77%)，此时，剩余 A 发生共析反应转变成 P(珠光体)，而 Fe_3C_{II} 不变化。从 4 点温度继续冷却至室温，合金的组织不再发生变化。

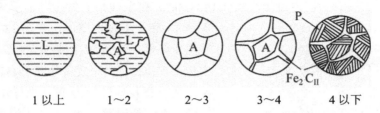

图 4.8 过共析钢($w_C=1.2\%$)结晶过程示意

因此，$w_C=1.2\%$ 过共析钢的室温平衡组织为 Fe_3C_{II}+P，组织组成物为 Fe_3C_{II} 和 P，质量分数分别为

$$w_{Fe_3C}=\frac{1.2-0.77}{6.69-0.77}\times 100\%=7.3\% \qquad w_P=100\%-7.3\%=92.7\%$$

组成相为 F 和 Fe_3C，质量分数分别为

$$w_F = \frac{6.69-1.2}{6.69-0.008} \times 100\% = 82.2\% \qquad w_{Fe_3C} = 100\% - 82.2\% = 17.8\%$$

类似，所有过共析钢的室温平衡组织均为 Fe_3C_{II}+P。随着钢中碳质量分数 w_C 的增加，Fe_3C_{II} 量逐步增加，当 w_C=2.11%时，Fe_3C_{II} 达到最大量，质量分数为 22.6%。图 4.9 是 w_C=1.2% 过共析钢的温室平衡组织，图中 Fe_3C_{II} 呈白色网状，分布在片层状的 P 周围。

5) 共晶白口铸铁

碳质量分数 w_C=4.3%共晶白口铸铁为图 4.2 中的⑤，结晶过程如图 4.10 所示。共晶铁碳合金冷却至 1 点共晶温度(1 148℃)时，将发生共晶反应，生成 Ld(莱氏体)。在 1～2 点温度间，随着温度降低，Ld 中的 A(奥氏体)的成分沿 ES 线变化，并析出 Fe_3C_{II}(它与共晶渗碳体连在一起，在金相显微镜下难以分辨)。随着 Fe_3C_{II} 的析出，A 的碳含量不断下降，当温度降至 2 点(727℃)时，Ld 中的 A 的碳含量达到 0.77%(质量分数)，此时，A 发生共析反应转变为 P(珠光体)，Ld 也相应转变为低温莱氏体 Ld'，组织组成物有 P、Fe_3C_{II} 和共晶 Fe_3C。

图 4.9 过共析钢(w_C=0.4%)室温平衡组织(500×)

 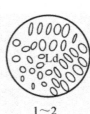 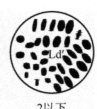

1以上　　　1～2　　　2以下

图 4.10 共晶白口铸铁的结晶过程示意

因此，共晶白口铸铁的室温平衡组织为 Ld'(低温莱氏体)，如图 4.11 所示。图中 P 呈黑色的斑点状或条状，白色渗碳体(包括 Fe_3C_{II} 和共晶 Fe_3C)为基体。

6) 亚共晶白口铸铁

碳质量分数 w_C=3.0%亚共晶白口铸铁为图 4.2 中的⑥，结晶过程如图 4.12 所示。1 点温度以上为液相 L，当合金冷却至 1 点温度时，从 L 中开始结晶出初生 A(奥氏体)。在 1～2 点温度间，随着温度的下降，A 不断增加，液相 L 的量不断减少，L 的成分沿 BC 线变化。A 的成分沿 JE 线变化。当温度至 2 点(1 148℃)时，剩余液相 L 发生共晶反应，生成 Ld(莱氏体)，而 A 不发生变化。在 2～3 点温度间，随着温度降低，A 的碳含量沿 ES 线变化，并从 A 中析出 Fe_3C_{II}。当温度降至 3 点(727℃)时，剩余 A 发生共析反应转变为 P(珠光体)，与此同时 Ld 转变成 Ld'(低温莱氏体)。从 3 点温度冷却至室温，合金的组织不再发生变化。

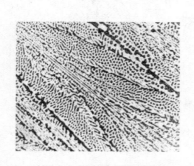

图 4.11 共晶白口铸铁室温平衡组织(200×)

因此，亚共晶白口铸铁室温平衡组织为 P+Fe_3C_{II}+Ld'。随碳含量的增加，室温平衡组织中 Ld'(低温莱氏体)的量越多，P(珠光体)和

Fe_3C_{II}(二次渗碳体)的量逐渐减少。图 4.13 是 w_C=3.0%亚共晶白口铸铁的室温平衡组织,图中呈黑色块状并带树枝状的部分是 P,分布在 P 周围的白色网状物是 Fe_3C_{II},在白色基体上有黑色斑点的部分是 Ld'。

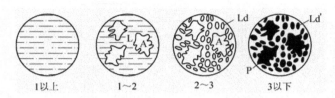

图 4.12 亚共晶白口铸铁(w_C=3.0%)结晶过程示意

图 4.13 亚共晶白口铸铁(w_C=3.0%)室温平衡组织(200×)

7) 过共晶白口铸铁

碳质量分数 w_C=5.0%过共晶白口铸铁为图 2 中的⑦,结晶过程如图 4.14 所示。1 点温度以上为液相 L,当合金冷却至 1 点温度时,从 L 中开始结晶出 Fe_3C_I(一次渗碳体)。在 1～2 点温度间,随着温度的下降,Fe_3C_I 的量不断增加,L 的量不断减少,当温度至 2 点(1 148 ℃)时,剩余液相 L 的成分变为 C 点成分(4.3%),发生共晶反应,生成 Ld(莱氏体),而 Fe_3C_I 不发生变化。在 2～3 点(包括 3 点)温度间,Ld 转变成 Ld'(低温莱氏体)。从 3 点温度冷却至室温,合金的组织不再发生变化。

因此,过共晶白口铸铁的室温平衡组织为 Fe_3C_I+Ld',如图 4.15 所示。图中白色粗大棒状是 Fe_3C_I,其余部分是 Ld'。

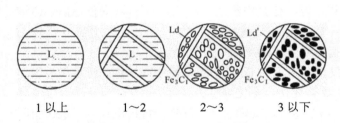

图 4.14 过共晶白口铸铁(w_C=5.0%)结晶过程示意

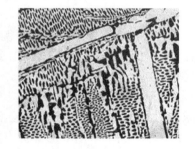

图 4.15 过共晶白口铸铁(w_C=5.0%)室温平衡组织(200×)

4.1.3 铁碳合金的成分、组织和性能的变化规律

1. 碳含量对平衡组织的影响

通过上述对典型铁碳合金结晶过程的分析,可以得到铁碳合金在平衡结晶条件下组织(组织组成物以及组成相)的变化规律与碳含量的关系,综合结果如图 4.16 所示。

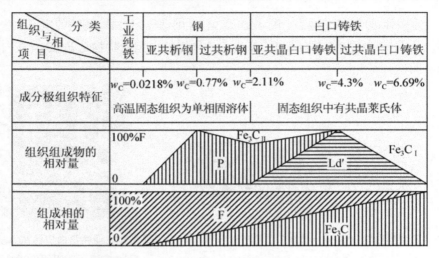

图 4.16 在平衡结晶条件下铁碳合金中组织组成物以及相组成物的变化规律

随着碳含量的增加，铁碳合金平衡组织的变化规律是：

F ⟶ F+P ⟶ P ⟶ Fe_3C_{II}+P ⟶ P+Fe_3C_{II}+Ld' ⟶ Ld' ⟶ Fe_3C_I + Ld'

工业纯铁　亚共析钢　共析钢　过共析钢　亚共晶白口铸铁　共晶白口铸铁　过共晶白口铸铁

不同类型的铁碳合金，室温平衡组织差异很大，组织组成物各不相同。忽略了 Fe_3C_{III} 后，工业纯铁的组织为 F。亚共析钢的组织为 F+P，随着 w_C 增加，P 的量逐渐增多。共析钢的组织全部为 P。过共析钢的组织为 Fe_3C_{II}+P，随着 w_C 增加，Fe_3C_{II} 的量逐渐增多；当 w_C=2.11%时，Fe_3C_{II} 的量最多，达到 22.6%。亚共晶白口铸铁的组织为 P+Fe_3C_{II}+Ld'，随着 w_C 增加，P 和 Fe_3C_{II} 的量逐渐减少，Ld' 的量逐渐增加。共晶白口铸铁组织全部为 Ld'。过共晶白口铸铁组织为 Fe_3C_I+Ld'，随着 w_C 增加，Ld' 的量逐渐减少，Fe_3C_I 的量逐渐增加；当 w_C=6.69%时，全部为 Fe_3C_I。

虽然不同类型铁碳合金的平衡组织不同，但是组织的组成相只有 F(铁素体)和 Fe_3C(渗碳体)两个相。随着碳含量的增加，组织中 Fe_3C 相的量呈线性增加。工业纯铁组织中无 Fe_3C 相(忽略 Fe_3C_{III})，在 w_C=6.69%时，平衡组织全部由 Fe_3C 相组成。

当铁碳合金的碳含量增加时，不仅平衡组织中 Fe_3C 相的量呈线性增加，而且作为组织组成物的 Fe_3C 的形态和分布也会发生显著变化，变化规律为

Fe_3C_{III}(薄片状，沿 F 晶界析出) ⟶ 共析 Fe_3C(片层状，与 F 交替析出) ⟶ Fe_3C_{II}(网状，沿 A 晶界析出) ⟶ 共晶 Fe_3C(作为 Ld 的基体) ⟶ Fe_3C_I(粗大棒状，从液体中析出)。

2. 碳含量对力学性能的影响

铁碳合金室温力学性能，主要取决于合金的室温平衡组织，具体来讲就是取决于平衡组织中的组成相以及组织组成物的种类、数量、尺寸、形态和分布等参数。

碳钢是指 w_C<2.11%的铁碳合金，图 4.17 是碳含量对缓冷碳钢力学性能的影响。随着碳质量分数 w_C 的增大，碳钢的硬度持续增加，塑性和韧性连续降低，强度在 w_C<0.9%时也连续增加，但当 w_C>0.9%后，强度则不断下降。

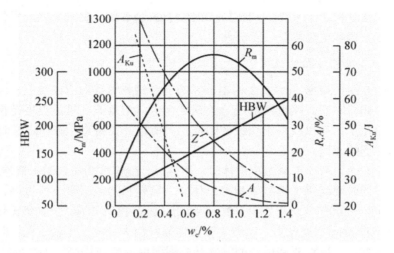

图 4.17　碳质量分数对缓冷碳钢力学性能的影响

材料的硬度主要取决于组织中各个组成相的硬度和组成相的数量，受组成相的形貌影响较小。铁素体硬度(80HBW)低，渗碳体硬度(800HBW)高，所以碳钢的硬度主要取决于渗碳体的数量。因此，w_C增加，碳钢的硬度呈线性增加。

材料强度是对组织形态敏感的性能。铁素体强度($\approx$200MPa)较低，珠光体强度($\approx$700MPa)明显高于铁素体，所以随着w_C的增大，亚共析钢的强度逐步增加。过共析钢中的组成组成物 Fe_3C_{II} 沿奥氏体晶界析出，当 $w_C>0.9\%$，Fe_3C_{II} 已形成比较完整的网状，受力后 Fe_3C_{II} 网容易开裂，这就导致了强度迅速降低。

由于渗碳体是脆性相，没有塑性，所以铁碳合金(碳钢)的塑性和韧性全部来源于铁素体相。因此，随着w_C的增大，铁素体不断减少(渗碳体不断增加)，塑性和韧性连续下降。

4.1.4　铁碳合金相图的应用

1. 材料选用方面的应用

根据铁碳合金成分、组织、性能之间的变化规律，可以根据零件的工作条件来选择材料。如果要求有良好的焊接性能和冲压性能的构件，应选用组织中铁素体较多、塑性好的低碳钢($w_C<0.25\%$)制造，如冲压件、桥梁、船舶和各种建筑结构。

对于一些要求具有综合力学性能(强度、硬度和塑性、韧性都较高)的机器零件，如齿轮、传动轴等应选用中碳钢($0.25\%<w_C<0.6\%$)制造。

对于要求具有高的弹性性能的零件，如各种螺旋弹簧、板簧等应选用高碳钢($0.6\%<w_C<0.8\%$)制造。

对于要求具有高硬度、高耐磨性的刃具、模具和量具等部件，则需要选用碳含量更高($w_C>0.8\%$)的钢来制造。但为了保证工业用钢具有足够的强度和适宜的塑性、韧性，w_C一般不超过 1.3%～1.4%。

白口铸铁硬度高、脆性大、铸造性能好，可以用来制造要求耐磨、不受冲击载荷的冷轧辊、犁铧、衬板、磨球等铸件。经过石墨化处理获得的灰口铸铁，有较高的强度，铸造性能和机械加工性能好，可用来制造对于形状复杂的箱体、机座等部件。

工业纯铁的强度低,不宜做结构材料,但由于磁导率高,矫顽力低,可做软磁材料,制造电磁铁、变压器和电焊机铁心等部件。

2. 制定热加工工艺方面的应用

在铸造生产方面,根据 Fe-Fe₃C 相图可以确定铸钢和铸铁的浇注温度。浇注温度一般在液相线以上 150℃左右。接近共晶成分的铁碳合金,熔点低、结晶温度范围窄,因此流动性好,分散缩孔少,可以获得组织致密的铸件。所以,在铸造生产中,接近共晶成分的铸铁得到比较广泛的应用。

在锻造生产方面,钢处于单相奥氏体时,塑性好、变形抗力小,便于锻造成形。因此,钢材的热轧、锻造时要将钢加热到单相奥氏体区。始轧和始锻温度不能过高,一般控制在固相线以下 100℃~200℃,防止钢材产生严重的烧损(高温氧化)和过烧(奥氏体晶界发生熔化)。终轧和终锻温度既不能过高,以避免奥氏体晶粒粗大,但又不能过低,防止钢材因塑性降低而产生裂纹。一般对亚共析钢的终轧和终锻温度控制在稍高于 *GS* 线,即 A_3 线;过共析钢控制在稍高于 *PSK* 线,即 A_1 线。一般情况下,实际生产中碳钢的始轧(始锻)温度为 1 150℃~1 250℃,终轧(终锻)温度为 750℃~850℃。

在焊接方面,碳质量分数 w_C 越低,钢的焊接性能越好。由于焊缝到母材在焊接过程中处于不同温度条件,因而整个焊缝区在不同部件会出现不同的组织,引起性能不均匀。可以根据 Fe-Fe₃C 相图来分析碳钢的焊接组织,并采用适当的热处理方法来减轻或消除组织的不均匀性和焊接应力,提高焊接质量。

对热处理来说,Fe-Fe₃C 相图更为重要。相图上的 A_1、A_3、A_{cm} 线温度是制定钢铁材料的退火、正火、淬火、渗碳等热处理工艺加热温度的依据,详细内容可阅读后续章节。

4.2 碳 素 钢

碳素钢(简称碳钢)由于容易冶炼和加工,并具有一定的力学性能和较好的工艺性能,成本低廉,所以成为工业上应用最为广泛的金属材料。

4.2.1 碳钢中的常存杂质及其对性能的影响

碳钢是指碳含量小于 2.11%的铁碳合金,但实际使用的碳钢并不是单纯的铁碳合金。通常由于冶炼工艺还会带入少量的硅、锰、硫、磷等杂质,它们的存在对钢铁的性能有较大影响。

(1) 硅(Si)。硅在钢中是有益元素。在炼铁、炼钢的生产过程中,由于原料中含有硅以及使用硅铁作脱氧剂,使得钢中常含有少量的硅元素。在碳钢中通常 $w_{Si}<0.4\%$,硅能溶入铁素体通过固溶强化,提高钢的强度、硬度,而塑性和韧性则有所降低。

(2) 锰(Mn)。锰在钢中是有益元素。锰也是由于原材料中含有锰以及使用锰铁脱氧而带入钢中的。锰在钢中含量一般为 $w_{Mn}=0.25\%\sim0.8\%$。锰能溶入铁素体通过固溶强化,提高钢的强度、硬度。锰还可与硫形成 MnS,消除硫的有害作用,并能起断屑作用,改善钢的切削加工性。

(3) 磷(P)。磷在钢中是有害元素。硫是从原料及燃料中带入钢中的。磷在常温固态下能全部溶入铁素体中，使钢的强度、硬度提高，但使塑性、韧性显著降低，在低温时表现尤为突出。这种在低温时由磷导致钢严重脆化的现象称为"冷脆"。磷的存在还使钢的焊接性能变坏，因此钢中磷的含量要严格控制。

(4) 硫(S)。硫在钢中是有害元素。硫也是从原料及燃料中带入钢中的。硫在固态下不溶于铁，以 FeS(熔点 1 190℃)的形式存在。FeS 常与 Fe 形成低熔点(985℃)共晶体分布在晶界上，当钢加热到 1 000℃～1 200℃进行压力加工时，由于分布在晶界上的低熔点共晶体熔化，使钢沿晶界处开裂，这种现象称为热脆。为了避免热脆，在钢中必须严格控制硫的含量。

4.2.2 碳钢的分类

碳钢的分类方法很多，下面只介绍几种常用的分类方法。

1. 按钢的碳含量分类

(1) 低碳钢：$w_C \leq 0.25\%$。

(2) 中碳钢：$w_C = 0.25\% \sim 0.60\%$。

(3) 高碳钢：$w_C > 0.60\%$。

2. 按钢的用途分类

(1) 碳素结构钢。这类钢主要用于制造各类工程构件(如桥梁、船舶、建筑物等)及各种机器零件(如齿轮、螺钉、螺母、连杆等)和弹性元件(如各类弹簧、板簧等)。它多属于低碳钢和中碳钢，少量为成分不超过共析成分($w_C = 0.77\%$)的高碳钢。

(2) 碳素工具钢。这类钢主要用于制造各种刃具、量具和模具。这类钢中碳含量较高，一般属于高碳钢。

3. 按钢的冶金质量等级分类

主要按钢中有害杂质硫、磷含量，分为以下几种。

(1) 普通碳素钢：$w_P \leq 0.045\%$，$w_S \leq 0.050\%$。

(2) 优质碳素钢：$w_P \leq 0.035\%$，$w_S \leq 0.035\%$。

(3) 高级优质碳素钢：$w_P \leq 0.030\%$，$w_S \leq 0.030\%$。

(4) 特级优质碳素钢：$w_P \leq 0.025\%$，$w_S \leq 0.020\%$。

此外，还可以按照冶炼方法不同分为沸腾钢、镇静钢和特殊镇静钢，按正火后的金相组织分为亚共析钢、共析钢和过共析钢等。

4.2.3 碳钢的牌号、性能及用途

为了生产、加工处理和使用不致造成混乱，需对各种钢材进行编号。

1. 碳素结构钢

碳素结构钢是工程上应用最多的钢种。牌号由代表屈服点的字母"Q"、屈服强度数值(单位为 MPa)和质量等级符号、脱氧方法符号等四个部分按顺序组成。屈服强度数值以钢材厚度(或直径)不大于 16mm 的屈服强度数值表示；质量等级分 A、B、C 和 D 四个级别，其中 A 级质量最低，D 级质量最高；脱氧方法用 F(沸腾钢)、Z(镇静钢)和 TZ(特殊镇静钢)

表示，牌号中的"Z"和"TZ"符号可以省略。例如 Q235AF，表示屈服强度为 235MPa，质量为 A 级的沸腾碳素结构钢。

碳素结构钢具有较高的强度和良好的塑性、韧性，良好的工艺性能(焊接性、冷变形成形性)，用于制造一般工程结构件、普通机械零件以及日用品等。通常热轧各种板材或型材(圆钢、方钢、工字钢、钢筋等)供货，一般不经热处理，在热轧态直接使用。表4-2 列出了碳素结构钢的牌号、化学成分、力学性能及典型应用，其中以 Q235 应用最为广泛，钢材在交货时，需同时满足化学成分和力学性能的要求。

表 4-2 碳素结构钢的牌号、化学成分、力学性能及典型应用(GB/T 700—2006)

牌号	等级	化学成分(质量分数)/%，不大于					脱氧方法	力学性能[①]			典型应用
		C	Si	Mn	P	S		R_{eH}/MPa	R_m/MPa	A/%	
Q195	—	0.12	0.30	0.50	0.035	0.040	F,Z	195	315~430	33	制造钉子、铆钉、垫块及轻负荷的冲压零件，桥梁和建筑构件
Q215	A	0.15	0.35	1.20	0.045	0.050	F,Z	215	335~450	31	
	B					0.045					
Q235	A	0.22	0.35	1.40	0.045	0.050	F,Z	235	375~500	26	制造小轴、拉杆、连杆、螺栓、螺母、法兰等不太重要的零件桥梁和建筑构件
	B	0.20[②]			0.045	0.045					
	C	0.17			0.040	0.040	Z				
	D				0.035	0.035	TZ				
Q275	A	0.24	0.35	1.50	0.045	0.050	F,Z	275	410~540	22	制造拉杆、连杆、转轴、心轴、齿轮和键等零件，桥梁和建筑构件
	B	0.21[③] 0.22[④]			0.045	0.045	Z				
	C	0.20			0.040	0.040	Z				
	D				0.035	0.035	TZ				

① 根据最新国标 GB/T 228—2002 的规定，符号 R_m 代替旧标准中的 σ_b，表示抗拉强度；R_{eH} 代替旧标准中的 σ_s，表示屈服强度；A 代替旧标准中的 δ_5，表示断后伸长率；Z 代替旧标准中的 ψ，表示断面收缩率。

② 经需方同意，Q235B 的碳含量可以不大于 0.22%。

③ 钢材厚度(和直径)≤40mm。

④ 钢材厚度(和直径)>40mm。

2. 优质碳素结构钢

优质碳素结构钢牌号由两位阿拉伯数字或阿拉伯数字与特性符号组成。以两位阿拉伯数字表示平均碳的质量分数(以万分之几计)。较高含锰量的优质碳素结构钢，在表示平均碳的质量分数的阿拉伯数字后面加锰元素符号。例如，w_C=0.45%、w_{Mn}=0.70%~1.00%的钢，其牌号表示为"45Mn"。

按冶金质量等级，优质碳素结构钢分为优质钢、高级优质钢和特级优质钢。优质钢不加标注。高级优质钢，在牌号后加符号"A"。特级优质钢，在牌号后加符号"E"。

按使用加工方法，优质碳素结构钢分为压力加工用钢和切削加工用钢两类，分别用"UP"和"UC"表示，其中压力加工用钢再分为热压力加工用钢(UHP)、顶锻用钢(UF)和冷拔坯料用钢(UCD)。

优质碳素结构钢中有害杂质及非金属夹杂物含量较少，化学成分的控制比较严格，塑性和韧性较高，多用于制造较重要的各种机械零件。一般需经热处理后使用，以充分发挥其性能潜力。

优质碳素结构钢的牌号、化学成分和力学性能见表 4-3，典型应用见表 4-4，其中以45 钢应用最为广泛。钢材在交货时，需同时满足化学成分和力学性能的要求。

表 4-3 优质碳素结构钢的牌号、化学成分和力学性能 (GB/T 699－1999)

牌号	化学成分(质量分数)/%			力学性能[①]					布氏硬度/HBW[③]	
	C	Si	Mn	R_m MPa	R_{eH}	A %	Z	A_{KU}[②] J	未热处理钢	退火钢
				不小于					不大于	
08F	0.05～0.11	≤0.03	0.25～0.50	295	175	35	60	—	131	—
10F	0.07～0.13	≤0.07	0.25～0.50	315	185	33	55		137	—
15F	0.12～0.18	≤0.07	0.25～0.50	355	205	29	55		143	—
08	0.05～0.11	0.17～0.37	0.35～0.65	325	195	33	60		131	—
10	0.07～0.13	0.17～0.37	0.35～0.65	335	205	31	55		137	—
15	0.12～0.18	0.17～0.37	0.35～0.65	375	225	27	55		143	—
20	0.17～0.23	0.17～0.37	0.35～0.65	410	245	25	55		156	—
25	0.22～0.29	0.17～0.37	0.50～0.80	450	275	23	50	71	170	—
30	0.27～0.34	0.17～0.37	0.50～0.80	490	295	21	50	63	179	—
35	0.32～0.39	0.17～0.37	0.50～0.80	530	315	20	45	55	197	—
40	0.37～0.44	0.17～0.37	0.50～0.80	570	335	19	45	47	217	187
45	0.42～0.50	0.17～0.37	0.50～0.80	600	355	16	40	39	229	197
50	0.47～0.55	0.17～0.37	0.50～0.80	630	375	14	40	31	241	207
55	0.52～0.60	0.17～0.37	0.50～0.85	645	380	13	35	—	255	217
60	0.57～0.65	0.17～0.37	0.50～0.80	675	400	12	35		255	229
65	0.62～0.70	0.17～0.37	0.50～0.80	695	410	10	30		255	229
70	0.67～0.75	0.17～0.37	0.50～0.80	715	420	9	30		269	229
75	0.72～0.80	0.17～0.37	0.50～0.80	1080	880	7	30		285	241
80	0.77～0.85	0.17～0.37	0.50～0.80	1080	930	6	30		285	241
85	0.82～0.90	0.17～0.37	0.50～0.80	1130	980	6	30		302	255
15Mn	0.12～0.18	0.17～0.37	0.70～1.00	410	245	26	55		163	—
20Mn	0.17～0.23	0.17～0.37	0.70～1.00	450	275	24	50		197	—
25Mn	0.22～0.29	0.17～0.37	0.70～1.00	490	295	22	50	71	207	—
30Mn	0.27～0.34	0.17～0.37	0.70～1.00	540	315	20	45	63	217	187
35Mn	0.32～0.39	0.17～0.37	0.70～1.00	560	335	18	45	55	229	197
40Mn	0.37～0.44	0.17～0.37	0.70～1.00	590	355	17	45	47	229	207
45Mn	0.42～0.50	0.17～0.37	0.70～1.00	620	375	15	40	39	241	217

续表

牌号	化学成分(质量分数) /%			力学性能[①]					布氏硬度/HBW[③]	
	C	Si	Mn	R_m	R_{eH}	A	Z	A_{KU}[②]	未热处理钢	退火钢
				MPa		%		J		
				不小于					不大于	
50Mn	0.48~0.56	0.17~0.37	0.70~1.00	645	390	13	40	31	255	217
60Mn	0.57~0.65	0.17~0.37	0.70~1.00	695	410	11	35	—	269	229
65Mn	0.62~0.70	0.17~0.37	0.90~1.20	735	430	9	30	—	285	229
70Mn	0.67~0.75	0.17~0.37	0.90~1.20	785	450	8	30	—	285	229

① 力学性能仅适用于截面尺寸不大于 80mm 的钢材。
② 根据最新国标 GB/T 229—2007 的规定，符号 A_{KU} 表示夏比摆锤冲击试验 U 形试样冲击吸收功，试样缺口为 2mm。
③ 硬度是指切削加工用钢材或冷拔坯料用钢材在交货状态应符合的硬度。

表 4-4 常用优质碳素结构钢的典型应用

牌 号	典型应用
10 10F	制造锅炉管、油桶顶盖、钢带、钢丝、钢板和型材，用于制造机械零件
20 15F	不经受很大应力而要求韧性的各种机械零件，如拉杆、轴套、螺钉、起重钩等；也用于制造在 6.0×10^6Pa(60 个大气压)、450℃ 以下非腐蚀介质中使用的管子等；还可以用于心部强度不大的渗碳与碳氮共渗零件，如轴套、链条的滚子、轴以及不重要的齿轮、链轮等
35	热锻的机械零件，冷拉和冷顶锻钢材，无缝钢管，机械制造中的零件，如转轴、曲轴、轴销、拉杆、连杆、横梁、星轮、套筒、轮圈、钩环、垫圈、螺钉、螺母等；还可用来铸造汽轮机机身、轧钢机机身、飞轮等
40	制造机器的运动零件，如辊子、轴、曲柄销、传动轴、活塞杆、连杆、圆盘等
45	制造蒸汽涡轮机、压缩机、泵的运动零件；还可以用来代替渗碳钢制造齿轮、轴、活塞销等零件，但零件需经高频或火焰表面淬火，并可用作铸件
55	制造齿轮、连杆、轮圈、轮缘、扁弹簧及轧辊等，也可用做铸件
65	制造气门弹簧、弹簧圈、轴、轧辊、各种垫圈、凸轮及钢丝绳等
70	制造弹簧

为满足某些工业领域的特殊性能要求和用途，在优质碳素结构钢的基础上，适当调整其化学成分和生产工艺，并有针对性对某些力学性能作出补充规定，从而形成了一系列专用钢，如锅炉与压力容器专用钢、船舶专用钢、桥梁专用钢、汽车专用钢、农机专用钢、纺织机械专用钢、焊条专用钢等，并已制定了相应的国家标准。

3. 碳素工具钢

碳素工具钢牌号由代表碳的符号"T"与阿拉伯数字组成，其中阿拉伯数字表示平均碳的质量分数(以千分之几计)。例如 T12 钢，表示 $w_C=1.2\%$ 的碳素工具钢。

按冶金质量等级，碳素工具钢分为优质钢和高级优质钢两类。优质钢不加标注。高级优质钢，在牌号后加符号"A"。碳素工具钢对硫的要求更为严格，最新国家标准规定：优质钢 $w_S\leqslant0.030\%$，高级优质钢 $w_S\leqslant0.020\%$。

碳素工具钢生产成本较低，加工性能良好，可用于制造低速、手动刀具及常温下使用的工具、模具、量具等。在使用前要进行热处理。常用碳素工具钢的牌号、化学成分、硬度及典型应用见表 4-5。

碳素工具钢一般以退火状态供货，使用时须进行适当的热处理，各种碳素工具钢淬火后的硬度相近，但随碳含量的增加，钢中未溶渗碳体增多，钢的耐磨性增加，韧性降低。

表 4-5 碳素工具钢的牌号、化学成分、硬度及典型应用(GB/T 1298—2008)

牌 号	化学成分(质量分数)/%			硬 度			典型应用
	C	Mn	Si	退火态/HBW ≤	试样淬火		
					淬火温度和淬火介质	HRC ≥	
T7 T7A	0.65~0.74	≤0.40	≤0.35	187	800℃~820℃，水	62	承受冲击、韧性较好、硬度适当的工具，如扁铲、手钳、大锤、丝锥、木工工具等
T8 T8A	0.75~0.84	≤0.40	≤0.35	187	780℃~800℃，水	62	承受冲击、要求较高硬度的工具，如冲头、空压机工具、木工工具等
T8Mn T8MnA	0.80~0.90	0.40~0.60	≤0.35	187	780℃~800℃，水		同上，但淬透性较大，可制作断面较大的工具
T9 T9A	0.85~0.94	≤0.40	≤0.35	192	760℃~780℃，水	62	韧性中等，硬度较高的工具，如冲头、木工工具、凿岩工具
T10 T10A	0.95~1.04	≤0.40	≤0.35	197	760℃~780℃，水	62	不受剧烈冲击、高硬度耐磨的工具，如车刀、刨刀、冲头、钻头、手工锯条等
T11 T11A	1.05~1.14	≤0.40	≤0.35	207	760℃~780℃，水	62	同上
T12 T12A	1.15~1.24	≤0.40	≤0.35	207	760℃~780℃，水	62	不受剧烈冲击、硬高度、高耐磨的工具，如锉刀、刮刀、精车刀、量具等
T13 T13A	1.25~1.35	≤0.40		217	760℃~780℃，水	62	同上，要求更耐磨的工具

4. 一般工程铸造碳素钢

许多形状复杂的零件，不便通过锻压等方法加工成形，使用铸铁性能又难以满足需求，此时常选用铸钢铸造获取铸钢件，所以，铸造碳素钢在机械制造尤其是重型机械制造业中应用非常广泛。一般工程用铸造碳钢的牌号由铸钢代号"ZG"和表示力学性能的两组数字组成，第一组数字代表最低屈服点，第二组数字代表最低抗拉强度值。例如 ZG200—400，表示屈服强度(R_{eH} 或 $R_{p0.2}$)不小于 200MPa，抗拉强度(R_m)不小于 400MPa；一般工程用铸造碳素钢的牌号、化学成分和力学性能见表 4-6，典型应用见表 4-7。

表 4-6 一般工程用铸造碳素钢的牌号、化学成分和力学性能(GB/T 11352—2009)

牌号	化学成分(质量分数≤)/%					力学性能(≥)[1]			根据合同选择		
	C	Si	Mn	S	P	$R_{eH}(R_{p0.2})$/MPa	R_m/MPa	A/%	Z/%	冲击吸收功[2]	
										A_{KV}/J	A_{KU}/J
ZG200-400	0.20	0.60	0.80	0.035	0.035	200	400	25	40	30	47
ZG230-450	0.30					230	450	22	32	25	35
ZG270-500	0.40		0.90			270	500	18	25	22	27
ZG310-570	0.50					310	570	15	21	15	24
ZG340-640	0.60					340	640	10	18	10	16

注：① 表中所列各牌号性能适应于厚度为 100mm 以下的铸件。
② 表中冲击吸收功 A_{KV} 和 A_{KU} 的试样缺口为 2mm。

表 4-7 铸造碳素钢的应用

牌号	应用举例
ZG200-400	受力不大、要求韧性的各种机械零件，如机座、变速箱壳等
ZG230-450	受力不大、要求韧性的各种机械零件，如砧座、外壳、轴承盖、底板、阀体等
ZG270-500	轧钢机机架、轴承座、连杆、箱体、曲轴、缸体、飞轮、蒸汽锤等
ZG310-570	载荷较高的零件，如大齿轮、缸体、制动轮、辊子等
ZG340-640	起重运输机中的齿轮、联轴器及重要的部件

小　结

碳钢和铸铁是现代机械制造工业中应用最广泛的金属材料。

铁碳合金相图，即 $Fe-Fe_3C$ 相图是合理地选用钢铁材料，制定碳钢和铸铁的铸造、锻造、焊接等热加工工艺以及热处理工艺的理论基础。

铁碳相图中的主要相变线有液相线 ABCD，固相线 AHJECF，共晶线 ECF，共析线 PSK，溶解度曲线 ES 和 PQ 等。主要的相变点有共晶点 C(w_C=4.3%)、共析点 S(w_C=0.77%)、铁素体最大溶解度 P 点(w_C=0.0218%)和奥氏体最大溶解度 E 点(w_C=2.11%)。

铁碳合金的基本相和组织为奥氏体、铁素体、渗碳体、莱氏体和珠光体，其中莱氏体是共晶反应的产物，珠光体是共析反应的产物。

依据铁碳合金中的碳含量，铁碳合金可分为工业纯铁、亚共析钢、共析钢、过共析钢、亚共晶白口铸铁、共晶白口铸铁和过共晶白口铸铁七类合金，室温平衡组织分别为 F、F+P、P、Fe_3C_{II}+P、P+Fe_3C_{II}+Ld'、Ld' 和 Fe_3C_1+Ld'。所有铁碳合金室温组织的组成相均为 F 和 Fe_3C。通过杠杆定律可以计算不同类型铁碳合金平衡组织中的组织组成物和组成相的相对质量。

渗碳体的形貌、尺寸和分布对铁碳合金的性能有重大影响。

随着碳含量的增加，铁碳合金的硬度持续增加，塑性和韧性不断下降。w_C<0.9%时强

度随碳含量的增加而提高，但 $w_C>0.9\%$ 后强度则快速下降。

碳素钢中主要杂质元素为 Si、Mn、P、S。按碳含量可分为低碳钢、中碳钢和高碳钢，按用途可分为碳素结构钢和碳素工具钢，用冶金质量可分为普通碳素钢、优质碳素钢、高级优质碳素钢和特级优质碳素钢。

碳素结构钢有 Q195～Q275 等牌号，具有较高的强度和良好的塑性、韧性，良好的工艺性能(焊接性、冷变形成形性)，用于制造一般工程结构件、普通机械零件以及日用品等。一般不经热处理，在热轧态直接使用。

优质碳素结构钢有 08F～85 及 15Mn～70Mn 等牌号，具有较高的强度、塑性和韧性，多用于制造较重要的各种机械零件，一般需经热处理后使用。

碳素工具钢有 T7～T13 及 T7A～T13A 等牌号，具有较高的硬度、较好的耐磨性，用于制造低速、手动刀具及常温下使用的工具、模具、量具等，必须经适当热处理后才能使用。

一般工程铸造碳素钢有 ZG200—400～ZG340—640 等牌号，用于取代铸铁制造形状复杂的零件，广泛应用于机械制造尤其是重型机械制造业中。

练习与思考

1. 名词解释

(1) 铁素体；(2) 奥氏体；(3) 莱氏体；(4) 珠光体；(5) 二次渗碳体。

2. 简答题

(1) 说明珠光体和莱氏体在碳含量、相结构及其相对质量、显微组织和性能上有何不同。

(2) 说明下列各渗碳体的生成条件：一次渗碳体、二次渗碳体、三次渗碳体、共晶渗碳体、共析渗碳体。

(3) 铁碳合金相图在生产实践中有何指导意义？

3. 分析题

根据铁碳合金相图，说明产生下列现象的原因。

(1) 在室温下，碳含量 $w_C=1.0\%$ 的钢比碳含量 $w_C=0.5\%$ 的钢的硬度高。

(2) 在室温下，碳含量 $w_C=0.8\%$ 的钢其强度比碳含量 $w_C=1.2\%$ 的钢高。

(3) 莱氏体的塑性比珠光体的塑性差。

(4) 在 1 100 ℃，碳含量为 0.4% 的钢能进行锻造，碳含量为 4.0% 的白口铸铁不能锻造。

(5) 钢适宜于通过压力加工成形，而铸铁适宜于通过铸造成形。

4. 计算题

一堆钢材由于混杂，不知其化学成分。现抽出一根进行金相分析，其组织为铁素体和珠光体。其中珠光体的面积大约占 40%，问此钢材的碳含量大约为多少？

第 5 章

金属的塑性变形与再结晶

教学提示

在工业生产中，由于铸态金属材料的晶粒粗大、组织不均、成分偏析及组织不致密等缺陷，工业上用的金属材料大多要在浇注成金属铸锭后经过压力加工再使用。因为通过压力加工时的塑性变形，不仅使金属材料获得所需要的形状和尺寸，而且金属内部的组织发生很大变化，从而使其性能发生变化。如经冷轧或冷拉等加工后金属的强度显著提高而塑性下降。但塑性变形后的金属材料较之变形前已处于不稳定的高自由能状态，它具有自发地向着自由能降低方向转变，当温度升高时可加速这种转变，这种转变过程称为回复和再结晶。因此，研究金属的塑性变形和回复、再结晶过程的发生、发展规律，对合理地选用金属材料及成形方法、控制和改善变形材料晶粒组织和性能，具有重要的意义。

教学要求

本章让学生了解塑性变形的本质、塑性变形对合金组织性能的影响，及对塑性变形后的金属加热时将会产生一系列组织与性能的变化。随着温度的升高，将依次产生回复、再结晶和晶粒长大 3 个阶段，并且了解金属的强化机制。

第 5 章　金属的塑性变形与再结晶

5.1　金属的塑性变形

5.1.1　金属单晶体的塑性变形

大多数金属材料是多晶体，但单晶体塑性变形是金属塑性变形的基础。单晶体金属塑性变形的基本方式是滑移和孪生，其中滑移是最主要的变形方式。

所谓滑移是指晶体的一部分沿着一定的晶面(滑移面)和晶向(滑移方向)相对于另一部分产生相对滑动的过程。滑移变形有如下特点。

(1) 滑移只能在切应力作用下发生。

(2) 滑移常沿晶体中原子密度最大的晶面和晶向发生。这是由于原子排列最密晶面之间的面间距及最密晶向之间的原子间距最大，原子间的结合力最小，故沿着这些晶面和晶向进行滑移所需的外力最小，最容易实现。图 5.1 所示为不同原子密度晶面间的距离，图中标注 I 的晶面其原子密度大于标注 II 的晶面，由几何关系可知 I 晶面之间的距离也大于 II 晶面。当有外力作用时，I 晶面则会首先开始滑移。

一个滑移面与这个滑移面上的一个滑移方向构成一个滑移系。在其他条件相同时，滑移系越多，塑性越好，金属晶体发生滑移的可能越大。

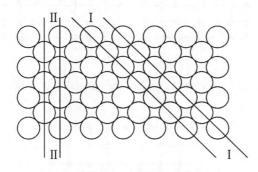

图 5.1　晶格中不同晶面的面间距

(3) 滑移的距离为滑移方向上原子间距的整数倍。滑移后，滑移面两侧的原子排列与滑移前一样，但是，会在晶体的表面造成一条条台阶状变形痕迹，即滑移带。滑移带实际上是由滑移线构成的，如图 5.2 所示。

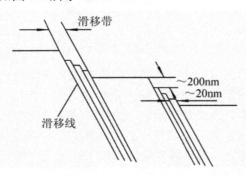

图 5.2　滑移带和滑移线的示意

(4) 滑移的同时伴随着晶体的转动。计算表明，当滑移面分别和滑移方向、外力轴向呈45°时，滑移方向上的切应力分量 τ_s 最大，因而最容易产生滑移。

(5) 滑移是由于滑移面上的位错运动而产生的。对滑移的机理，人们最初认为是晶体的一部分相对于另一部分作整体的刚性滑动。但是，根据这种刚性滑移的模型，计算出滑移所需的临界切应力比实际金属晶体滑移所需的临切应力大得多。例如铜，理论计算值为 1540 MPa，而实测值仅为 0.98 MPa。这一现象可用位错在晶体中的运动来解释。

现代大量理论与实验证明，晶体的滑移就是通过位错在滑移面上的运动来实现的。图 5.3 所示为一刃型位错在切应力作用下在滑移面上的运动过程。当一个位错移动到晶体表面时，便造成一个原子间距的滑移，当晶体通过位错的移动而产生滑移时，实际上并不需要整个滑移面上的全部原子移动，只需位错中心上面的两列原子向右作微量的位移，位错中心下面的一列原子向左作微量的位移，位错中心便产生一个原子间距的右移，如图 5.4 所示。所以，通过位错的运动而产生的滑移比整体刚性滑移所需的临界切应力小得多。位错容易运动的特点称为位错的易动性。

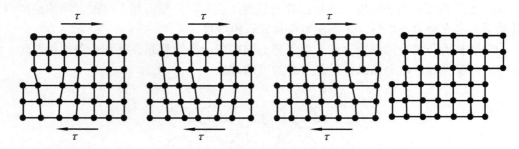

图 5.3　晶体通过位错运动而造成滑移的示意

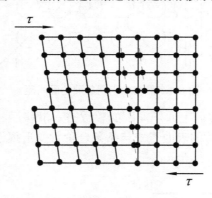

图 5.4　位错运动时的原子位移示意

需要说明的是，滑移后，滑移面两侧晶体的位向关系并没有发生改变。

单晶体塑性变形另一种形式是孪生。孪生是指在切应力作用下，晶体的一部分沿着一定的晶面(孪生面)和晶向(孪生晶向)相对于另一部分发生均匀的切变(图 5.5)。发生孪生变形部分称为孪晶带或孪晶。孪生的结果，使孪生面两侧的晶体呈镜面对称。由于孪生变形较滑移变形一次移动的原子较多，故其临界切应力较大，因此，只有不易产生滑移的金属(如 Cd、Mg、Be 等)才产生孪生变形。

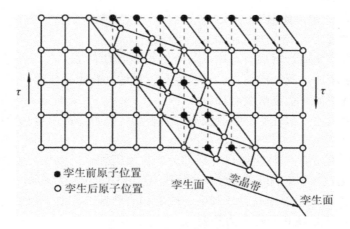

图 5.5 孪生变形过程示意

5.1.2 金属多晶体的塑性变形

多晶体中每个晶粒的塑性变形与单晶体相同。但是由于晶粒间有晶界存在，各单晶粒的位向又不相同，故多晶体的塑性变形要比单晶体更加困难和复杂。

晶界处的原子排列比较紊乱，杂质和缺陷较多。当滑移变形时，位错移动到晶界附近便会受到阻碍，增大了滑移阻力。金属的晶粒越细，晶界的总面积就越大，变形抗力就越大。金属的晶粒越细，发生滑移的晶粒数目越多，金属的塑性变形分布越均匀，使金属的塑性提高越多。多晶体的各晶粒的位向不同是多晶体塑性变形较复杂的另一原因。在对多晶体合金施加外力后，具有与外力成 45°滑移面的晶粒中首先要发生滑移变形，这种滑移必然会受到相邻位向不利于滑移的晶粒的阻碍，必须施加更大的外力，并且伴随着晶粒之间的滑移和转动，处于不同位向的晶粒才能先后进行滑移。当有大量晶粒产生滑移后，金属便显示出明显的塑性变形。

5.1.3 塑性变形对合金组织和性能的影响

1. 塑性变形对组织结构的影响

金属在外力作用下产生塑性变形时，不仅外形发生变化，而且其内部的晶粒形状也相应地被拉长或压扁或破碎，当变形量很大时，晶粒将被拉长为纤维状，晶界变得模糊不清。塑性变形也使晶粒内部的亚结构发生变化，使晶粒破碎为亚晶粒。

由于塑性变形过程中晶粒的转动，当变形量达到一定程度(70%～90%)以上时，会使绝大部分晶粒的某一位向与外力方向趋于一致，这种现象称为织构或择优取向。形变织构使金属的性能呈现各向异性，在深冲薄片零件时，易产生"制耳"现象，使零件边缘不齐，厚薄不匀。但织构现象也有有利的一面，如采用具有织构的硅钢片制作变压器铁芯可显著提高其磁导率。

2. 加工硬化

钢和其他一些金属在特定温度以下进行塑性变形时，随着塑性变形量的增加，金属的强度、硬度升高，塑性、韧性下降，这种现象称为加工硬化，又称冷形变强化。塑性变形对金属力学性能的影响,如图 5.6 所示。

金属经冷塑性变形后产生加工硬化的原因如下。

(1) 位错密度随变形量增加而增加,从而使变形抗力增大。

(2) 随变形量增加,亚结构细化,亚晶界对位错运动有阻碍作用。

(3) 随变形量增加,空位密度增加。

(4) 几何硬化。由于塑性变形时晶粒方位的转动,使各晶粒由有利位向转到不利位向,因而变形抗力增大。

由于加工硬化的存在,使金属已变形部分产生加工硬化后停止变形,而未变形部分则开始发生变形,因此,没有加工硬化,金属就不会发生均匀塑性变形。

加工硬化是工业上用以提高金属强度、硬度和耐磨性的重要手段之一。特别是对那些不能以热处理强化的金属和合金尤为重要。

塑性变形还使金属的电阻增大,耐蚀性下降。

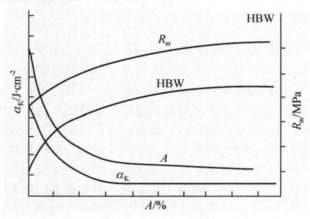

图 5.6 常温下塑性变形对低碳钢力学性能的影响

3. 残余内应力

金属塑性变形时,外力所做的功约 90%以上以热的形式失散掉,只有不到 10%的功转变为内应力残留于金属中。所谓内应力是指平衡于金属内部的应力。内应力的产生主要是由于金属在外力作用下,内部变形不均匀而引起的。

一般将内应力分为 3 类。

第一类内应力平衡于金属表面与心部之间,它是由于金属表面与心部变形不均匀造成的,又称宏观内应力。

第二类内应力平衡于晶粒之间或晶粒内不同区域之间,也是由于这些部位之间变形不均匀造成的,又称微观内应力。

第三类内应力是由晶格缺陷引起的畸变应力,它是变形金属中的主要内应力(占 90%以上),是使金属强化的主要原因。

残余内应力还会使金属耐蚀性下降,引起加工、淬火过程中零件的变形和开裂。因此,金属在塑性变形后,通常要进行退火处理,以消除或降低残余内应力。

5.2 变形金属在加热时组织和性能的变化

金属经冷塑性变形后，晶格畸变严重。位错密度增加，晶粒破碎，产生内应力等导致系统自由能升高，因而处于组织不稳定的状态，它具有自发地恢复到原来自由能较低状态的趋势。但在室温时，由于原子活动能力不足，这种不稳定状态尚能维持相当长时间而不发生变化。若将冷变形金属加热，因原子活动能力增强，将会产生一系列组织与性能的变化。随着温度的升高，将依次产生回复、再结晶和晶粒长大3个阶段，如图 5.7 所示。

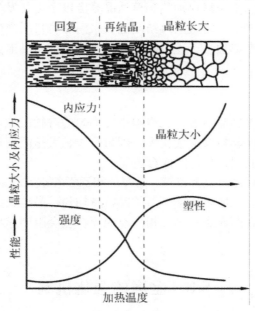

图 5.7 变形金属在不同加热温度时晶粒大小和性能的变化示意

1. 回复

回复是指当加热温度较低时，仅使金属的点缺陷和位错近距离运动(如大量的空位移动到表面或与间隙原子合并；异号位错在同一滑移面上合并消失)而使晶格畸变减少，内应力显著降低的过程。这时的温度称为回复温度。然而这时原子活动的能力还是较低，所以变形金属的组织(纤维状)无明显变化，强度、硬度略有下降，塑性和韧性略有上升。但电阻率显著下降。工业上利用回复现象，对冷变形金属进行低温退火，消除内应力，并保留加工硬化。如冷卷弹簧在卷制后进行一次 250~300℃的低温退火(或称去应力退火)，使其尺寸稳定。

2. 再结晶

当冷塑性变形金属加热到较高温度时，由于原子的活动能力加强，金属的组织发生显著的变化。由破碎、较长的晶粒变为均匀细小的等轴晶粒。这一过程也是通过晶核的形成与长大同时进行的。即首先在位错等缺陷大量集中的地方出现新晶核，并稳定地向周围变形和破碎的晶粒中长大，形成新的无畸变的等轴晶粒。在新晶核形成的同时，不断消耗金属的内能。位错密度降低，金属的强度、硬度显著下降，塑性、韧性显著上升，变形所造成的晶体缺陷已基本消失，加工硬化现象完全消除。金属的组织和性能又重新恢复到冷塑性变形前的状态。而且结晶出的晶格与变形前完全一样，所以称为再结晶过程(图5.7)。

金属材料的再结晶过程不是一个恒温过程，而是在一定温度范围内进行的过程。通常把材料再结晶开始进行的温度称为再结晶温度。再结晶温度与金属材料的熔点、纯度、预先变形程度等因素有关。大量实验证明，各种纯金属的再结晶温度 $\theta_{再}$ 与其熔点 $\theta_{熔}$ 之间按绝对温度计算，其关系可用下式表示

$$\theta_{再} \approx 0.4\theta_{熔} \tag{5-1}$$

把经冷塑性变形后的金属材料加热到再结晶温度以上使其发生再结晶的处理过程称为再结晶退火。在工业生产中，常采用再结晶退火来消除材料所产生的加工硬化现象，提高材料的塑性。在冷塑性变形加工过程中间，有时也采用再结晶退火以恢复材料的塑性便于继续加工。

3. 晶粒长大

冷塑性变形金属在再结晶后通常获得细小而均匀的等轴晶粒，但若继续升高加热温度和延长保温时间，金属的晶粒会继续长大。因为晶粒长大是降低自由能的自发过程，即通过晶粒长大，减少晶界面积，从而降低自由能。

晶粒长大的具体过程是靠晶界推移，晶粒的相互吞并来实现的。通过晶界的逐渐移动，一般是大晶粒吞吃小晶粒。所以再结晶后的晶粒越均匀，晶粒长大的趋势越小。此外，金属材料中的杂质元素、合金元素和第二相质点的存在也会阻碍晶界的推移，使晶粒长大倾向减小。

5.3 金属的强化机制

金属中加入合金元素的主要目的是使金属具有更优异的性能。对于结构材料来说，首先是提高其机械性能，即既要有高的强度，又要保证具有足够的韧性。然而材料的强度和韧性常常是一对矛盾，增加强度往往要牺牲材料的塑性和韧性，反之亦然。因此各种钢铁材料在其发展过程中均受这一矛盾因素的制约。使金属强度(主要是屈服强度)增大的过程称为强化。金属的强度一般是指金属材料对塑性变形的抗力，发生塑性变形所需要的应力越高，强度也就越高。由于金属材料的实际强度与大量的位错密切相关，其力学本质是塑变抗力。为了提高金属材料的强度，要把着眼点放在提高塑变抗力上，阻止位错运动。金属的强化机制的基本出发点是造成障碍，阻碍位错运动。从这一基本点出发，金属中合金元素的强化作用主要有以下 4 种方式：固溶强化、第二相强化、细晶强化以及形变强化。通过对这 4 种方式单独或综合加以运用，便可以有效地提高金属的强度。

5.3.1 固溶强化

溶质原子溶入金属基体而形成固溶体，使金属的强度、硬度升高，塑性、韧性有所下降，这种现象称为固溶强化。例如单相的黄铜、单相锡青铜和铝青铜都是以固溶强化为主来提高合金强度和硬度的。固溶强化是通过合金化对材料进行的最基本的强化方法。

固溶强化的出发点是以合金元素作为溶质原子阻碍位错运动。其强化机制为：由于溶质原子与基体金属原子大小不同，因而使基体的晶格发生畸变，造成一个弹性应力场。此应力场与位错本身的弹性应力场交互作用，增大了位错运动的阻力，从而导致强化。此外，溶质原子还可以通过与位错的电化学交互作用而阻碍位错运动。

固溶强化的影响因素有以下几方面。

(1) 溶质原子浓度。理论和实验表明，溶质原子浓度越高，强化作用也越大(图 5.8)。

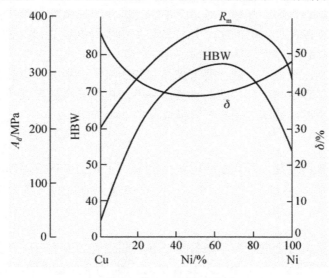

图 5.8　铜镍合金的成分与性能的关系曲线

$$T_c = c^n \tag{5-2}$$

式中：T_c——使位错移动的临界分切应力；

　　　c——为溶质原子浓度；

　　　n——材料常数，$n=1/2\sim2/3$。

(2) 溶质溶剂原子尺寸差。溶质溶剂原子尺寸相差越大，强化效果越显著。

(3) 溶质原子类型。一种是溶质原子造成球对称的点阵畸变，其强化效果较弱，约为 $G/10$，G 为剪切模量，如置换型溶质原子或面心立方晶体中的间隙型溶质原子；另一种是溶质原子成非球对称的点阵畸变，其强化效果极强，约为 G 的几倍，如体心立方晶体中的间隙型溶质原子。因此，间隙原子如 C、N 是钢中重要的强化元素。然而在室温下，它们在铁素体中的溶解度十分有限，因此，其固溶强化作用受到限制。

在工程用钢中置换式溶质原子的固溶强化效果不可忽视。能与 Fe 形成置换式固溶体的合金元素很多，如 Mn、Si、Cr、Ni、Mo、W 等。这些合金元素往往在钢中同时存在，强化作用可以叠加，使总的强化效果增大，尤其是 Si、Mn 的强化作用更大。

应当指出，固溶强化效果越大，则塑性、韧性下降越多，因此选用固溶强化元素时一定不能只着眼强化效果的大小，而应对塑性、韧性给予充分保证。所以，对溶质的浓度应加以控制。

5.3.2 第二相强化

只通过单纯的固溶强化,其强化程度毕竟有限,还必须进一步以第二相或更多的相来强化。第二相粒子可以有效地阻碍位错运动。运动着的位错遇到滑移面上的第二相粒子时,或切过(第二相粒子的特点是可变形,并与母相具有共格关系,这种强化方式与固溶处理、时效密切相关,故有沉淀强化或时效强化之称)或绕过(第二相粒子不参与变形,与基体有非共格关系。当位错遇到第二相粒子时,只能绕道并留下位错圈,第二相粒子是人为加入的,不溶于基体,故有弥散强化之称),这样滑移变形才能继续进行。这一过程要消耗额外的能量,故需要提高外加应力,所以造成强化。

第二相强化机制比较复杂,往往要考虑第二相的大小、数量、形态、分布以及性能等方面的影响。这除了涉及热处理参数的直接影响外,还涉及合金元素的影响。合金元素的作用主要是为形成所需要的第二相粒子提供成分条件。

1. 时效强化

时效强化是个普遍现象,具有重要的实际意义,工业上广泛应用的时效硬化型合金,如铝合金、耐热合金、单相不锈钢、马氏体时效钢等,都是利用这一强化理论来调整性能的。

1) 固溶处理

具有时效强化现象合金的最基本条件是在其相图上有固溶度变化,并且固溶度随温度降低而显著减小,如图 5.9 所示。当组元 B 含量大于 B_0 的合金加热到略低于固相线的温度,保温一定时间,使 B 组元充分溶解后,取出快速冷却,则 B 组元来不及沿 CD 线析出,而形成亚稳定的过饱和固溶体,这种处理称为固溶处理。

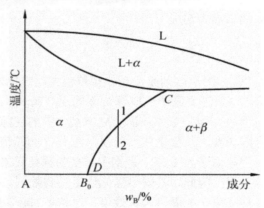

图 5.9 典型铝合金状态图的示意

2) 时效

经固溶处理的合金在室温或一定温度下加热并保持一定时间,使过饱和固溶体趋于某种程度的分解,这种处理称为时效。在室温下放置产生的时效称为自然时效,加热到室温以上某一温度进行的时效称为人工时效。

3) 时效状态与性能

时效时，在平衡的第二相析出之前还可能出现几个中间的过渡相，一般的析出顺序为

$$\alpha_3 \rightarrow \alpha_2 + GP区 \rightarrow \alpha_1 + \theta' \rightarrow \alpha + \theta \tag{5-3}$$

式中：α_3——过饱和固溶体；

α_2、α_1——有一定过饱和度的固溶体；

α——饱和固溶体；

GP 区——溶质偏聚区；

θ'——亚稳过渡相；

θ——平衡相。

通常定义在平衡相析出之前的组织为欠时效态。在这一阶段随着时效时间的延长，合金的强度不断升高，表现出明显的时效强化效果。定义细小的平衡相刚好均匀析出时的组织为峰时效态，此时合金的强度达到最大值。而平衡相长大粗化的组织称为过时效态，此时合金的强度随着时效时间的延长而逐渐下降，如图 5.10 所示。

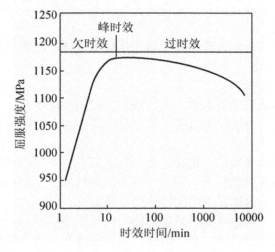

图 5.10　TC4 合金 540℃时效硬化曲线

2. 弥散强化

利用弥散强化是提高金属材料力学性能的有效方法，尤其对耐热材料有更大的应用价值。弥散强化是钢中常见的强化机制，例如淬火回火钢及球化退火钢都是利用碳化物作弥散强化相。这时合金元素的主要作用在于为了制造在高温回火条件下，使碳化物呈细小均匀弥散分布，并防止碳化物聚集长大，故需向钢中加入强碳化物形成元素 V、Ti、W、Mo、Nb 等。常用的弥散型合金是以金属为基体，弥散相为稳定性高、熔点高的各种化合物粉末，粉末颗粒直径约为 $0.01\sim0.1\ \mu m$，间距为 $0.01\sim0.03\ \mu m$。

粉末冶金法与金属熔铸法不同，它是利用金属粉末或金属粉末与非金属粉末的混合物作原料，经过压制成型和烧结两个主要工序来生产各种金属制品的方法。粉末冶金生产的主要工艺过程如图 5.11 所示。

图 5.11 粉末冶金的工艺过程

1) 制粉

颗粒的制备是粉末冶金生产中十分重要的工序。粉碎颗粒的大小与形状，对烧结过程和最终成品性能的影响很大。如果颗粒过于粗大或颗粒的外形呈不规则形状，造成冷压成型时粉末的流动性较差，压坯的致密性和均匀性较差。制粉的基本方法有机械、化学和物理方法，生产中采用机械粉碎方法较多。

机械粉碎是利用球磨机中的磨球撞击颗粒材料，使被磨材料的颗粒破碎变小。化学制粉有液体法和气体法。液体法是将颗粒原料溶解在其他液体中，向液体中加入沉淀剂或凝结剂，使原料以细小的颗粒形式从液体中析出。这种方法可获得极细小的颗粒，最细可达到纳米级粒径。但生产成本高，目前尚未用于大批量生产。气体法是原料以气体的形式出现，可以由几种气体相互混合，在一定温度下形成细小的颗粒。气体法可获得纳米级粒径的颗粒。

物理制粉常见的方法为喷雾法，将原料先熔化为液体，利用压缩气体进行雾化，使材料形成细小的颗粒。

2) 配料

配料主要是为预压成型做准备的。为了增加粉粒的流动性，较少压坯的不均匀性，需要在粉粒中加入润滑剂。为了便于成型，需要在粉粒中加入粘接剂等。

3) 预压成型

为了使颗粒材料烧结为成品，烧结前必须预压成型。有冷压成型和热压成型之分。冷压成型是将配好的料放入成型模中，利于模具迫使颗粒成型。冷压成型的坯件强度低，必须经过烧结才能有较高的机械强度和某些特殊性能。

热压成型是对预压中的坯件加压成型的同时进行加热烧结。热压成型后的制品已经完成了烧结工序，不需再进行烧结。热压成型产品致密度高、力学性能较好。但相对于冷压成型方法，受到模具的限制，不适于大批量生产，生产成本较高。

4) 预烧结

预烧结把冷压成型坯件中的增塑剂、粘接剂和其他易挥发物质去掉。预烧温度与颗粒熔点、抗氧化能力及挥发物的挥发温度有关。预烧结加热速度必须缓慢，使挥发物逐渐挥发，以免瞬时产生大量的气体，造成坯件开裂。预烧可减少烧结中的开裂。

5) 烧结

在一定温度下进行烧结，以得到设计要求的物理性能和机械性能。烧结可以分为固相烧结和液相烧结。固相烧结的温度不高于低熔点组元的熔点，烧结时不产生液相。通过固相烧结，一方面提高了原子的扩散能力，增大粉末表面的原子密度。另一方面，粉末中的氧化物被还原，并消除了吸附在粉末表面的气体，使粉末的接触面积增多，增大原子间结合力，因而提高了粉末冶金制品的强度。但是其中仍然存在一定数量的细小孔隙，因此粉末冶金制品是多孔性材料。液相烧结的温度要高于低熔点组元的熔点，而低于高熔点组元的熔点。烧结过程中，熔点低的组元熔化成为液相，将固体颗粒包围，并使颗粒粘接在一起，从而提高了粉末冶金制品的强度。

一般情况下，坯件烧结后可以达到理论密度的 90%～98%，但是很难达到理论上的完全致密度。坯件烧结后可以用收缩率、气孔率、体积密度或理论密度的比值来衡量烧结后制品的质量。

烧结的推动力主要来自颗粒的表面能，表面能越高，越有利于烧结。颗粒制备过程中，例如机械粉碎方法，颗粒受到撞击后表面的晶格产生缺陷，可以引起表面能的增加。

6) 后处理

为了进一步提高粉末冶金制品的力学性能和表面质量，往往要进行后处理。常见的后处理工作有表面处理、热处理、特殊处理等。

粉末冶金通常采用耐磨、耐高温和硬度高的颗粒材料，因此，粉末冶金常用于制造刀具、模具、量具等。采用粉末冶金方法也可制成机器零件，如齿轮、凸轮、链轮及各种刹车片。利用粉末冶金的多孔性，还可以制成过滤件或渗透制品件。也可以利用孔隙浸入油滑油，制成含油轴承。

5.3.3 细晶强化

细晶强化(又称晶界强化)是一种极为重要的强化机制，不但可以提高强度，而且还能改善钢的韧性。这一特点是其他强化机制所不具备的。

细晶强化的机制是：由于晶界的存在，引起在晶界处产生弹性变形不协调和塑性变形不协调。这两种不协调现象均会在晶界处诱发应力集中，以维持两晶粒在晶界处的连续性。其结果在晶界附近引起二次滑移，使位错迅速增殖，形成加工硬化微区，阻碍位错运动。这种由于晶界两侧晶粒变形的不协调性，在晶界附近诱发的位错称为几何上需要的位错。

另外，由于晶界存在，使滑移位错难以直接穿越晶界，从而破坏了滑移系统的连续性，阻碍了位错的运动。

归根结底，都是因为晶界的存在而使位错运动受阻，从而达到强化目的。晶粒越细化，晶界数量就越多，其强化效果也就越好。图 5.12 所示的实验表明，晶界强度明显高于晶内。材料在外力作用下发生塑性变形时，通常晶粒中心区域变形量较大，晶界及其附近区域变形量较小。多晶体的金属细丝在拉伸变形时在晶界附近出现竹节状就反映了常温下晶界的强化作用(图 5.13)。

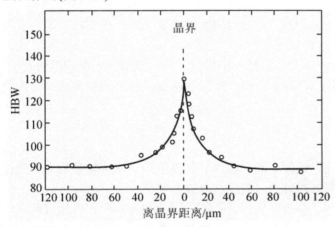

图 5.12 含硫的铁晶内与晶界强度

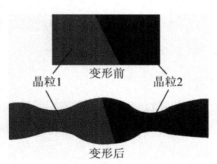

图 5.13 双晶粒试样拉伸变形示意

Hall-Petch 公式是描述晶界强化的一个极为重要的表达式。其形式为

$$\sigma_s = \sigma_0 + Kd^{-\frac{1}{2}} \tag{5-4}$$

式中：σ_s——上屈服强度；

σ_0——派纳力或称摩擦阻力；

K——晶格障碍强度系数；

d——晶粒直径。

可见，对不同材料，细化晶粒都使其屈服强度有不同程度的提高。进一步的研究表明，材料的屈服强度与其亚晶尺寸之间也满足上述关系(图 5.14)。当晶粒尺寸减小到纳米级时形成的所谓纳米材料，其强度与公式有较大偏离，但是仍然表明细化晶粒，可有效提高材料的强韧性。

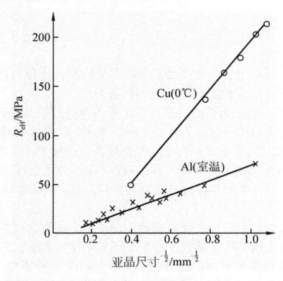

图 5.14 铜和铝的屈服强度与其亚晶尺寸的关系曲线

细化晶粒方法如下。

(1) 对铸态使用的合金，合理控制冶铸工艺，如增大过冷度、加入变质剂、进行搅拌和振动等。

(2) 对热轧或冷变形后退火态使用的合金，控制变形度、再结晶退火温度和时间。

(3) 对热处理强化态使用的合金，控制加热和冷却工艺参数，利用相变重结晶来细化晶粒。

5.3.4 形变强化

金属材料经塑性变形后，其强度、硬度升高，塑性、韧性下降，这种现象称为形变强化。形变强化主要着眼于位错数量与组态对金属塑变抗力的影响。

金属中位错密度高，则位错运动时易于发生相互交割，形成割阶。引起位错缠结，因此造成位错运动的障碍，给继续塑性变形造成困难，从而提高了金属的强度。这种用增加位错密度提高金属强度的方法也称为位错强化。其强化量 $\Delta\sigma$ 与金属中的位错度有关。

可表示为

$$\Delta\sigma = \alpha \cdot G \cdot b \cdot \rho^{\frac{1}{2}} \tag{5-5}$$

式中：G——剪切模量；
　　　b——布氏矢量；
　　　α——强化系数(约为 0.5)；
　　　ρ——位错密度。

位错密度提高所带来的强化效果有时是很大的。金属中的位错密度与变形量有关，变形量越大，位错密度越大，金属的强度则显著提高，但塑性明显下降。例如，高度冷变形可使位错密度达到$10^{12}/cm^2$以上，产生高达每平方毫米数十千克的强化量。

一般面心立方金属中的位错强化效应比体心立方金属中的大，因此在面心立方金属(如Cu、Al)中利用位错强化是很有效的。

从位错强化机制出发，钢中加入合金元素应着眼于使塑性变形时位错易于增殖，或易于分解，提高钢的加工硬化能力。具体途径如下。

(1) 细化晶粒。通过增加晶界数量，使晶界附近因变形不协调诱发几何上需要的位错，同时还可使晶粒内位错塞积群的数量增多，为此，宜向金属中加入细化晶粒的合金元素。

(2) 形成第二相粒子。当位错遇到第二相粒子时，希望位错绕过第二相粒子而留下位错圈，使位错数量迅速增多。为此，宜向钢中加入强碳化物形成元素。

(3) 促进淬火效应。淬火后希望获得板条马氏体，造成位错型亚结构。为此，宜向金属中加入提高淬透性的合金元素。

(4) 降低层错能。通过降低层错能，使位错易于扩展和形成层错，增加位错交介作用，防止交叉滑移。为此，宜加入降低层错能的合金元素。

在工程上，金属材料的实际屈服强度是上述四种强化机制共同作用的结果。实际上几乎没有一种材料的强度只利用了某一种机制。虽然总的强化效果一般不是各种强化机制的代数和，但为了方便起见，常用下式表达

$$R_{eH} = \sigma_0 + \sum_i \Delta\sigma_i \tag{5-6}$$

式中　σ_0——派纳力；
　　　σ_i——某种强化机制引起的屈服强度增加量。

小　　结

金属材料可以在外力作用下变形而不破坏，因此有优良的压力加工成形性能。本章首先介绍了单晶体金属、多晶体金属的塑性变形及其微观机制。讨论了金属塑性变形过程中内部组织的变化以及引起的力学性能的变化。

冷塑性变形后的金属材料产生加工硬化，能量升高，组织不稳定，因此又讨论了变形金属在随后的加热过程中发生的回复、再结晶和晶粒长大等问题。在前面内容的基础上，论述了金属的强化机制。

练习与思考

1. 名词解释

(1) 滑移与孪生；(2) 加工硬化；(3) 回复；(4) 再结晶。

2. 简答题

(1) 用手来回弯折一根铁丝时，开始感觉省劲，后来逐渐感到有些费劲，最后铁丝被弯断。试解释过程演变的原因。

(2) 当金属继续冷拔有困难时，通常需要进行什么热处理？为什么？

(3) 金属的主要强化方法有哪些？

(4) 一个较沉重的下料设备由时效硬化型铝合金支架支撑，放在热处理炉旁。使用了几星期后支架发生倒塌，试分析可能的失效原因。

第 6 章

钢的热处理

教学提示

钢的热处理是通过加热、保温和冷却改变金属内部或表面的组织，从而获得所需性能的工艺方法。本章内容首先阐明了钢的热处理的基本原理，由于组织转变是热处理的核心问题，因此钢在加热和冷却过程中组织转变的基本规律是讨论的重点，也是理解和掌握各种热处理工艺方法的基础。普通常用钢的热处理工艺有退火、正火、淬火、回火及表面热处理等。在机械制造业中，通过热处理才能充分发挥材料的潜能，延长零件的使用寿命，因此，本章还介绍了钢的普通热处理工艺、表面热处理工艺以及金属材料的表面改性。

教学要求

本章要求学生掌握钢在加热和冷却过程中组织转变的基本规律，并能熟练应用钢的等温转变曲线和连续转变曲线来解决问题。在理解钢的热处理的基本原理的基础上，掌握退火、正火、淬火、回火热处理工艺的工艺参数及各阶段组织特征。了解表面热处理和化学热处理等热处理工艺。当在生产实际中遇到具体问题时，应根据热处理的基本原理，针对具体情况进行具体分析，合理地、灵活地应用这些工艺来解决问题。

6.1 钢的热处理原理

钢的热处理是将钢在固态下加热到预定的温度，保温一定时间，然后以预定的方式冷却到室温，来改变其内部组织结构，以获得所需性能的一种热加工工艺。热处理可大幅度地改善金属材料的工艺性能和使用性能，绝大多数机械零件必须经过热处理。正确的热处理工艺还可以消除钢材经铸造、锻造、焊接等热加工工艺造成的各种缺陷，细化晶粒、消除偏析、降低内应力，使组织和性能更加均匀。

热处理工艺种类繁多，根据加热、冷却方式的不同及组织、性能变化特点的不同，热处理可以分为普通热处理(包括退火、正火、淬火和回火等)和表面热处理(包括感应加热表面淬火、火焰加热表面淬火、电接触加热表面淬火、渗碳、氮化和碳氮共渗等)。按照热处理在零件生产过程中的位置和作用不同，热处理工艺还可分为预备热处理和最终热处理。在生产工艺流程中，工件经切削加工等成形工艺而得到最终的形状和尺寸后，再进行的赋予工件所需使用性能的热处理称为最终热处理。而预备热处理是零件加工过程中的一道中间工序(也称为中间热处理)，其目的是改善锻、铸毛坯件组织、消除应力，为后续的机加工或进一步的热处理作准备。

钢之所以能够进行热处理，是因为钢在固态下具有相变，在固态下不发生相变的纯金属或某些合金则不能用热处理方法强化。根据铁碳相图，共析钢在加热和冷却过程中经过 PSK 线(A_1)时，发生珠光体和奥氏体之间的相互转变，亚共析钢经过 GS 线(A_3) 时，发生铁素体和奥氏体之间的相互转变，过共析钢经过 ES 线(A_{cm})时，发生渗碳体和奥氏体之间的相互转变。A_1、A_3、A_{cm} 称为钢在加热和冷却过程中组织转变的临界温度线，它们是在非常缓慢加热或冷却条件下钢发生转变的温度。但是在实际热处理加热条件下，相变是在不平衡条件下进行的，其相变点与相图中的相变温度有一些差异。由于过热和过冷现象的影响，加热时相变温度偏向高温，冷却时偏向低温，这种现象称为滞后。加热或冷却速度越快，则滞后现象越严重。图 6.1 表示加热和冷却速度对碳钢临界温度的影响。通常把加热时的实际临界温度标以字母"c"，如 A_{c1}、A_{c3}、A_{ccm}；而把冷却时的实际临界温度标以字母"r"，如 A_{r1}、A_{r3}、A_{rcm} 等。

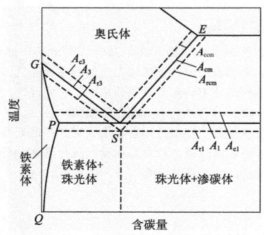

图 6.1 加热和冷却速度对钢的临界温度的影响

6.1.1 钢在加热时的转变

钢的热处理多数需要先加热得到奥氏体，然后以不同速度冷却使奥氏体转变为不同的组织，得到钢的不同性能。因此掌握热处理规律，首先要研究钢在加热时的变化。大多数热处理工艺都要将钢加热到临界温度以上，获得全部或部分奥氏体组织，即进行奥氏体化。

1. 奥氏体的形成

以共析碳钢(含碳量 0.77%)为例，加热前为珠光体组织，一般为铁素体相与渗碳体相相间排列的层片状组织，加热过程中奥氏体转变过程可分为四个阶段进行，即奥氏体的形核、奥氏体晶核的长大、剩余渗碳体的溶解以及奥氏体成分的均匀化，如图 6.2 所示。

图 6.2 珠光体向奥氏体转变示意

第一阶段：奥氏体的形核。在珠光体转变为奥氏体过程中，原铁素体的体心立方晶格结构会改组为奥氏体的面心立方晶格结构，原渗碳体的复杂晶格结构会转变为面心立方晶格结构。因此，钢的加热转变既有碳原子的扩散，也有晶体结构的变化。相界面上碳浓度分布不均匀，位错密度较高、原子排列不规则，处于能量较高的状态，易满足奥氏体形核的条件。这两相交界面越多，奥氏体晶核越多。

第二阶段：奥氏体晶核的长大。奥氏体晶核形成后，它的一侧与渗碳体相接，另一侧与铁素体相接，这使得在奥氏体中出现了碳的浓度梯度，引起碳在奥氏体中由高浓度一侧向低浓度一侧扩散。随着碳在奥氏体中的扩散，破坏了原先相界面处碳浓度的平衡，即造成奥氏体中靠近铁素体一侧的碳浓度增高，靠近渗碳体一侧碳浓度降低。为了恢复原先碳浓度的平衡，势必促使铁素体向奥氏体转变以及渗碳体的溶解。这样，奥氏体中与铁素体和渗碳体相界面处碳平衡浓度的破坏与恢复的反复循环过程，就使奥氏体逐渐向铁素体和渗碳体两方向长大，直至铁素体完全消失，奥氏体彼此相遇，形成一个个的奥氏体晶粒。

第三阶段：剩余渗碳体的溶解。由于铁素体转变为奥氏体速度远高于渗碳体的溶解速度，在铁素体完全转变之后尚有不少未溶解的"残余渗碳体"存在(图 6.2)，随着保温时间延长或继续升温，剩余渗碳体不断溶入奥氏体中。

第四阶段：奥氏体成分的均匀化。即使渗碳体全部溶解，奥氏体内的成分仍不均匀，在原铁素体区域形成的奥氏体含碳量偏低，在原渗碳体区域形成的奥氏体含碳量偏高，还需保温足够时间，让碳原子充分扩散，奥氏体成分才可能均匀。

亚共析钢与过共析钢的奥氏体化与共析钢基本相同，即在 A_{c1} 温度以上加热无论亚共析钢或是过共析钢中的珠光体均要转变为奥氏体。不同的是铁素体的完全转变要在 A_{c3} 以上，二次渗碳体的完全溶解要在温度 A_{ccm} 以上。加热后冷却过程的组织转变也仅是奥氏体向其他组织的转变，其中的铁素体及二次渗碳体在冷却过程中不会发生转变。

2. 奥氏体晶粒的长大及其控制

奥氏体的晶粒大小对钢随后的冷却转变及转变产物的组织和性能都有重要的影响。通常，粗大的奥氏体晶粒冷却后得到粗大的组织，其力学性能指标较低。因此，需要了解奥氏体晶粒度的概念以及影响奥氏体晶粒度的因素。

1) 奥氏体晶粒度的概念

奥氏体晶粒的大小是用晶粒度来度量的 1 级最粗，8 级最细(见图 6.3 钢中晶粒度标准图谱)。晶粒度的评定一般采用比较法，即金相试样在放大 100 倍的显微镜下，与标准的图谱相比。奥氏体晶粒度的概念有以下 3 种：

(1) 奥氏体转变刚刚完成，即奥氏体晶粒边界刚刚相互接触时的奥氏体晶粒大小称为起始晶粒度。通常情况下，起始晶粒度总是比较细小、均匀的。

(2) 钢在具体的加热条件下实际获得的奥氏体晶粒的大小称为实际晶粒度。实际晶粒一般总比起始晶粒大。

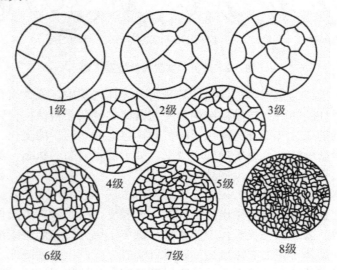

图 6.3　钢中晶粒度标准图谱

(3) 根据国家标准，在(930±10)℃保温 3h～8h 后测定的奥氏体晶粒大小称为本质晶粒度。晶粒度为 1～4 级，称为本质粗晶粒钢，晶粒度为 5～8 级，则为本质细晶粒钢。

本质晶粒度表示在规定的加热条件下，奥氏体晶粒长大的倾向性大小，不能认为本质细晶粒钢在任何加热条件下晶粒都不粗化(图 5.4)。钢的本质晶粒度与钢的成分和冶炼时的脱氧方法有关。一般用 Al 脱氧或者含有 Ti、Zr、V、Nb、Mo、W 等元素的钢都是本质细晶粒钢，因为这些元素能够形成难溶于奥氏体的细小碳化物质点，阻止奥氏体晶粒长大。只用 Si、Mn 脱氧的钢或者沸腾钢一般都为本质粗晶粒钢。热处理的零件一般都采用本质细晶粒钢。

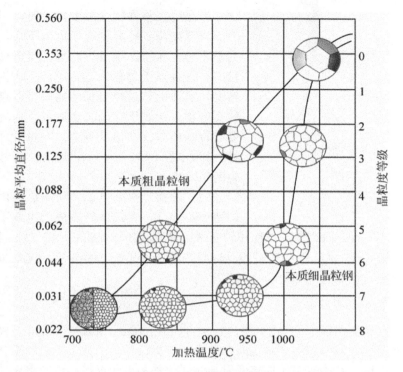

图 6.4 本质粗晶粒钢与本质细晶粒钢的晶粒长大倾向

2) 影响晶粒长大的因素

奥氏体晶粒的长大,导致晶界总面积的减小,从而使体系的自由能降低。所以,在高温下奥氏体晶粒长大是一个自发过程。

加热温度和保温时间的影响最显著。在一定温度下,随保温时间延长,奥氏体晶粒长大。在每一个温度下,都有一个加速长大期。其次,加热速度也会影响奥氏体晶粒的长大,实际生产中经常采用快速加热,短时保温的办法来获得细小晶粒。因为加热速度越大,奥氏体转变时的过热度越大,奥氏体的形核率越高,起始晶粒越细,加之在高温下保温时间短,奥氏体晶粒来不及长大。

钢中加入合金元素,也会影响奥氏体晶粒长大。例如,钢中随着含碳量的增加,奥氏体晶粒长大倾向增大,但是,当含碳量超过某一限度时,奥氏体晶粒长大倾向又减小。这是因为随着含碳量的增加,碳在钢中的扩散速度以及铁的自扩散速度均增加,故加大了奥氏体晶粒的长大倾向。但碳含量超过一定限度后,钢中出现二次渗碳体,对奥氏体晶界的移动有阻碍作用,故奥氏体晶粒反而细小。若钢中加入适量能形成难熔中间相的合金元素,如 Ti、Zr、V、Al、Nb 等,能强烈阻碍奥氏体晶粒长大,达到细化晶粒的目的。

6.1.2 钢在冷却时的转变

钢的奥氏体化不是热处理的目的,它是为了随后的冷却转变作组织准备。因为大多数的机械构件都在室温下工作,且钢件性能最终取决于奥氏体冷却转变后的组织,所以研究不同冷却条件下钢中奥氏体组织的转变规律,具有更重要的实际意义。

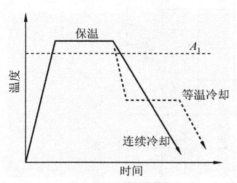

图 6.5 两种冷却方式示意

当温度在临界转变温度以上时,奥氏体是稳定的。当温度降到临界转变温度以下后,在热力学上处于不稳定状态,要发生转变,奥氏体即处于过冷状态,这种奥氏体称为过冷奥氏体。钢在冷却时的转变,实质上是过冷奥氏体的转变。过冷奥氏体的转变产物,决定于它的转变温度,而转变温度又主要与冷却的方式和速度有关。在热处理中,常有两种冷却方式,即等温冷却和连续冷却。如图 6.5 所示为两种冷却方式示意。

同一种钢加热到奥氏体状态后,由于尔后的冷却速度不一样,奥氏体转变成的组织不一样,因而所得的性能也不一样。研究奥氏体冷却转变常用等温冷却转变曲线,即 TTT 曲线及连续冷却转变曲线,即 CCT 曲线。TTT 曲线是选择热处理冷却制度的参考,CCT 曲线更能反映热处理冷却状况,作为选择热处理冷却制度的依据。

1. 过冷奥氏体的等温转变

奥氏体等温转变曲线(简称 TTT 图,Time Temperature Transformation)反映了奥氏体在冷却时的转变温度、时间和转变量之间的关系。将奥氏体化的共析钢快冷至临界点以下的某一温度等温停留,并测定奥氏体转变量与时间的关系,即可得到过冷奥氏体等温转变动力学曲线。是在等温冷却条件下,通过实验的方法绘制的。

以金相法为例介绍共析钢过冷奥氏体等温转变曲线的建立过程。将共析钢试样分成若干组,每次取一组试样,在盐浴炉内加热使之奥氏体化后,置于一定温度的恒温盐浴槽中进行等温转变,停留不同时间之后,逐个取出并快速浸入盐水中,使等温过程中未分解的奥氏体转变为新相——马氏体。将各试样经制备后进行组织观察。马氏体在显微镜下呈白亮色。可见,白亮的马氏体数量就等于未转变的过冷奥氏体数量。当在显微镜下发现某一试样刚出现灰黑色产物(珠光体)时,所对应的等温时间即为过冷奥氏体转变开始时间,到某一试样中无白亮马氏体时,所对应的时间即为转变终了时间。用上述方法分别测定不同等温条件下奥氏体转变开始和终了时间。最后将所有转变开始和终了点标在温度、时间坐标上,并分别连接起来,即得到过冷奥氏体等温转变曲线。该曲线颇似字母"C",故简称 C 曲线(图 6.6)。实验表明,当过冷奥氏体快速冷至不同的温度区间进行等温转变时,可能得到如下不同的产物及组织。

图 6.6 反映了奥氏体在快速冷却到临界点以下在各不同温度的保温过程中,温度、时间与转变组织、转变量的关系。C 曲线上部的水平线 A_1 是珠光体和奥氏体的平衡温度,A_1 线以上为奥氏体稳定区。C 曲线下部的两条水平线分别表示奥氏体向马氏体转变开始温度 M_s 和奥氏体向马氏体转变终了温度 M_f,两条水平线之间为马氏体和过冷奥氏体的共存区。图中靠近纵坐标的第一条曲线,反映过冷奥氏体相应于一定温度开始转变为其他组织的时间,称为转变开始线;接着的第二条曲线,反映过冷奥氏体相应于一定温度转变为其他组织的终了时间,称为转变终了线。一般以转变量为 1%和 99%作为转变的开始点和终了点。在 $A_1 \sim M_s$ 之间及转变开始线以左的区域为过冷奥氏体区;转变终了线以右为转变产物

珠光体或贝氏体区，M_f 以下为转变产物马氏体区；而转变开始线与转变终了线之间为转变过渡区，同时存在奥氏体和珠光体或奥氏体和贝氏体。

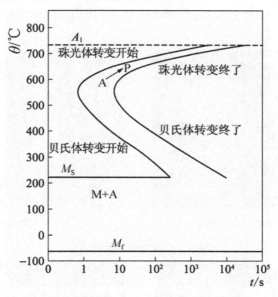

图 6.6　共析钢过冷奥氏体等温转变动力学曲线

过冷奥氏体等温转变开始所经历的时间称为孕育期，它的长短标志着过冷奥氏体稳定性的大小。如图 6.6 所示，共析钢在 550℃ 左右孕育期最短，过冷奥氏体最不稳定，它是 C 曲线的"鼻尖"，"鼻尖"孕育期最短的原因是，该处的过冷度较大，因而相变驱动力较大，且此温度原子扩散能力也较强，故新相的形核、长大最快，孕育期最短。在鼻尖以上区间，虽然温度较高，原子扩散能力较强，但由于过冷度太小(相变驱动力太小)，使得新相形核、长大较为困难，孕育期随温度升高而延长；在鼻尖以下区间，虽然过冷度较大，但由于此时温度已较低，原子扩散较困难，故孕育期也较长，且孕育期随温度降低而延长。

2. 过冷奥氏体转变产物的组织与性能

按温度的高低和组织形态，过冷奥氏体转变可分为高温珠光体转变、中温贝氏体转变和低温马氏体转变三种。

1) 珠光体转变

温度在 A_1 以下至 550℃ 左右的温度范围内，过冷奥氏体转变产物是珠光体，即形成铁素体与渗碳体两相组成的相间排列的层片状的机械混合物组织，所以这种类型的转变又叫珠光体转变。在珠光体转变中，由 A_1 以下温度依次降到鼻尖的 550℃ 左右，层片状组织的片间距离依次减小。根据片层的厚薄不同，这类组织又可细分为三种。

第一种是珠光体，其形成温度为 $(\theta_{A_1} \sim 650)$℃，片层较厚，一般在 500 倍的光学显微镜下即可分辨。用符号 P 表示，如图 6.7 所示。

第二种是索氏体，其形成温度为 650℃ ~ 600℃，片层较薄，一般在 800 ~ 1000 倍光学显微镜下才可分辨。用符号 S 表示，如图 6.8 所示。

第三种是托氏体，其形成温度为 600℃ ~ 550℃，片层极薄，只有在电子显微镜下才能分辨。用符号 T 表示，如图 6.9 所示。

实际上，这三种组织都是珠光体，其差别只是珠光体组织的"片间距"大小，形成温度越低，片间距越小。这个"片间距"越小，组织的硬度越高，托氏体的硬度高于索氏体，远高于粗珠光体。

(a) 光学显微镜下形貌

(b) 电子显微镜下形貌

图 6.7　珠光体的显微组织

(a) 光学显微镜下形貌

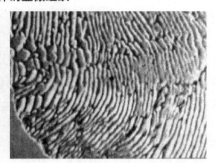
(b) 电子显微镜下形貌

图 6.8　索氏体的显微组织

(a) 光学显微镜下形貌

(b) 电子显微镜下形貌

图 6.9　托氏体的显微组织

奥氏体转变为珠光体的过程也是形核和长大的过程。当奥氏体过冷到 A_1 以下时，首先在奥氏体晶界上产生渗碳体晶核，通过原子扩散，渗碳体依靠其周围奥氏体不断地供应碳原子而长大。同时，由于渗碳体周围奥氏体含碳量不断降低，从而为铁素体形核创造了条件，使这部分奥氏体转变为铁素体。由于铁素体溶碳能力低(溶碳量<0.0218%)，所以又将过剩的碳排挤到相邻的奥氏体中，使相邻奥氏体含碳量增高，这又为产生新的渗碳体创造了条件。如此反复进行，奥氏体最终全部转变为铁素体和渗碳体片层相间的珠光体组织。

可见，奥氏体向珠光体的转变为扩散型的生核、长大过程。是通过碳、铁的扩散和晶体结构的重构来实现的。转变时有两个物理过程同时进行：一是碳原子和铁原子迁移产生高碳的渗碳体和低碳的铁素体；二是晶格重组，由面心立方的奥氏体转变为体心立方的铁素体和复杂立方的渗碳体。

2) 贝氏体转变

过冷奥氏体在 550℃～M_s(马氏体转变开始温度)的转变称为中温转变，其转变产物为贝氏体型，又称为贝氏体转变。贝氏体也是由铁素体与渗碳体组成的机械混合物，用符号 B 表示。但其形貌与渗碳体的分布与珠光体型不同，硬度也比珠光体型的高。

根据贝氏体的组织形态和形成温度区间的不同又可将其划分为上贝氏体与下贝氏体。共析钢在 550℃～350℃温度区间，过冷奥氏体转变为上贝氏体。上贝氏体的特点是铁素体呈大致平行的条束状，自奥氏体晶界的一侧或两侧向奥氏体晶内伸展。渗碳体分布于铁素体条之间。在光学显微镜下观察呈羽毛状(图 6.10)。

(a) 光学显微照片

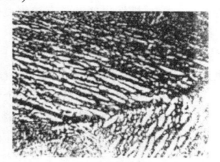
(b) 电子显微照片

图 6.10 羽毛状上贝氏体的显微组织

共析钢在 350℃～M_s 温度区间形成下贝氏体。典型的下贝氏体是由含碳过饱和的片状铁素体和其内部沉淀的碳化物组成的机械混合物。在光学显微镜下呈黑色针状或竹叶状(图 6.11)。

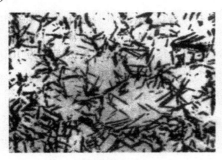
(a) 光学显微照片

(b) 电子显微照片

图 6.11 针、叶状下贝氏体的显微组织

在中温区发生奥氏体转变时，由于温度较低，铁原子扩散困难，只能以共格切变的方式来完成原子的迁移，而碳原子则有一定的扩散能力，可以通过短程扩散来完成原子迁移，所以贝氏体转变属于半扩散型相变。在贝氏体转变中，存在着两个过程：一是铁原子的共格切变，二是碳原子的短程扩散。

当温度较高(550℃～350℃)时，条状或片状铁素体从奥氏体晶界开始向晶内以同样方向平行生长。随着铁素体的伸长和变宽，其中的碳原子向条间的奥氏体中富集，最后在铁素体条之间析出渗碳体短棒，奥氏体消失，形成上贝氏体。

当温度较低(350℃～M_s)时，碳原子扩散能力低，铁素体在奥氏体的晶界或晶内的某些晶面上长成针状。尽管最初形成的铁素体固溶碳原子较多，但碳原子不能长程迁移，因而不能逾越铁素体片的范围，只能在铁素体内一定的晶面上以断续碳化物小片的形式析出，从而形成下贝氏体。

贝氏体的力学性能取决于贝氏体的组织形态。上贝氏体的形成温度较高，其中的铁素体条粗大，它的塑变抗力低。上贝氏体中的渗碳体分布在铁素体条之间，易于引起脆断，因此，上贝氏体的强度和韧性均较低。下贝氏体中铁素体细小、分布均匀，在铁素体内又析出细小弥散的碳化物，加之铁素体内含有过饱和的碳以及高密度的位错，因此，下贝氏体不但强度高，而且韧性也好，具有较优良的综合力学性能，是生产上常用的组织。获得下贝氏体组织是强化钢材的途径之一。

3) 马氏体转变

当奥氏体获得极大过冷度冷至 M_s 以下(对于共析钢为 230℃以下)时，将转变成马氏体类型组织。马氏体转变属于低温转变。这个转变持续至马氏体形成终了温度 M_f。在 M_f 以下，过冷奥氏体停止转变。获得马氏体是钢件强韧化的重要基础。

(1) 马氏体的本质。马氏体是碳在 $\alpha-Fe$ 中的过饱和固溶体，用符号 M 表示。马氏体具有体心正方晶格($a=b\neq c$)当发生马氏体转变时，奥氏体中的碳全部保留在马氏体中(图 6.12)。c/a 称为马氏体的正方度，马氏体碳的质量分数越高，其正方度越大，晶格畸变也越严重，马氏体的硬度也就越高。

(2) 马氏体转变特点。

① 过冷 A 转变为马氏体是一种非扩散型转变。铁和碳原子都不能进行扩散。铁原子沿奥氏体一定晶面，集体地(不改变相互位置关系)作一定距离的移动(不超过一个原子间距)，使面心立方晶格改组为体心正方晶格，碳原子原地不动，过饱和地留在新组成的晶胞中，增大了其正方度 c/a，产生很强的固溶强化。

② 马氏体的形成速度很快。奥氏体冷却到点 M_s 以下后，无孕育期，瞬时转变为马氏体，马氏体的生成速度极快，片间相撞易在马氏体片内产生显微裂纹。随着温度下降，过冷 A 不断转变为马氏体，是一个连续冷却的转变过程。

③ 马氏体转变是不彻底的。总要残留少量奥氏体。残余奥氏体的含量与 M_s、M_f 的位置有关。奥氏体中的碳含量越高，则 M_s、M_f 越低(图 6.13)，残余 A 含量越高。只在碳质量分数少于 0.6%时，残余 A 可忽略。

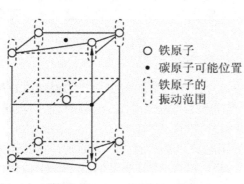
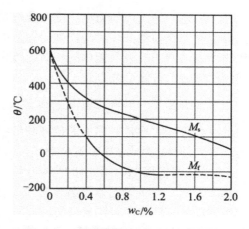

图 6.12 马氏体晶格示意   图 6.13 含碳量对 M_s 与 M_f 温度的影响

④ 马氏体形成时体积膨胀，在钢中造成很大的内应力，严重时导致开裂。

(3) 马氏的体形态。碳质量分数在 0.25%以下时，基本上是板条马氏体(亦称低碳马氏体)，板条马氏体在显微镜下为一束束平行排列的细板条，如图 6.14(a)所示。在高倍透射电镜下可看到板条马氏体内有大量位错缠结的亚结构，所以也称位错马氏体。

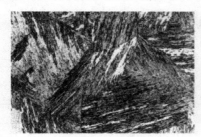

(a) 板条马氏体形貌   (b) 针状马氏体形貌

图 6.14 马氏体的显微组织

当碳质量分数大于 1.0%时，则大多数是针状马氏体(亦称高碳马氏体)，针状马氏体在光学显微镜中呈竹叶状或凸透镜状，在空间形同铁饼，如图 6.14(b)所示。马氏体针之间形成一定角度(60°)。高倍透射电镜分析表明，针状马氏体内有大量孪晶，因此亦称孪晶马氏体。

碳质量分数在 0.25%~1.0%之间时，为板条马氏体和针状马氏体的混合组织。

(4) 马氏体的性能。马氏体的硬度主要取决于其中的含碳量，含碳量越高，马氏体硬度也就越高，随着马氏体含碳量的增加，c/a 增大，马氏体的硬度也随之增高。马氏体的塑性和韧性也与其含碳量有关。高碳马氏体的含碳量高，晶格的正方畸变大，淬火内应力也较大，往往存在许多显微裂纹。片状马氏体中的微细孪晶破坏了滑移系，也使脆性增大，所以脆性和韧性都很差。低碳板条状马氏体中的高密度位错是不均匀分布的，存在低密度区，为位错提供了活动余地，由于位错运动能缓和局部应力集中，因而对韧性有利；此外，淬火应力小，不存在显微裂纹，裂纹通过马氏体条也不易扩展，所以板条马氏体具有很高的塑性和韧性。

综上所述，马氏体的力学性能主要取决于含碳量、组织形态和内部亚结构。板条马氏体具有优良的强韧性，片状马氏体的硬度高，但塑性、韧性很差。通过热处理可以改变马氏体的形态，增加板条马氏体的相对数量，从而可显著提高钢的强韧性，这是一条可显著发挥钢材潜力的有效途径。

3. 影响过冷奥氏体等温转变的因素

过冷奥氏体等温转变曲线的位置和形状反映了过冷奥氏体的稳定性、等温转变速度及转变产物的性质。因此，凡影响 C 曲线位置和形状的因素都会影响过冷奥氏体的等温转变。

(1) 含碳量的影响。图 6.15 所示为亚共析钢和过共析钢的 C 曲线。

亚共析钢的过冷奥氏体等温转变曲线与共析钢的等温转变曲线不同的是，在其上方多了一条过冷奥氏体转变为铁素体的转变开始线。亚共析钢随着含碳量的减少，C 曲线位置往左移，同时 M_s、M_f 线往上移。亚共析钢的过冷奥氏体等温转变过程与共析钢类似。只是在高温转变区过冷奥氏体将先有一部分转变为铁素体，剩余的过冷奥氏体再转变为珠光体型组织。如 45 钢在 650℃～600℃等温转变后，其产物为 F+S。

过共析钢过冷 A 的 C 曲线的上部为过冷 A 中析出二次渗碳体(Fe_3C_{II})开始线。当加热温度为 A_{c1} 以上 30℃～50℃时，过共析钢随着含碳量的增加，C 曲线位置向左移，同时 M_s、M_f 线往下移。

过共析钢的过冷 A 在高温转变区，将先析出 Fe_3C_{II}，其余的过冷 A 再转变为珠光体型组织。如 T10 钢在 A_1～650℃等温转变后，其产物为 Fe_3C_{II}+P。

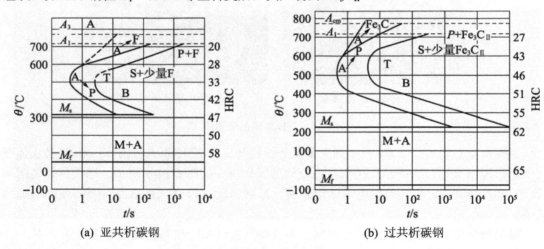

(a) 亚共析碳钢　　　　　　　　　　　　(b) 过共析碳钢

图 6.15 亚共析钢和过共析钢的 C 曲线

此外，奥氏体中含碳量不同，C 曲线位置不同。在正常热处理和加热条件下，共析钢的 C 曲线最靠右，其过冷奥氏体最稳定；亚共析钢的 C 曲线随着含碳量的增加向右移，过共析钢的 C 曲线随着含碳量的增加向左移。

(2) 合金元素的影响。除了 Co 以外，其他合金元素均使 C 曲线右移，当过冷奥氏体中含有较多的 Cr、Mo、W、V、Ti 等碳化物形成元素时，C 曲线的形状还会发生变化，甚至 C 曲线分离成上下两部分，形成两个"鼻子"，中间出现一个过冷奥氏体较为稳定的区域。

(3) 加热温度和保温时间的影响。随着奥氏体化温度的升高和保温时间的延长，奥氏体的成分越均匀，与此同时，未溶碳化物数量减少，晶粒也越粗大，晶界面积减少，这些都降低了奥氏体分解的形核率，使过冷奥氏体稳定性增大，导致 C 曲线右移。

4. 过冷奥氏体的连续转变

在实际生产中，奥氏体大多数是在连续冷却过程中转变的。由过冷奥氏体等温转变曲线推测连续冷却条件下过冷奥氏体的转变是不准确的，因而必须建立过冷奥氏体连续冷却转变曲线(简称 CCT 图，Continuous Cooling Transformation)。

图 6.16 是共析钢的 CCT 曲线。图中阴影区的两条曲线分别为珠光体转变开始与终了曲线，AB 线为珠光体转变中止线(即珠光体转变中途停止，剩余的奥氏体不能转变为珠光体)。该图中没有贝氏体转变区，这是由于共析钢在连续冷却时，贝氏体转变被强烈抑制所致。当冷却速度大于 v_c 时，过冷奥氏体将转变为马氏体；冷却速度小于 v_c' 时，则只发生珠光体转变；冷却速度介于 v_c 和 v_c' 之间时，一部分奥氏体转变成珠光体。图中 v_c 称为马氏体临界冷却速度或临界淬火冷却速度。v_c 反映了钢在淬火时得到马氏体的难易程度，v_c 越小，则淬火时用较小的冷却速度就可以躲过鼻尖得到马氏体；反之，就需较大的冷却速度才可以躲过鼻尖。v_c' 是使奥氏体全部转变为珠光体的最大冷却速度。

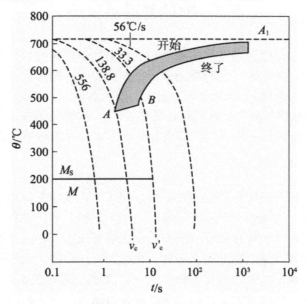

图 6.16　共析钢过冷奥氏体连续冷却转变曲线

以不同的冷却速度连续冷却时，过冷奥氏体将会转变为不同的组织。通过连续转变冷却曲线可以了解冷却速度与过冷奥氏体转变组织的关系。由图 6.17 共析碳钢的等温冷却转变图与连续冷却转变图的比较可知，连续转变曲线(实线)位于等温冷却 C 曲线(虚线)的右上方；连续冷却时，过冷奥氏体往往要经过几个转变区间，因此转变产物常由几种组成，即常得到混合组织，并且组织不够均匀，先形成的组织较粗，后形成的组织较细。此外，过冷奥氏体连续冷却时，转变为珠光体所需的孕育期，要比相应过冷度下等温转变的孕育期长。

由于连续冷却曲线的测定很困难，至今仍有许多钢的连续冷却曲线未被测定，而各种钢的等温 C 曲线资料很齐全，故生产中常用等温 C 曲线定性、近似地分析连续冷却转变。

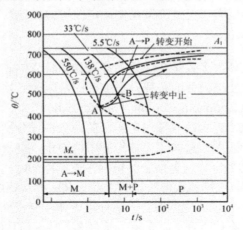

图 6.17 共析碳钢的等温冷却转变与连续冷却转变图的比较

6.2 钢的普通热处理

钢的热处理工艺是指根据钢在加热和冷却过程中的组织转变规律制定的具体加热、保温和冷却的工艺参数。热处理工艺种类很多，根据加热、冷却方式及获得组织和性能的不同，钢的热处理可分为普通热处理(退火、正火、淬火和回火)、表面热处理(表面淬火和化学热处理等)及特殊热处理(形变热处理和磁场热处理)。根据在零件生产工艺流程中的位置和作用，热处理又可分为预备热处理和最终热处理。本节介绍钢的普通热处理。

6.2.1 钢的退火和正火

退火和正火是生产中应用很广泛的预备热处理工艺，安排在铸造、锻造之后，切削加工之前，用以消除前一工序所带来的某些缺陷，为随后的工序作准备。例如，经铸造、锻造等热加工以后，工件中往往存在残余应力，硬度偏高或偏低，组织粗大，存在成分偏析等缺陷，这样的工件其力学性能低劣，不利于切削加工成形，淬火时也容易造成变形和开裂。经过适当的退火或正火处理可使工件的内应力消除，调整硬度以改善切削加工性能，组织细化，成分均匀，从而改善工件的力学性能并为随后的淬火作准备。对于一些受力不大、性能要求不高的机器零件，也可作最终热处理。

1. 钢的退火

退火是把钢加热到适当的温度，经过一定时间的保温，然后缓慢冷却(一般为随炉冷却)，以获得接近平衡状态组织的热处理工艺。其主要目的是减轻钢的化学成分及组织的不均匀性，细化晶粒，降低硬度，消除内应力，以及为淬火做好组织准备。

退火的种类很多，根据加热温度可分为两大类：一类是在临界温度(A_{c1} 或 A_{c3})以上的退火，又称为相变重结晶退火，包括完全退火、不完全退火、球化退火和扩散退火等；另一类是在临界温度以下的退火，包括再结晶退火及去应力退火等。

1) 完全退火

完全退火又称重结晶退火，是把钢加热至 A_{c3} 以上 20℃～30℃，保温一定时间后缓慢冷却(随炉冷却或埋入石灰和砂中冷却)，以获得接近平衡组织的热处理工艺。完全退火的目的在于，通过完全重结晶，使热加工造成的粗大、不均匀的组织均匀化和细化，以提高性能；或使中碳以上的碳钢和合金钢得到接近平衡状态的组织，以降低硬度，改善切削加工性能。由于冷却速度缓慢，还可消除内应力。

完全退火一般用于亚共析钢。低碳钢和过共析钢不宜采用完全退火。低碳钢完全退火后硬度偏低，不利于切削加工。过共析钢完全退火，加热温度在 A_{ccm} 以上，会有网状二次渗碳体沿奥氏体晶界析出，造成钢的脆化。

2) 等温退火

等温退火的加热温度与完全退火时基本相同，是将钢件加热到高于 A_{c3}（或 A_{c1}）的温度，保温适当时间后，较快地冷却到 A_{r1} 以下珠光体区的某一温度，并等温保持，使奥氏体等温转变成珠光体，然后缓慢冷却的热处理工艺。

等温退火的目的与完全退火相同，能获得均匀的预期组织，对于奥氏体较稳定的合金钢，可大大缩短退火时间。

3) 球化退火

球化退火为使钢中碳化物球状化的热处理工艺。目的是使二次渗碳体及珠光体中的渗碳体球状化(退火前正火将网状渗碳体破碎)，以降低硬度，改善切削加工性能；并为以后的淬火作组织准备。球化退火主要用于共析钢和过共析钢。

过共析钢球化退火后的显微组织为在铁素体基体上分布着细小均匀的球状渗碳体。球化退火的加热温度 A_{c1} 以上 20℃～30℃。球化退火需要较长的保温时间来保证二次渗碳体的自发球化，保温后随炉冷却。

对于有网状二次渗碳体的过共析钢，在球化退火之前应进行一次正火处理，以消除粗大的网状渗碳体，然后再进行球化退火。

4) 扩散退火

为减少钢锭、铸件或锻坯的化学成分和组织不均匀性，将其加热到略低于固相线(固相线以下 100℃～200℃)的温度，长时间保温(10h～15h)，并进行缓慢冷却的热处理工艺，称为扩散退火或均匀化退火。其目的是为了消除晶内偏析，使成分均匀化。实质是使钢中各元素的原子在奥氏体中进行充分扩散。

工件经扩散退火后，奥氏体的晶粒十分粗大，因此必须进行完全退火或正火处理来细化晶粒，消除过热缺陷。由于扩散退火温度高、时间长，生产成本高，一般不轻易采用。只有一些优质的合金钢和偏析较严重的合金钢铸件才使用这种工艺。

5) 去应力退火

为消除铸造、锻造、焊接和切削、冷变形等冷热加工在工件中造成的残留内应力而进行的低温退火，称为去应力退火。去应力退火是将钢件加热至低于 A_{c1} 的某一温度(一般为 500℃～650℃)，保温后随炉冷却，这种处理可以消除约 50%～80% 的内应力，不引起组织变化。

2. 钢的正火

钢材或钢件加热到 A_{c3}(对于亚共析钢)和 A_{ccm}(对于过共析钢)以上 30℃～50℃，保温适当时间后，使之完全奥氏体化，然后在自由流动的空气中均匀冷却，以得到珠光体类型组织的热处理工艺称为正火。正火后组织以 S 为主。

正火与完全退火相比，二者加热温度相同，但正火冷却速度较快，转变温度较低。因此，对于亚共析钢来说，相同钢正火组织中析出的铁素体数量较少，珠光体数量较多，且珠光体的片间距较小，对于过共析钢来说，正火可以抑制先共析网状渗碳体的析出。钢的强度、硬度和韧性较高。

各种退火和正火的加热温度范围，如图 6.18 所示。

正火工艺是比较简单经济的热处理方法，在生产中应用较广泛，主要有以下几个方面：

(1) 消除网状二次渗碳体。原始组织中存在网状二次渗碳体的过共析钢，经正火处理后可消除对性能不利的网状二次渗碳体，以保证球化退火质量。

(2) 消除中碳钢热加工缺陷。中碳结构钢铸件、锻件、轧件以及焊接件，在热加工后容易出现晶粒粗大等过热缺陷，通过正火可达到细化晶粒、均匀组织、消除内应力的目的。

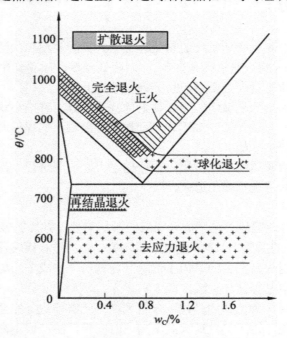

图 6.18　各种退火和正火的加热温度范围

(3) 作为最终热处理。对于机械性能要求不高的结构钢零件，可以采用正火处理后获得一定的综合机械性能。将正火作为最终热处理代替调质处理，可减少工序、节约能源、提高生产效率，用正火作为最终热处理。

(4) 改善切削加工性能。对于低碳钢或低碳合金钢，由于完全退火后硬度太低，切削加工时容易粘刀，且表面粗糙度很差，切削加工性能不好。而用正火，则可提高其硬度，从而改善切削加工性能。所以，对于低碳钢和低碳合金钢，通常采用正火来代替完全退火，作为预备热处理。

从改善切削加工性能的角度出发，低碳钢宜采用正火；中碳钢既可采用退火，也可采用正火；含碳 0.45%～0.6%的中碳钢则必须采用完全退火；过共析钢用正火消除网状渗碳体后再进行球化退火。

6.2.2 钢的淬火

将亚共析钢加热到 A_{c3} 以上，共析钢与过共析钢加热到 A_{c1} 以上(低于 A_{ccm})的温度，保温后以大于 v_c 的速度快速冷却，使奥氏体转变为马氏体(或下贝氏体)的热处理工艺叫淬火。

马氏体强化是钢的主要强化手段，因此淬火的目的就是为了获得马氏体，提高钢的力学性能。淬火是钢的最重要的热处理工艺，也是热处理中应用最广的工艺之一。

淬火工艺的实质是奥氏体化后进行马氏体转变(或下贝氏体转变)。淬火钢得到的组织主要是马氏体(或下贝氏体)，此外，还有少量的残余奥氏体及未溶的第二相。

1. 淬火温度的确定

淬火温度即钢的奥氏体化温度，是淬火的主要工艺参数之一。它的选择应以获得均匀细小的奥氏体组织为原则，以使淬火后获得细小的马氏体组织。为防止奥氏体晶粒粗化，其加热温度一般限制在临界点以上 30℃～50℃范围。图 6.19 是碳钢的淬火温度范围。

亚共析钢的淬火温度一般为 A_{c3} 以上 30℃～50℃，淬火后获得均匀细小的马氏体组织。如果温度过高，会因为奥氏体晶粒粗大而得到粗大的马氏体组织，使钢的力学性能恶化，特别是使塑性和韧性降低；还会导致淬火钢的严重变形。如果淬火温度低于 A_{c3}，淬火组织中会保留未熔铁素体，造成淬火硬度不足。

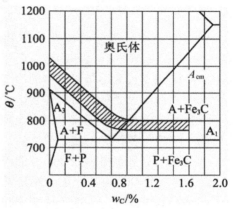

图 6.19 碳钢的淬火温度范围

对于共析钢和过共析钢，淬火加热温度一般为 A_{c1} 以上 30℃～50℃，淬火后，共析钢组织为均匀细小的马氏体和少量残余奥氏体；过共析钢则可获得均匀细小的马氏体和粒状二次渗碳体和少量残余奥氏体的混合组织。这种组织不仅具有高强度、高硬度、高耐磨性，而且具有较好的韧性。如果淬火加热温度超过 A_{ccm} 时，碳化物将完全溶入奥氏体中，不仅使奥氏体含碳量增加，淬火后残余奥氏体量增加，降低钢的硬度和耐磨性，同时，奥氏体晶粒粗化，淬火后易得到含有显微裂纹的粗片状马氏体，使钢的脆性增大。因此，过共析钢一般采用 A_{c1} 以上 30℃～50℃温度加热，进行不完全淬火。

对于合金钢，大多数合金元素(Mn、P 除外)有阻碍奥氏体晶粒长大的作用，因而淬火温度允许比碳素钢高，一般为临界温度以上 50℃～100℃，提高淬火温度有利于合金元素在奥氏体中充分熔解和均匀化，以取得较好的淬火效果。

2. 保温时间的确定

为了使工件各部分均完成组织转变，需要在淬火加热温度保温一定的时间，通常将工件升温和保温所需的时间计算在一起，而统称为加热时间。影响加热时间的因素很多，如加热介质、钢的成分、炉温、工件的形状及尺寸、装炉方式及装炉量等。通常根据经验公式估算或通过实验确定。生产中往往要通过实验确定合理的加热及保温时间，以保证工件质量。

3. 淬火冷却介质

冷却是淬火的关键工序，它关系到淬火质量的好坏，同时，冷却也是淬火工艺中最容易出现问题的一道工序。淬火是冷却非常快的过程，为了得到马氏体组织，淬火冷却速度必须大于临界冷却速度 v_c。但是，在冷却速度快的情况下必然产生很大的淬火内应力，这往往会引起工件变形。因此，结合过冷奥氏体的转变规律，确定合理的淬火冷却速度，使工件既能获得马氏体组织，同时又要避免产生变形和开裂。理想的淬火冷却曲线，如图 6.20 所示。

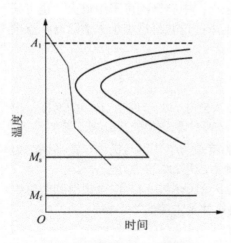

图 6.20 理想淬火冷却曲线示意

由过冷奥氏体等温转变曲线可知，过冷奥氏体在不同温度区间的稳定性不同，在 600℃～400℃温度区间最不稳定，所以淬火时应快速冷却，以避免发生珠光体或贝氏体转变，而在 M_s 点附近应尽量以较慢的冷却速度冷却，以减少马氏体转变时产生的组织内应力，从而减少工件淬火变形和防止开裂。

但是到目前为止，还找不到完全理想的淬火冷却介质。常用的淬火冷却介质是水、盐或碱的水溶液和各种矿物油、植物油。

水是既经济又有很强冷却速度的淬火冷却介质，在 650℃～400℃温度区间冷却速度较大，这对奥氏体稳定性较小的碳钢来说很有利，而在 300℃～200℃温度区间冷却速度仍然很大，冷却能力偏强，易使工件变形和开裂，不符合理想冷却介质的要求。

为了改善水的冷却性能，通常采用的方法是在水中加入质量分数为 10%～15% 的 NaCl、NaOH 或 Na_2CO_3 等物质。盐水的淬火冷却能力比清水更强，这对尺寸较大的碳钢件淬火是非常有利的。采用盐水淬火时，由于盐晶体在工件表面的析出和爆裂，可不断有效地打破包围在工件表面的蒸汽膜和促使附着在工件表面上的氧化铁皮的剥落。因此用盐水淬火的工件容易获得高硬度和光洁的表面，且不会产生淬不硬的软点，这是清水淬火所不及的。但是在 300℃～200℃温度区间冷却速度仍然很大，这使工件变形加重，甚至发生开裂。此外，盐水对工件有锈蚀作用，淬火后的工件必须进行清洗。

水和盐水用于形状简单、硬度要求高而均匀、变形要求不严格的碳钢的连续淬火。

油是一类冷却能力较弱的冷却介质。在 300℃～200℃温度区间冷却速度远小于水，对减少工件淬火变形和防止开裂很有利，但在 650℃～400℃温度区间冷却速度比水小得多，在生产实际中，主要用作过冷奥氏体稳定性好的合金钢或尺寸小的碳素钢工件的淬火。

为了减少零件淬火时的变形，可用熔融状态的碱浴和硝盐浴作为淬火的冷却介质，其成分、熔点和使用温度见表 6-1。

表 6-1 常用碱浴、硝盐浴成分的质量分数、熔点和使用温度

介质	质量分数/%	熔点/℃	使用温度/℃
碱浴	(80%)KOH+(20%)NaOH，另加(3%)KNO₃+(3%)NaNO₂+(6%)H₂O	120	140~180
	(85%)KOH+(15%)NaNO₂，另加(3%~6%)H₂O	130	150~180
硝盐浴	(53%)KNO₃+(40%)NaNO₂+(7%)NaNO₃，另加(3%)H₂O	100	120~200
	(55%)KNO₃+(45%)NaNO₂，另加(3%~5%)H₂O	130	150~200
	(55%)KNO₃+(45%)NaNO₂	137	155~550
	(50%)KNO₃+(50%)NaNO₂	145	160~500

为了寻求理想的冷却介质，大量的研究工作仍在进行，目前提倡使用的水溶液淬火介质，其中有过饱和硝盐水溶液、氧化锌—碱水溶液、水玻璃淬火液等。

4．常用淬火方法

由于淬火介质不能完全满足淬火质量的要求，所以应选择适当的淬火方法。同选用淬火介质一样，在保证在获得所要求的淬火组织和性能条件下，尽量减小淬火应力，减少工件变形和开裂倾向。

(1) 单液淬火。它是将奥氏体状态的工件放入一种淬火介质中一直冷却到室温的淬火方法(见图 6.21 曲线 1)。这种方法操作简单，容易实现机械化、自动化，但是，工件在马氏体转变温度区间冷却速度较快，容易产生较大的组织应力，从而增大工件变形、开裂的倾向。因此只适用于形状简单的碳钢和合金钢工件。

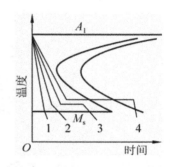

图 6.21 各种淬火方法冷却曲线示意

(2) 双液淬火。它是先将奥氏体状态的工件在冷却能力强的淬火介质中冷却至接近 M_s 点温度时，再立即转入冷却能力较弱的淬火介质中冷却，直至完成马氏体转变(图 6.21 曲线 2)。这种方法利用了所使用的两种淬火介质的优点，获得了较为理想的冷却条件，如果能恰当地控制好在先冷却介质中的时间，可以在保证获得马氏体组织的同时，减小淬火应力，能有效防止工件的变形和开裂。但这要求操作人员有较高的操作技术。在工业生产中，常以水和油分别作为冷却介质，称为水淬油冷法。

(3) 分级淬火。是将奥氏体状态的工件首先浸入略高于钢的 M_s 点的盐浴或碱浴炉中保温，当工件内外温度均匀后，取出空冷至室温，完成马氏体转变(见图 6.21 曲线 3)。这种淬火方法可大大减少热应力和组织应力，明显地减少变形和开裂，但由于盐浴或碱浴冷却能力小，对于截面尺寸较大的工件很难达到其临界淬火速度。因此，此方法只适合于截面尺寸比较小的工件，如刀具、量具和要求变形小的精密工件。

(4) 等温淬火。是将奥氏体化后的工件在稍高于 M_s 温度的盐浴或碱浴中冷却并保温足够时间，从而获得下贝氏体组织的淬火方法(见图 6.21 曲线 4)。因此等温淬火可以有效减少工件变形和开裂的倾向。适合于形状复杂、尺寸精度要求高的工具和重要机器零件，如模具、刀具、齿轮等较小尺寸的工件。

5. 钢的淬透性

淬透性是钢的重要热处理工艺性能，也是选材和制定热处理工艺的重要依据之一。

1) 淬透性的概念

淬火时往往遇到两种情况：一种是从工件表面到中心都获得马氏体组织，称为"淬透了"；另一种是工件表面获得马氏体组织，而心部是非马氏体组织，称为"未淬透"。通常我们将未淬透工件上具有高硬度的马氏体组织的这一层称为"淬硬层"。工件淬火时，表面与心部冷却速度不同，表层最快，中心最慢，如果工件某处截面的冷却速度低于临界冷却速度，则不能得到马氏体，从而造成未淬透现象；如果工件截面上各处的冷却速度大于临界冷却速度，则工件从外到里都获得到马氏体，也就是淬透了如图 6.22 所示。

钢的淬透性是指奥氏体化后的钢在淬火时获得淬硬层(也称为淬透层)深度的能力，其大小用钢在一定条件下淬火获得的淬硬层深度来表示。同样淬火条件下，淬硬层越深，表明钢的淬透性越好。

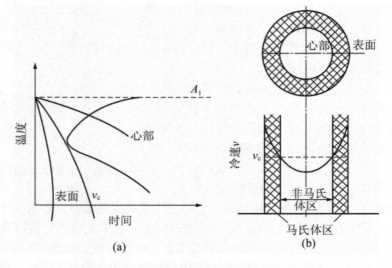

图 6.22 零件心部、表层组织与冷却速度的关系

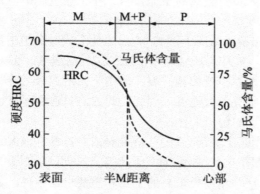

图 6.23 淬火后共析碳钢的组织和硬度沿截面的分布

从理论上讲，应当用完全淬成马氏体的深度来比较不同钢的淬透性。但实际组织中混有少量非马氏体组织(如珠光体、托氏体、索氏体等)时，显微组织和硬度并无明显变化。通常以马氏体数量为 50%的位置(即半马氏体区)作为淬透与未淬透的分界。这是因为该处的硬度陡然降低(图 6.23)，金相组织也容易鉴别。所以实际中，为测量方便，采用半马氏体区厚度来比较钢的淬透性，即当某工件心部获得 50%马氏体时，就认为该工件淬透了。

2) 影响淬透性的因素

钢的淬透性是由其临界冷却速度决定的。临界冷却速度越小，即奥氏体越稳定，则钢的淬透性越好。因此，影响淬透性的因素与影响奥氏体稳定性的因素有关。

(1) 碳量。亚共析钢随着含碳量的增加，钢的临界冷却速度降低，淬透性有所增加；但过共析钢随着含碳量的增加，钢的临界冷却速度反而升高，淬透性降低，特别是在含碳量超过 1.2%～1.3%时，淬透性明显下降。

(2) 除了合金元素除 Co 以外，所有合金元素溶于奥氏体后，都降低零件冷却速度，使 C 曲线右移，提高了淬透性，因而合金钢往往比碳钢淬透性要好。

(3) 奥氏体化温度。提高奥氏体化温度，将使奥氏体晶粒长大、成分均匀，可减少珠光体的形核率，降低钢的临界冷却速度，增加其淬透性。

(4) 钢中未溶入奥氏体中的碳化物、氮化物及其他非金属夹杂物等，钢中未溶第二相，可成为奥氏体分解的非自发核心，使临界冷却速度增大，降低淬透性。

3) 淬透性对钢力学性能的影响

淬透性对钢的力学性能影响很大，如果工件淬透了，表面与心部的力学性能均匀一致，能充分发挥钢材的力学性能潜力；如果工件未淬透，表面与心部的力学性能存在很大差异，尤其在高温回火后，心部的强韧性比表层低，钢材的力学性能有明显差异。如钢材经调质处理后，淬透性好的钢棒整个截面都是回火索氏体，力学性能均匀、强度高，韧性好，而淬透性差的钢心部为片状索氏体+铁素体，只在表层获得回火索氏体，心部强韧性差。各种结构零件根据其工作条件的不同，对钢的淬透性有不同的要求。如弹簧、热锻模要求淬透，而齿轮等则可以不淬透。

4) 淬透性的测定及其表示方法

淬透性的测定方法很多，目前应用得最广泛的是"末端淬火法"，简称端淬试验。有关细则可参见国家标准 GB/T 225—2006。试验时，采用 $\phi 25\text{mm} \times 100\text{mm}$ 的标准试样，将试样奥氏体化保温后，迅速放在端淬试验台上喷水冷却。显然，试样的水冷末端冷却速度最大，沿着轴线方向上冷却速度逐渐减少，图 6.24 是末端淬火试验法示意图和钢的淬透性曲线。

钢的淬透性通常用 $J\dfrac{HRC}{d}$ 表示。J 表示末端淬透性，d 表示至末端的距离，HRC 为在该处测得的硬度值。例如 $J\dfrac{42}{5}$ 表示距离末端 5mm 处的硬度值 HRC 为 42。

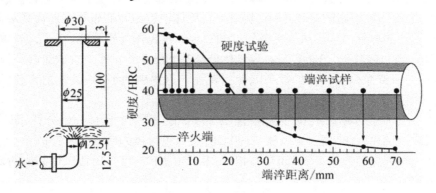

图 6.24 末端淬火试验法示意

5) 钢的淬硬性

钢淬火后能够达到的最高硬度叫钢的淬硬性，又叫可硬性。它主要决定于马氏体的含碳量，奥氏体中固溶的碳越多，淬火后马氏体的硬度也就越高。淬透性和淬硬性的含义是不同的，淬透性主要取决于钢中是否含有可使 C 曲线明显右移的合金元素。淬硬性高的钢，其淬透性不一定高。

6) 淬透性在生产中的应用

钢的淬透性在实际生产中有重要的实际意义。一般截面尺寸较大、形状复杂的重要零件，以及承受轴向拉伸、压缩或交变应力、冲击载荷的螺栓、拉杆、锻模等零件，希望整个截面都能被淬透，从而保证零件在整个截面上的力学性能均匀一致。选用淬透性较高的钢能满足这一要求。而承受弯曲或扭转载荷的轴类零件，外层受力较大，心部受力较小，可选用淬透性较低的钢种。

有些工件不能选用淬透性高的钢，如需要焊接的零件，若选用淬透性较高的钢，则易在焊缝热影响区内出现淬火组织，造成焊件的变形和开裂。

6.2.3 钢的回火

淬火后的钢加热到 A_{c1} 线以下某一温度，保温一定时间，然后冷却到室温的热处理工艺，称为回火。淬火钢一般不直接使用，必须进行回火。因为经淬火后得到的马氏体性能很脆，存在组织应力，容易产生变形和开裂。可利用回火降低脆性，消除或减少内应力。其次，淬火后得到的组织是淬火马氏体和少量的残余奥氏体，它们都是不稳定的组织，在工作中会发生分解，导致零件尺寸的变化。在随后的回火过程中，不稳定的淬火马氏体和残余奥氏体会转变为较稳定的铁素体和渗碳体或碳化物的两相混合物，从而保证了工件在使用过程中形状和尺寸的稳定性。此外，通过适当的回火可满足零件不同的使用要求，获得强度、硬度、塑性和韧性的适当配合。

1. 淬火钢的回火转变

淬火钢的回火组织转变主要发生在加热阶段，随回火温度的升高，淬火钢组织变化大致分为 4 个阶段：

(1) 马氏体中碳的偏聚。马氏体中过饱和的碳及较多的微观缺陷，使马氏体能量提高，处于不稳定状态。当加热到 20℃～100℃时，铁和合金元素的原子难以进行扩散迁移，但碳等间隙原子能作短距离的扩散迁移。因此，马氏体中过饱和的碳原子向微观缺陷处偏聚。

(2) 马氏体的分解。当回火温度超过 100℃时，马氏体开始分解。碳以 ε-碳化物的形式析出，使过饱和度降低，350℃左右马氏体分解基本结束，α 相中含碳量降至接近平衡浓度。此时 α 相保持原来马氏体的板条或针状特征。这种由细小 ε-碳化物和较低过饱和度的针片状 α 固溶体组成的混合物称为回火马氏体。

(3) 残余奥氏体的转变。当回火温度超过 200℃时，残余奥氏体开始分解，转变为 ε-碳化物和过饱和 α 相混合的回火马氏体，300℃时残余奥氏体的转变基本完成。

(4) 碳化物类型的变化。在 250℃～400℃温度范围内，与马氏体保持共格的 ε-碳化物转变为渗碳体。

(5) 渗碳体聚集长大和 α 相回复、再结晶。当回火温度升至 400℃以上时，渗碳体开始聚集长大。淬火钢经过高于 500℃ 回火后，渗碳体已为粒状；当回火温度高于 600℃ 时，细粒状渗碳体迅速粗化，与此同时，α 相成为多边形铁素体。

2. 回火种类

淬火钢回火后的组织和性能决定于回火温度。按回火温度范围的不同，可将钢的回火分为 3 类：

(1) 低温回火。回火温度范围一般为 150℃～250℃，得到由细小的 ε-碳化物和较低过饱和度的针片状 α 相组成的回火马氏体组织。此阶段淬火应力部分消除，显微裂纹大部分弥合。与淬火马氏体相比，回火马氏体既保持了钢的高硬度(一般为 58HRC～64HRC)、高强度和良好的耐磨性又适当提高了韧性。主要用来处理各种高碳钢工具、模具、滚动轴承以及渗碳和表面淬火的零件。

(2) 中温回火。回火温度范围一般为 350℃～500℃，得到由大量弥散分布的细粒状渗碳体和针片状铁素体组成的回火托氏体组织。淬火钢经中温回火后，硬度为 35HRC～45HRC，具有较高的弹性极限和屈服极限，并有一定的塑性和韧性。它多用于处理各种弹簧。

(3) 高温回火。回火温度范围一般为 500℃～650℃，得到由粒状渗碳体和多边形状铁素体组成的回火索氏体组织。淬火钢经高温回火后，硬度为 25HRC～35HRC，在保持较高强度的同时，又具有较好的塑性和韧性，即综合力学性能较好。通常把淬火加高温回火的热处理称为调质处理。它广泛应用于处理各种重要的结构零件，如轴类、齿轮、连杆等。

3. 淬火钢回火时力学性能的变化

淬火钢回火时，总的变化趋势是随着回火温度的升高，碳钢的硬度、强度降低；塑性提高，但回火温度太高，塑性会有所下降；冲击韧度随着回火温度升高而增大，但在 250℃～400℃ 和 450℃～650℃ 温度区间回火，可能出现冲击韧度显著降低的现象，称钢的回火脆性。

(1) 第一类回火脆性。淬火钢在 250℃～400℃ 温度范围出现的回火脆性称为第一类回火脆性，又称低温回火脆性。几乎所有的钢都会出现，这类脆性产生以后无法消除，因而又称为不可逆回火脆性，生产上避开在 250℃～400℃ 温度范围内回火。

(2) 第二类回火脆性。淬火钢在 450℃～650℃ 温度范围出现的回火脆性称为第二类回火脆性，又称高温回火脆性。这种脆性主要发生在含 Cr、Ni、Si、Mn 等合金元素的结构钢中。此类回火脆性是可逆的，只要在工件回火后快速冷却就可避免，加入 W 或 Mo 元素可使这类钢不出现第二类回火脆性，如图 6.25 所示。

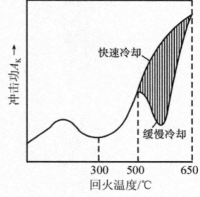

图 6.25 回火脆性曲线

6.3 钢的表面热处理

钢的表面热处理主要是用以强化零件表面的热处理方法。机械制造业中,许多零件如齿轮、凸轮、曲轴等在动载荷及摩擦条件下工作,表面要求高硬度、耐磨性好和高的疲劳强度,而心部应有足够的塑性和韧性;一些零件如量规仅要求表面硬度高和耐磨;还有些零件要求表面具有抗氧化性和抗蚀性等。上述情况仅从选材角度考虑,可以选择某些钢种通过普通热处理就能满足性能要求,但不经济,有时也是不可能的。因此在生产中广泛采用表面热处理来解决。常用的表面热处理工艺可分为两类:一类是只改变表面组织而不改变表面化学成分的表面淬火;另一类是同时改变表面化学成分和组织的表面化学热处理。

6.3.1 钢的表面淬火

很多承受弯曲、扭转、摩擦和冲击的机器零件,如轴、齿轮、凸轮等,要求表面具有高的强度、硬度和耐磨性,不易产生疲劳破坏,而心部则要求有足够的塑性和韧性。采用表面淬火可使钢的表面得到强化,满足工件这种"表(外表)硬心(内部)韧"的性能要求。

表面淬火是通过快速加热,在零件表面很快奥氏体化而内部还没有达到临界温度时迅速冷却,使零件表面获得马氏体组织而心部仍保持塑性韧性较好的原始组织的局部淬火方法,它不改变工件表面的化学成分。

表面淬火是钢表面强化的方法之一,由于具有工艺简单、变形小、生产率高等优点。应用较多的是感应加热法和火焰加热法。

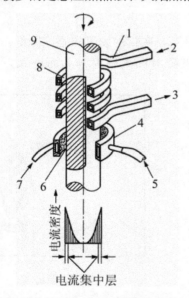

图 6.26 感应加热表面淬火示意

1—感应加热圈 2—进水 3—出水 4—淬火喷水套
5、7—水 6—加热淬硬层 8—间隙 9—工件

1. 感应加热表面淬火

感应加热表面淬火是利用在交变电磁场中工件表面产生的感生电流将工件表面快速加热,并淬火冷却的一种热处理工艺。

1) 感应加热的基本原理

当感应线圈中通以一定频率交流电时,即在其内部和周围产生一个与电流相同频率的交变磁场。感应加热表面淬火的工艺方法是将钢件放入由紫铜管制作的与零件外形相似的感应圈内,随后将感应圈内通入一定频率的交变电流,这样在感应圈内外产生相同频率的交变磁场,零件表面也产生感生电流,电流主要分布在工件表面,工件心部电流密度几乎为零,这种现象称为集肤效应。频率越高,"集肤效应"越显著。工件表面温度快速升高到相变点以上,而心部温度仍在相变点以下。感应加热后,采用水、乳化液或聚乙烯醇水溶液喷射淬火,淬火后进行180℃~200℃低温回火,以降低淬火应力,并保持高硬度和高耐磨性(图6.26)。

表面淬火一般用于中碳钢和中碳低合金钢,如 45 钢钢、40Cr、40MnB 钢等生产的齿轮、轴类零件的表面硬化,提高其耐磨性。

2) 感应加热表面淬火的特点

与普通加热淬火相比,感应加热表面淬火有以下特点。

(1) 高频感应加热时,加热时间短,形成的晶核较多,且不易长大。因此表面淬火后表面得到细小的隐晶马氏体。工件的氧化脱碳少,淬火变形也小。

(2) 表面层淬火得到马氏体后,由于体积膨胀在工件表面层造成较大的有利的残余压应力,从而显著提高工件的疲劳强度并降低了缺口敏感性。

(3) 加热温度和淬硬层厚度容易控制,便于实现机械化和自动化,但设备费用昂贵,不宜用于单件生产。

为了保证心部具有良好的综合力学性能,通常在表面淬火前要进行正火或调质处理。表面淬火后要进行低温回火,以减少淬火应力和降低脆性。

3) 感应加热的频率

感应加热深度主要取决于电流频率,频率越高,加热深度就越浅,为了获得不同的加热深度可选择不同的电流频率,目前工业上常采用的电流频率有以下三种:

(1) 高频感应加热 常用频率为 200kHz～300kHz,淬硬层深度为 0.5mm～2mm,适用于中小模数齿轮及中小尺寸的轴类零件等。

(2) 中频感应加热 常用频率为 2 500Hz～8 000Hz,淬硬层深度为 2mm～10mm,适用于直径较大的轴类和大中型模数的齿轮。

(3) 工频感应加热 电流频率为 50Hz,淬硬层深度 10mm～20mm,适用于大直径零件,如轧辊、火车车轮等的表面淬火。

2. 其他表面加热淬火方法

(1) 火焰加热表面淬火。火焰加热表面淬火是用氧-乙炔或其他可燃气体形成的高温火焰,喷射到工件表面上,使其迅速加热到淬火温度时立即喷水冷却,从而获得表面硬化层的表面淬火方法。

火焰表面淬火法淬硬层的深度一般为 1mm～6mm,与高频感应加热表面淬火相比,具有所需设备简单,成本低等优点,适用于单件或小批量生产的大型零件和需要局部表面淬火的零件。但淬火质量不稳定,零件表面容易过热,生产效率低,如图 6.27 所示。

(2) 激光加热表面淬火。激光加热表面淬火是 20 世纪 70 年代初发展起来的一种新型的高能量密度的表面强化方法,是将激光器产生的高功率密度(10^3W/cm^2～10^5W/cm^2)的激光束照射到工件表面上,使工件表面被快速加热到临界温度以上,然后移开激光束,利用

工件自身的传导将热量从工件表面传向心部,无需冷却介质,而达到自冷淬火。激光淬火淬硬层的深度一般为 0.3mm～0.5mm,表面获得极细的马氏体组织,硬度

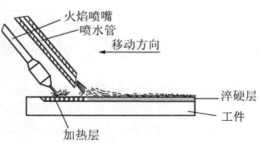

图 6.27 火焰加热表面淬火示意

高且耐磨性好，其耐磨性比淬火加低温回火提高 50%。激光加热表面淬火对形状复杂的工件，如工件的拐角、沟槽、盲孔底部或深孔的侧壁进行淬火处理，而这些部位是其他表面淬火方法很难做到的。

(3) 电接触加热表面淬火。利用触头和工件间的接触电阻在通以大电流时产生的电阻热，将工件表面迅速加热到淬火温度，当电极移开，借工件本身加热部分的热传导来淬火冷却的热处理工艺称为电接触加热表面淬火。电接触加热表面淬火，可以显著提高工件表面的耐磨性、抗摩擦能力，设备及工艺费用低，工件变形小，工艺简单，不需回火，广泛应用于机床导轨、汽缸套等形状简单工件。

6.3.2 化学热处理

化学热处理是将金属或合金置于一定温度的活性介质中保温，使一种或几种元素渗入它的表面，改变其化学成分和组织，达到改进表面性能，满足技术要求的热处理工艺。钢的化学热处理分为渗碳、渗氮、碳氮共渗、渗硫、渗硼、渗金属(铝、铬等)等，以渗碳、渗氮和碳氮共渗最为常用。化学热处理过程包括渗剂的分解、工件表面对活性原子的吸收、渗入表面的原子向内部扩散三个基本过程。

化学热处理后，再配合常规热处理，可使同一工件的表面与心部获得不同的组织和性能。

1. 钢的渗碳

渗碳通常是指向低碳钢制造的工件表面渗入碳原子，使工件表面达到高碳钢的含碳量。渗碳的主要目的是提高零件表层的含碳量，以便大大提高表层硬度，增强零件的抗磨损能力，同时保持心部的良好韧性。渗碳用钢为低碳钢及低碳合金钢，如 20 钢、20Cr、20CrMnTi、20CrMnMo 等。

1) 渗碳方法

依所用渗碳剂的不同，钢的渗碳可分为气体渗碳、固体渗碳和液体渗碳。最常用的是气体渗碳，其工艺方法是将工件置于密封的气体渗碳炉内，加热到临界温度以上(通常为 900℃～950℃)，使钢奥氏体化，按一定流量滴入易分解的液体渗碳剂(如煤油、苯、甲醇和丙酮)，并使之发生分解反应，产生活性碳原子[C]，从而提供活性碳原子，吸附在工件表面并向钢的内部扩散而进行渗碳。反应如下：

$$CO + H_2 \longrightarrow H_2O + [C]$$
$$C_nH_{2n} \longrightarrow nH_2 + n[C]$$
$$2CO \longrightarrow CO_2 + [C]$$

气体渗碳具有生产效率高、劳动条件好、容易控制、渗碳层质量较好等优点，在生产中广泛应用。

固体渗碳是将工件装入渗碳箱中，周围填满固体渗碳剂，用盖子和耐火泥封好，送入加热炉内，加热至 900℃～950℃，保温足够长时间，得到一定厚度的渗碳层。固体渗碳剂通常是一定粒度的木炭与 15%～20%的碳酸盐($BaCO_3$ 或 Na_2CO_3)的混合物。木炭提供渗碳所需要的活性炭原子，碳酸盐起催化作用，反应如下：

$$BaCO_3 \longrightarrow BaO + CO_2$$

$$CO_2 + C(\text{木炭}) \longrightarrow CO_2 + [C]$$
$$2CO \longrightarrow CO_2 + [C]$$

与气体渗碳相比，固体渗碳法生产效率低、劳动条件差、渗碳层质量不容易控制，因而在生产中较少应用。但由于所用设备简单，在小批量非连续生产中仍有采用。

2) 渗碳工艺及组织

渗碳处理的工艺参数是渗碳温度和渗碳时间。

渗碳温度通常为900℃～950℃，渗碳时间取决于渗碳层的厚度的要求。图6.28为低碳钢渗碳缓冷后的显微组织，表面为珠光体和二次渗碳体，属于过共析组织，而心部仍为原来的珠光体和铁素体，是亚共析组织，中间为过渡组织。渗碳层厚度是指从表面到过渡层一半的距离。渗碳层太薄，易产生表面疲劳剥落；太厚则使承受冲击载荷的能力降低。工作中磨损轻、接触应力小的零件，渗碳层可以薄些，而渗碳钢含碳量低时，渗碳层可厚些。一般机械零件的渗碳层厚度在0.5mm～2.0mm之间。

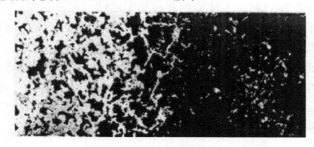

图6.28 低碳钢渗碳缓冷后的显微组织

3) 渗碳后的热处理

为了充分发挥渗碳层的作用，使渗碳表面获得高硬度和高耐磨性，心部保持足够的强度和韧性，钢渗碳以后必须进行热处理才能达到预期目的。渗碳后的热处理采用淬火加低温回火的热处理工艺，渗碳件的淬火方法有三种。

(1) 直接淬火。渗碳后直接淬火，具有生产效率高、成本低、氧化脱碳等优点，但是由于渗碳温度高，奥氏体晶粒长大，淬火后马氏体较粗，残余奥氏体也较多，所以耐磨性和韧性较差。只适用于本质细晶粒钢和耐磨性要求不高的或承载低的零件。

(2) 一次淬火。是在渗碳缓慢冷却之后，重新加热到临界温度以上保温后淬火。与直接淬火相比，一次淬火可使钢的组织得到一定程度的细化。心部组织要求高时，一次淬火的加热温度略高于A_{c3}。对于受载不大但表面有较高耐磨性和较高硬度性能要求的零件，淬火温度应选用A_{c1}以上30℃～50℃，使表层晶粒细化，而心部组织无大的改善，性能略差一些。

(3) 二次淬火。对于力学性能要求很高或本质粗晶粒钢，应采用二次淬火。第一次淬火目的是改善心部组织，加热温度为A_{c3}以上30℃～50℃。第二次淬火目的是细化表层组织，获得细马氏体和均匀分布的粒状二次渗碳体，加热温度为A_{c1}以上30℃～50℃。

无论采用哪种淬火，在最后一次淬火之后要进行低温回火，温度一般选择在180℃～200℃，以消除淬火应力和提高韧性。经渗碳、淬火和低温回火后，表面为细小的片状马氏体及少量的渗碳体，硬度较高，可达58HRC～64HRC以上，耐磨性较好；而心部韧性较好，硬度较低,为30HRC～45HRC。疲劳强度高表层体积膨胀大,心部体积膨胀小,结果在表层中造成压应力,使零件的疲劳强度提高。

近年来,渗碳工艺有了很大的进展,出现了高温渗碳、真空渗碳、高频渗碳等,有的已经开始用于生产。也逐渐采用自动化和机械化来控制渗碳过程。

2. 钢的渗氮

它是将钢的表面渗入氮原子以提高表层的硬度、耐磨性、疲劳强度及耐蚀性的化学热处理工艺,也称为钢的氮化。

氮化后零件耐磨损性能很好,表面硬度比渗碳的还高,可达65HRC～72HRC以上,这种硬度可以保持到500℃～600℃不降低,所以氮化后的钢件有很好的热稳定性。同时渗层一般处于压应力,疲劳强度高,但脆性较大。氮化层还具有一定的抗蚀性能。氮化后零件变形很小,通常不需要再进行热处理强化。为了保证次心部的力学性能,在氮化前应进行调质处理,其目的是改善切削加工性能和获得均匀的回火索氏体组织,保证较高的强度和韧性。对于形状复杂或精度要求高的零件,在氮化前精加工后还要进行消除内应力的退火,以减少氮化时的变形。

为了保证氮化层的高硬度和高耐磨性,通常在钢中加入能形成稳定氮化物的合金元素。Al、Cr、Mo、V、Ti 等合金元素极易与氮形成颗粒细小、分布均匀、硬度很高并且十分稳定的各种氮化物,如 AlN、CrN、MoN、TiN、VN 等,因而,常用的氮化用钢有 35CrMo、18CrNiW 和 38CrMoAlA 等。而对碳钢由于渗氮后不形成特殊氮化物,通常碳钢不用作氮化用钢。

目前较为常用的是气体氮化法,即利用氨气在加热时分解出活性氮原子,$2NH_3 \longrightarrow 3H_2+2[N]$,$\alpha-Fe$ 原子吸收活性氮原子,先形成固溶体,含氮量超过 $\alpha-Fe$ 的溶解度时,便形成氮化物 Fe_4N、Fe_2N。在其表面形成氮化层,同时向心部扩散。由于氨分解温度较低,所以氮化温度不高,但是所需的时间长,要获得0.3mm～0.5mm厚的氮化层,一般需时间20h～50h。

为了缩短氮化时间,离子氮化获得了广泛的应用。与气体氮化相比,离子氮化的特点是处理周期短,仅为气体氮化的1/4～1/3(例如38CrMoAl钢,氮化层深度若达到0.35mm～0.7mm,气体氮化一般需70h,而离子氮化仅需15h～20h)。此外,近年来发展出来一种快速深层氮化的新工艺,它是利用离子氮化的轰击效应和快速扩散的作用提高氮化速度。它采用周期性渗氮和时效的方法,可以大大提高渗氮速度和渗氮层深。

钢的氮化适合于要求处理精度高、冲击载荷小、抗磨损能力强的零件,氮化虽然具有一系列优异的性能,但其工艺复杂、生产周期长、成本高,主要用于精度要求很高的零件,如精密齿轮、磨床主轴、精密机床丝杆等。

3. 钢的碳、氮共渗

碳氮共渗就是同时向零件表面渗入碳和氮的化学热处理工艺,最早碳氮共渗是在含氰根的盐浴中进行,故也称氰化。

氰化主要为气体氰化。一般采用中温或低温两种气体碳氮共渗。中温气体碳氮共渗将工件放入密封炉内,加热到共渗温度830℃～850℃,向炉内滴入煤油,同时通以氨气,经保温1h～2h后,共渗层可达0.2mm～0.5mm。高温碳氮共渗主要是渗碳,但氮的渗入使碳浓度很快提高，从而使共渗温度降低和时间缩短。碳氮共渗后淬火，再低温回火。

无论哪种共渗方法，均是渗碳与氮化工艺的综合，兼有二者的优点：

(1) 氮的渗入降低了钢的临界点，因此，共渗可以在较低的温度进行，工件不易过热，便于直接淬火。

(2) 氮的渗入增加了共渗层过冷奥氏体的稳定性，使其淬透性提高，共渗后可采用较缓的冷却速度进行淬火，从而减少变形与开裂。

(3) 氮的渗入降低了钢的临界点以及氮的存在增大了碳的扩散系数，使扩散速度增加。碳氮共渗的速度比渗碳和氮化速度都快。

(4) 共渗及淬火后，得到的是含氮马氏体，耐磨性比渗碳更好，共渗层具有比渗碳层更高的压应力，因而疲劳强度更高，耐蚀性也较好。

4. 其他化学热处理

渗金属是将金属元素渗入工件表面的化学热处理工艺，使其具有特殊的物理、化学性能或强化金属。如渗锌使工件耐大气腐蚀，渗铝可提高工件的抗高温氧化能力等，渗铬、渗钒等渗金属后，钢表层形成一层碳的金属化合物，如 Cr_7C_3、V_4C_3 等，硬度很高，适合于工具、模具增强抗磨损能力。

渗硼是用活性硼原子渗入钢件表面，在钢表面形成几百微米厚以上的 Fe_2B 或 FeB 化合物层，其硬度较氮化的还要高，一般为 1 300HV 以上，有的高达 1 800HV，抗磨损能力很高。又具有良好的耐热性、热硬性和耐蚀性。缺点是脆，尤其 FeB 层最易剥落，因而希望渗硼层由脆性小的 Fe_2B 组成。

6.4 钢的其他热处理

为了提高零件力学性能和产品质量，节约能源，降低成本，提高经济效益，以及减少或防止环境污染等，发展了许多热处理新技术、新工艺。

6.4.1 真空热处理

真空热处理是指金属工件在真空中进行的热处理。其主要优点为在真空中加热，升温速度很慢，因而工件变形小；化学热处理时渗速快、渗层浓度均匀易控；节能、无公害、工作环境好；可以净化表面，因为在高真空中，表面的氧化物、油污发生分解，工件可得光亮的表面，提高耐磨性、疲劳强度，防止工件表面氧化；脱气作用，有利于改善钢的韧性，提高工件的使用寿命。缺点是真空中加热速度缓慢、设备复杂昂贵。真空热处理包括真空退火、真空淬火、真空回火和真空化学热处理等。

真空退火主要用于活性金属、耐热金属及不锈钢的退火处理；铜及铜合金的光亮退火；磁性材料的去应力退火等。真空淬火是指工件在真空中加热后快速冷却的淬火方法。淬火冷却可用气冷(惰性气体或高纯氮气)、油冷(真空淬火油)、水冷，应由工件材料选择。它广泛应用于各种高速钢、合金工具钢、不锈钢及失效钢、硬磁合金的固溶淬火。值得说明的是淬火介质的冷却能力有待提高。真空淬火后应真空回火。

多种化学热处理(渗碳、渗金属)均可在真空中进行。例如真空渗碳具有渗碳速度快，渗碳时间减少近半,渗碳均匀,表面无氧化等优点。

6.4.2 形变热处理

形变强化和热处理强化都是金属及合金最基本的强化方法。将塑性变形和热处理有机结合起来,以提高材料力学性能的复合热处理工艺,称为形变热处理。形变热处理的强化机理是:奥氏体形变使位错密度升高,由于动态回复形成稳定的亚结构,淬火后获得细小的马氏体,板条马氏体数量增加,板条内位错密度升高,使马氏体强化。此外,奥氏体形变后位错密度增加,为碳氮化物弥散析出提供了条件,获得弥散强化效果。弥散析出的碳氮化物阻止奥氏体长大,转变后的马氏体板条更加细化,产生细晶强化。马氏体板条的细化及其数量的增加,碳氮化物的弥散析出,都能使钢在强化的同时得到韧化。

根据形变与相变的关系,形变热处理可分为三种基本类型:在相变前进行形变;在相变中进行形变;在相变后进行形变。这三种类型的形变热处理,都能获得形变强化与相变强化的综合效果。

高温形变热处理是将工件加热到稳定的奥氏体区域,进行塑性变形然后立即进行淬火,发生马氏体相变,之后经回火达到所需性能。与普通热处理相比,不但能提高钢的强度,而且能显著提高钢的塑性和韧性,使钢的力学性能得到明显的改善。此外,由于工件表面有较大的残余压应力,使工件的疲劳强度显著提高,例如热轧淬火和热锻淬火。

中温形变热处理是将工件加热到稳定的奥氏体区域后,迅速冷却到过冷奥氏体的亚稳区进行塑性变形,然后进行淬火和回火。此工艺与普通淬火比较,在保持塑性、韧性不降低的情况下,大幅度地提高钢的强度、疲劳强度和耐磨性。因此它主要用于要求高强度和高耐磨性的零件和工具,如飞机起落架、刃具、模具和重要的弹簧等。

近几年出现预形变热处理,并获得普遍应用。它与形变热处理的区别,是将具有铁素体+碳化物组织的钢预先冷变形,随后的热处理条件应使加工硬化引起的组织保存下来。这种形变热处理的强化机理是,冷加工硬化所产生的缺陷在中间回火和淬火及最终回火后保留下来,因回火稳定性比普通淬火后的钢高,回火后获得高的强度和硬度。

实验研究表明,对传动零件齿轮及链轮进行高温形变淬火,轮齿强度、耐磨性、弯曲强度比普通热处理高 30%左右。另外,对其他的零件,如轴承、汽轮机的涡轮盘以及某些结构零件,如活塞销、扭力杆、螺钉等,采用不同形式的形变热处理对于改善其质量,提高工作的可靠性,延长使用寿命,均具有广阔的前景。

6.4.3 热喷涂

它是指用专用设备把固体材料粉末加热熔化或软化并以高速喷射到工件表面,形成不同于基体成分的一种覆盖物(涂层),以提高工件耐磨、耐蚀或耐高温等性能的工艺技术。其热源类型有气体燃烧火焰、气体放电电弧、爆炸以及激光等。因而有很多热喷涂方法,如粉末火焰喷涂、棒材火焰喷涂、等离子喷涂、感应加热喷涂、激光喷涂等。热喷涂的过程为加热→加速→熔化→再加速→撞击基体→冷却凝固→形成涂层等工序。喷涂所用材料和喷涂的对象种类多、范围广,如金属、合金、陶瓷等均可作为喷涂材料,而金属、陶瓷、玻璃、木材、布帛都可以被喷涂而获得所需性能(耐磨、耐蚀、耐高温、耐热抗氧化、耐辐射、隔热、密封、绝缘等)。热喷涂过程简单、被喷涂物温升小,热应力引起变形小,不受工件尺寸限制，节约贵重材料，提高产品质量和使用寿命，因而广泛应用于机械、建筑、造船、车辆、化工、纺织等行业中。

6.4.4 气相沉积

根据气相沉积过程进行的方式不同，分为化学气相沉积(简称 CVD 法)、物理气相沉积(简称 PVD 法)和等离子体化学气相沉积(简称 PCVD 法)。

1. 化学气相沉积(CVD)

化学气相沉积是在高温下使气相进行一定的化学反应，结果在工件特定的表面上沉积而形成一种固态薄膜的方法。其将工件置于炉内加热到高温后，向炉内通入反应气(低温下可气化的金属盐)，使其在炉内发生分解或化学反应，并在工件上沉积成一层所要求的金属或金属化合物薄膜的方法。其沉积过程一般包括沉积物的蒸发气化、气相与工件的化学反应、膜的沉积加厚三个阶段。

此法可以用于制造各种用途的薄膜，例如，绝缘体、半导体、导体或超导体薄膜以及防腐、耐磨和耐热薄膜等。很多材料如碳素工具钢、渗碳钢、轴承钢、高速工具钢、铸铁、硬质合金等均可进行气相沉积。化学气相沉积法的缺点是加热温度较高。目前主要用于硬质合金的涂覆。

2. 物理气相沉积(PVD)

物理气相沉积是通过蒸发或辉光放电、弧光放电、溅射等物理方法提供原子、离子，使之在工件表面沉积形成薄膜的工艺。此法又有多种工艺方法，包括蒸镀、溅射沉积、磁控溅射、离子束沉积等方法，因它们都是在真空条件下进行的，所以又称真空镀膜法。此法可沉积钛、铝以及某些高熔点材料。

真空蒸镀是将沉积材料与工件同放在真空室中，然后加热沉积材料使之迅速熔化蒸发，当蒸发原子与冷工件表面接触后便在工件表面上凝结形成一定厚度的沉积层。

离子镀是工作室内充有氩气，而且在蒸发源与工件之间加上一个电场。在电场作用下氩气产生辉光放电，在工件周围形成一个等离子区。当蒸发原子通过时也被电离，结果被电场加速射向工件，在表面产生沉积。沉积层与基体的结合力较强。

3. PCVD 法

PCVD 法是在离子镀试验方法的基础上，向工作室内通入一些化学反应气体，使之在电场中电离，这样不同成分的离子射向工件表面并发生化学反应形成新相的沉积层。此法可在工件表面形成 TiC、Al_2O_3 等薄膜，因而显著提高工件的耐磨性。

气相沉积法在满足现代技术所要求的高性能方面比常规方法有许多优越性，如镀层附着力强、均匀，质量好，生产率高，选材广，公害小，可得到全包覆的镀层。能制成各种耐磨膜(如 TiN、TiC 等)、耐蚀膜(如 Al、Cr、Ni 及某些多层金属等)、润滑膜(如 MoS_2、WS_2、石墨、CaF_2 等)、磁性膜、光学膜等。另外，气相沉积所适应的基体材料可以是金属、碳纤维、陶瓷、工程塑料、玻璃等多种材料。因此，在机械制造、航空航天、电器、轻工、原子能等方面应用广泛。例如，在高速工具钢和硬质合金刀具、模具以及耐磨件上沉积 TiC、TiN 等超硬涂层，可使其寿命提高几倍。

6.5 热处理的结构工艺性

热处理零件结构工艺性是指在设计热处理件,特别是淬火件时,一方面要满足热处理零件的使用性能要求,另一方面要考虑热处理工艺性对零件结构的要求,否则会使热处理操作困难、增加淬火时变形开裂的倾向,甚至是零件报废。因此在设计需要热处理的零件结构形状时,应考虑以下要求:

6.5.1 尽量避免尖角、棱角、减少台阶

零件的尖角和棱角部分是淬火应力最为集中的地方,容易产生淬火裂纹,因此,在设计时尽量采用圆角或倒角形式,如图 6.29 所示。

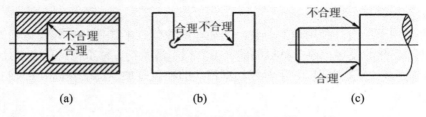

图 6.29 避免尖角和棱角设计

6.5.2 零件外形应尽量简单,避免厚薄悬殊的截面

截面厚薄悬殊的零件,在热处理时由于冷却不均匀会产生过大的内应力,变形和开裂的倾向较大。为使壁厚尽量均匀,并使截面均匀过渡,可采取开设工艺孔,如图 6.30 所示。对于工件上有孔的零件,应合理安排孔洞和槽的位置,如图 6.31 所示。盲孔应尽量改为通孔,这样可避免由于盲孔而引起的淬火变形与开裂,如图 6.32 所示。

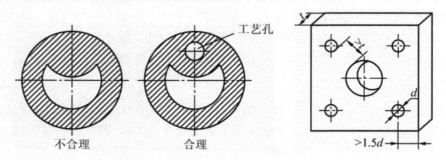

图 6.30 开工艺孔避免变形和开裂　　　图 6.31 合理安排孔洞位置

6.5.3 尽量采用对称结构

若零件形状不对称,热处理时应力分布不均匀,易引起变形。如图 6.33 所示镗杆截面要求渗氮后变形极小,原设计在镗杆一侧开槽,热处理后弯曲变形很大。后修改设计,改在镗杆另一侧对称部位也开槽(所开槽应不影响镗杆使用性能),使镗杆呈对称结构,可显著减小镗杆在热处理时的变形量。

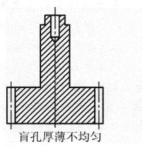
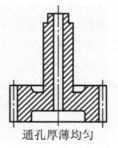
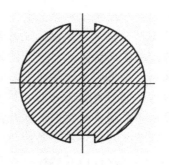

图 6.32　变盲孔为通孔避免变形和开裂　　　　图 6.33　镗杆对称截面

6.5.4　尽量采用封闭结构

对于一些易变形的零件，应采用封闭结构。如图 6.34 所示的弹簧夹头，为减小热处理变形，先采用封闭结构，待淬火、回火热处理后再将槽切开。如果加工成开口结构，淬火后开口处胀开较大。

6.5.5　尽量采用组合结构

某些有淬裂倾向而各部分工作条件要求不同的零件或形状复杂的零件，在可能条件下，可以采用组合结构或镶拼结构，如图 6.35 所示。组合件单独进行热处理，磨削后组合装配，可避免整体变形。对于大型模具，采用分离镶拼结构后，可以化大为小，有利于冷、热加工，有效地减少变形和开裂，提高产品合格率。

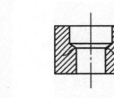

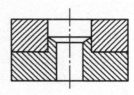

图 6.34　弹簧夹头封闭结构　　　　图 6.35　采用组合结构

6.5.6　便于加热冷却时装夹、吊挂

有时为了热处理装夹、吊挂的需要，在不影响工件使用性能的条件下，考虑在工件上应开一些工艺孔。因为热处理加热和冷却时，装夹和吊挂是否合适，不仅影响热处理变形和开裂，而且会影响热处理后的性能。例如，没有合适的装夹部位，就会在热处理时直接在工件表面安装夹具，则在淬火冷却时这些部位会产生淬火软点，影响使用性能。

小　　结

金属热处理是通过加热、保温和冷却改变金属内部组织或表面的组织，从而获得所需性能的工艺方法。

钢的热处理的基本原理主要是讨论钢在加热和冷却过程中组织转变的基本规律。加热和保温是为了使钢奥氏体化，此时希望得到细小的奥氏体晶粒。过冷奥氏体的转变有等温转变和连续转变两种方式，转变产物有：珠光体组织、贝氏体组织和马氏体组织。

钢的热处理工艺主要有退火、正火、淬火和回火。在机械零件加工制造过程中，正火和退火经常作为预先热处理工序，安排在铸造和锻造之后，切削(粗)加工之前，用以消除前一工序所带来的某些缺陷，为随后工序作组织准备。淬火和回火是作为最终热处理工序。通过淬火可获得马氏体或下贝氏体，为后来的回火组织做好准备。淬火钢一般需要随后回火以降低淬火应力，同时获得所需的力学性能。

采用表面淬火和化学热处理(渗碳、氮化等)可有效提高钢件表面的硬度和耐磨、耐蚀性能，与其他热处理工艺的恰当配合，可使钢件心部具有高的强韧性、表面具有高硬度和高耐磨性。

热处理零件质量好坏主要取决于热处理工艺和零件的结构工艺性。在设计需要热处理的零件结构形状时，应考虑热处理零件的结构工艺性，避免尖角和棱角、避免截面尺寸变化较大的结构，必要时采用封闭、对称结构或者组合结构。

练习与思考

1. 名词解释

(1)钢的热处理；(2)等温转变；(3)连续冷却转变；(4)马氏体；(5)淬透性；(6)淬硬性；(7)退火；(8)正火；(9)淬火；(10)回火；(11)回火脆性；(12)调质处理；(13)表面热处理；(14)化学热处理。

2. 选择题

(1) T8钢(共析钢)过冷奥氏体高温转变产物为(　　)。
  A. 珠光体、上贝氏体　　　　　B. 上贝氏体、下贝氏体
  C. 珠光体、索氏体、铁素体　　D. 珠光体、索氏体、托氏体

(2) 过冷奥氏体是(　　)温度下存在，尚未转变的奥氏体。
  A. M_s　　　　B. M_f　　　　C. A_1　　　　D. A_3

(3) 过共析钢的淬火加热温度应选择在(　　)，亚共析钢的淬火加热温度应选择在(　　)
  A. A_{c1}+(30～50)℃　　　　B. A_{ccm}+(30～50)℃
  C. A_{c3}+(30～50)℃　　　　D. A_{c1} 以上

(4) 45钢经调质处理后得到的组织是(　　)。
  A. 回火T　　B. 回火M　　C. 回火S　　D. S

(5) 改善T8钢的切削加工性能，可采用(　　)。
  A. 扩散退火　　B. 去应力退火　　C. 再结晶退火　　D. 球化退火

(6) 共析钢的过冷奥氏体在550℃～350℃的温度区间等温转变时，所形成的组织是(　　)。
  A. 索氏体　　B. 下贝氏体　　C. 上贝氏体　　D. 珠光体

(7) 正火是将工件加热到一定温度，保温一段时间后冷却，其冷却方式为( )。
  A. 随炉冷却　　B. 在油中冷却　　C. 在空气中冷却　　D. 在水中冷却
(8) 淬火是将其工件加热到一定温度，保温一段时间后冷却，其冷却方式为( )。
  A. 随炉冷却　　B. 在风中冷却　　C. 在空气中冷却　　D. 在水中冷却
(9) 退火是将工件加热到一定温度，保温一段时间，然后采用的冷却方式是( )。
  A. 随炉冷却　　B. 在油中冷却　　C. 在空气中冷却　　D. 在水中冷却
(10) 共析钢在奥氏体的连续冷却转变产物中，不可能出现的组织是( )。
  A. P　　　　B. S　　　　C. B　　　　D. M

3. 填空题

(1) 在过冷奥氏体等温转变产物中，珠光体与托氏体的主要相同点是_____，不同点是_____。
(2) 用光学显微镜观察，上贝氏体的组织特征呈_____状，而下贝氏体则呈_____状。
(3) 马氏体的显微组织形态主要有_____、_____两种。其中_____的韧性较好。
(4) 钢的淬透性越高，则其 C 曲线的位置越_____，说明临界冷却速度越_____。
(5) 球化退火的主要目的是_____，它主要适应用于_____钢。
(6) 亚共析钢的正常淬火温度范围是_____，过共析钢的正常淬火温度范围是_____。
(7) 在钢中加入_____、_____等合金元素，能抑制杂质元素向晶界偏聚，可有效减轻或消除回火脆性的倾向。
(8) _____是采用快速加热的方法使工件表面奥氏体化，然后快冷获得表层淬火组织的一种热处理工艺。
(9) 共析钢中奥氏体的形成过程是：奥氏体形核，奥氏体长大，_____，_____。
(10) 在钢的回火时，随着回火温度的升高，淬火钢的组织转变可以归纳为以下四个阶段：马氏体的分解，残余奥氏体的转变，_____，_____。

4. 简答题

(1) 何谓钢的热处理？钢的热处理操作有哪些基本类型？试说明热处理同其他工艺过程的关系、作用及其在机械制造中的地位和作用。
(2) 指出 A_{c1}、A_{c3}、A_{ccm}、A_{r1}、A_{r3}、A_{rcm} 各相变点的意义，并在 Fe-Fe$_3$C 相图上标示。
(3) 奥氏体形成过程中 C 原子和 Fe 原子如何变化？解释奥氏体形成过程。
(4) 试述共析钢过冷奥氏体在 $A_1 \sim M_s$ 温度间，不同温度等温转变的产物与性能。
(5) 共析钢加热到奥氏体后，说明以各种速度连续冷却后的组织。能否得到贝氏体组织？采取什么办法可以获得贝氏体组织(用等温曲线说明)？
(6) 试述退火的种类、作用和应用范围。
(7) 退火与正火的主要区别是什么？哪种热处理工艺可以消除过共析钢中的网状碳化物？

(8) 回火的目的是什么？常用回火有哪几种？退火后组织是什么？钢的性能与回火温度有何关系？

(9) 淬火的目的是什么？如何确定亚共析钢和过共析钢淬火加热温度？从获得的组织和性能等方面加以解释。

(10) 马氏体的本质是什么？马氏体为什么必须经回火才能使用？回火时会发生什么变化？

(11) 说明回火马氏体、回火索氏体、回火托氏体、马氏体、索氏体、托氏体、显微组织特征。

(12) 什么是淬透性？解释工件淬硬层与冷却速度的关系。

(13) 设计热处理零件时应考虑哪些因素？

(14) 什么是回火脆性？为什么不在250℃～350℃温度范围内进行回火？

(15) 什么是化学热处理？它与普通热处理有什么不同？

(16) 什么是热处理零件的结构工艺性？为避免零件热处理时变形和开裂，零件结构设计时，应注意哪些问题？

第 7 章

合 金 钢

本章首先介绍合金钢的特点及其发展,说明合金元素对钢中基本相、Fe-Fe3C 相图及钢的热处理相变过程的影响。在给出合金钢的分类和编号方法之后,着重说明合金结构钢、合金工具钢和特殊性能钢的性能特点及工作要求、化学成分特点、热处理特点及常用钢种。

本章要求学生了解合金元素在钢中的基本作用和合金钢的分类和编号方法。要求学生熟悉各种合金钢类型的性能特点及工作要求、化学成分特点、热处理特点、组织、性能以及它们的应用。对于常用典型钢种,要求学生会制定热处理工艺路线和实际应用。

碳素钢种类繁多，生产比较简单，成本低廉。经过热处理后，可以在不改变化学成分的前提下使力学性能得到不同程度的改善和提高，在工农业生产中有着广泛的应用。但是碳素钢的淬透性比较差，强度、屈强比、回火稳定性、抗氧化、耐蚀、耐热、耐低温、耐磨损以及特殊电磁性等方面往往较差，不能满足特殊使用性能的需求。为了满足科学技术和工业的发展要求，提高钢的性能，往往在铁碳合金中特意加入锰、铬、硅、镍、钨、钒、钼、钛、硼、铝、铜和稀土等合金元素，所获得的钢种，称为合金钢。由于合金元素与铁、碳以及合金元素之间的相互作用，改变了钢的内部组织结构，从而能提高和改善钢的性能。

7.1 合金元素在钢中的作用

在钢中加入合金元素后，钢的基本组元铁和碳与加入的合金元素会发生交互作用。加入的合金元素改变了钢的相变点和合金状态图，也改变了钢的组织结构和性能。钢的合金化的目的是利用合金元素与铁、碳的相互作用和对铁碳相图及对钢的热处理的影响来改善钢的组织和性能。下面就合金元素对钢中的基本相、铁碳合金相图和热处理的影响加以分析。

7.1.1 合金元素对钢中基本相的影响

在一般的合金化理论中，按与碳相互作用形成碳化物趋势的大小，可将合金元素分为碳化物形成元素与非碳化物形成元素两大类。常用的合金元素有以下几种。

非碳化物形成元素：Ni、Si、Al、Co、Cu、N、B。

碳化物形成元素：Mn、Cr、Mo、W、V、Ti、Nb、Zr。

铁素体和渗碳体是钢中的两个基本相，由于合金元素的性能和种类等差异，一部分合金元素可溶于铁素体中形成合金铁素体，一部分合金元素可溶于渗碳体中形成合金渗碳体。非碳化物形成元素主要溶于铁素体中，形成合金铁素体，碳化物形成元素可以溶于渗碳体中，形成合金渗碳体，也可以和碳直接结合形成特殊碳化物。

合金元素溶入铁素体时，由于与铁原子半径不同和晶格类型不同而造成晶格畸变，另外合金元素还易分布在晶体缺陷处，使位错移动困难，从而提高了钢的塑性变形抗力，产生固溶强化的效果。

碳化物是钢中的重要相之一，碳化物的类型、数量、大小、形状及分布对钢的性能有很重要的影响。合金元素是溶入渗碳体还是形成特殊碳化物，是由它们与碳亲和能力的强弱程度所决定的。强碳化物形成元素钛、铌、锆、钒等，倾向于形成特殊碳化物，如 ZrC、NbC、VC、TiC 等。它们熔点高、硬度高，加热时很难溶于奥氏体中，也难以聚集长大，因此对钢的机械性能及工艺性能有很大影响。如果形成在奥氏体晶界上，会阻碍奥氏体晶粒的长大，提高钢的强度、硬度和耐磨性，但这些特殊碳化物的数量增多时，会影响钢的塑性和韧性。合金渗碳体是渗碳体中一部分铁被碳化物形成元素置换后所得到的产物，其晶体结构与渗碳体相同，可表达为 $(Fe,Me)_3C$（Me 代表合金元素），如 $(Fe,Cr)_3C$、$(Fe,W)_3C$。渗碳体中溶入碳化物形成元素后，硬度有明显增加，因而可提高钢的耐磨性。

7.1.2 合金元素对铁碳相图的影响

合金元素对碳钢中的相平衡关系有很大影响,加入合金元素,可使 $\alpha-Fe$ 与 $\gamma-Fe$ 存在范围发生变化,Fe-Fe$_3$C 相图、相变温度、共析成分会发生变化。

合金元素溶入铁中形成固溶体后,会改变铁的同素异构转变的温度,从而导致奥氏体单相区扩大或缩小。扩大奥氏体区域的元素有镍、锰、碳、氮等,这些元素使相图中的 A_1 和 A_3 温度降低,使 S 点、E 点向左下方移动,从而使 Fe-Fe$_3$C 相图的奥氏体区域扩大。缩小奥氏体区的元素有铬、钼、硅、钨等,使 A_1 和 A_3 温度升高,使 S 点、E 点向左上方移动,从而使 Fe-Fe$_3$C 相图的奥氏体区域缩小。图 7.1 所示为锰和铬对奥氏体区的影响。利用合金元素对 Fe-Fe$_3$C 相图的影响,可以在室温下获得单相奥氏体钢或单相铁素体钢。单相奥氏体钢或单相铁素体钢具有耐蚀、耐热等性能,是不锈钢、耐蚀钢和耐热钢中常见的组织。

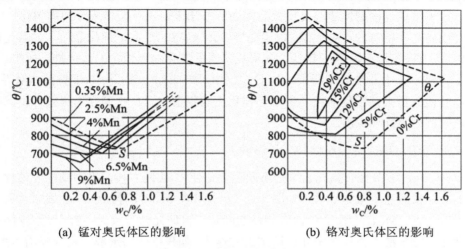

(a) 锰对奥氏体区的影响　　　　(b) 铬对奥氏体区的影响

图 7.1　合金元素对奥氏体区的影响

大多数的合金元素均使 S 点、E 点向左方移动。S 点向左方移动意味着共析点含碳量减低,使含碳量相同的碳钢和合金钢具有不同的组织和性能。与同样含碳量的亚共析钢相比,组织中的珠光体数量增加,而使钢得到强化。例如,钢中含有 12%Cr 时,这种合金钢共析点的碳浓度为 0.4%左右,这样含碳量为 0.4%的合金钢便具有共析成分,而含碳量 0.5%的属于亚共析钢的碳素钢就变成了属于过共析的合金钢了。同样,含有 12%Cr 的共析钢,当含碳量仅为 1.5%时就会出现共晶莱氏体组织。这是由于 E 点的左移,使发生共晶转变的含碳量降低,在含碳量较低时,使钢具有莱氏体组织。

对于扩大奥氏体区域的元素,由于 A_1 和 A_3 温度降低,就直接地影响热处理加热的温度,所以锰钢、镍钢的淬火温度低于碳钢。对于缩小奥氏体区的元素由于 A_1 和 A_3 温度升高了,这类钢的淬火温度也相应地提高了。

7.1.3 合金元素对钢热处理的影响

合金钢一般都是经过热处理后使用的,主要是通过改变钢在热处理过程中的组织转变来显示合金元素的作用的。合金元素对钢的热处理的影响主要表现在对加热、冷却和回火过程中的相变等方面。

1. 合金元素对钢加热时组织转变的影响

钢在加热时，奥氏体化过程包括晶核的形成和长大，碳化物的分解和溶解，以及奥氏体成分的均匀化等过程。合金钢加热到 A_{c1} 以上发生奥氏体相变时，合金元素对碳化物的稳定性的影响以及它们与碳在奥氏体中的扩散能力直接控制了奥氏体的形成过程。一方面，加入合金元素会改变碳在钢中的扩散速度。例如碳化物形成元素 Cr、Mo、W、Ti、V 等，由于它们与碳有较强的亲和力，显著减慢了碳在奥氏体中的扩散速度，故奥氏体的形成速度大大减慢。另一方面，奥氏体形成后，要使稳定性高的碳化物完全分解并固溶于奥氏体中，需要进一步提高加热温度，这类合金元素也将使奥氏体化的时间延长。加之合金钢的奥氏体成分均匀化过程还需要合金元素的扩散，因此，合金钢的奥氏体成分均匀化比碳钢更缓慢。常采用提高钢的加热温度或保温时间的方法来促使奥氏体成分的均匀化。

除锰以外几乎所有的合金元素都能阻止奥氏体晶粒的长大，细化晶粒。尤其是碳化物形成元素钛、矾、钼、钨、铌、锆等，易形成比铁的碳化物更稳定的碳化物，如 TiC、VC、MoC 等。此外，一些晶粒细化剂如 AlN 等在钢中可形成弥散质点分布于奥氏体晶界上，阻止奥氏体晶粒的长大，细化晶粒。所以，与相应的碳钢相比，在同样加热条件下，合金钢的组织较细，力学性能更高。

2. 合金元素对钢冷却时组织转变的影响

除 Co 以外，大多数合金元素总是不同程度地使 C 曲线右移，提高钢的淬透性。其中碳化物形成元素的影响最为显著，如图 7.2 所示。Mn、Si、Ni 等仅使 C 曲线右移而不改变其形状；Cr、W、Mo、V 等使 C 曲线右移的同时还将珠光体和贝氏体转变分成两个区域。只有合金元素完全溶于奥氏体中才会产生上述作用，如果碳化物形成元素未能溶入奥氏体，而是以残存未溶碳化物微粒形式存在，可能成为珠光体转变的核心，影响马氏体的转变，从而降低合金钢的淬透性。

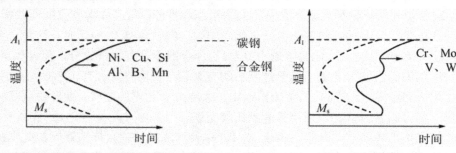

(a) 非碳化物形成元素及弱碳化物形成元素　　(b) 强碳化物形成元素

图 7.2　合金元素对 C 曲线的影响

除 Co、Al 外，大多数合金元素溶入奥氏体中总是不同程度地降低马氏体转变温度，并增加钢中残余奥氏体的数量，对钢的硬度和尺寸稳定性产生较大影响。

3. 合金元素对钢回火时组织转变的影响

将淬火后的合金钢进行回火时，其回火过程的组织转变与碳钢相似，但由于合金元素的加入，使其在回火转变时具有如下特点。

淬火钢在回火过程中抵抗硬度下降的能力称为回火稳定性。由于合金元素在回火过程中推迟马氏体的分解和残余奥氏体的转变(即在较高温度才开始分解和转变)，使回火的硬度降低过程变缓，从而提高钢的回火稳定性。提高回火稳定性作用较强的合金元素有 V、Si、Mo、W、Ni、Co 等。

一些 Mo、W、V 含量较高的高合金钢回火时，硬度不是随回火温度升高而单调降低，而是到某一温度(约 400℃)后反而开始增大，并在另一更高温度(一般为 550℃左右)达到峰值。这是回火过程的二次硬化现象。含碳量为 0.3%的 Mo 钢的回火温度与硬度关系曲线如图 7.3 所示。一方面合金元素提高了碳化物向渗碳体的转变温度；另一方面，随着回火温度的提高，渗碳体和相中的合金元素将重新分配，引起渗碳体向特殊碳化物转变。在 450℃以上渗碳体溶解，钢中开始沉淀出弥散稳定的难熔碳化物 Mo_2C、W_2C、VC 等，这些碳化物硬度很高，具有很高的热硬性。如具有高热硬性的高速钢就是靠 W、V、Mo 的这种特性来实现的。

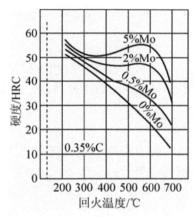

图 7.3　含碳量为 0.3%的 Mo 钢的回火温度与硬度关系曲线

450℃～600℃间发生的第二类回火脆性主要与某些杂质元素以及合金元素本身在原奥氏体晶界上的严重偏聚有关，多发生在含 Mn、Cr、Ni 等元素的合金钢中。回火后快冷(通常用油冷)可防止其发生。钢中加入 0.5%Mo 或 1%W 也可基本上消除这类脆性。

7.2　合金钢分类和牌号

生产中使用的钢材品种繁多，为了便于生产、管理、选用和研究，有必要对钢加以分类和编号。

7.2.1 合金钢的分类

目前，可按照合金钢的主要用途、合金元素的质量分数、含有主要合金元素的种类和金相组织来分类。

1. 按照合金钢的主要用途分类

(1) 合金结构钢。可分为建筑及工程用结构钢和机械制造用结构钢。建筑及工程用结构钢主要用于建筑、桥梁、船舶、锅炉或其他工程上制造金属结构件的钢，如低合金结构钢、钢筋钢等。机械制造用结构钢主要用于制造机械设备上结构零件的钢，如渗碳钢、轴承钢等。

(2) 合金工具钢。主要用于制造重要工具的钢，包括刃具钢、量具钢和模具钢等。

(3) 特殊性能钢。主要用于制造有特殊物理、化学、力学性能要求的钢，包括耐热钢、不锈钢、耐磨钢等。

2. 按照合金元素的质量分数分类

(1) 低合金钢。钢中全部合金元素总的质量分数 $w_{Me} \leqslant 5\%$。

(2) 中合金钢。钢中全部合金元素总的质量分数 $5\% \leqslant w_{Me} \leqslant 10\%$。

(3) 高合金钢。钢中全部合金元素总的质量分数 $w_{Me} \leqslant 10\%$。

3. 按照金相组织来分类

钢的金相组织随处理方法不同而异。按照牌号状态或退火组织可分为亚共析钢、共析钢、过共析钢和莱氏体钢；按正火组织可分为珠光体钢、贝氏体钢、马氏体钢及奥氏体钢。

7.2.2 合金钢的编号

为了管理和使用的方便，每一种合金钢都应该有一个简明的编号。世界各国钢的编号方法不一样。钢编号的原则是根据编号可以大致看出该钢的成分和用途。我国合金钢牌号的命名原则是由钢中碳的质量分数(w_C)、合金元素的种类和质量分数(w_{Me})的组合来表示的。产品名称、用途、冶炼和浇注方法等用汉语拼音字母表示，具体的编号方法如下。

1. 合金结构钢的编号

合金结构钢编号的方法与优质碳素结构钢是相同的，都是以"两位数字+元素符号+数字+……"的方法表示。牌号首部用数字表示碳的质量分数，规定结构钢碳的质量分数以万分之几为单位；用元素的化学符号表明钢中主要合金元素，质量分数由其后面的数字标明，一般以百分之几表示。凡合金元素的平均含量小于1.5%时，钢号中一般只标明元素符号而不标明其含量。如果平均质量分数为 1.5%～2.49%、2.5%～3.49%…时，相应地标以 2、3…。如为高级优质钢，则在其钢号后加"高"或"A"。例如 20Cr2Ni4A 等。钢中的 V、Ti、Al、B、RE(稀土元素)等合金元素，虽然它们的含量很低，但在钢中能起相当重要的作用，故仍应在钢号中标出。如 60Si2Mn 表示平均含碳量为 0.60%，主要合金元素 Mn 含量低于 1.5%，Si 含量为 1.5%～2.49%。

2. 合金工具钢的编号

合金工具钢的牌号以"一位数字(或没有数字)+元素+数字+……"表示。编号方法与合金结构钢大体相同，区别在于含碳量的表示方法，钢号前表示其平均含碳量的是一位数字，为其千分数，如果平均含碳量<1.0%时，则在钢号前以千分之几表示它的平均含碳量；当含碳量≥1.0%时，则不予标出。如合金工具钢 5CrMnMo，平均碳质量分数为 0.5%，主要合金元素 Cr、Mn、Mo 的质量分数均在 1.5%以下。

高速钢是一类高合金工具钢，其钢号中一般不标出含碳量，仅标出合金元素符号及其平均含量的百分数。如 W18Cr4V 钢的平均含碳量为 0.7%～0.8%，而牌号首位并不写 8。

3. 特殊性能钢的编号

特殊性能钢的牌号的表示方法与合金工具钢的表示方法基本相同，如不锈钢 9Cr18 表示钢中碳的平均质量分数为 0.90%，铬的平均质量分数为 18%。但也有少数例外，不锈钢、耐热钢在碳质量分数较低时，表示方法有所不同，若碳的平均质量分数小于 0.03%及 0.08%时，则在钢号前分别冠以 00 及 0 的数字来表示其平均质量分数，如 0Cr18Ni9，00Cr17Ni14Mo2。

4. 专用钢的编号

专用钢是指某些用于专门用途的钢种。它是以其用途名称的汉语拼音第一个字母来表明此种钢的类型，以数字表明其碳质量分数；合金元素后的数字标明该元素的大致含量。

例如滚珠轴承钢在钢号前标以 G 字，其后为铬(Cr)+数字，数字表示铬含量平均值的千分之几，如滚铬 15(GCr15)。这里应注意牌号中铬元素后面的数字是表示含铬量为 1.5%，其他元素仍按百分之几表示，如 GCr15SiMn 表示含铬为 1.5%，硅、锰含量均小于 1.5% 的滚动轴承钢。又如易切钢前标以 Y 字，Y40Mn 表示碳质量分数为 0.4%，锰质量分数少于 1.5%的易切削钢。还有如 20g 表示碳质量分数为 0.20%的锅炉用钢；16MnR 表示碳质量分数为 0.16%，含锰量小于 1.5%的容器用钢。

7.3 合金结构钢

在碳素结构钢的基础上添加一些合金元素就形成了合金结构钢。合金结构钢具有较高的淬透性，较高的强度和韧性，用于制造重要工程结构和机器零件时具有优良的综合力学性能，从而保证零部件安全的使用。主要有低合金高强度结构钢、合金渗碳钢、合金调质钢、合金弹簧钢和滚珠轴承钢。

7.3.1 低合金结构钢

低合金结构钢是在低碳碳素结构钢的基础上加入少量合金元素(总 w_{Me} < 3%)而得到的钢。这类钢比低碳碳素结构钢的强度高 10%～30%，因此又被称为低合金高强度钢，英文

缩写为 HSLA 钢。从成分上看其为含低碳的低合金钢种，是为了适应大型工程结构(如大型桥梁、压力容器及船舶等、减轻结构重量、提高可靠性及节约材料的需要。

1. 性能特点

与低碳钢相比，低合金结构钢不但具有良好的塑性和韧性以及焊接工艺性能，而且还具有较高的强度，较低的冷脆转变温度和良好的耐腐蚀能力。因此，用低合金结构钢代替低碳钢，可以减少材料和能源的损耗，减轻工程结构件的自重，增加可靠性。

这类钢主要用来制造各种要求强度较高的工程结构，例如船舶、车辆、高压容器、输油输气管道、大型钢结构等。它在建筑、石油、化工、铁道、造船、机车车辆、锅炉容器、农机农具等许多部门都得到了广泛的应用。

2. 化学成分特点

为了保证较好的塑性和焊接性能，低合金结构钢的碳的平均质量分数一般不大于0.2%。再加入以 Mn 为主的少量合金元素，起到固溶强化作用，达到了提高力学性能的目的。在此基础上还可加入极少量强碳化物元素如 V、Ti、Nb 等，不但提高强度，还会消除钢的过热倾向。如 Q235 钢、16Mn、15MnV 钢的含碳量相当，但在 Q235 中加入约 1%Mn(实际只相对多加了 0.5%～0.8%)时，就成为 16Mn 钢，而其强度却增加近 50%，为 350MPa；在 16Mn 的基础上再多加钒 0.04%～0.12%，材料强度又增加至 400MPa。

3. 热处理特点

低合金结构钢一般在热轧或正火状态下使用，一般不需要进行专门的热处理。其使用状态下的显微组织一般为铁素体+索氏体。有特殊需要时，如果为了改善焊接区性能，可进行一次正火处理。

4. 常用钢种

我国列入冶金部标准的低合金结构钢，具有代表性的钢种及牌号性能见表 7-1。Q345(16Mn)是我国低合金高强钢中用量最多、产量最大的钢种，广泛用于桥梁、车辆、船舶、锅炉、高压容器、输油管，以及低温下工作的构件等。

Q390(15MnVN)中等级别强度钢中使用最多的钢种。强度较高，且韧性、焊接性及低温韧性也较好，被广泛用于制造桥梁、锅炉、船舶等大型结构。

强度级别超过 500 MPa 后，铁素体和珠光体组织难以满足要求，于是发展了低碳贝氏体钢。加入 Cr、Mo、Mn、B 等元素，有利于空冷条件下得到贝氏体组织，使强度更高，塑性、焊接性能也较好，多用于高压锅炉、高压容器等。

7.3.2 合金渗碳钢

许多机械零件如汽车、拖拉机中的变速齿轮，内燃机上的凸轮轴、活塞销等机器零件等工作条件比较复杂，这类零件在工作中承受强烈的摩擦磨损，同时又承受较大的交变载荷，特别是冲击载荷，要求"内韧外硬"的性能，从而产生了合金渗碳钢。

第7章 合金钢

表 7-1 常用低合金结构钢的牌号、化学成分、性能及用途

钢号	化学成分 w/%							厚度或直径/mm	力学性能			旧钢号	应用举例
	C	Mn	Si	V	Nb	Ti	其他		R_{eH}/MPa	R_m/MPa	A/%	$A_{KV}(20℃)$/J		
Q295	≤0.16	0.80~1.50	≤0.55	0.02~0.15	0.015~0.060	0.02~0.20		<16	≥295	390~570	23	34	09MnV 09MnNb 09Mn2 12Mn	桥梁、车辆、容器、油罐
								16~35	≥275					
								35~50	≥255					
Q345	0.18~0.20	1.00~1.60	≤0.55	0.02~0.15	0.015~0.060	0.02~0.20		<16	≥345	470~630	21~22	34	12MnV 14MnNb 16Mn 18Nb 16MnRE	桥梁、车辆、船舶、压力容器、建筑结构
								16~35	≥325					
								35~50	≥295					
Q390	≤0.20	1.00~1.60	≤0.55	0.02~0.20	0.015~0.060	0.02~0.20	Cr≤0.30 Ni≤0.70	<16	≥390	490~650	19~20	34	15MnV 15MnTi 16MnNb	桥梁、船舶、起重设备、压力容器
								16~35	≥370					
								35~50	≥350					
Q420	≤0.20	1.00~1.70	≤0.55	0.02~0.20	0.015~0.060	0.02~0.20	Cr≤0.40 Ni≤0.70	<16	≥420	520~680	18~19	34	15MnVN 14MnVTi-RE	桥梁、高压容器、大型船舶、电站设备、管道
								16~35	≥400					
								35~50	≥380					
Q460	≤0.20	1.00~1.70	≤0.55	0.20~0.20	0.015~0.060	0.02~0.20	Cr≤0.70 Ni≤0.70	<16	≥460	550~720	17	34		中温高压容器(<120℃)、锅炉、化工、石油高压厚壁容器(<100℃)
								16~35	≥440					
								35~50	≥420					

1. 性能特点

合金渗碳钢经渗碳、淬火和低温回火后，表面渗碳层硬度高，以保证优异的耐磨性和接触疲劳抗力，同时具有适当的塑性和韧性。心部具有高的韧性和足够高的强度。另外合金渗碳钢有良好的热处理工艺性能，在高的渗碳温度(900℃～950℃)下，奥氏体晶粒不易长大，并有良好的淬透性。

2. 化学成分特点

低碳，碳质量分数一般为 0.10%～0.25%，经过渗碳后，零件的表面变为高碳的，而心部仍是低碳的，使零件心部有足够的塑性和韧性，抵抗冲击载荷。

加入 Cr、Ni、Mn、B 等，以提高渗碳钢的淬透性，保证零件的心部获得尽量多的低碳马氏体，从而具有足够的心部强度。辅加合金元素为微量的 Ti、V、W、Mo 等强碳化物形成元素，以形成稳定的特殊合金碳化物阻止渗碳时奥氏体晶粒长大。

3. 热处理特点

为了改善切削加工性，渗碳钢的预先热处理一般采用正火工艺，渗碳后热处理一般是淬火加低温回火，或是渗碳后直接淬火。渗碳后工件表面碳的质量分数可达到 0.80%～1.05%，热处理后表面渗碳层的组织是针状回火马氏体＋合金碳化物＋残余奥氏体，硬度为 58HRC～62HRC，满足耐磨的要求；全部淬透时心部组织为低碳回火马氏体，硬度为 40HRC～48HRC，未淬透时为索氏体＋铁素体＋低碳回火马氏体，硬度为 25HRC～40HRC。图 7.4 所示为 20CrMnTi 钢制造齿轮的热处理工艺曲线。

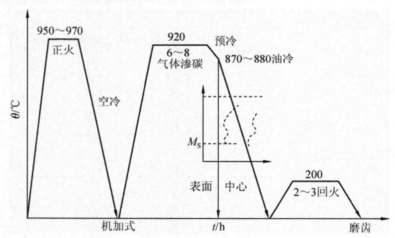

图 7.4　20CrMnTi 钢制造齿轮的热处理工艺曲线

4. 常用钢种

按照渗碳钢的淬透性大小，可分为 3 类，具有代表性的钢种及牌号性能见表 7-2。

(1) 低淬透性渗碳钢。如 20Cr、20Mn2 等，典型钢种为 20Cr，这类钢合金元素的质量分数较低，淬透性差，零件水淬临界直径小于 25mm，渗碳淬火后，心部强韧性较低，只适于制造受冲击载荷较小的耐磨零件，如活塞销、凸轮、滑块、小齿轮等。

表 7-2 常用渗碳钢的牌号、化学成分、热处理、性能及用途

类别	钢号	主要化学成分 w/%							热处理/℃				机械性能(不小于)				毛坯尺寸/mm	应用举例
		C	Mn	Si	Cr	Ni	V	其他	渗碳	预备处理	淬火	回火	R_m/MPa	R_{eH}/MPa	A/%	Z/%	A_{KU2}/J		
低淬透性	15	0.12~0.18	0.35~0.65	0.17~0.37					930	880~900空	770~800水	200	≥500	≥300	15	≥55		<30	活塞销等
	20Mn2	0.17~0.24	1.40~1.80	0.17~0.37					930	850~870	880油	200	785	590	10	40	47	15	小齿轮,小轴,活塞销等
	20Cr	0.17~0.24	0.50~0.80	0.20~0.40	0.70~1.00				930		780~820水,油	200	835	540	10	40	47	15	齿轮,活塞销等
	20MnV	0.17~0.24	1.30~1.60	0.17~0.37			0.07~0.12		930		880水,油	200	785	590	10	40	55	15	同上,也用作锅炉、高压容器管道等
中淬透性	20CrMn	0.17~0.23	0.90~1.20	0.17~0.37	0.90~1.20				930		850油	200	930	735	10	45	47	15	齿轮、蜗杆、活塞销、摩擦轮
	20CrMnTi	0.17~0.23	0.80~1.10	0.17~0.37	1.00~1.30			Ti0.04~0.10	930	880油	870油	200	1080	850	10	45	55	15	汽车、拖拉机上的变速箱齿轮
高淬透性	18Cr2Ni4WA	0.13~0.19	0.30~0.60	0.17~0.37	1.35~1.65	4.00~4.50		W0.80~1.20	930	950空	850空	200	1180	835	10	45	78	15	大型渗碳齿轮和轴类件
	20Cr2Ni4	0.17~0.23	0.30~0.60	0.17~0.37	1.25~1.65	3.25~3.65			930	880油	780油	200	1180	1080	10	45	63	15	同上

(2) 中淬透性渗碳钢。如 20CrMnTi、20CrMn、20CrMnMo、20MnVB 等，典型钢种为 20CrMnTi。这类钢合金元素的质量分数较高，淬透性较好，零件油淬临界直径约为 25mm～60mm，渗碳淬火后有较高的心部强度，主要用于制造承受中等载荷、要求足够冲击韧度和耐磨性的汽车、拖拉机齿轮等零件，如汽车变速齿轮、花键轴套、齿轮轴等。

(3) 高淬透性渗碳钢。如 18Cr2Ni4WA、20Cr2Ni4A 等，典型钢种为 20Cr2Ni4A，这类钢合金元素的质量分数更高，淬透性很高，零件油淬临界直径大于 100mm，淬火和低温回火后心部有很高的强度，主要用于制造大截面、高载荷的重要耐磨件，如飞机、坦克中的曲轴、大模数齿轮等。

20CrMnTi 钢齿轮的加工工艺路线为：下料→锻造→正火→加工齿形→渗碳→淬火→低温回火→喷丸→磨齿(精磨)。

7.3.3 合金调质钢

合金调质钢是指调质处理后使用的合金结构钢，广泛用于制造汽车、拖拉机、机床和其他机器上的各种重要零件，如齿轮、轴类件、连杆、螺栓等。

1. 性能特点

许多机器设备上的重要零件，如机床主轴，汽车、拖拉机后桥半轴，曲轴，连杆，高强螺栓等都使用调质钢，这些零件工作时大多承受多种工作载荷，受力情况比较复杂，常承受较大的弯矩，还可能同时传递扭矩；且受力是交变的，因此还常发生疲劳破坏；在启动或刹车时有较大冲击；有些轴类零件与轴承配合时还会有摩擦磨损，要求高的综合力学性能，即要求高的强度和良好的塑性和韧性。为了保证整个截面力学性能的均匀性和高的强韧性，合金调质钢要求有很好的淬透性。但不同零件受力情况不同，对淬透性的要求不一样。整个截面受力都比较均匀的零件，如只受单向拉、压、剪切的连杆，要求截面处强度与韧性都要有良好的配合。而截面受力不均匀的零件如承受扭转和弯曲应力的传动轴，主要要求受力较大的表面区有较好的性能，心部要求可以低一些，不要求截面全部淬透。当然工艺上保证零件获得整体均匀的组织也是必需的，因此要求其性能有高的屈服强度及疲劳强度，良好的韧性和塑性，局部表面有一定耐磨性和较好的淬透性。

2. 化学成分特点

中碳(含碳 0.3%～0.5%)合金钢在调质处理后能够达到强韧性的最佳配合，因此合金调质钢一般是指中碳合金钢。

合金调质钢主要的合金化元素为 Cr、Mn、Ni、Si 等，合金元素加入主要目的是提高钢的淬透性，保证零件整体具有良好的综合力学性能，此外 Cr、Mn、Ni、Si 大多溶于铁素体，形成合金铁素体，提高钢的强度。

此外，在合金调质钢中有时还要辅加合金元素 W、Mo、V、Ti 等，这些强碳化物形成元素可阻碍高温时奥氏体晶粒长大，主要作用是细化晶粒，提高回火稳定性和钢的强韧性，W、Mo 还可抑制第二类回火脆的发生。常用调质钢有 45 钢、40Cr、40CrNiMo、35CrMo 等。表 7-3 是常用合金调质钢牌号、热处理工艺及力学性能。

表 7-3 常用调质钢的牌号、化学成分、热处理、性能及用途

类别	钢号	主要化学成分 w/%								热处理			力学性能(不小于)				退火状态 HB	应用举例
		C	Mn	Si	Cr	Ni	Mo	V	其他	淬火 /℃	回火 /℃	毛坯尺寸/mm	R_m/MPa	R_{eH}/MPa	A_5/%	Z/%	A_{KU2}/J		
低淬透性钢	45	0.42~0.50	0.50~0.80	0.17~0.37						830~840水	580~640空	<100	≥600	≥355	≥16	≥40	≥39	197	主轴、曲轴、齿轮、柱塞等
	40MnB	0.37~0.44	1.10~1.40	0.17~0.37					B0.0005~0.0035	850油	500水、油	25	980	785	10	45	47	207	同上
	40MnVB	0.37~0.44	1.10~1.40	0.17~0.37				0.05~0.10	B0.0005~0.0035	850油	520水、油	25	980	785	10	45	47	207	可代替40Cr及部分代替40CrNi作重要零件,也可代替38CrSi作重要销钉
中淬透性钢	40Cr	0.37~0.44	0.50~0.80	0.17~0.37	0.80~1.10					850油	520水、油	25	980	785	9	45	47	207	作重要调质件如轴类件、连杆螺栓、进气阀和重要齿轮等
	38CrSi	0.35~0.43	0.30~0.60	1.00~1.30	1.30~1.60		0.07~0.12			900油	600水、油	25	980	835	12	50	55	255	做载荷较大的轴件及不太重要的调质件
	30CrMn-Si	0.27~0.34	0.80~1.10	0.90~1.20	0.80~1.10					880油	520水、油	25	1080	885	10	45	39	229	高强度钢,作高速载荷砂轮轴、车钢上内外摩擦片等
	35CrMo	0.32~0.40	0.40~0.70	0.17~0.37	0.80~1.10		0.15~0.25			850油	550水、油	25	980	835	12	45	63	229	重要调质件,连杆及代40CrNi作大截面轴类件

续表

类别	钢号	主要化学成分 w/%								热处理/°C			力学性能(不小于)					退火状态 HB	应用举例
		C	Mn	Si	Cr	Ni	Mo	V	其他	淬火/°C	回火/°C	毛坯尺寸/mm	R_m/MPa	R_{eH}/MPa	A/%	Z/%	A_{KU2}/J		
高淬透性钢	38CrMoAl	0.35~0.42	0.30~0.60	0.20~0.45	1.35~1.65		0.15~0.25		A10.70~1.10	940 水、油	640 水、油	30	980	835	14	50	71	229	作氮化零件,如高压阀门、缸套等
	37CrNi3	0.34~0.41	0.30~0.60	0.17~0.37	1.20~1.60	3.00~3.50				820 油	500 水、油	25	1130	980	10	50	47	269	作大截面并要求高强度、高韧性的零件
	40CrMnMo	0.37~0.45	0.90~1.20	0.17~0.37	0.90~1.20		0.20~0.30			850 油	600 水、油	25	980	785	10	45	63	217	相当于40CrNiMo的高级调质钢
	25Cr2Ni4-WA	0.21~0.28	0.30~0.60	0.17~0.37	1.35~1.65	4.00~4.50			W0.80~1.20	850 油	550 水	25	1080	930	11	45	71	369	作机械性能要求很高的大断面零件
	40CrNiMo-A	0.37~0.44	0.50~0.80	0.17~0.37	0.60~0.90	1.25~1.65	0.15~0.25			850 油	600 水、油	25	980	835	12	55	78	269	作高强度零件,如航空发动机轴,在<500℃工作的喷气发动机承载零件

3. 热处理特点

调质钢零件的热处理主要是毛坯料的预备热处理(退火或正火)以及粗加工件的调质处理。调质后组织为回火索氏体。合金调质钢淬透性较高,一般都用油淬,淬透性特别大时甚至可以空冷,这能减少热处理缺陷。合金调质钢的最终性能决定于回火温度,一般采用500℃~650℃回火。通过选择回火温度,可以获得所要求的性能。为防止第二类回火脆性,回火后快速冷却(水冷或油冷),有利于韧性的提高。

4. 常用钢种

按淬透性的高低,合金调质钢大致可以分为 3 类,钢种、牌号及性能列入表 7-3 中。

(1) 低淬透性合金调质钢。低淬透性合金调质钢包括 40Cr、40MnB、40MnVB 等,典型钢种是 40Cr。这类钢的合金元素总的质量分数较低,淬透性不高,油淬临界直径最大为 30mm~40mm,广泛用于制造一般尺寸的重要零件,如轴、齿轮、连杆螺栓等。

(2) 中淬透性调质钢。中淬透性调质钢包括 35CrMo、38CrMoAl、40CrNi 等,典型钢种为 40CrNi,这类钢的合金元素总的质量分数较高,油淬临界直径最大为 40mm~60mm,用于制造截面较大、承受较重载荷的重要件,如内燃机曲轴、变速箱主动轴、连杆等。加入 Mo 不但可以提高淬透性,还可防止第二类回火脆性。

(3) 高淬透性调质钢。高淬透性调质钢包括 40CrNiMoA、40CrMnMo、25Cr2Ni4WA 等,典型钢种为 40CrNiMoA。这类钢的合金元素总的质量分数最高,淬透性也高,零件油淬临界直径为 60mm~100mm,多半为铬镍钢。用于制造大截面、承受重负荷的重要零件,如汽轮机主轴、叶轮、压力机曲轴、航空发动机曲轴等。

40Cr 钢作为拖拉机上的连杆,其加工工艺路线为:下料→锻造→退火(或正火)→粗加工→调质(淬火+高温回火)→精加工→装配。

7.3.4 合金弹簧钢

弹簧是广泛应用于交通、机械、国防、仪表等行业及日常生活中的重要零件,用来制造各种弹性零件,如板簧、螺旋弹簧、钟表发条等。

1. 性能特点

弹簧主要工作在冲击、振动、扭转、弯曲等交变应力下,利用其较高的弹性变形能力吸收能量以缓和振动和冲击,或依靠弹性储存能量来起驱动作用。弹簧的主要失效形式为疲劳断裂和由于发生塑性变形而失去弹性。因此其性能要求制造弹簧的材料具有高的弹性极限和强度,防止工作时产生塑性变形;高的疲劳强度和屈强比,避免疲劳破坏;具有足够的塑性和韧性,保证在承受冲击载荷条件下正常工作,以免受冲击时脆断;在高温或腐蚀介质下工作时,材料应有好的环境稳定性,具有较好的耐热性和耐腐蚀性。此外,弹簧钢还要求有较好的淬透性、不易脱碳和过热、容易绕卷成形等优点。

2. 化学成分特点

弹簧钢含碳量一般为 0.45%~0.70%。含碳量过低,强度不够,易产生塑性变形;含碳量过高,塑性和韧性降低,疲劳极限也下降。

合金弹簧钢可加入的合金元素有锰、硅、铬、矾和钨等，以硅、锰为主要合金化元素。加入硅、锰主要是提高淬透性，同时也提高屈强比，其中硅的作用更为突出。但是不足之处是硅会促使弹簧钢表面在加热时脱碳，锰则使钢易于过热。因此，重要用途的弹簧钢必须加入铬、矾、钨等，目的是减少弹簧钢脱碳、过热倾向的同时，进一步提高它们的淬透性和强度，矾可以细化晶粒，钨、钼可以防止第二类回火脆性。表 7-4 是常用弹簧钢的牌号及相关性能。

3. 热处理特点

根据弹簧尺寸和加工方法不同，弹簧分热成形(成形后强化)和冷成形(强化后成形)两种弹簧，它们的热处理方法也不同。

(1) 热成形弹簧的热处理。对于直径或板厚大于 8mm 的中大型弹簧常采用热态下成形，为了防止和减少加热过程中因脱碳而使疲劳强度下降，应尽量减少加热次数，一般应加热到比正常淬火温度高 50℃～80℃时进行热卷成形，之后利用成形后的余热立即淬火，然后中温回火(回火温度 420℃～450℃)，得到回火托氏体组织，硬度为 40～48HRC，具有较高的弹性极限和疲劳强度。

热轧弹簧钢采取加热成形制造板簧的工艺路线为：扁钢剪断→加热压弯成形→淬火+中温回火→喷丸处理→装配。

弹簧的表面质量对使用寿命影响很大，如弹簧表面有缺陷，就容易造成应力集中，从而降低疲劳寿命。对热成形弹簧，由于加热过程易造成表面氧化和脱碳等缺陷，故一般还要补充进行一道表面喷丸处理，如汽车板簧用 60Si2Mn 钢热成形后，经喷丸处理可使其寿命提高 3～5 倍。

(2) 冷成形弹簧的热处理。对小尺寸弹簧(如丝径小于 8mm 的螺旋弹簧或钢带)，一般在热处理强化后冷拔或冷卷成形。为改善塑性提高强度，一般应在成形前等温冷却得到均匀细珠光体组织即索氏体组织(如铅浴 450℃～550℃等温淬火冷拔钢丝工艺)或在冷拔工序中加入 680℃中间退火(冷拔钢丝工艺)；而在冷成形完成后不必进行淬火处理，而必须要进行一次消除内应力，稳定尺寸并提高弹性极限的定型处理，处理温度为 250℃～300℃，保温 1h～2h。冷成形后弹簧直径越小强化效果越好，强度极限可达 1 600MPa 以上，且表面质量好。

4. 常用钢种

合金弹簧钢根据合金元素的不同主要有两大类。

(1) 以 Si、Mn 为主要合金元素的弹簧钢。代表钢种有 65Mn 和 60Si2Mn 等，这类钢的价格便宜，淬透性明显优于碳素弹簧钢，Si、Mn 的复合合金化，性能比只用 Mn 的好得多。这类钢主要用于汽车、拖拉机上的板簧和螺旋弹簧。

(2) 以 Cr、V、W、Mo 为主要合金元素的弹簧钢。如 50CrVA、60Si2CrVA 等。碳化物形成元素 Cr、V、Mo 的加入，能细化晶粒，不仅大大提高钢的淬透性，而且还提高钢的高温强度、韧性和热处理工艺性能。这类钢可制作在 350℃～400℃温度下承受重载的较大弹簧，如阀门弹簧、高速柴油机的气门弹簧。

表 7-4 常用弹簧钢的牌号、成分、热处理、性能及用途

钢号	主要成分 w/%					热处理		机械性能			应用范围
	C	Mn	Si	Cr	其他	淬火/℃	回火/℃	R_{eH}/MPa	R_m/MPa	$A_{11.1}$/%	Z/%	
65	0.62~0.70	0.50~0.80	0.17~0.37	≤0.25		840(油)	500	800	1000	9	35	截面＜15mm 的小弹簧
70	0.62~0.75	0.50~0.80	0.17~0.37	≤0.25		830(油)	480	850	1050	8	30	
85	0.82~0.90	0.50~0.80	0.17~0.37	≤0.25		820(油)	480	1000	1150	6	30	
65Mn	0.62~0.70	0.90~1.20	0.17~0.37	≤0.25		830(油)	540	800	1000	8	30	截面≤25mm 的弹簧
55Si2Mn	0.52~0.65	0.60~0.90	1.50~2.00	≤0.35		870(油或水)	480	1200	1300	6	30	截面≤25mm 的弹簧, 例如车箱缓冲卷簧
60Si2Mn	0.56~0.64	0.60~0.90	1.50~2.00	≤0.35		870(油)	480	1200	1300	5	25	
55Si2MnB	0.52~0.60	0.60~0.90	1.50~2.00	≤0.35	B0.0005~0.004	870(油)	480	1200	1300	6	30	
60Si2CrA	0.56~0.64	0.40~0.70	1.40~1.80	0.70~1.00		870(油)	420	1600	1800	δ_5 6	20	截面≤30mm 的重要弹簧
60Si2CrVA	0.56~0.64	0.40~0.70	1.40~1.80	0.90~1.20	V0.1~0.2	850(油)	410	1700	1900	δ_5 6	20	例如小型汽车、载重车板簧
50CrVA	0.46~0.54	0.50~0.80	0.17~0.37	0.80~1.10	V0.1~0.2	850(油)	500	1150	1300	δ_5 9	40	扭杆簧, 低于350℃的耐热弹簧
55CrMnA	0.52~0.60	0.65~0.95	0.17~0.37	0.65~0.95		850(油)	500	$\sigma_{0.2}$ 1100	1250	δ_5 6	35	

7.3.5 滚动轴承钢

用来制作各种滚动轴承零件如轴承内外套圈，滚动体(滚珠、滚柱、滚针等)的专用钢称为滚动轴承钢。

1. 性能特点

滚动轴承是一种高速转动的零件，工作时滚动体与套圈处于点或线接触方式，接触面积很小，接触应力在 1 500MPa～5 000MPa 以上。不仅有滚动摩擦，而且有滑动摩擦，承受很高、很集中的周期性交变载荷，每分钟的循环受力次数达上万次，所以常常是接触疲劳破坏使局部产生小块的剥落。因此要求滚动轴承钢具有高而均匀的硬度，高的弹性极限和接触疲劳强度，足够的韧性和淬透性。此外，还要求在大气和润滑介质中有一定的耐蚀能力和良好的尺寸稳定性。

2. 化学成分特点

为了保证马氏体中足够的含碳量及足够的弥散碳化物，满足了高硬度高耐磨要求，轴承钢中碳含量较高，一般碳含量为 0.95%～1.15%。

铬为基本合金元素，主要是为了提高钢的淬透性，使淬火、回火后整个截面上获得较均匀的组织。铬可形成合金渗碳体$(Fe,Cr)_3C$，可以使奥氏体晶粒细化，加热时降低钢的过热敏感性，提高耐磨性，并能使钢在淬火时得到细针状或隐晶马氏体，使钢在高强度的基础上增加韧性。但 Cr 含量过高会使残余奥氏体量增多，导致钢硬度、疲劳强度和零件的尺寸稳定性降低，适宜的铬质量分数为 0.40%～1.65%。

除了铬元素外，还常加入硅、锰、钒等元素。其中 Si、Mn 可以进一步提高淬透性，便于制造大型轴承。V 部分溶于奥氏体中，部分形成碳化物 VC，提高钢的耐磨性并防止过热。适量的 Si(0.4%～0.6%)能明显的提高钢的强度和弹性极限。轴承钢高的接触疲劳性能要求对材料微小缺陷十分敏感，故材料中的非金属夹杂应尽量避免，即应大大提高其冶金质量，严格控制其 S、P 含量(w_S<0.02%，w_P<0.02%)，最好用电炉冶炼，并用真空除气。

从化学成分看，滚动轴承钢属于工具钢范畴，所以这类钢也经常用于制造各种精密量具、冷冲模具、丝杠、冷轧辊和高精度的轴类等耐磨零件。

表 7-5 是常用轴承钢的牌号及相关性能。

3. 热处理方法及工艺路线

滚动轴承钢的热处理工艺主要为球化退火、淬火和低温回火。

以普通轴承套圈为例，其加工工艺路线为：

锻造→预备热处理(正火+球化退火)→切削加工→最终热处理(不完全淬火+低温回火)→磨削加工。

轴承淬火后要求低温回火，回火温度一般为 150℃～160℃。使用状态下的金相组织为回火马氏体+粒状碳化物+少量残余奥氏体。

轴承零件在制造和使用中均要求尺寸十分稳定。特别是生产精密轴承或量具时，由于低温回火不能彻底消除内应力和残余奥氏体，在长期保存及使用过程中，因应力释放、奥氏体转变等原因造成尺寸变化。所以淬火后立即进行一次冷处理，并在回火及磨削后，于 120℃～130℃进行 10h～20h 的尺寸稳定化处理。

表7-5 滚珠轴承钢的钢号、成分、热处理和用途

钢号	主要化学成分 w/%							热处理规范及性能			主要用途
	C	Cr	Si	Mn	V	Mo	RE	淬火/℃	回火/℃	回火后/HRC	
GCr4	0.95~1.05	0.35~0.50	0.15~0.30	0.15~0.30				800~820	150~170	62~66	<100mm 的滚珠、滚柱和滚针
GCr15	0.95~1.05	1.40~1.65	0.15~0.35	0.25~0.45				820~840	150~160	62~66	壁厚≥14mm，外径250mm 的套圈
GCr15SiMn	0.95~1.05	1.40~1.65	0.45~0.75	0.95~1.25				820~840	170~200	>60	直径 20mm~200mm 的钢球。其他与GCr9SiMn 同
*GMnMoVRE	0.95~1.05		0.15~0.40	1.10~1.40	0.15~0.25	0.4~0.6	0.05~0.01	770~810	170±5	≥62	代GCr15
*GSiMoMnV	0.95~1.10		0.45~0.65	0.75~1.05	0.2~0.3	0.2~0.4		780~820	175~200	≥62	GCr15 用于军工和民用方面的轴承

4. 常用钢种

我国滚动轴承钢分为铬轴承钢和无铬轴承钢。目前以含铬轴承钢应用最广，其中用量最大的是 GCr15，除用作中、小轴承外，还可以制作精密量具、冷冲模具和机床丝杆等。

为了提高淬透性在制造大型和特大型轴承时，常在铬轴承钢中加入 Si、Mn，如 GCr15SiMn 等。为了节省铬，加入 Si、Mn、Mo、V 等合金元素可得到无铬轴承钢，如 GSiMnMoV、GSiMnMoVRe 等，其性能与 GCr15 相近，但是脱碳敏感性较大且耐蚀性较差。

为了进一步提高耐磨性和耐冲击载荷可采用渗碳轴承钢，如用于中小齿轮、轴承套圈、滚动件的 G20CrMo、G20CrNiMo，用于冲击载荷的大型轴承 G20Cr2Ni4A。

7.4 合金工具钢

主要用于制造各种加工和测量工具的钢称工具钢。按其加工用途分为刃具、量具和模具用钢，按成分不同也可分为碳素工具钢和合金工具钢。在碳素工具钢的基础上加入一定种类和数量的合金元素，用来制造各种刃具、模具、量具等用钢就称为合金工具钢。与碳素工具钢相比，合金工具钢的硬度和耐磨性更高，而且还具有更好的淬透性、红硬性和回火稳定性。因此常被用来制作截面尺寸较大、几何形状较复杂、性能要求更高的工具。

合金工具钢按用途可分为合金刃具钢、合金模具钢和合金量具钢。

7.4.1 合金刃具钢

合金刃具钢主要用来制造车刀、铣刀、丝锥、钻头、板牙等刃具。

1. 工作条件和性能要求

刃具切削时受工件的压力，刃部与工件之间产生强烈的摩擦；由于切削发热，刃部温度可达 500℃～600℃或更高；此外，还承受一定的冲击和振动。因此对刃具钢的基本性能要求是高硬度，高耐磨性，高热硬性以及足够的塑性和韧性。

用于刃具的材料有碳素工具钢、低合金工具钢、高速钢、硬质合金等。

2. 低合金刃具钢

对于某些低速而且走刀量较小的机用工具，以及要求不太高的刃具，可以用碳素工具钢制作。但是碳素工具钢具有淬透性差，易变形和开裂，回火稳定性和红硬性差等缺点，不能用作对性能有较高要求的刀具。为了克服碳素工具钢的不足，在其基础上加入少量的合金元素，一般不超过 3%～5%，就形成了低合金工具钢。

1) 化学成分特点

低合金工具钢的含碳量一般为 0.75%～1.50%，高的含碳量可保证钢的高硬度及形成足够的合金碳化物，提高耐磨性。钢中常加入的合金元素有 Cr、W、Si、Mn、V、Mo 等。其中 Cr、Si、Mn、Mo 的主要作用是提高淬透性；Si 还能提高钢的回火稳定性；W、V 能提高硬度和耐磨性；作为碳化物形成元素 Cr、W、V、Mo 等提高钢的硬度和耐磨性。

2) 热处理特点

低合金工具钢的预备热处理通常是锻造后进行球化退火,目的是改善锻造组织和切削加工性能。最终热处理为淬火+低温回火,其组织为回火马氏体+未溶碳化物+少量残余奥氏体,具有较高的硬度和耐磨性。

3) 常用钢种

常用低合金刃具钢有 9SiCr、9Mn2V、CrWMo 等,其中以 9SiCr 钢应用最多。9SiCr 钢组织细致,碳化物细小均匀,制作刃具不易崩刃。常用于制造板牙、丝锥等。图 7.5 所示是 9SiCr 钢制板牙的淬火、回火工艺曲线。这类钢淬透性和耐磨性明显高于碳素工具钢,而且变形小,主要用于制造截面尺寸较大、几何形状较复杂、加工精度要求较高、切削速度不太高的板牙、丝锥、铰刀、搓丝板等。常用低合金刃具钢的牌号、成分、热处理等见表 7-6。

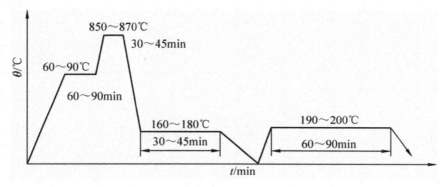

图 7.5 9SiCr 钢制板牙的淬火、回火工艺曲线

3. 高速钢

低合金刃具钢基本上解决了碳素工具钢淬透性低耐磨性不足的缺点;红硬性也有一定程度提高,但仍满足不了高速切削和高硬度材料加工的生产需求。为适应高速切削,发展了高速钢,其红硬性可达 600℃以上,强度比碳素工具钢提高 30%~50%。

1) 化学成分特点

高速钢按其成分特点可分为钨系、钼系和钨钼系等,如常用的有钨系钢 W18Cr4V(即 18-4-1),钨钼系钢 W6Mo5Cr4V2 即(6-5-4-2)等,这些材料的成分特点如下。

(1) 高碳。含碳量为 0.7%~1.65%,其作用是一方面要保证能与 W、Cr、V 等合金元素形成大量的数量的合金碳化物;另一方面还要保证淬火得到的马氏体有较高的硬度和耐磨性。

(2) W 元素。W 元素是提高钢红硬性的主要元素,使钢有较高的回火稳定性;且在 500℃~600℃回火时 W 会以弥散细小稳定的特殊碳化物 W_2C 形式析出,形成了"二次硬化"效应。Mo 元素可以代替 W 元素保持高的红硬性,一份 Mo 可代替两份 W,而且 Mo 可以提高韧性和消除第二类回火脆性。但是含 Mo 较高的高速钢脱碳和过热敏感性较大。

表 7-6 常用合金刃具钢和高速钢的牌号、成分、热处理及用途

类别	钢号	化学成分 w/%							热处理				应用举例
									淬火		回火		
		C	Mn	Si	Cr	W	V	Mo	淬火加热温度/℃	冷却介质	硬度/HRC	回火温度/℃	硬度	
低合金刃具钢	9SiCr	0.85~0.95	0.30~0.60	1.20~1.60	0.95~1.25				860~880	油	≥62	180~200	60~62	板牙、丝锥、钻头、铰刀、齿轮铣刀、冷冲模、冷轧辊等
	Cr2	0.95~1.10	≤0.40	≤0.40	1.30~1.65				830~860	油	≥62	150~170	61~63	车刀、铣刀、插刀、铰刀等。测量工具、样板、凸轮销、冷轧辊等
	8MnSi	0.75~0.85	0.8~1.1	0.3~0.6					800~820	油	≥65	150~160	64~65	慢速切削的刀具如铣刀、车刀、刨刀等
	W	1.05~1.25	≤0.4	≤0.4	0.1~0.3	0.8~1.2			840~860	油	≥62	130~140	62~65	各种量规与块规等
高速钢	W18Cr4V(18-4-1)	0.70~0.80	0.10~0.40	0.20~0.40	3.80~4.40	17.50~19.00	1.00~1.40		1270~1285	油	≥63	550~570(三次)	≥63	制造一般高速切削用车刀、刨刀、钻头、铣刀等
	W6Mo5Cr4V2(6-5-4-2)	0.80~0.90	0.15~0.40	0.20~0.45	3.80~4.40	5.50~6.75	1.75~2.20	4.75~5.50	1210~1230	油	≥63	540~560(三次)	≥63	制造要求耐磨性和韧性很好配合的切削刀具，如丝锥、钻头等，并适合于采用轧制、扭制新工艺加工成形刀具制造变形钻头
	W6Mo5Cr4V3(6-5-4-3)	1.00~1.10	0.15~0.40	0.20~0.45	3.75~4.50	5.00~6.75	2.25~2.75	4.75~6.50	1200~1220	油	≥63	540~560(三次)	≥64	制造要求耐磨性和热硬性较高的，耐磨性和韧性较好配合的，形状稍为复杂的刀具，如拉刀、铣刀等

(3) Cr 元素。Cr 以 $Cr_{23}C_6$ 形式存在,这种碳化物在高速钢的正常淬火加热温度下几乎全部溶解,虽然对阻碍奥氏体晶粒长大不起作用,但是在奥氏体化时溶入奥氏体,会大大提高钢的淬透性和回火稳定性。同时回火时也能形成细小的碳化物,提高材料的耐磨性。高速钢中的 Cr 含量一般在 4%左右,过低淬透性达不到要求,过高会增加残余奥氏体含量。

(4) V 元素。V 与 C 的亲和力很强,在高速钢中形成碳化物(VC),它有很高的稳定性,比 W、Mo、Cr 的稳定性都高,即使淬火温度在 1260℃~1280℃时,VC 也不会全部溶于奥氏体中,对奥氏体晶粒长大有很大的阻碍作用。VC 的最高硬度可达到 83HRC~85HRC,在高温多次回火过程中 VC 呈弥散状析出,进一步提高了高速钢的硬度、强度和耐磨性。但是红硬性的作用不如 W、Mo 明显。

生产中还常向钢中加入 Ti、Co、Al、B 等合金元素,它们都以提高材料硬度和红硬性为主要目的。常用高速钢的牌号、成分、热处理及用途见表 7-6。

2) 热处理方法及工艺路线

由于高速钢的合金元素含量多,在空气中冷却就可得到马氏体组织,因此高速钢也被俗称为"风钢"。也同样因为大量合金元素的存在,使 $Fe-Fe_3C$ 相图中的 E 点左移,这样在高速钢铸态组织中出现大量的共晶莱氏体组织、鱼骨状的莱氏体及大量分布不均匀的大块碳化物,使得铸态高速钢既脆又硬,用热处理方法是不能消除的。一般通过反复锻造打碎,并使之均匀。高速钢的锻造具有成形和改善碳化物的两重作用,是非常重要的加工工序。为了得到小块均匀的碳化物,需要多次镦拔。高速钢的塑性、导热性较差,锻后必须缓冷,以免开裂。

现以 W18Cr4V 钢为例说明其热处理工艺的选用,其工艺路线为:锻造→球化退火→切削加工→淬火+多次 560℃回火→喷砂→磨削加工→成品。

图 7.6 所示是高速钢 W18Cr4V 热处理工艺曲线。

球化退火:高速钢在锻后进行球化退火,以降低硬度,消除锻造应力,便于切削加工,并为淬火做好组织准备。球化退火后的组织为球状珠光体。

淬火和回火:高速钢的优越性能需要经正确的淬火回火处理后才能获得。

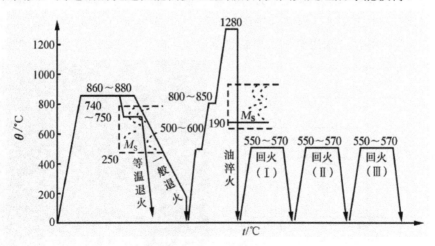

图 7.6 W18Cr4V 钢热处理工艺曲线

合金元素只有溶入奥氏体中才能有效提高红硬性，高速钢中大量的 W、Mo、Cr、V 的难熔碳化物，它们只有在 1 200℃ 以上才能大量地溶于奥氏体中，使奥氏体中固溶碳和合金元素含量高，淬透性非常好；淬火后马氏体强度高，且较稳定，其淬火加热温度一般为 1 220℃～1 280℃。另外，高速钢合金元素多也使其导热性差，传热速率低，淬火温度又高，所以淬火加热时，必须进行一次预热(800℃～850℃)或两次预热(500℃～600℃、800℃～850℃)，而冷却多用分级淬火、高温淬火或油淬。正常淬火组织为马氏体+粒状碳化物+(20～30)%残余奥氏体。

为了减少残余奥氏体，稳定组织，消除应力，提高红硬性，高速钢要进行多次回火。图 7.7 所示为 W18Cr4V 钢硬度与回火温度的关系。由图 7.7 可见，高速钢在 560℃ 左右回火达到硬度峰值。这是因为高硬度的细小弥散分布的 W、Mo 等的合金碳化物从马氏体中析出，造成了第二相的"弥散硬化"效应，使钢的硬度明显上升；同时从残余奥氏体中析出合金碳化物，降低了残余奥氏体中的合金浓度，使 M_s 点上升，随后冷却时残余奥氏体转变为马氏体，发生了"二次淬火"现象，也使硬度提高；这两个原因造成"二次硬化"，保证钢的硬度和热硬性。当回火温度大于 560℃ 时，碳化物发生聚集长大，导致硬度下降。

为了逐步减少残余奥氏体量，要进行多次回火。W18Cr4V 钢淬火后约有 30%残余奥氏体，经一次回火后约剩 15%～18%，二次回火降到 3%～5%，经过三次回火后残余奥氏体才基本转变完成。高速钢回火后组织为：极细的回火马氏体+较多粒状碳化物及少量残余奥氏体(<1%～2%)，如图 7.8 所示。回火后硬度为 63HRC～66HRC。

3) 常用高速钢

我国常用的高速钢中最重要的有两种，一种是钨系如 W18Cr4V 钢，另一种是钨-钼系如 W6Mo5Cr4V2 钢。W18Cr4V 钢的发展最早、应用最广，它具有较高的红硬性，过热和脱碳倾向小，但是碳化物颗粒较粗大，韧性较差。目前我国生产的 W6Mo5Cr4V2 等钨-钼系高速钢，用适量的钼代替部分钨，由于钼的碳化物颗粒比较细小，从而使钢具有较好的韧性。此外，W6Mo5Cr4V2 中碳和钒的质量分数较高，提高了耐磨性，但由于钨含量较 W18Cr4V 钢低，红硬性略差，过热和脱碳倾向略大。它适合制造耐磨性和韧性较好的刀具，如丝锥、钻头等，并适合采用轧制、扭制热变形加工成形新工艺来制造钻头等刀具。

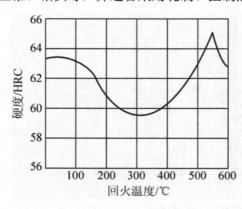

图 7.7　W18Cr4V 钢硬度与回火温度的关系

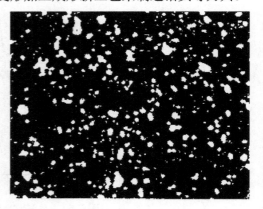

图 7.8　W18Cr4V 钢淬火、回火后的组织

7.4.2 合金模具钢

模具是机械、仪表等工业部门中的主要加工工具。根据使用状态，模具钢可分为两大类：一类是用于冷成形的冷作模具钢，工作温度不超过200℃～300℃；另一类是用于热成形的热作模具钢，模具表面温度可达 600℃以上。

1. 冷作模具钢

冷作模具钢是用于在室温下对金属进行变形加工的模具，包括冷冲模、冷镦模、冷挤压模、拉丝模、落料模等。

1) 工作条件和性能要求

冷模具工作时承受很大的压力、弯曲力、冲击载荷和摩擦。主要失效形式是磨损，也常出现崩刃、断裂和变形等失效现象。因此，冷模具钢应具有高的硬度和耐磨性，以承受很大的压力和强烈的摩擦；较高的强度和韧性，以承受很大的冲击和负荷，保证尺寸的精度并防止崩刃。截面尺寸较大的模具要求具有较高的淬透性，而高精度模具则要求热处理变形小。

2) 化学成分特点及常用钢种

按冷作模具钢使用条件，大部分刃具用钢都可以用来制造某些冷作模具。如 T8A、Cr2、9CrSi、Cr6WV 等碳素和低合金工具钢可用作尺寸较小、形状简单且工作负荷不太大的模具，这类钢的主要缺点是淬透性较差，热处理变形较大，且耐磨性不足，使用寿命短。

为冷作模具专门设计了高碳高铬钢，这主要是指 Cr12、Cr12MoV 等，其成分中含碳量 1.4%～2.3%、含铬量 11%～12%。含碳量高是为了保证与铬形成碳化物，在淬火加热时，其中一部分溶于奥氏体中，以保证马氏体有足够的硬度，而未溶的碳化物，则起到细化晶粒的作用，在使用状态下起到提高耐磨性的作用。其含铬量高，主要作用是提高淬透性和细化晶粒，截面尺寸为 200mm～300mm 时，在油中可以淬透；形成铬的碳化物，提高钢的耐磨性。另外有些钢还加入 1%的 Mo、V 等合金元素，以便进一步提高淬透性，细化晶粒，其中钒可形成 VC，进一步提高耐磨性和韧性，所以 Cr12MoV 钢较 Cr12 钢的碳化物分布均匀，强度和韧性高、淬透性高，用于制作截面大、负荷大的冷冲模、挤压模、滚丝模、剪裁模等。常用冷作模具钢和耐冲击工具用钢见表 7-7。

3) 热处理特点

现以 Cr12 型钢为例来说明冷作模具钢热处理的特点。

Cr12 型钢为莱氏体钢，其铸态的网状共晶碳化物和铸造组织缺陷(碳化物不均)必须在模具成形前反复锻造来改善。预备热处理是球化退火。退火组织为球状珠光体+均匀分布的碳化物。

Cr12 型钢的最终热处理一般是淬火+低温回火，经淬火、低温回火后的组织为回火马氏体+弥散粒状碳化物+少量残余奥氏体。硬度可达 61HRC～64HRC，使钢具有较好的耐磨性和韧性，适用于重载模具。有时也对 Cr12 型冷作模具钢进行 510℃～520℃多次(一般为三次)高温回火，产生二次硬化，硬度达 60HRC～62HRC，具有很高的红硬性和耐磨性，但韧性较差。适用于在 400℃～450℃温度下承受强烈磨损的模具。

表 7-7 常用冷作模具钢和耐冲击工具用钢的牌号、成分、热处理及用途

钢号	化学成分 w/%						
	C	Si	Mn	Cr	Mo	W	V
9Mn2V	0.85~0.95	≤0.40	1.70~2.00				0.10~0.25
CrWMn	0.90~1.05	≤0.40	0.80~1.10	0.9~1.20		1.20~1.60	
Cr12	2.00~2.30	≤0.40	≤0.40	11.50~13.50			
Cr12MoV	1.45~1.70	≤0.40	≤0.40	11.00~12.50	0.40~0.60		0.15~0.30
Cr4W2MoV	1.12~1.25	0.40~0.70	≤0.40	3.50~4.00	0.80~1.20	1.90~2.60	0.80~1.10
6W6Mo5Cr4V	0.55~0.65	≤0.40	≤0.60	3.70~4.30	4.50~5.50	6.00~7.00	0.70~1.10
4CrW2Si	0.35~0.45	0.80~1.10	≤0.40	1.00~1.30		2.00~2.50	
6CrW2Si	0.55~0.65	0.50~0.80	≤0.40	1.00~1.30		2.20~2.70	

钢号	退火		淬火		回火		用途举例
	温度/℃	硬度/HB	温度/℃	冷却介质	温度/℃	硬度/HRC	
9Mn2V	750~770	≤229	780~820	油	150~200	60~62	滚丝模、冷冲模、冷压模、塑料模
CrWMn	760~790	190~230	820~840	油	140~160	62~65	冷冲模、塑料模
Cr12	870~900	207~255	950~1000	油	200~450	58~64	冷冲模、拉延模、压印模、冷镦模、冷挤压模
Cr12MoV	850~870	207~255	1020~1040	油	150~425	55~63	冷冲模、压印模、冷镦模、拉延模
Cr4W2MoV	850~870	240~255	1115~1130	硝盐	510~520	60~62	零件模、拉延模
6W6Mo5Cr4V	850~870	179~229	980~1000	硝盐	260~300/540~580	>60/60~63	代Cr12MoV钢
4CrW2Si	710~740	179~217	1180~1200	油或硝盐	200~250	53~56	冷挤压模(钢件、硬铝件)、切片冲头(耐冲击工具用钢)
6CrW2Si	700~730	229~285	860~900	油	200~250	53~56	剪刀、切片冲头(耐冲击工具用钢)

2. 热作模具钢

热作模具钢是用于制造在受热状态下对金属进行变形加工的模具，包括热锻模、压铸模、热镦模、热挤压模、高速锻模等。

1) 工作条件和性能要求

热作模具钢工作时经常会接触炽热的金属，型腔表面温度高达 400℃～600℃。金属在巨大的压应力、张应力、弯曲应力和冲击载荷的作用下，与型腔作相对运动时会产生强烈的摩擦磨损。剧烈的冷热循环所引起的不均匀热应变和热应力，以及高温氧化，使模具工作表面出现热疲劳龟裂纹、崩裂、塌陷、磨损等失效形式。因此热模具钢的主要性能要求是优异的综合力学性能、抗热疲劳性和高的淬透性等。

2) 化学成分特点及常用钢种

热作模具钢一般使用中碳合金钢，含碳为 0.3%～0.6%，(压铸模钢材含碳量为下限)，以保证高强度、高韧性、较高的硬度(35 HRC～52 HRC)和较高的热疲劳抗力。

加入 Cr、Ni、Mn、Mo、Si 等合金元素。Cr 是提高淬透性的主要元素，同时和 Ni 一起提高钢的回火稳定性。Ni 在强化铁素体的同时还增加钢的韧性，Cr、W、Mo 形成碳化物提高了材料的耐磨性；还通过提高共析温度来提高其抗热疲劳性。Mo 还能防止第二类回火脆性，提高高温强度和回火稳定性。

制造中、小型热锻模(模具有效高度小于 400 mm)一般选用 5CrMnMo 钢，制造大型热锻模(模具有效高度大于 400 mm)多选用 5CrNiMo 钢，5CrNiMo 钢的淬透性和抗热疲劳性比 5CrMnMo 好。热挤压模和压铸模冲击载荷较小，但模具与热态金属长时间接触，对热硬性和热强性要求较高，常选用 3Cr2W8V、4Cr5MoSiV1、4Cr3Mo3V 钢等钢种。其中 4Cr5MoSiV1 是一种空冷硬化的热模具钢，广泛应用于制造模锻锤的锻模、热挤压模以及铝、铜及其合金的压铸模等。常用热作模具钢见表 7-8。

3) 热处理特点

对热作热模钢，要反复锻造，其目的是使碳化物均匀分布。锻造后的预备热处理一般是完全退火，其目的是消除锻造应力、降低硬度(HRW197～HRW241)，以便于切削加工。其最终热处理为淬火+高温(中温)回火，以获得回火索氏体或回火托氏体组织。

7.4.3 合金量具钢

量具用钢用于制造各种量测工具，如卡尺、千分尺、螺旋测微仪、块规、塞规等。用于制造量具的合金钢称为合金量具钢。

1) 工作条件和性能要求

量具在使用过程中主要是受到磨损，因此对量具钢的主要性能要求是：工作部分有高的硬度和耐磨性，以防止在使用过程中因磨损而失效；要求组织稳定性高，要求在使用过程中尺寸形状不变，以保证高的尺寸精度；还要求有良好的磨削加工性和耐腐蚀性。

2) 化学成分特点及常用钢种

量具用钢的成分与低合金刃具钢相同，即为高碳(0.9%～1.5%)和加入提高淬透性的合金元素 Cr、W、Mn 等。对于在化工、煤矿、野外使用的对耐蚀性要求较高的量具可用 4Cr13、9Cr18 等钢制造。

表 7-8 常用热作模具钢的牌号、成分、热处理及用途

钢号	化学成分 w/%							
	C	Si	Mn	Cr	Mo	W	V	其他
5CrMnMo	0.50~0.60	0.25~0.60	1.20~1.60	0.60~0.90	0.15~0.30			
5CrNiMo	0.50~0.60	≤0.40	0.50~0.80	0.50~0.80	0.15~0.30			Ni1.40~1.80
4Cr5MoSiV	0.33~0.42	0.80~1.20	0.20~0.50	4.75~5.50	1.10~1.60		0.30~0.50	
3Cr3Mo3W2V	0.32~0.42	0.60~0.90	≤0.65	2.80~3.30	2.50~3.00	1.20~1.80	0.80~1.20	
5Cr4W5Mo2V	0.40~0.50	≤0.40	≤0.40	3.40~4.40	1.50~2.10	4.50~5.30	10	
3Cr2Mo	0.28~0.40	0.20~0.80	0.60~1.00	1.40~2.00	0.30~0.55			Ni0.85~1.15
3Cr2MnNiMo	0.32~0.40	0.20~0.40	1.10~1.50	1.70~2.00	0.25~0.40			Ni0.85~1.15

钢号	退火		淬火		回火		用途举例
	温度/℃	硬度/HB	温度/℃	冷却介质	温度/℃	硬度/HRC	
5CrMnMo	780~800	197~241	830~850	油	490~640	30~47	中型锻模
5CrNiMo	780~800	197~241	840~860	油	490~660	30~47	大型锻模(模高>400mm)
4Cr5MoSiV	840~900	109~229	1000~1025	油	540~650	40~54	热镦、压铸、热挤压和精锻模
3Cr3Mo3V	845~900		1010~1040	空气	550~600	40~54	热镦模
5Cr4W5Mo2V	850~870	200~230	1130~1140	油	600~630	50~56	热镦模、温挤压模

3) 热处理特点

为了保证量具在使用过程中具有较高的尺寸稳定性,通常在冷却速度较缓慢的冷却介质中淬火,并进行冷处理(-50℃~-78℃),使残余奥氏体转变成马氏体。淬火后长时间低温回火(低温时效),进一步降低内应力,且使回火马氏体进一步稳定。精度要求高的量具,在淬火、冷处理和低温回火后,尚需进行120℃~130℃、几小时至几十小时的时效处理,使马氏体正方度降低、残余奥氏体稳定和消除残余应力。此外,许多量具在最终热处理后一般要进行电镀铬防护处理,可提高表面装饰性和耐磨耐蚀性。

CrWMn 钢制造量块的生产工艺为:锻造→球化退火→切削加工→淬火→冷处理→低温回火→粗磨→等温人工时效→精磨→去应力退火→研磨。

7.5 特殊性能钢

特殊性能钢是指具有特殊物理和化学性能并可在特殊环境下工作的钢,如不锈钢、耐热钢、耐磨钢及低温用钢等。

7.5.1 不锈钢

不锈钢是指在大气和一般介质中具有很高耐腐蚀性的钢种。不锈钢并非不生锈,只是在不同介质中的腐蚀形式不一样。

1. 金属腐蚀的概念

金属腐蚀通常可分为化学腐蚀和电化学腐蚀两种类型。化学腐蚀是金属在干燥气体或非电解质溶液中发生纯粹的化学作用,腐蚀过程不产生微电流,钢在高温下的氧化属于典型的化学腐蚀;电化学腐蚀是金属在电解质溶液中产生原电池,腐蚀过程中有微电流产生,包括金属在大气、海水、酸、碱、盐等溶液中产生的腐蚀,钢在室温下的锈蚀主要属于电化学腐蚀。金属材料的腐蚀大多数是电化学腐蚀、即当两种互相接触的金属放入电解质溶液中时,由于两种金属的电极电位不同,彼此之间就形成一个微电池,从而有电流产生。此微电池中,电极电位低的金属为阳极,不断被溶解,而电极电位高的金属为阴极,不被腐蚀。

根据电化学腐蚀的基本原理,对不锈钢通常采取以下措施来提高其性能。

(1) 尽量获得单相的均匀的金属组织,这样金属在电解质溶液中只有一个极,从而减少原电池形成的可能性。

(2) 通过加入合金元素提高金属基体的电极电位。金属材料中,一般第二相的电极电位都比较高,往往会使基体成为阳极而受到腐蚀,加入某些合金元素来提高基体的电极电位,就能延缓基体的腐蚀,使金属抗蚀性大大提高。例如在钢中加入大于13%的 Cr,则铁素体的电极电位由-0.56V 提高到 0.2V,从而使金属的抗腐蚀性能提高。

(3) 加入合金元素使金属表面在腐蚀过程中形成致密保护膜如氧化膜(又称钝化膜),使金属材料与介质隔离开,防止进一步腐蚀。如 Cr、Al、Si 等合金元素就易于在材料表面形成致密的氧化膜 Cr_2O_3、Al_2O_3、SiO_2 等,将介质与金属材料分开。

2. 化学成分特点

金属腐蚀大多数是电化学腐蚀。提高金属抗电化学腐蚀性能的主要途径是合金化。在不锈钢中加入的主要的合金元素为 Cr、Ni、Mo、Cu、Ti、Nb、Mn、N 等。

(1) Cr 是不锈钢合金化的主要元素。钢中加入铬，可以提高电极电位，从而提高钢的耐腐蚀性能。因此，不锈钢多为高铬钢，含铬量都在 13% 以上。此外，Cr 能提高基体铁素体的电极电位，在一定成分下也可获得单相铁素体组织。铬在氧化性介质(如水蒸汽、大气、海水、氧化性酸等)中极易钝化，生成致密的氧化膜，使钢的耐蚀性大大提高。

(2) Ni 是扩大奥氏体区元素，可获得单相奥氏体组织，显著提高耐蚀性；或形成奥氏体+铁素体组织，通过热处理，提高钢的强度。

(3) Cr 在非氧化性酸(如盐酸、稀硫酸和碱溶液等)中的钝化能力差，加入 Mo、Cu 等元素，可提高钢在非氧化性酸中的耐蚀能力。

(4) Ti、Nb 能优先同碳形成稳定碳化物，使 Cr 保留在基体中，避免晶界贫铬，从而减轻钢的晶界腐蚀倾向。

(5) 锰和氮(镍稀缺)，用部分 Mn 和 N 代替 Ni 以获得奥氏体组织，并能提高铬不锈钢在有机酸中的耐蚀性。

3. 常用不锈钢

不锈钢按室温组织的状态可分为马氏体不锈钢、铁素体不锈钢、奥氏体不锈钢和双相不锈钢。常用不锈钢见表 7-9。

1) 马氏体不锈钢

常用马氏体不锈钢的含碳量为 0.1%～0.45%，含铬量为 12%～14%，属于铬不锈钢，通常指 Cr13 型不锈钢。典型钢号有 1Cr13、2Cr13、3Cr13、4Cr13 等。

由于铬容易与碳形成 $(Cr,Fe)_{23}C_6$ 等含铬碳化物，降低了基体中的铬的质量分数，从而影响抗腐蚀性能。另外，含铬碳化物的电极电位不同于基体，和基体形成原电池，金属被腐蚀。为了提高耐蚀性，马氏体不锈钢的含碳量都控制在很低的范围，一般不超过 0.4%。

由此不难看出，含碳量低的 1Cr13、2Cr13 钢耐蚀性较好，且有较好的力学性能，具有抗大气、蒸汽等介质腐蚀的能力，常作为耐蚀的结构钢使用。为了获得良好的综合性能，常调质处理，得到回火索氏体组织，需要指出是这类钢的焊接性和冷冲压性都不很高，且有回火脆性，因此回火后必须快速冷却。常用来制造汽轮机叶片、锅炉管附件等。

而 3Cr13、4Cr13 钢因含碳量增加，强度和耐磨性提高，但耐蚀性就相对差一些，通过淬火+低温回火(200℃～300℃)，得到回火马氏体，具有较高的强度和硬度(50HRC)，因此常作为工具钢使用，制造医疗器械、刃具、热油泵轴等。

2) 铁素体不锈钢

这类钢从室温加热到高温 960℃～1100℃，都不发生相变，其显微组织始终是单相铁素体组织，因此被称为铁素体不锈钢。常用的铁素体不锈钢的含碳量较低，低于 0.15%，含铬量为 12%～32%，工业上常用的所谓 Cr17Mo 型钢有 1Cr17、1Cr17Ti、1Cr28、1Cr25Ti 等。

由于铁素体不锈钢在加热和冷却时不发生相变，因此不能用热处理方法使钢强化，只能通过冷塑性变形强化。

表7-9 不锈钢的牌号、成分、热处理、性能及用途

类别	钢号	化学成分 w/% C	化学成分 w/% Cr	热处理	力学性能 R_m /MPa	力学性能 $R_{p0.2}$ /MPa	力学性能 A/%	力学性能 Z/%	力学性能 A_K/J	HRC	特性及用途
马氏体型	1Cr13	≤0.15	11.5~13.5	950℃~1000℃油或水淬 700℃~750℃ 快冷回火	≥540	≥345	≥25	≥55	≥78		制作能抗弱腐蚀性介质、能承受冲击载荷的零件，如汽轮机叶片、水压机阀、架、螺栓、螺帽等
马氏体型	2Cr13	0.16~0.25	12~14	920℃~980℃油或水淬 600℃~750℃ 快冷回火	≥635	≥440	≥20	≥50	≥63		
马氏体型	3Cr13	0.26~0.35	12~14	920℃~980℃油淬 600℃~750℃ 快冷回火	≥735	≥540	≥12	≥40	≥24	48	制作具有较高硬度和耐磨性的医疗工具、量具、滚珠轴承等
马氏体型	4Cr13	0.36~0.45	12~14	1050℃~1100℃油或水淬 200℃~300℃空冷回火						50	
马氏体型	9Cr18	0.90~1.00	17~19	1000℃~1050℃油淬 200℃~300℃油、空冷回火						55	不锈切片机械刀具、剪切刀具、手术刀片、高耐磨、耐蚀件
铁素体型	1Cr17	≤0.12	16~18	780℃~850℃空冷	≥450	205	≥22	≥50			制作硝酸工厂设备，如吸收塔、热交换器、酸槽、输送管道，以及食品工厂设备等

续表

类别	钢号	化学成分 w/%						热处理	力学性能				特性及用途
		C	Cr	Ni	Ti	其他		R_m/MPa	$R_{p0.2}$/MPa	A/%	Z/%	HBW	
奥氏体型	80Cr1Ni9	≤0.07	17~1	8~12			1010℃~1150℃水淬(固溶处理)	≥520	≥205	≥40	≥60	≥187	具有良好的耐蚀及耐晶间腐蚀性能,为化学工业用的良好耐蚀材料
	1Cr18Ni9	≤0.15	17~19	8~12			1010℃~1150℃水淬(固溶处理)	≥520	≥205	≥40	≥60	≥187	制作耐硝酸、冷磷酸、有机酸及盐、碱溶液腐蚀的设备及零件
	0Cr18Ni10Ti	≤0.08	17~19	9~12	≥5×w_C		920℃~1150℃水淬(固溶处理)	≥520	≥205	≥40	≥50	≥187	耐酸容器及设备衬里、输送管道等设备和零件、抗磁仪表、医疗器械,具有较好的耐晶间腐蚀性
	1Cr18Ni9Ti	≤0.12	17~19	9~12	5×(w_C−0.02)~0.8								
奥氏体-铁素体型	0Cr26Ni5Mo2	≤0.08	23~28	3~6		Mo1~3	950℃~1100℃水或空冷	≥590	≥390	≥18	≥40	≥277	硝酸及硝铵工业设备及管道,尿素液蒸发部分设备及管道
	1Cr18Ni11-Si4AlTi	0.10~0.18	17.5~19.5	10~12		Si3.4~4.0 Al0.1~0.3 Ti0.4~0.7	930℃~1150℃水淬	≥715	≥440	≥25	≥40		尿素及维尼龙生产的设备及零件,其他化工、化肥等部门的设备及零件

由于含碳量相应地降低，含铬量又相应地提高，其耐蚀性、塑性、焊接性均优于马氏体不锈钢。若在钢中加入 Ti 则能细化晶粒、稳定碳和氮，改善韧性和焊接性。铁素体不锈钢在 450℃～550℃长期使用或停留会引起所谓 475℃脆性，主要是由于共格富铬金属间化合物(含 80%的 Cr 和 20%的 Fe)析出引起，通过加热到约 600℃再快冷，可以消除脆化。

铁素体型不锈钢主要用于对力学性能要求不高而耐蚀要求高的环境下，例如化工设备、容器、管道和用于硝酸和氮肥等化工生产的结构件。

3) 奥氏体不锈钢

在含 Cr18%的钢中加入 8%～11%Ni，就是 18-8 型的奥氏体不锈钢，如 1Cr18Ni9Ti 是最典型的钢号。镍扩大奥氏体区，由于它的加入，在室温下就能得到亚稳定的单相奥氏体组织。钢中还常加入 Ti 或 Nb，以防止晶间腐蚀。由于含有较高的铬和镍，并呈单相奥氏体组织，因而奥氏体不锈钢具有比铬不锈钢更高的化学稳定性及耐蚀性，是目前应用最多性能最好的一类不锈钢。

奥氏体不锈钢常用的热处理工艺通常有 3 种：固溶处理、稳定化处理和去应力处理。

由于 18-8 型的奥氏体不锈钢在退火状态下组织为奥氏体+碳化物，其中碳化物的存在，对钢的耐腐蚀性有很大损伤，故奥氏体不锈钢常用的热处理工艺是把钢加热至 1 050℃～1 150℃使碳化物充分溶解，然后水冷，也就是使碳化物溶解在高温下所得到的奥氏体中，再通过快冷，避免碳化物析出，在室温下即可获得单相的奥氏体组织，这就是固溶处理方法。这类钢不仅耐腐蚀性能好，而且钢的冷热加工性和焊接性也很好，广泛用于制造化工生产中的某些设备及管道等。

18-8 型的奥氏体不锈钢还具有一定的耐热性，可用于 700℃高温环境。但是为了避免在 450℃～850℃加热或焊接时，晶界析出铬的碳化物($Cr_{23}C_6$)，而在介质中引起的晶间腐蚀，因而通常在钢中加入一定量的稳定碳化物元素 Ti、Nb 等，可防止产生晶间腐蚀倾向。一般在固溶处理后通常还进行稳定化处理，即将钢加热到 850℃～880℃，使钢中铬的碳化物完全溶解，而钛等的碳化物不完全溶解，然后缓慢冷却。为了防止晶间腐蚀，也可以生产超低碳的不锈钢，如 0Cr18Ni9、00Cr18Ni9 等(其含碳量分别为≤0.08%和≤0.03%)。

奥氏体型不锈钢虽然耐蚀性优良，但在有应力时在某些介质中(尤其含有 Cl 的介质)易发生应力腐蚀破裂，而温度会增大产生这一破坏的敏感性，因此这类钢在变形、加工和焊接后必须进行充分的去应力退火处理，以消除加工应力，避免应力腐蚀失效。一般是将钢加热到 300℃～350℃消除冷加工应力；若想消除焊接残余应力，则需加热到 850℃以上。

4) 奥氏体和铁素体双相不锈钢

这类钢是在 18-8 型钢的基础上，提高铬含量或加入其他铁素体形成元素时，不锈钢便由奥氏体和铁素体两相形成的复相材料(其中铁素体占 5%～20%)，不仅克服了奥氏体不锈钢应力腐蚀抗力差的缺点，而且还具有提高抗晶间腐蚀性能及焊缝热裂性的作用。0Cr26Ni5Mo2、1Cr18Ni11Si4AlTi 等都属于此类不锈钢。其晶间腐蚀和应力腐蚀破坏倾向较小，强度、韧性和焊接性能较好，而且节约 Ni，因此得到了广泛的应用。

7.5.2 耐热钢

耐热钢是指在高温下具有高的热化学稳定性和热强性的特殊性能钢。

1. 耐热钢工作条件及耐热性要求

在航空航天、发动机、热能工程、化工及军事工业部门,高温下工作的零件,常常使用具有高耐热性的耐热钢。钢的耐热性包括高温抗氧化性和高温强度两方面的含义。金属的高温抗氧化性是指金属在高温下对氧化作用的抗力;而高温强度是指钢在高温下承受机械负荷的能力。所以,耐热钢既要求高温抗氧化性能好,又要求高温强度高。

1) 高温抗氧化性

氧化是一种典型的化学腐蚀,在高温空气、燃烧废气等氧化性气氛中,金属与氧接触发生化学反应即氧化腐蚀,生成的氧化膜就会附在金属的表面。随着氧化的进行,氧化膜的厚度继续增加,金属氧化到一定程度后是否继续氧化,直接取决于金属表面氧化膜的性能。如果生成的氧化膜致密而稳定、与基体金属结合力高,就能阻止氧原子向金属内部的扩散,降低氧化速度。相反,若氧化膜强度低,会加速氧化而使零件过早失效。

一般碳钢在高温时表面生成疏松多孔的氧化亚铁(FeO),易剥落,且环境中氧原子能不断地通过 FeO 扩散至钢基体,使钢连续不断地被氧化。耐热钢通过合金化方法,如向钢中加入 Cr、Si、Al 和 Ni 等元素后,钢在高温氧化环境下表面就容易生成高熔点致密的且与基体结合牢固的 Cr_2O_3、SiO_2、Al_2O_3 等氧化膜,或与铁一起形成致密的复合氧化膜,这就抑制了疏松 FeO 的生成,阻止了氧的扩散;另外为防止碳与 Cr 等抗氧化元素的作用而降低材料耐氧化性,耐热钢一般只含有较低的碳(0.1%~0.2%)。

2) 高温强度

高温强度(又称热强性)是钢在高温下抵抗塑性变形和破坏的能力。金属在高温下所表现的力学性能与室温下大不相同。在室温下的强度值与载荷作用的时间无关,但金属在高温下,当工作温度大于再结晶温度、工作应力大于此温度下的弹性极限时,随时间的延长,金属会发生极其缓慢的塑性变形,这种现象叫做蠕变。

金属的高温强度通常以蠕变极限和持久强度表示。蠕变强度是指金属在一定温度下,一定时间内,产生一定变形量所能承受的最大应力。而持久强度是指金属在一定温度下,一定时间内,所能承受的最大断裂应力。

为了提高钢的高温强度,在钢中加入合金元素,形成单相固溶体,提高原子结合力,减缓元素的扩散,提高再结晶温度,能进一步提高热强性,即固溶强化的方法,也可采用沉淀析出相强化的方法,加入铌、钛、钒等合金元素,形成 NbC、TiC、VC 等碳化物,在晶内弥散析出,阻碍位错的滑移,提高塑变抗力,提高热强性。若加入钼、锆、钒、硼等晶界吸附元素,可利用晶界强化的方法降低晶界表面能,使晶界碳化物趋于稳定,使晶界强化,从而提高钢的热强性。

2. 化学成分特点

由于碳会使钢的塑性、抗氧化性、焊接性能降低,所以,耐热钢的碳质量分数一般都不高,通常在 0.1%~0.5%范围内。耐热钢中不可缺少的合金元素是 Cr、Si 或 Al,特别是 Cr。这些元素与氧的亲和力大,能在钢的表面形成一层钝化膜,提高了钢的抗氧化性,Cr 还有利于热强性。合金元素 Mo、W 可以提高再结晶温度,而 V、Nb、Ti 等元素加入钢中,能形成细小弥散的碳化物,起弥散强化的作用,提高室温和高温强度。

3. 常用耐热钢

选用耐热钢时,必须注意工作温度范围以及在这个温度下的力学性能指标。

(1) 珠光体型耐热钢。这类钢碳的质量分数较低，合金元素总量也小于 3%～5%，常用钢号有 15CrMo、12CrMoV 等。其工作温度为 350℃～550℃，由于含合金元素量少，工艺性好，常用于制造锅炉、化工压力容器、热交换器、汽阀等耐热构件。

(2) 马氏体型耐热钢。这类钢 Cr 的质量分数较高，耐热性和淬透性都比较好，如 1Cr13、2Cr13、4Cr9Si2、1Cr11MoV、1Cr12WMoV 钢等。一般在调质状态下使用，组织为均匀的回火索氏体。其使用温度在 550℃～600℃之间，主要用于制造承受较大载荷的零件，如汽轮机叶片、增压器叶片、内燃机排气阀、转子、轮盘及紧固件等。

(3) 奥氏体型耐热钢。当工作温度在 750℃～800℃时就要选用耐热性好的奥氏体型耐热钢，这类钢除含有大量的 Cr、Ni 元素外，还可能含有较高的其他合金元素，如 Mo、V、W、Ti 等。常用钢种有 1Cr18Ni9Ti、2Cr21Ni12N、4Cr14Ni14W2Mo 等。Cr 的主要作用是提高抗氧化性和高温强度，Ni 主要是使钢形成稳定的奥氏体，并与铬相配合提高高温强度，Ti 提高钢的高温强度。用于制造一些比较重要的零件，如燃气轮机轮盘和叶片、排气阀、炉用部件、喷汽发动机的排气管等。这类钢一般进行固溶处理。常见耐热钢见表 7-10。

7.5.3 耐磨钢

从广泛的意义上讲，表面强化结构钢、工具钢和滚动轴承钢等具有高耐磨性的钢种都可称为耐磨钢，但这里所指的耐磨钢主要是指在强烈冲击载荷或高压力的作用下发生表面硬化而具有高耐磨性的高锰钢，如车辆履带、挖掘机铲斗、破碎机颚板和铁轨分道叉等。常用的高锰钢的牌号有 ZGMn13 钢(ZG 是铸钢两字汉语拼音的字母)等，这种钢的含碳量为 0.8%～1.4%，保证钢的耐磨性和强度；含锰 11%～14%，锰是扩大奥氏体区的元素，它和碳配合，使钢在常温下呈现单相奥氏体组织，因此高锰钢又称为奥氏体锰钢。

为了使高锰钢具有良好的韧性和耐磨性，必须对其进行"水韧处理"，即将钢加热到 1 000℃～1 100℃，保温一定时间，使碳化物全部溶解，然后在水中快冷，碳化物来不及析出，在室温下获得均匀单一的奥氏体组织。此时钢的硬度很低(约为 210HBW)，而韧性很高。当工件在工作中受到强烈冲击或强大压力而变形时，高锰钢表面层的奥氏体会产生变形出现加工硬化现象，并且还发生马氏体转变及碳化物沿滑移面析出，使硬度显著提高，能迅速达到 500HB～600HB，耐磨性也大幅度增加，心部则仍然是奥氏体组织，保持原来的高塑性和高韧性状态。需要指出的是高锰钢经水韧处理后，不可再回火或在高于 300℃的温度下工作，否则碳化物又会沿奥氏体晶界析出而使钢脆化。

高锰耐磨钢常用于制作球磨机衬板、破碎机颚板、挖掘机斗齿、坦克或某些重型拖拉机的履带板、铁路道岔和防弹钢板等。但在一般机器工作条件下，材料只承受较小的压力或冲击力，不能产生或仅有较小的加工硬化效果，也不能诱发马氏体转变，此时高锰钢的耐磨性甚至低于一般的淬火高碳钢或铸铁。

除高锰钢外，20 世纪 70 年代初由我国发明的 Mn-B 系空冷贝氏体钢是一种很有发展前途的耐磨钢。它是一种热加工后空冷所得组织为贝氏体或贝氏体－马氏体复相组织的钢类。由于免除了传统的淬火或淬火回火工序，从而大大降低了成本，免除了淬火过程中产生的变形、开裂、氧化和脱碳等缺陷，而且产品能够整体硬化，强韧性好，综合力学性能优良。因此，该钢种得到了广泛的应用。如贝氏体耐磨钢球、高硬度高耐磨低合金贝氏体铸钢件、工程锻造用耐磨件、耐磨传输管材等。

表 7-10 常见耐热钢的牌号、成分、热处理及用途

类别	钢号	化学成分 w/%							热处理温度/℃	部分力学性能			用途
		C	Si	Mn	Ni	Cr	Mo	其他		$R_{p0.2}$/MPa ≥	R_m/MPa ≥	HB	
马氏体型	4Cr9Si2	0.35~0.50	2.00~3.00	≤0.70	≤0.60	8~10			淬火 1020~1040 油冷 回火 700~780 油冷	590	885		有较高的热强性，作内燃机进气阀，轻负荷发动机的排气阀
	4Cr10Si2Mo	0.35~0.45	1.90~2.60	≤0.70	≤0.60	9.0~10.5	0.70~0.90		淬火 1010~1040 油冷 回火 720~760 空冷	685	885		有较高的热强性，作内燃机进气阀，轻负荷发动机的排气阀
	1Cr13	≤0.15	≤1.00	≤1.00	≤0.60	11.5~13.5			淬火 950~1000 油冷 回火 700~750 快冷	345	540	≥159	作 800℃ 以下耐氧化用部件
珠光体型	15CrMo	0.12~0.18	0.17~0.37	0.40~0.70		0.8~1.10	0.40~0.55		正火 900~950 空冷 回火 630~700 空冷				≤540℃ 锅炉受热管子，垫圈等
	12CrMoV	0.08~0.15	0.17~0.37	0.40~0.70		0.40~0.60	0.25~0.35	V:0.15~0.30	正火 960~980 空冷 回火 700~760 空冷				≤570℃ 的各种过热器，导管和相应的锻件
奥氏体型	1Cr18Ni9Ti	≤0.12	≤1.00	≤2.00	8.00~11.00	17.00~19.00		Ti:0.8	固溶处理 1000~1100 快冷	206	502	187	<610℃ 锅炉和汽轮机过热管道，构件等
	4Cr14Ni14W2Mo	0.40~0.50	≤0.80	≤0.70	13.00~15.00	13.00~15.00	0.25~0.40	W:2.00~2.75	固溶处理 820~850 快冷	314	706	248	500~600℃ 超高参数锅炉和汽轮机零件
	2Cr21Ni12N	0.15~0.28	0.75~25	1.0~1.6	10.50~12.50	20~22		N:0.15~0.30	固溶 1050~1150 快冷 时效 750~800 空冷	430	820	≤269	以抗氧化为主的汽及柴油机用排气阀

第7章 合金钢

小 结

为了提高碳素钢的力学性能、工艺性能或某些特殊的物理、化学性能，特意加入合金元素所获得的钢种，称为合金钢。合金元素的加入，改变了钢的组织结构和性能，同时也改变了钢的相变点和合金状态图。可以提高钢的淬透性，细化晶粒，提高钢的回火稳定性，防止回火脆性、二次硬化、固溶强化、第二相强化(弥散强化)，增加韧性，提高钢的耐蚀性或耐热性。合金钢的种类繁多，常分为合金结构钢、合金工具钢、特殊性能钢。

合金结构钢可用来制造重要的齿轮、螺栓、螺杆、轴类、弹簧和轴承等零部件，它们的淬透性、强度和韧性很大程度上优于碳素结构钢，具有较高的硬度、塑性、耐磨性和优良的综合力学性能。

合金工具钢常被用来制作尺寸较大、形状较复杂的各类刃具、拉丝模、冷挤模、热锻模、丝锥、量规、量块等，它们一般含有较高的碳和合金元素质量分数，不但硬度和耐磨性高于碳素工具钢，还具有更优良的淬透性、红硬性和回火稳定性。

特殊性能钢是指具有特殊的物理、化学性能的钢，包括不锈钢、耐热钢和耐磨钢等。其中不锈钢可广泛用于化工设备、管道、汽轮机叶片、医用器械等。耐热钢既要求高温抗氧化性能好，又要求高温强度高。高锰耐磨钢常用于制作在工作中受冲击和压力并要求耐磨的零件。

练习与思考

1. 选择题

(1) 除( )以外，其他合金元素溶入 A 体中，都能使 C 曲线右移，提高钢的淬透性。
　　A. Co　　　　　B. Ni　　　　　C. W　　　　　D. Co

(2) 除( )以外，其他合金元素都使 M_s、M_f 点下降，使淬火后钢中残余奥氏体量增加。
　　A. Cr、Al　　　B. Ni、Al　　　C. Co、Al　　　D. Mo、Co

(3) Q345(16Mn)是一种( )。
　　A. 调质钢，可制造车床齿轮　　　B. 渗碳钢，可制造主轴
　　C. 低合金结构钢，可制造桥梁　　D. 弹簧钢，可制造弹簧

(4) 40Cr 中 Cr 的主要作用是( )。
　　A. 提高耐蚀性　　　　　　　　　B. 提高回火稳定性及固溶强化 F
　　C. 提高切削性　　　　　　　　　D. 提高淬透性及固溶强化 F

(5) GCr15 是一种滚动轴承钢，其( )。
　　A. 碳含量为1%，铬含量为15%　　B. 碳含量为0.1%，铬含量为15%
　　C. 碳含量为1%，铬含量为1.5%　　D. 碳含量为0.1%，铬含量为1.5%

(6) 0Cr18Ni19 钢固溶处理的目的是( )。
　　A. 增加塑性　　B. 提高强度　　C. 提高韧性　　D. 提高耐蚀性

2. 简答题

(1) 合金钢中经常加入的合金元素有哪些？按其与碳的作用如何分类？

(2) 合金元素在钢中以什么形式存在？

(3) 合金元素对 Fe-Fe$_3$C 合金状态图有什么影响？这种影响有什么工业意义？

(4) 为什么碳钢在室温下不存在单一的奥氏体或单一的铁素体组织；而合金钢中有可能存在这类组织？

(5) 为什么大多数合金钢的奥氏体化加热温度比碳素钢的高？

(6) 为什么含 Ti、Cr、W 等合金钢的回火稳定性比碳素钢的高？

(7) 说明用 20Cr 钢制造齿轮的工艺路线，并指出其热处理特点。

(8) 合金渗碳钢中常加入哪些合金元素？它们对钢的热处理、组织和性能有何影响？

(9) 说明合金调质钢的最终热处理的名称及目的。

(10) 为什么合金弹簧钢把 Si 作为重要的主加合金元素？弹簧淬火后为什么要进行中温回火？

(11) 为什么滚动轴承钢的含碳量均为高碳？为什么限制钢中含 Cr 量不超过 1.65%？滚动轴承钢预备热处理和最终热处理的特点？

(12) 一般刃具钢要求什么性能？高速钢要求什么性能？为什么？

(13) 为什么刃具钢中含高碳？合金刃具钢中加入哪些合金元素？其作用怎样？

(14) 用 9SiCr 钢制成圆板牙，其工艺流程为锻造→球化退火→机械加工→淬火→低温回火→磨平面→开槽加工。试分析：① 球化退火、淬火及低温回火的目的；② 球化退火、淬火及低温回火的大致工艺参数。

(15) 高速钢经铸造后为什么要经过反复锻造？锻造后切削前为什么要进行退火？淬火温度选用高温的目的是什么？淬火后为什么需进行三次回火？

(16) 什么叫热硬性(红硬性)？它与二次硬化有何关系？W18Cr4V 钢的二次硬化发生在哪个回火温度范围？

(17) 模具钢分几类？各采用何种最终热处理工艺？为什么？

(18) 制造量具的钢有哪几种？有什么要求？热处理工艺有什么特点？

(19) 不锈钢通常采取哪些措施来提高其性能？

(20) 1Cr13、2Cr13、3Cr13、4Cr13 钢在成分上、用途上和热处理工艺上有什么不同？

(21) 说明不锈钢的分类及热处理特点。

(22) 指出下列钢号的钢种、成分及主要用途和常用热处理。

16Mn、20CrMnTi、40Cr、60Si2Mn、GCr15、9SiCr、W18Cr4V、1Cr18Ni9Ti、1Cr13、12CrMoV、5CrNiMo

第 8 章

铸　　铁

教学提示

铸铁是含碳量大于 2.11%，即含碳量一般为 2.5%～5.0%并且含有较多的 Si、Mn、S、P 等元素的多元铁碳合金。它与钢相比，虽然抗拉强度、塑性、韧性较低。但具有优良的铸造性能、切削加工性、减震性、耐磨性等，生产成本也较低，因此在工业上得到了广泛的应用。按重量计算，汽车、拖拉机中铸铁零件约占 50%～70%，机床中约占 60%～90%。

教学要求

熟悉石墨形态与基体组织对铸铁性能的影响；掌握常用铸铁的典型牌号、性能特点、热处理工艺及主要用途。

8.1 铸铁的石墨化及分类

8.1.1 铸铁的石墨化

在铁碳合金中的碳除极少量固溶于铁素体之外，主要以两种形式存在，即渗碳体(Fe_3C)和游离态的石墨(G)。渗碳体(Fe_3C)的结构和性能在第三章已经介绍。石墨的晶体结构为简单六方晶格，原子呈层状排列，如图 8.1 所示。其底面中的原子间距为 0.142 nm，结合力较强。两底面之间的距离为 0.340nm，结合力较弱，所以底面之间容易相对滑动。因此石墨的强度不高，塑性、韧性极低(接近于零)。

铸铁组织中形成石墨的过程叫做石墨化过程。铸铁的石墨化可以有两种方式：一种是石墨从液态合金或奥氏体中析出；另一种是渗碳体在一定条件下分解出石墨。铸铁的石墨化以哪种方式进行，主要取决于铸铁的成分和保温冷却条件。

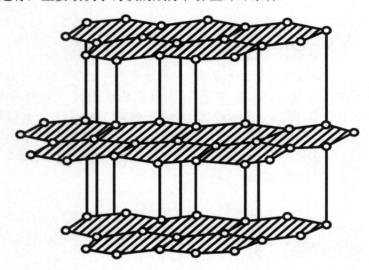

图 8.1 石墨的结晶结构

1. 铁-碳双重相图

实践证明，对于成分相同的铁液，冷却速度越慢，越容易结晶出石墨，冷却速度越快，则析出渗碳体的可能性越大。此外，对已形成的渗碳体的铸铁，若将它加热到高温保持一段时间，其中的渗碳体可分解为铁素体和石墨，即 $Fe_3C \rightarrow 3Fe+C(G)$。可见石墨是稳定相，而渗碳体只是亚稳定相。前述的 $Fe-Fe_3C$ 相图说明了 Fe_3C 的析出规律，而要说明石墨的析出规律，必须用 Fe-G 相图。为便于比较应用，通常把上述两个相图画在一起，称为铁-碳双重相图，见图 8.2，实线表示 $Fe-Fe_3C$ 相图，虚线表示 Fe-G 相图，重合部分用实线表示。

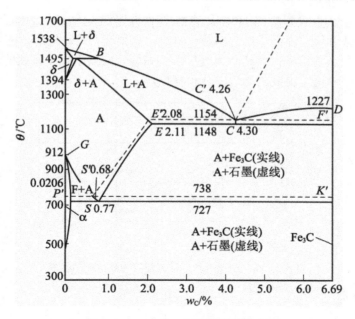

图 8.2 Fe-G 和 Fe-Fe$_3$C 双重相图

2. 铸铁石墨化的三个阶段

按照 Fe-G 相图，可将铸铁的石墨化过程分为三个阶段：

(1) 第一阶段石墨化。包括铸铁液相冷至 $C'D'$ 线时，结晶出的一次石墨(对于过共晶成分合金而言)和在 1154℃($E'C'F'$线)通过共晶反应形成的共晶石墨。

(2) 第二阶段石墨化。在 1154℃～738℃温度范围内奥氏体沿 $E'S'$ 线析出二次石墨。

(3) 第三阶段石墨化。在 738℃($P'S'K'$线)通过共析转变析出共析石墨。

3. 影响石墨化的主要因素

铸铁的组织取决于石墨化过程进行的程度，而影响石墨化的主要因素是铸铁的化学成分和冷却速度。

(1) 化学成分。各种元素对石墨化过程的影响互有差别。

C 和 Si 是强烈促进石墨化的元素，C 和 Si 含量越高，石墨化进行的越充分。

P 是促进石墨化不太强的元素，P 在铸铁中还易生成 Fe$_3$P，常与 Fe$_3$C 形成共晶组织分布在晶界上增加铸铁的硬度和脆性，故一般应限制其含量。但 P 能提高铁液的流动性，改善铸铁的铸造性能。

S 是强烈阻碍石墨化的元素，并降低铁液的流动性，使铸铁的铸造性能恶化，故其含量应尽可能降低。

Mn 也是阻碍石墨化的元素。但它和 S 有很大的亲和力，在铸铁中能与 S 形成 MnS，减弱 S 对石墨化的有害作用，故 Mn 的含量较高。

生产中，C、Si、Mn 为调节组织元素，P 是控制使用元素，S 属于限制元素。

(2) 冷却速度。在生产过程中，冷却速度对石墨化影响也很大。冷速愈慢，有利于石墨化，而快冷，则阻止石墨化。铸造时冷却速度与浇注温度、造型材料、铸造方法和铸件壁厚有关。

如图 8.3 表示化学成分(C+Si)和冷却速度(铸件壁厚)对铸铁组织的综合影响。从图 8.3 中可看出，对于薄壁件，容易形成白口铸铁组织。要得到灰铸铁组织，应增加铸铁的 C、Si 含量。相反，厚大的铸件，为避免得到过多的石墨，应适当减少铸铁的 C、Si 含量。因此应按照铸件的壁厚选定铸铁的化学成分和牌号。

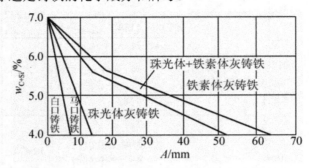

图 8.3　铸铁的成分和冷却速度对铸铁组织的影响

8.1.2　铸铁的分类

根据碳在铸铁中的存在形式不同，可以将铸铁分为以下几种类型。

1. 白口铸铁

白口铸铁中的碳绝大部分以渗碳体的形式存在(少量的碳溶入铁素体)，因其断口呈白亮色，故称白口铸铁。其组织中都含有莱氏体组织。由于性能脆，工业上很少用来做机械零件，主要用做炼钢原料或表面要求高耐磨的零件。

2. 灰铸铁

灰铸铁中碳全部或大部分以石墨的形式存在，因其断口呈灰暗色故称灰铸铁。根据灰铸铁中石墨形态不同，灰铸铁又分为 4 种：灰铸铁(石墨呈片状形态)、球墨铸铁(石墨呈球状形态)、可锻铸铁(石墨呈团絮状形态)、蠕墨铸铁(石墨呈蠕虫状形态)。

3. 马口铸铁

马口铸铁中的碳的形态介于白口铸铁和灰铸铁之间，一部分以渗碳体形式存在，另一部分以石墨形式存在，具有较大的硬脆性，工业上很少用作机械零件。

8.2　常用铸铁

8.2.1　普通灰铸铁

普通灰铸铁(俗称灰铸铁)。其生产工艺简单，铸造性能优良，在生产中应用最为广泛，约占铸铁总量的 80%。

1. 灰铸铁的成分、组织和性能

一般灰铸铁的化学成分范围为 w_C=2.5%～3.6%，w_{Si}=1.0%～2.2%，w_{Mn}=0.5%～1.3%，

$w_S<0.15\%$,$w_P<0.3\%$。其组织有以下特点。

(1) 铁素体灰铸铁是在铁素体基体上分布片状石墨,如图 8.4(a)所示。

(2) 珠光体+铁素体灰铸铁是在珠光体+铁素体基体上分布片状石墨的灰铸铁,如图 8.4(b)所示。

(3) 珠光体灰铸铁是在珠光体基体上分布片状石墨,如图 8.4(c)所示。

灰铸铁组织相当于在钢的基体上分布着片状石墨,其基体的强度和硬度不低于相应的钢。石墨的存在使灰铸铁的抗拉强度、塑性及韧性都明显低于碳钢。石墨片的数量越多,尺寸越大,分布越不均匀,对基体的割裂作用越严重。灰铸铁的硬度和抗压强度主要取决于基体组织,与石墨无关。因此,灰铸铁的抗压强度明显高于其抗拉强度(约为抗拉强度的 3~4 倍)。石墨的存在,使灰铸铁的铸造性能、减磨性、减振性和切削加工性都优于碳钢,缺口敏感性也较低。

(a) 铁素体灰铸铁　　(b) 铁素体+珠光体灰铸铁　　(c) 珠光体灰铸铁

图 8.4　灰铸铁的显微组织

2. 灰铸铁的牌号及用途

灰铸铁的牌号由"HT+数字"组成。其中 HT 是灰铁二字汉语拼音字首,数字表示 30mm 单铸试棒的最低抗拉强度值。

常用灰铸铁的牌号、力学性能及用途见表 8-1。

表 8-1　灰铸铁的牌号、力学性能及用途(GB/T 9439—1988)

牌号	铸件壁厚 /mm	最小抗拉强度 R_m/MPa	硬度 HBW	显微组织 基体	显微组织 石墨	用途举例
HT100	2.5~10 10~20 20~30 30~50 20~30 30~50	 130 100 90 80 	最大不超过 170	F+P(少量)	粗片	低载荷和不重要的零件,如盖、外罩、手轮、支架等
HT150	2.5~10 10~20 20~30 30~50	175 145 130 120	150~200	F+P	较粗片	承受中等应力(抗弯应力小于 100 MPa)的零件,如支柱、底座、齿轮箱、工作台、刀架、端盖、阀体等

续表

牌号	铸件壁厚 /mm	最小抗拉强度 R_m /MPa	硬度 HBW	显微组织 基体	显微组织 石墨	用途举例
HT200	2.5～10 10～20 20～30 30～50	220 195 170 160	170～200	P	中等片状	承受较大应力(抗弯应力小于 300 MPa)和较重要零件，如汽缸体、齿轮、机座、飞轮、床身、缸套、活塞、刹车化、联轴器、齿轮箱、轴承座、液压缸等
HT250	4.0～10 10～20 20～30 30～50	270 240 220 200	190～240	细珠光体	较细片状	
HT300	10～20 20～30 30～50	290 250 230	210～260	索氏体或托氏体	细小片状	承受高弯曲应力(小于 500MPa)及抗拉应力的重要零件，如齿轮、凸轮、车床卡盘、剪床和压力机的机身、床身、高压液压缸、滑阀壳体等
HT350	10～20 20～30 30～50	340 290 260	230～280			

从表 8-1 中可以看出，灰铸铁的强度与铸件的壁厚有关，铸件壁厚增加则强度降低，这主要是由于壁厚增加使冷却速度降低，造成基体组织中铁素体增多而珠光体减少的缘故。因此在根据性能选择铸铁牌号时，必须注意到铸件的壁厚。

3. 灰铸铁的孕育处理

浇注时向铁液中加入少量孕育剂(如硅铁、硅钙合金等)，以得到细小、均匀分布的片状石墨和细小的珠光体组织的方法，称为孕育处理。

孕育处理时，孕育剂及它们的氧化物会使石墨均匀细化，减小了石墨片对基体组织的割裂作用，而且铸铁的结晶过程几乎是在全部铁液中同时进行，可以避免铸件边缘及薄壁处出现白口组织，使铸铁各个部位截面上的组织与性能均匀一致，提高了铸铁的强度、塑性和韧性，同时也降低了灰铸铁的缺口敏感性。

经孕育处理后的铸铁称为孕育铸铁，表 8-1 中，HT250、HT300、HT350 即属于孕育铸铁，常用于制造力学性能要求较高，截面尺寸变化较大的大型铸件，如汽缸、曲轴、凸轮、机床床身等。

4. 灰铸铁的热处理

由于热处理仅能改变灰铸铁的基体组织，改变不了石墨形态，因此，用热处理来提高灰铸铁的力学性能的效果不大。灰铸铁的热处理常用于消除铸件的内应力和稳定尺寸，消除铸件的白口组织和提高铸件表面的硬度及耐磨性。

1) 时效处理

形状复杂、厚薄不均的铸件在冷却过程中，由于各部位冷却速度不同，形成内应力，削弱了铸件的强度，引起变形甚至开裂。因此，铸件在成形后都需要进行时效处理，尤其对一些大型、复杂或加工精度较高的铸件(如机床床身、柴油机汽缸等)，在铸造后、切削加工前，甚至在粗加工后都要进行一次时效退火。

时效处理一般有自然时效和人工时效。自然时效是将铸件长期放置在室温下以消除其内应力的方法；人工时效是将铸件重新加热到 530℃～620℃，经长时间保温(2h～6h)后在炉内缓慢冷却至 200℃以下出炉空冷的方法。经时效退火后可消除 90%以上的内应力。

2) 石墨化退火

灰铸铁件表层和薄壁处在浇注时有时会产生白口组织，难以切削加工，需要退火，使渗碳体在高温下分解为石墨，以降低硬度。石墨化退火一般是将铸件以 70℃/h～100℃/h 的速度加热至 850℃～900℃，保温 2h～5h(取决于铸件壁厚)，然后炉冷至 400℃～500℃后空冷。

3) 表面热处理

有些铸件，如机床导轨、缸体内壁等，需要高的硬度和耐磨性，可进行表面淬火处理。淬火前，铸件需进行正火处理，以保证获得大于 65%以上的珠光体，淬火后表面硬度可达 50HRC～55HRC。

8.2.2 球墨铸铁

球墨铸铁是 20 世纪 50 年代发展起来的优良的铸铁材料，是通过在浇注时向铁水中加入一定量的球化剂(稀土镁合金等)进行球化处理而得到的，球化剂可使石墨呈球状结晶。为防止铁液球化处理后出现白口，必须进行孕育处理，使石墨球数量增加，球径减小，形状圆整，分布均匀，显著改善了其力学性能。

1. 球墨铸铁的成分、组织和性能

(1) 成分特点。球墨铸铁的成分中，C、Si 的质量分数较高，可促进石墨化并细化石墨，改善铁液的流动性。Mn 的质量分数较低，可去硫脱氧，稳定细化珠光体。S、P 质量分数限制很严，以防造成球化元素的烧损，降低塑性和韧性。同时含有一定量的 Mg 和稀土元素，有时还加入 Mo、Cu、V 等合金元素。

(2) 组织特点。球墨铸铁的组织特征是在钢的基体上分布着球状石墨。常见的基体组织有铁素体、铁素体+珠光体和珠光体 3 种，如图 8.5 所示。通过合金化和热处理后，还可获得下贝氏体、马氏体、托氏体、索氏体和奥氏体等基体组织的球墨铸铁。

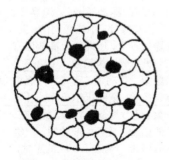
(a) 铁素体球墨铸铁

(b) 铁素体+珠光体球墨铸铁

(c) 珠光体球墨铸铁

图 8.5 球墨铸铁的显微组织

(3) 性能特点。在石墨球的数量、形状、大小及分布一定的条件下，珠光体球墨铸铁的抗拉强度比铁素体球墨铸铁高 50%以上，而铁素体球墨铸铁的伸长率是珠光体球墨铸铁的 3～5 倍。铁素体+珠光体基体的球墨铸铁性能介于二者之间。经热处理后以马氏体为基的球墨铸铁具有高硬度、高强度，但韧性很低；以下贝氏体为基的球墨铸铁具有优良的综合力学性能。球墨铸铁中的石墨呈球状，对基体的割裂作用较小。石墨球越细小，分布越均匀，越能充分发挥基体组织的作用。

同其他铸铁相比，球墨铸铁强度、塑性、韧性高，屈服强度也很高。球墨铸铁的屈强比比钢约高 1 倍，疲劳强度可接近一般中碳钢，耐磨性优于非合金钢，铸造性能优于铸钢，加工性能几乎可与灰铸铁媲美。因此，球墨铸铁在工农业生产中得到越来越广泛的应用，但其凝固时的收缩率较大，对铁水的成分要求较严格，对熔炼工艺和铸造工艺要求较高。不适于用来制作薄壁和小型铸件。此外，其减震性能也较灰铸铁低。

2. 球墨铸铁的牌号及用途

球墨铸铁的牌号由"QT+数字-数字"组成。其中 QT 是球铁二字汉语拼音字首，其后的第一组数字表示最低抗拉强度(MPa)，第二组数字表示拉断后最小伸长率(%)。球墨铸铁通常用来制造受力较复杂、负荷较大和耐磨的重要铸件。

球墨铸铁的牌号、力学性能和用途举例见表 8-2。

3. 球墨铸铁的热处理

因球状石墨对基体的割裂作用小，所以球墨铸铁的力学性能主要取决于基体组织，因此，通过热处理可显著改善球墨铸铁的力学性能。

(1) 退火。对于不再进行其他热处理的球墨铸铁铸件，都要进行去应力退火。为了使铸态组织中的自由渗碳体和珠光体中的共析渗碳体分解，获得高塑性的铁素体基体的球墨铸铁，同时消除铸造应力，改善其加工性。

表 8-2 球墨铸铁的牌号、力学性能及用途(GB/T 1348—2009)

牌号	基体组织	力学性能				用途举例
		R_m /MPa	$R_{p0.2}$ /MPa	A /%	硬度 HBW	
		不小于				
QT400-18	铁素体	400	250	18	130～180	承受冲击、振动的零件，如汽车、拖拉机的轮毂、驱动桥壳、差速器壳、拨叉，农机具零件，中低压阀门，上、下水及输气管道，压缩机上高低压汽缸、电动机机壳、齿轮箱、飞轮壳等
QT400-15		400	250	15	130～180	
QT450-10		450	310	10	160～210	
QT500-7	铁素体+珠光体	500	320	7	170～230	机器座架、传动轴、飞轮，内燃机的液压泵齿轮、铁路机车车辆轴瓦等
QT600-3	珠光体+铁素体	600	370	3	190～270	载荷大、受力复杂的零件，如汽车、拖拉机的曲轴、连杆、凸轮轴、汽缸套，部分磨床、铣床、车床的主轴，机床蜗杆、蜗轮、轧钢机轧辊、大齿轮、小型水轮机主轴、汽缸体、桥式起重机大小滚轮等
QT700-2	珠光体	700	420	2	225～305	
QT800-2	珠光体或回火组织	800	480	2	245～335	

续表

牌号	基体组织	力学性能				用途举例
		R_m/MPa	$R_{p0.2}$/MPa	A/%	硬度HBW	
		不小于				
QT900-2	贝氏体或回火马氏体	900	600	2	280~360	高强度齿轮,如汽车后桥螺旋锥齿轮,大减速器齿轮,内燃机曲轴、凸轮轴等

当铸态组织为 F+P+Fe₃C+G 时,即有自由渗碳体(白口),则进行高温退火,将铸件加热到 900℃~950℃,保温 3h~6h,随炉冷到 600℃,出炉空冷。

当铸态组织为 F+P+G 时,则进行低温退火,将铸件加热到 700℃~760℃左右,保温 2h~8h,然后随炉冷到 600℃,出炉空冷,最终组织是铁素体基体上分布着球状石墨。

(2) 正火。正火的目的是为了得到以珠光体为主的基体组织,并细化晶粒,提高球墨铸铁的强度、硬度和耐磨性。

高温正火,如果铸态组织中无渗碳体时,将铸件加热到 880℃~920℃,保温 1h~3h,然后空冷。为了提高基体中珠光体的含量,还常采用风冷、喷雾冷却等加快冷却速度。

低温正火是将铸件加热到 840℃~860℃,保温 1h~4h,出炉空冷。得到珠光体+铁素体基体的球墨铸铁。低温正火要求原始组织中无自由渗碳体,否则影响力学性能。

球墨铸铁的导热性差,正火后铸件内应力较大,因此,正火后应进行一次消除应力退火,即加热到 550℃~600℃,保温 3h~4h 出炉空冷。

(3) 等温淬火。当铸件形状复杂,又需要高的强度和较好的塑性、韧性时,需采用等温淬火。等温淬火是将铸件加热到 860℃~920℃(奥氏体区),适当保温(热透),迅速放入 250℃~350℃的盐浴炉中进行 0.5h~1.5h 的等温处理,然后取出空冷,使过冷奥氏体转变为下贝氏体。等温淬火可有效地防止变形和开裂,提高铸件的综合力学性能。适用于形状复杂易变形,截面尺寸不大,但受力复杂的铸件,如齿轮、曲轴、凸轮轴。

(4) 调质处理。调质处理是将铸件加热到 860℃~920℃,保温后油冷,在 550℃~620℃高温回火 2h~6h,获得回火索氏体和球状石墨的热处理方法。调质处理可获得高的强度和韧性,其综合力学性能比正火要高,适于受力复杂、截面尺寸较大、综合力学性能要求高的铸件,如柴油机曲轴、连杆等重要零件。

球墨铸铁还可以采用表面强化处理,如渗氮、离子渗氮、渗硼等。

8.2.3 可锻铸铁

可锻铸铁是由一定化学成分的白口铸铁坯件经退火得到的具有团絮状石墨的铸铁。它的生产过程分两步:先浇注成白口铸铁,然后通过高温石墨化退火(也叫可锻化退火),使渗碳体分解得到团絮状石墨。

1. 可锻铸铁的成分、组织和性能

(1) 成分特点。可锻铸铁的成分特点是低碳、低硅,以保证完全抑制石墨化的过程,获得白口组织,一旦有片状石墨生成,则在随后的退火过程中,由渗碳体分解的石墨将会沿已有的石墨片析出，最终得到粗大的片状石墨组织。为此必须控制铁水的化学成分。通常可锻铸铁的大致成分为：w_C=2.2%～2.8%，w_{Si}=1.2%～2.0%、w_{Mn}=0.4%～1.2%、w_S＜0.2%、w_P＜0.1%。

(2) 组织特点。可锻铸铁中的石墨呈团絮状，分为铁素体基体的可锻铸铁(又称为黑心可锻铸铁)和珠光体基体的可锻铸铁，其显微组织如图8.6所示，可通过对白口铸件采取不同的退火工艺而获得。

(3) 性能特点。由于可锻铸铁中团絮状的石墨对基体的割裂作用大大降低，因而可锻铸铁是一种高强度铸铁。与灰铸铁相比，可锻铸铁有较高的强度和塑性，特别是低温冲击性能较好；与球墨铸铁相比，它还具有质量稳定、铁液处理简便和利于组织生产的特点；但可锻铸铁的力学性能比球墨铸铁稍差，而且可锻铸铁生产周期长、能耗大，工艺复杂、成本较高，随着稀土镁球墨铸铁的发展，不少可锻铸铁零件已逐渐被球墨铸铁所代替。可锻铸铁的耐磨性和减振性优于普通碳素钢；切削性能与灰铸铁接近。适于制作形状复杂的薄壁中小型零件和工作中受到振动而强度、韧性要求又较高的零件。可锻铸铁因其较高的强度、塑性和冲击韧度而得名，实际上并不能锻造。

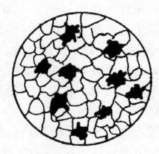
(a) 铁素体可锻铸铁

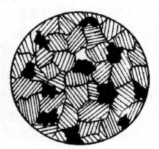
(b) 珠光体可锻铸铁

图8.6 可锻铸铁的显微组织

2. 可锻铸铁的牌号及用途

常用两种可锻铸铁的牌号由"KTH+数字-数字"或"KTZ+数字—数字"组成。"KTH"、"KTZ"分别代表"黑心可锻铸铁"和"珠光体可锻铸铁"，符号后的第一组数字表示最低抗拉强度(MPa)，第二组数字表示最小断后伸长率。可锻铸铁主要用来制作一些形状复杂而在工作中承受冲击振动的薄壁小型铸件。

常用可锻铸铁的牌号、性能及用途见表8-3。

表8-3 黑心可锻铸铁和珠光体可锻铸铁的牌号、力学性能及用途(GB/T 9440—1988)

种类	牌号	试样直径/mm	力学性能			硬度HBW	用途举例
			R_m/MPa	$R_{p0.2}$/MPa	A/%		
			不小于				
黑心可锻铸铁	KTH300-06	12或15	300		6	≤150	弯头、三通管件、中低压阀门等
	KTH330-08		330		8		扳手、犁刀、犁柱、车轮壳等
	KTH350-10		350	200	10		汽车、拖拉机前后轮壳、差速器壳、转向节壳、制动器及铁道零件等
	KTH370-12		370		12		

续表

种类	牌号	试样直径/mm	力学性能			硬度 HBW	用途举例
			R_m/MPa	$R_{p0.2}$/MPa	A/%		
			不小于				
珠光体可锻铸铁	KTZ450-06	12 或 15	450	270	6	150~200	载荷较高和耐磨损零件，如曲轴、凸轮轴、连杆、齿轮、活塞环、轴套、耙片、万向接头、棘轮、扳手、传动链条等
	KTZ550-04		550	340	4	180~250	
	KTZ650-02		650	430	2	210~260	
	KTZT00-02		700	530	2	240~290	

8.2.4 蠕墨铸铁

蠕墨铸铁是在一定成分的铁液中加入适量的蠕化剂和孕育剂所获得的石墨形似蠕虫状的铸铁。生产方法与程序和球墨铸铁基本相同只是加入的添加剂不同。

1. 蠕墨铸铁的成分、组织及性能

蠕墨铸铁的成分特点是高碳、低硫、低磷，一定量的硅、锰，并加入适量的蠕化剂。蠕虫状石墨对基体的割裂作用介于灰铁和球铁之间，故性能也介于相同基体组织的球墨铸铁和灰铸铁之间，强度、韧性、疲劳强度、耐磨性及耐热疲劳性比灰铸铁高，断面敏感性也小，但塑性、韧性都比球墨铸铁低。蠕墨铸铁的铸造性能、减振性、导热性及切削加工性优于球墨铸铁，抗拉强度接近于球墨铸铁。其显微组织如图 8.7 所示。

图 8.7 铁素体蠕墨铸铁的显微组织

2. 蠕墨铸铁的牌号及用途

蠕墨铸铁的牌号由"RuT+数字"，组成。其中"RuT"表示是蠕墨铸铁，数字表示最小抗拉强度值(MPa)。各种牌号间的主要区别在于基体组织的不同。

蠕墨铸铁的牌号、性能及用途见表 8-4。

表 8-4 蠕墨铸铁的牌号、力学性能及用途

牌号	力学性能			硬度 HBW	用途举例
	R_m/MPa	$R_{p0.2}$/MPa	A/%		
	不小于				
RuT260	260	195	3	121~197	增压器废气进气壳体，汽车底盘零件等
RuT300	300	240	1.5	140~217	排气管、变速箱体、汽缸等、液压件、纺织机零件、钢锭模具等
RuT340	340	270	1.0	170~249	重型机床件，大型齿轮箱体、盖，座，飞轮、起重机卷筒等
RuT380	380	300	0.75	193~274	活塞环、汽缸套、制动盘、钢珠研磨盘等
RuT420	420	335	0.75	200—280	

8.3 合金铸铁

合金铸铁就是在普通铸铁中有意加入一些合金元素，从而改善铸铁的物理、化学和力学性能获得某些特殊性能的铸铁。通常加入的合金元素有硅、锰、磷、镍、铬、钼、铜、铝、硼、钒、钛、锑、锡等。合金元素能使铸铁基体组织发生变化，从而使铸铁获得特殊的耐热、耐磨、耐腐蚀、无磁和耐低温等物理-化学性能，因此这种铸铁也叫"特殊性能铸铁"。合金铸铁广泛用于机器制造、冶金矿山、化工、仪表工业以及冷冻技术等部门。

8.3.1 耐磨铸铁

耐磨铸铁按其工作条件大致可分为两类：一种是在有润滑条件下工作的减摩铸铁，如机床导轨、汽缸套、环和轴承等；另一种是在无润滑、受磨料磨损条件下工作的抗磨铸铁，如犁铧、轧辊及球磨机零件等。

常用的减摩铸铁有珠光体基体的灰铸铁和高磷铸铁。高磷铸铁中 P 形成磷共晶体，硬而耐磨，并以断续网状分布在珠光体基体上，形成坚硬的骨架，使铸铁的耐磨性显著提高，常用作车床、铣床、镗床等的床身及工作台，其耐磨性比孕育铸铁 HT250 提高 1 倍。

常用的抗磨铸铁有冷硬铸铁、抗磨白口铸铁和中锰球墨铸铁。抗磨白口铸铁，适用于在磨料磨损条件下工作，广泛用来做轧辊和车轮等耐磨件。中锰球墨铸铁，具有更高的耐磨性和耐冲击性，强度和韧性也得到进一步的改善，广泛用于制造在冲击载荷和磨损条件下工作的零件，如犁铧、球磨机磨球及拖拉机履带板等。

8.3.2 耐热铸铁

耐热铸铁的牌号由 "RT+元素符号+数字" 组成。其中 "RT" 是 "热铁" 二字汉语拼音字首，元素符号后的数字是以名义百分数表示的该元素的质量分数。如 RTSi5 表示的是 $w_{Si}\approx 5\%$ 的耐热铸铁。若牌号中有 "Q" 则表示球墨铸铁。

在高温下工作的铸件，例如炉底板、换热器、坩埚、热处理炉内的运输链条等，必须选用耐热铸铁，普通灰铸铁在高温下表面氧化烧损，同时氧化性气体沿石墨片的边界和裂缝渗入内部，造成内部氧化，以及渗碳体在高温下分解产生石墨等，都导致热稳定性下降。当加入 Al、Si、Cr 等合金元素后可提高铸铁的耐热性。一方面在铸件表面形成致密的 Al_2O_3、SiO_2、Cr_2O_3 等氧化膜，保护内部不继续氧化，另一方面可提高铸铁的临界温度，使基体组织为单相铁素体，不发生石墨化过程。因而提高了铸铁的耐热性。

常用耐热铸铁的牌号、成分、使用温度及用途见表 8-5。

表 8-5　几种常用耐热铸铁的牌号、成分、使用温度及用途(GB/T 9437—1988)

牌号	化学成分/%						使用温度/℃	用途举例
	C	Si	Mn	P	S	其他		
RTSi5	2.4~32	4.5~5.5	<1.0	<0.2	<0.12	w_{Cr} 0.5~0.1	≤850	烟道挡板、换热器等
RQTSi5	2.4~32	4.5~5.5	<0.7	<0.1	<0.03	w_{RE} 0.015~0.035	900~950	加热炉底板、化铝电阻炉、坩埚等

续表

牌号	化学成分/%						使用温度/℃	用途举例
	w_C	w_{Si}	w_{Mn}	w_P	w_S	其他		
RQTAl22	1.6~2.2	1.0~2.0	<0.7	<0.1	<0.03	w_{Al}=21~24	1 000~1 100	加热炉底板、渗碳罐、炉子传送链构件等
RTAl5Si5	2.3~2.8	4.5~5.2	<0.5	<0.1	<0.02	w_{Al}>5.0~5.8	95~1 050	
RTCr16	1.6~2.4	1.5~2.2	<1.0	<0.1	<0.05	w_{Cr}=15~18.00	900	退火罐、炉棚、化工机械零件等

8.3.3 耐蚀铸铁

耐蚀铸铁不仅具有一定的力学性能，而且还要求在腐蚀性介质中工作时有较高的耐腐蚀能力。在铸铁中加人 Si、Al、Cr、Mo、Ni、Cu 等合金元素，可显著提高其耐蚀性。耐蚀铸铁广泛应用于石油化工、造船等工业中，用来制作经常在大气、海水及酸、碱、盐等介质中工作的管道、阀门、泵类、容器等零件。但各类耐蚀铸铁都有一定的适用范围，必须根据腐蚀介质、工作条件合理选用。

常用的耐蚀铸铁及应用范围见表 8-6。

表 8-6 常用耐蚀铸铁的成分及用途

名称	化学成分/%									用途举例
	C	Si	Mn	P	Ni	Cr	Cu	Al	其他	
高硅铸铁	0.5~1.0	14.0~16.0	0.3~0.8	≤0.08	—	—	3.5~8.5	—	w_{Mo}=3.0~5.0	除还原性酸以外的酸。加 Cu 适用于碱，加 Mo 适用于氯
稀土中硅铸铁	1.0~1.2	10.0~12.0	0.3~0.6	≤0.045	—	0.6~0.8	1.8~2.2	—	w_{RE}=0.04~0.10	硫酸、硝酸、苯磺酸
高镍奥氏体球墨铸铁	2.6~3.0	1.5~3.0	0.70~1.25	≤0.08	18.0~32.0	1.5~6.0	5.5~7.5	—	—	高温浓烧碱、海水(带泥沙团粒)、还原酸
高铬奥氏体白口铸铁	0.5~2.2	0.5~2.0	0.5~0.8	≤0.1	0~12.0	24.0~36.00	0~6.0	—	—	盐浆、盐卤及氧化性酸
铝铸铁	2.0~3.0	—	0.3~0.8	≤0.1	—	0~1.0	—	3.15~6.0	—	氨碱溶液
含铜铸铁	2.5~3.5	1.4~2.0	0.6~1.0	—	—	—	0.4~1.5	—	w_{Sb}=0.1~0.4 w_{Sn}=0.4~1.0	污染的大气、海水、硫酸

小　结

本章主要介绍了铸铁的分类、成分、组织性能、热处理特点、牌号及主要用途。

灰铸铁(HT)：石墨呈片状；抗拉强度低，塑性、韧性低，抗压强度、硬度主要取决于基体，石墨影响不大。不能通过热处理强化。适于制造承受静压力或冲击载荷较小的零件。

球墨铸铁(QT)：石墨呈球状；强度、韧性较高(强度与钢相近，但韧性不如钢)。可通过热处理调整性能。制造受力复杂、性能要求高的重要零件。

可锻铸铁(KTH 或 KTZ)：石墨呈团絮状；强度、塑性和韧性优于灰铸铁，略低于球铁；制造形状复杂、由一定塑性、韧性，承受冲击和振动的薄壁件。

蠕墨铸铁(RuT)：石墨呈蠕虫状；性能介于灰铸铁和球墨铸铁之间，强度接近于球铁，具有一定的塑性和韧性。耐热疲劳性减震性和铸造性能优于球墨铸铁，切削性能比灰铸铁稍差。制造形状复杂，组织致密，强度高，承受较大热循环载荷的铸件。

练习与思考

1. 判断题

(1) 同一牌号的普通灰铸铁铸件，薄壁和厚壁处的抗拉强度值是相等的。

(2) 可锻铸铁由于具有较好的塑性，故可以进行锻造。

(3) 孕育铸铁(变质铸铁)中碳、硅含量较普通灰铸铁高。

(4) 高强度灰铸铁变质(孕育)处理的目的仅仅是为了细化晶粒。

(5) 与 HT100 相比，HT200 组织中的石墨数量较多，珠光体的数量也较多。

(6) HT150 制机床床身，壁厚不论多厚，抗拉强度不低于 150MPa。

(7) 铸铁中的石墨是简单六方晶格，其强度、塑性和韧性极低，几乎都为零。

(8) 铸铁中的石墨为片状时，在石墨片的尖端处导致应力集中，从而使铸铁韧性几乎为零。

(9) 当铸铁组织以铁素体为基体，其上分布有团絮状或球状石墨时，可获得较高的塑性。

2. 填空题

(1) 可锻铸铁的生产过程是首先铸成(　　)铸件，然后再经过(　　)，使其组织中的(　　)转变成为(　　)。

(2) HT200 牌号中的 HT 表示(　　)，200 为(　　)。

(3) QT700-2 牌号中的 QT 表示(　　)，700 表示(　　)，2 表示(　　)，该铸铁组织应是(　　)。

(4) 球墨铸铁的生产过程是首先熔化铁水，其成分特点是(　　)；然后在浇注以前进行(　　)和(　　)处理，才能获得球墨铸铁。

(5) 铁碳合金为双重相图，即(　　)相图和(　　)相图。

(6) 影响石墨化的因素主要有( )和( )。
(7) 与白口铸铁相比,灰铸铁的化学成分特点是( ),( )。
(8) 普通灰铸铁的减震性比球墨铸铁( ),因此常用其制造( )件。

3. 单项选择题

(1) 白口铸铁与灰铸铁在组织上的主要区别是( )。
　　A. 无珠光体　　　B. 无渗碳体　　　C. 无铁素体　　　D. 无石墨
(2) 可锻铸铁通常用于制造较高强度或较高塑性的( )。
　　A. 薄壁铸件　　　B. 薄壁锻件　　　C. 厚壁铸件　　　D. 任何零件
(3) 为了获得最佳力学性能,铸铁组织中的石墨应呈( )。
　　A. 粗片状　　　　B. 细片状　　　　C. 团絮状　　　　D. 球状
(4) 对铸铁石墨化,硫起( )作用。
　　A. 促进　　　　　B. 阻碍　　　　　C. 无明显作用　　D. 间接促进
(5) 对铸铁石墨化,硅起( )作用。
　　A. 促进　　　　　B. 强烈促进　　　C. 阻止　　　　　D. 无明显作用
(6) 孕育铸铁(变质铸铁)的组织为( )。
　　A. 莱氏体+细片状石墨　　　　　　B. 珠光体+细片状石墨
　　C. 珠光体+铁素体+粗石墨　　　　D. 铁素体+细片状石墨
(7) 在机械制造中应用最广泛、成本最低的铸铁是( )。
　　A. 白口铸铁　　　B. 灰铸铁　　　　C. 可锻铸铁　　　D. 球墨铸铁
(8) 亚共晶铸铁结晶过程,在共析转变前按铁-石墨相图进行,在共析转变及其以后按铁-渗碳体相图进行,其组织是( )。
　　A. 铁素体+石墨　　　　　　　　　B. 铁素体+珠光体+石墨
　　C. 珠光体+石墨　　　　　　　　　D. 珠光体+渗碳体+石墨

4. 简答题

(1) 何谓石墨化?石墨化的影响因素有哪些?
(2) 试述石墨形态对铸铁性能的影响。
(3) 为什么相同基体的球墨铸铁的力学性能比灰铸铁高得多?
(4) 说明下列牌号属于何种铸铁,并指出其主要用途及常用热处理方法。
HT150、HT350、KTH300-06、KTZ45-06、QT400-15、QT600-3。
(5) 下列工件宜选择何种特殊铸铁制造?
① 磨床导轨;② 1 000 ℃~1 100 ℃加热炉底板;③ 硝酸盛储器。

第 9 章

有色金属及合金

教学提示

通常把铁及其合金(钢、铸铁)称为黑色金属,而黑色金属以外的所有金属则为有色金属。与黑色金属相比,有色金属有许多优良的特性,例如铝、镁、钛等金属及其合金具有密度小,比强度(强度/密度)高的特点,在航空航天、汽车、船舶和军事领域中应用十分广泛;银、铜、金(包括铝)等金属及其合金具有优良的导电性和导热性,是电器仪表和通信领域不可缺少的材料;钨、钼、钽、铌等金属及其合金熔点高,是制造耐高温零件及电真空元件的理想材料;钛及其合金是理想的耐蚀材料等。本章主要介绍目前工程中广泛应用的铝、铜及其合金以及轴承合金。

教学要求

本章让学生了解铝合金时效强化原理和滑动轴承合金的组织特征;熟悉常用铝合金、铜合金、滑动轴承合金的牌号、性能、强化方法及用途。

9.1 铝及铝合金

铝及铝合金在工业上是仅次于钢的一种重要金属，也是应用最广泛的一种有色金属。

9.1.1 工业纯铝

工业上使用的纯铝呈银白色，具有面心立方晶格，无同素异构转变。熔点 660℃，密度为 2.7g/cm³，除 Mg 和 Be 外，Al 是工程金属中最轻的。纯铝的导电性、导热性好，仅次于金(Au)、铜(Cu)和银(Ag)。纯铝与氧的亲和力很大，在空气中其表面能生成一层致密的 Al_2O_3 薄膜，隔绝空气，故在大气中有良好的耐蚀性。纯铝强度、硬度很低，塑性很高，可铸造、压力加工、机械加工成各种形状，并且无低温脆性、无磁性。冷变形强化可提高其强度，但塑性会有所降低。纯铝因强度低，一般不作结构材料使用。适宜制作电线、电缆及对强度要求不高的用品和器皿。

工业纯铝通常含有 Fe、Si、Cu、Zn 等杂质，是由于冶炼原料铁矾土带入的。杂质含量越多，其导电性、导热性、耐蚀性及塑性越差。

纯铝按纯度可分为 3 类。

(1) 工业纯铝。纯度为 98.0%～99.0%，旧牌号有 L1、L2、L3、…、L7 等(对应的新牌号为 1070、1060、1050、…)。L 是铝的汉语拼音字首，其后数字越大，纯度越低。

L1、L2、L3：用于高导电体、电缆、导电机件和防腐机械。

L4、L5、L6：用于器皿、管材、棒材、型材和铆钉等。

L7：用于日用品。

(2) 工业高纯铝。纯度为 98.85%～99.9%。旧牌号有 LG1、LG2、…、LG5 等(对应的新牌号为 1A85、1A90、…、1A99)。用于制造铝箔、包铝及冶炼铝合金的原料。

(3) 高纯铝。纯度为 99.93%～99.99%，牌号有 L01、L02、L03、L04 等。数字越大，纯度越高。主要用于特殊化学机械、电容器片和科学研究等。

9.1.2 铝合金

纯铝的强度低，不宜用来制作承受载荷的结构零件。向铝中加入适量的 Si、Cu、Mg、Mn 等合金元素，进行固溶强化和第二相强化而得到铝合金，其强度比纯铝高几倍，并保持纯铝的特性。

1. 铝合金的分类

二元铝合金一般按共晶相图结晶，如图 9.1 所示。

根据铝合金的成分和工艺特点可把铝合金分为变形铝合金和铸造铝合金。

(1) 变形铝合金。由图 9.1 可知，凡成分在 D' 点以左的合金，加热时能形成单相 α 固溶体组织，具有良好的塑性，适于压力加工，故称变形铝合金。

变形铝合金又可分为两类：成分在 F 点以左的合金，在加热过程中，始终处于单相固溶体状态，成分不随温度变化，称为热处理不能强化的铝合金；成分在 F 点与 D' 点之间的铝合金，其固溶体成分随温度变化，称为热处理能强化的铝合金。

(2) 铸造铝合金。成分在 D' 点以右的铝合金，具有共晶组织，塑性较差，但熔点低，流动性好，适于铸造，故称铸造铝合金。

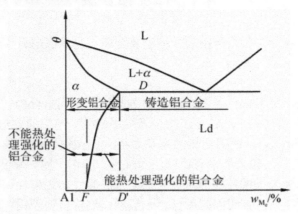

图 9.1 二元铝合金相图

2. 铝合金的强化方法

铝合金可以通过冷加工和热处理的方法进行强化，铝合金的种类不同，强化方法也不一样。

(1) 不可热处理强化的形变铝合金。这类铝合金在固态范围内加热、冷却都不会产生相变，因而只能用冷加工方法进行形变强化，如冷轧、压延等。

(2) 可热处理强化的形变铝合金。这类铝合金即可进行形变强化，又可进行热处理强化。其热处理的方法是先固溶处理，然后进行时效处理。

将铝合金加热到单相区某一温度，经保温，使第二相溶入 α 中，形成均匀的单相 α 固溶体，随后迅速水冷，使第二相来不及从 α 固溶体中析出，在室温下得到过饱和的 α 固溶体。这种处理方法称为固溶热处理。

固溶后的铝合金强度和硬度并无明显提高，且获得的过饱和固溶体是不稳定的组织，在室温下放置一段时间后(4～5 天)或低温加热时，第二相从中缓慢析出，使合金的强度和硬度明显提高。这种固溶处理后的铝合金，随时间延长而发生硬化的现象，称为时效(即时效强化)。在室温下进行的时效称自然时效；在加热的条件下进行的时效称人工时效。

9.1.3 常用铝合金

铝合金由于比强度高，用它代替某些钢铁材料，可减轻机械产品的质量，因此，铝合金在机械、电子、化工、仪表、航空航天等部门得到了广泛的应用。铝合金分为变形铝合金和铸造铝合金两大类。

1. 变形铝合金

变形铝合金根据其特点和用途可分为防锈铝合金(LF)、硬铝合金(LY)、超硬铝合金(LC)及锻铝合金(LD)。其代号分别用 LF、LY、LC、LD 加数字表示，其中数字为顺序号，例如 LF5、LY12、LC4、LD5。按 GB/T 16474—1996 规定，变形铝合金采用四位数字体系表达牌号。牌号的第一位数字是依主要合金元素 Cu、Mn、Si、Mg、Mg+Si、Zn、其他元素顺序表示铝及铝合金的组别。第二组数字或字母表示纯铝或铝合金的改型情况,字母 A 表示原始纯铝,数字 0 表示原始合金,B～Y 或 1～9 表示改型情况。牌号最后两位数字用以标识同一组中不同的铝合金,纯铝则表示铝的最低质量分数(%)。

常用变形铝合金的代号、牌号、成分、力学性能及用途见表 9-1。

表 9-1 常用变形铝合金代号、牌号、成分、力学性能及用途(GB/T 3190—1996)

类别	牌号	代号	化学成分(质量分数)/%					处理状态[①]	力学性能[②]			用途举例
			C_u	Mg	Mn	Zn	其他		R_m/MPa	A/%	HBW	
不能热处理强化的铝合金	防锈铝合金	5A05	LF5	0.1	4.8~5.5	0.3~0.6	0.2	$w_{Si}=0.5$ $w_{Fe}=0.5$	M	280	20	70	焊接油箱、油管、焊条、铆钉以及中等载荷零件及制品
		3A21	LF21	0.2	0.05	1.0~1.6	0.1	$w_{Si}=0.6$ $w_{Ti}=0.15$ $w_{Fe}=0.7$	M	130	20	30	焊接油箱、油管、焊条、铆钉以及轻载荷零件及制品
能热处理强化的铝合金	硬铝合金	2A01	LY1	2.2~3.0	0.2~0.5	0.2	0.10	$w_{Si}=0.5$ $w_{Ti}=0.15$ $w_{Fe}=0.5$	线材 CZ	300	24	70	工作温度不超过 100℃ 的结构用中等强度铆钉
		2A11	LY11	3.8~4.8	0.4~0.8	0.4~0.8	0.3	$w_{Si}=0.7$ $w_{Fe}=0.7$ $w_{Ni}=0.1$ $w_{Ti}=0.15$	板材 CZ	420	18	100	中等强度结构零件,如骨架、模锻的固定接头、支柱、螺旋桨叶片、局部镦粗的零件、螺栓和铆钉
能热处理强化的铝合金	硬铝合金	2A12	LY12	3.8~4.9	1.2~1.8	0.3~0.9	0.3	$w_{Si}=0.5$ $w_{Ni}=0.1$ $w_{Ti}=0.15$ $w_{Fe}=0.5$	板材 CZ	470	17	105	高强度结构零件,如骨架、蒙皮、隔框、肋、梁、铆钉等在 150℃ 以下工作的零件
	超硬铝合金	7A04	LC4	1.4~2.0	1.8~2.8	0.2~0.6	5.0~7.0	$w_{Si}=0.5$ $w_{Fe}=0.5$ $w_{Cr}=0.1$ ~0.25	CS	600	12	150	结构中主要受力件,如飞机大梁、桁架、加强框、蒙皮、接头及起落架
	锻铝合金	2A50	LD5	1.8~2.6	0.4~0.8	0.4~0.8	0.3	$w_{Si}=0.7$ ~1.2	CS	420	13	105	形状复杂中等强度的锻件及模锻件
		2A70	LD7	1.9~2.5	1.4~1.8	0.2	0.3	$w_{Ti}=0.02$ ~0.1 $w_{Ni}=0.9$ ~1.5 $w_{Fe}=0.9$ ~1.5	CS	415	13	120	内燃机活塞、高温下工作的复杂锻件、板材,可作高温下工作的结构件

注:① M——包铝板材退火状态;CZ——包铝板材淬火自然时效状态;CS——包铝板材人工时效状态。

② 防锈铝合金为退火状态指标;硬铝合金为(淬火+自然时效)状态指标;超硬铝合金为(淬火、人工时效)状态指标;锻铝合金为(淬火+人工时效)状态指标。

2. 铸造铝合金

用来制作铸件的铝合金称为铸造铝合金。按主加合金元素的不同，铸造铝合金可分为Al-Si系、Al-Cu系、Al-Mg系、Al-Zn系等4类。为了使合金具有良好的铸造性能和足够的强度，合金中要有适量的低熔点共晶组织。因此，它的合金元素含量比变形铝合金要多些，其合金元素总量分数可达8%~25%。

铸造铝合金的代号由"ZL+三位阿拉伯数字"组成。"ZL"是"铸铝"二字汉语拼音字首，其后第一位数字表示合金系列，如1、2、3、4分别表示铝硅、铝铜、铝镁、铝锌系列合金；第二、三位数字表示顺序号。例如，ZL102表示铝硅系02号铸造铝合金。若为优质合金在代号后加"A"，压铸合金在牌号前面冠以字母"YZ"。

铸造铝合金的牌号是由"Z+基体金属的化学元素符号+合金元素符号+数字"组成。

其中，"Z"是"铸"字汉语拼音字首，合金元素符号后的数字是以名义百分数表示的该元素的质量分数。例如：ZAlSi12表示$w_{Si}\approx 12\%$的铸造铝合金。

(1) 铝硅合金。铸造铝硅合金(又称硅铝明)。由于具有良好的力学性能、耐蚀性和铸造性能，所以是应用最广泛的铸造铝合金。

硅铝明的含硅量一般为10%~13%，铸造后几乎全部得到共晶组织，因此，具有良好的铸造性能。由于共晶体由粗大针状硅晶体和固溶体构成，故强度低，脆性大。若在浇注前向合金溶液中加入占合金重量2%~3%的钠盐(2/3Na+1/3NaCl)，进行变质处理，则能细化合金的组织，提高合金的强度和塑性。

由于硅在铝中的溶解度很小，硅铝明不能进行热处理强化。如向合金中加入能形成强化相的铜、镁等元素，则合金除能进行变质处理外，还能进行淬火时效。因而，可以显著提高硅铝明的强度。

(2) 铝铜合金。铸造铝铜合金具有较高的强度和耐热性，但铸造性能和耐蚀性较差，因此主要用于要求高强度和高温(300℃以下)条件下工作，且外形不太复杂便于铸造的零件。

(3) 铝镁合金。铸造铝镁合金的耐蚀性好，强度高，密度小(2.55g/cm³)，但铸造性能不好，耐热性低。该合金可以进行淬火时效处理。主要用于制造能承受冲击载荷、可在腐蚀介质中工作的、外形不太复杂便于铸造的零件。

(4) 铝锌合金。铸造铝锌合金价格便宜，铸造性能优良，经变质处理和时效处理后强度较高，但耐蚀性差，热裂倾向大。常用于制造汽车、拖拉机、发动机零件、形状复杂的仪器零件和医疗器械等。

常用铸造铝合金的牌号、化学成分、力学性能及用途见表9-2。

表9-2 常用铸造铝合金的牌号(代号)、成分、力学性能及用途(GB/T 1173—1995)

类别	牌号	代号	化学成分(质量分数)/%					处理状态		力学性能			用途举例
			Cu	Mg	Mn	Zn	其他	铸造①	热处理②	R_m/MPa	A/%	HBW	
铝硅合金	ZAlSi12	ZL102					余量	S B	F	143	4	50	形状复杂、低载的薄壁零件，如仪表、水泵壳体，船舶零件等
			10.0~13.0					J B	F	153	2	50	
								S B	T2	133	4	50	
								J	T2	143	3	50	

续表

类别	牌号	代号	化学成分(质量分数)/%						处理状态		力学性能			用途举例
			Si	Cu	Mg	Mn	其他	Al	铸造①	热处理②	R_m/MPa	A/%	HBW	
	ZAlSi5Cu1Mg	ZL105	4.5~5.5	1.0~1.5	0.4~0.6			余量	J J	T5 T7	231 173	0.5 1	70 65	工作温度225℃以下的发动机曲轴箱、汽缸体、盖等
铝铜合金	ZAlCu5Mn	ZL201		4.5~5.3		0.6~1.0	w_{Ti}=0.15~0.35	余量	S S	T4 T5	290 330	3 4	70 90	工作温度小于300℃的零件，如内燃机汽缸头、活塞
铝镁合金	ZAlMg10	ZL301			9.5~11.5			余量	S	T4	280	9	20	承受冲击载荷，在大气或海水中工作的零件，如水上飞机、舰船配件
	ZAlMg5Si1	ZL303	0.8~1.3		4.5~5.5	0.1~0.4		余量	S J	F	143	1	55	
铝锌合金	ZAlZn11Si7	ZL401	6.0~8.0		0.1~0.3		w_{Zn}=9.0~13.0	余量	J	T1	241	1.5	90	承受高静载荷或冲击载荷，不能进行热处理的铸件，如汽车、仪表零件、医疗器械等
	ZAlZn6Mg	ZL402			0.5~0.65		w_{Cr}=0.4~0.6 w_{Zn}=5.0~6.5 w_{Ti}=0.15~2.5	余量	J	T1	231	4	70	

注：① J——金属型；S——砂型；B——变质处理。

② F 铸态；T1 人工时效；T2 退火；T4 固溶处理后自然时效；T5 固溶处理+不完全人工时效；T6 固溶处理+完全人工时效；T7 固溶处理+稳定化处理。

9.2 铜及铜合金

在有色金属中，铜的产量仅次于铝。铜及其合金在我国有着悠久的使用历史，而且范围很广。

9.2.1 工业纯铜

工业纯铜呈玫瑰红色，但容易和氧化合，表面形成氧化铜薄膜后，外观呈紫红色，故又称紫铜。纯铜具有面心立方晶格，无同素异晶转变。密度为8.9g/cm³，熔点为1083℃。导电性和导热性良好，导电性仅次于银居第二位，并具有抗磁性。在大气和淡水中有良好的耐腐蚀性能，强度、硬度不高，塑性、韧性、焊接性及低温力学性能良好，适宜进行各种冷热加工。冷变形强化后，会使塑性明显降低，导电性略微降低。工业纯铜中常含有微量的杂质元素,会降低纯铜的导电性,使铜出现热脆性和冷脆性。

压力加工工业纯铜代号有 T1、T2、T3、T4 四种。数字越大,表示铜的纯度越低。

9.2.2 黄铜

黄铜是以 Zn 为主加元素的铜合金,黄铜按成分分为普通黄铜和特殊黄铜;按加工方式分为加工黄铜和铸造黄铜。

1. 普通黄铜(铜锌二元合金)

1) 普通黄铜的代号及牌号

普通黄铜中的加工黄铜,其代号由"H+数字"组成。其中"H"是"黄"字汉语拼音字首,数字是以名义百分数表示的 Cu 的质量分数。如 H62 表示 Cu 的平均质量分数为 62%,其余为 Zn 的普通黄铜。普通黄铜中的铸造黄铜,其牌号表示法是由"Z+Cu+合金元素符号+数字"组成。其中,"Z"是"铸"字汉语拼音字首,合金元素符号后的数字是以名义百分数表示的该元素的质量分数。如 ZCuZn38,其含义是 $w_{Zn} \approx 38\%$,其余为 Cu 的铸造黄铜。

2) Zn 的质量分数的影响

普通黄铜是铜锌二元合金,Zn 的质量分数对黄铜的组织和性能的影响如图 9.2 所示。

在平衡状态下,当 $w_{Zn} < 32\%$ 时,Zn 全部溶于铜中,室温下形成单相 α 固溶体,强度和塑性都随 Zn 的质量分数的增加而提高,适于冷变形加工;当 $w_{Zn} = 30\% \sim 32\%$ 时,塑性最高。当 $w_{Zn} > 32\%$ 时,其室温组织为 α 固溶体与少量硬而脆的 $β'$ 相,塑性开始下降,不宜冷变形加工,但高温下塑性好,可进行热变形加工;当 $w_{Zn} = 40\% \sim 45\%$ 时,强度最高。当 $w_{Zn} > 45\%$ 时,其组织全部为 $β'$ 相,塑性和强度均急剧下降,在工业上已无实用价值。

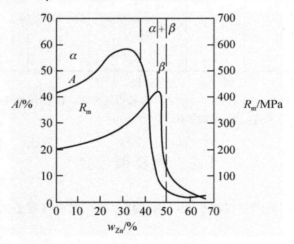

图 9.2 锌对黄铜力学性能的影响

2. 特殊黄铜

特殊黄铜是在铜锌的基础上加入 Pb、Al、Sn、Mn、Si 等元素后形成的铜合金,并相应称之为铅黄铜、铝黄铜、锡黄铜等。它们具有比普通黄铜更高的强度、硬度、耐蚀性和良好的铸造性能。

1) 特殊黄铜的代号及牌号

加工特殊黄铜代号由"H+合金元素符号(Zn 除外)+数字—数字"组成。其中"H"是"黄"字汉语拼音字首,第一组数字是以名义百分数表示的 Cu 的质量分数,第二组数字是以名义百分数表示的主添加合金元素的质量分数,有时还有第三组数字,用以表示其他元素的质量分数。如 HSn62-1 表示 $w_{Cu}\approx62\%$,$w_{Sn}\approx1\%$,其余为 Zn 的加工锡黄铜。

铸造特殊黄铜的牌号表示法是由"Z+Cu+合金元素符号+数字"组成。其中,"Z"是"铸"字汉语拼音字首,合金元素符号后的数字是以名义百分数表示的该元素的质量分数。如 ZCuZn40Mn3Fe1,其含义是 $w_{Zn}\approx40\%$、$w_{Mn}\approx3\%$、$w_{Fe}\approx1\%$,其余为 Cu 的铸造特殊黄铜。

2) 合金元素的影响

Pb 可改善切削加工性和耐磨性;Si 可改善铸造性能,提高强度和耐蚀性;Al 可提高强度、硬度和耐蚀性;Sn、Al、Si、Mn 可提高耐蚀性,减少应力腐蚀破裂的倾向。

若特殊黄铜中加入的合金元素较少,塑性较高,则称为加工特殊黄铜;加入的合金元素较多,强度和铸造性能好,则称为铸造特殊黄铜。

常用加工黄铜的代号、成分、性能及用途见表 9-3。

表 9-3 常用加工黄铜的代号、成分、性能及用途(GB/T 5231—2001)

类别	代号	化学成分(质量分数)/%						力学性能			用途举例
		Cu	Pb	Al	Sn	其他	Zn	R_m/MPa	A/%	HBW	
普通黄铜	H96	95.0～97.0	0.03			$w_{Fe}=0.1$ $w_{Ni}=0.5$	余量	450	2		冷凝、散热管,汽车水箱带、导电零件
	H70	68.5～71.5	0.03			$w_{Fe}=0.1$ $w_{Ni}=0.5$ $w_{Ni}=0.5$	余量	660	3	150	弹壳、造纸用管、机械电器零件
铅黄铜	HPb63-3	62.0～65.0	2.4～3.0				余量	650	4		要求可加工性极高的钟表、汽车零件
	HPb59-1	57.0～0.0	0.8～0.9				余量	650	16	140	热冲压及切削加工零件,如销子、螺钉、垫片
铝黄铜	HAl67-2.5	66.0～8.0	0.5	2.0～3.0		$w_{Fe}=0.6$	余量	650	12	170	海船冷凝器管及其他耐蚀零件
	HAl60-1-1	58.0～1.0		0.7～1.5		$w_{Fe}=0.7$ ～1.5	余量	750	8	180	齿轮、蜗轮、衬套、轴及其他耐蚀零件
锡黄铜	HSn90-1	88.0～1.0			0.25～0.7		余量	520	5	148	汽车、拖拉机弹性套管及耐蚀减摩零件等
	HSn62-1	61.0～3.0			0.75～1.1		余量	700	4		船舶、热电厂中高温耐蚀冷凝器管

常用铸造黄铜的牌号、成分、性能及用途见表9-4。

表9-4 常用铸造黄铜的牌号、成分、性能用途(GB/T 1176—1987)

类别	牌号(旧牌号)	化学成分(质量分数)/%					铸造方法	力学性能			用途举例
		Cu	Al	Mn	Si	其他		R_m/MPa	A/%	HBW	
普通铸造黄铜	ZCuZn38 (ZH62)	60.0~63.0				w_{Zn}余量	S J	285 295	30 30	60 70	一般结构件和耐蚀零件,如法兰、阀座、支架、手柄、螺母等
铸造铝黄铜	ZCuZn25Al6Fe3Mn3 (ZHA166-6-3-2)	60.0~66.0	4.5~7.0	1.5~4.0		w_{Fe}=2.0~4.0 w_{Zn}余量	S J	725 740	10 7	160 170	高强耐磨零件如桥梁支撑板、螺母、螺杆、耐磨板、蜗轮等
	ZCuZn31Al2 (ZHAl67-2.5)	66.0~68.0	2.0~3.0			w_{Zn}余量	S J	295 390	12 15	80 90	适于压力铸造零件,如电动机、仪表等压铸件、耐蚀零件
铸锰黄铜	ZCuZn38Mn2Pb2 (ZHMn58-2-2)	57.0~60.0		1.5~2.5		w_{Pb}=1.5~2.5 w_{Zn}余量	S J	245 345	10 18	70 70	一般用途的结构件,如套筒、被套、轴瓦、滑块等

注:括号内材料牌号为旧标准(GB 1176—1974)牌号。

9.2.3 青铜

1. 青铜的分类和牌号

除黄铜和白铜以外的其他铜合金称为青铜。常见的如锡青铜、铝青铜、铍青铜等。按生产方式,可分为加工青铜和铸造青铜。

加工青铜的代号由"Q+第一个主加元素符号+数字—数字"组成。其中"Q"是"青"字汉语拼音字首,第一组数字是以名义百分数表示的第一个主加元素的质量分数,第二组数字是以名义百分数表示的其他合金元素的质量分数。例如,QSn4-3表示平均w_{Sn}≈4%、w_{Zn}≈3%,其余为Cu的加工锡青铜。

铸造青铜的牌号表示法是由"Z+Cu+合金元素符号+数字"组成。其中"Z"是"铸"字汉语拼音字首,合金元素符号后的数字是以名义百分数表示的该元素的质量分数。例如:ZCuSn10Pb1,表示平均w_{Sn}≈10%、w_{Pb}≈1%,其余为铜的铸造锡青铜。

2. 锡青铜

锡青铜的铸造收缩率很小,适于铸造外形及尺寸要求严格的铸件,但其流动性差,易于形成分散缩孔,不宜用作要求致密度较高的铸件。锡青铜对大气、海水与无机盐溶液有极高的抗蚀性,但对氨水、盐酸与硫酸的抗蚀性却不够理想。磷及含铝的锡青铜具有良好的耐磨性,适于用作轴承和轴套材料。

3. 铝青铜

铝青铜具有可与钢相比的强度,它有着高的冲击韧度与疲劳强度、耐蚀、耐磨、受冲击时不产生火花等优点。铝青铜的结晶温度间隔小,流动性好,铸造时形成集中缩孔,可获得致密的铸件。常用来制造轴承、齿轮、摩擦片、涡轮等要求高强度、高耐磨性的零件。

常用加工青铜的代号、成分、力学性能及用途见表9-5。

表9-5 常用加工青铜的代号、成分、性能及用途(GB/T 5231—2001)

类别	代号	化学成分(质量分数)/%				力学性能			用途举例
		主加元素	其他			R_m/MPa	A/%	HBW	
锡青铜	QSn4-3	w_{Sn}=3.5~4.5	w_{Zn}=2.7~3.3	杂质总和 0.2,w_{Cu}余量		550	4	160	弹性元件,化工机械耐磨零件和抗磁零件
锡青铜	QSn6.5-0.1	w_{Sn}=6.0~7.0	w_{Zn}=0.3	w_P=0.1~0.25 w_{Cu}余量 杂质总和 0.1		750	10	160~200	弹簧接触片,精密仪器中的耐磨零件和抗磁零件
铝青铜	QAl9-2	w_{Al}=8.0~10.0	w_{Mn}=1.5~2.5	w_{Zn}=1.0	杂质总和 1.7 w_{Cu}余量	700	4~5	160~200	海轮上的零件,在250℃以下工作的管配件和零件
铝青铜	QAl10-3-1.5	w_{Al}=8.5~10.0	w_{Fe}=2.0~4.0	w_{Mn}=1.0~2.0	杂质总和 0.75 w_{Cu}余量	800	9~12	160~200	船舶用高强度耐蚀零件,如齿轮、轴承
硅青铜	QSi3-1	w_{Si}=2.7~3.5	w_{Mn}=1.0~1.5	w_{Zn}=0.5,w_{Fe}=0.3,w_{Sn}=0.25 杂质总和 1.1,w_{Cu}余量		700	1~5	180	弹簧、耐蚀零件以及蜗轮、蜗杆、齿轮、制动杆等
硅青铜	QSi1-3	w_{Si}=0.6~1.1	w_{Ni}=2.4~3.4	w_{Mn}=0.1~0.4	杂质总和 0.5 w_{Cu}余量	600	8	150~200	发动机和机械制造中的构件,在300℃以下工作的摩擦零件
铍青铜	QBe2	w_{Be}=1.8~2.1	w_{Ni}=0.2~0.5	杂质总和 0.5,w_{Cu}余量		1250	2~4	330	重要的弹簧和弹性元件,耐磨零件以及高压、高速、高温轴承

常用铸造青铜的牌号、成分、力学性能及用途见表9-6。

表9-6 常用铸造青铜的牌号、成分、性能及用途(GB/T 1176—1987)

类别	牌号(旧牌号)	化学成分(质量分数)/%			铸造方法	力学性能			用途举例
		主加元素	其他			R_m/MPa	A/%	HBW	
铸造锡青铜	ZCuSn3Zn7Pb5Ni1 (ZQSn3-7-5-1)	w_{Sn}=2.0~4.0	w_{Zn}=6.0~9.0 w_{Pb}=4.0~7.0 w_{Ni}=0.5~1.5	w_{Cu}余量	S J	175 215	8 10	60 71	在各种液体燃料、海水、淡水和蒸汽(<225℃)中工作的零件、压力小于2.5MPa的阀门和管配件
铸造锡青铜	ZCuSn5Pb5Zn5 (ZQSn5—5—5)	w_{Sn}=4.0~6.0	w_{Zn}=4.0~6.0 w_{Pb}=4.0~6.0	w_{Cu}余量	S J	200 200	13 13	70 90	在较高负荷、中等滑动速度下工作的耐磨、耐蚀零件,如轴瓦、缸套、活塞、离合器、蜗轮等
铸造锡青铜	ZCuSn10Pb1 (ZQSn10—1)	w_{Sn}=9.0~11.5	w_{Pb}=0.5~1.0	w_{Cu}余量	S J	220 310	3 2	90 115	在高负荷、高滑动速度下工作的耐磨零件,如连杆、轴瓦、衬套、缸套、蜗轮等

续表

类别	牌号 (旧牌号)	化学成分(质量分数)/%			铸造方法	力学性能			用途举例
		主加元素	其他			R_m/MPa	A/%	HBW	
铸造铅青铜	ZCuPb10Sn10 (ZQPb10—10)	$w_{Pb}=$ 8.0~11.0	$w_{Sn}=$ 9.0~11.0	w_{Cu}余量	S J	180 220	7 5	62 65	表面压力高、又存在侧压的滑动轴承、轧辊、车辆轴承及内燃机的双金属轴瓦等
	ZCuPb30 (ZQPb30)	$w_{Pb}=$ 27.0~33.0	w_{Cu}余量		J			40	高滑动速度的双金属轴瓦、减摩零件等
铸造铝青铜	ZCuAl8Mn13Fe3 (ZQAl8—13—3)	$w_{Al}=$ 7.0~9.0	$w_{Mn}=$ 12.0~14.5	w_{Cu}余量	S J	600 650	15 10	160 170	重型机械用轴套及要求强度高、耐磨、耐压零件,如衬套、法兰、阀体、泵体等
	ZCuAl8Mn13Fe3Ni2 (ZQAl8—13—3—2)	$w_{Al}=$ 7.0~8.5	$w_{Ni}=$1.8~2.5 $w_{Fe}=$2.5~4.0 $w_{Mn}=$11.5~14.0	w_{Cu}余量	S J	645 670	20 18	160 170	要求强度高耐蚀的重要铸件,如船舶螺旋桨、高压阀体及耐压、耐磨零件如蜗轮、齿轮等

注：括号内材料牌号为旧标准(GB 1176—1974)牌号。

9.3 滑动轴承合金

在机器中轴是极其重要的零件,而滑动轴承又是机器中用以支撑轴进行运转的不可缺少的零部件。一般滑动轴承是由轴承体和轴瓦组成。制造轴瓦及其内衬的合金称为轴承合金。

9.3.1 轴承合金的性能要求和组织特征

1. 滑动轴承的性能要求

轴承的作用是支承轴和其他转动零件,与轴直接配合使用。当轴旋转时,轴承承受交变载荷,且伴有冲击力,轴瓦和轴发生强烈的摩擦,造成轴径和轴瓦的磨损。由于轴是机器中最重要的零件,制造困难,价格昂贵,经常更换会造成很大的经济损失。所以,在设计轴承合金时,即要考虑轴瓦的耐磨性,又要保证轴径极少磨损。为此,轴承合金应具有较高的抗压强度和疲劳强度；高的耐磨性,良好的磨合性和较小的摩擦因数；足够的塑性和韧性,以承受冲击和振动；良好的耐蚀性和导热性,较小的膨胀系数；良好的工艺性,价格低廉。

2. 轴承合金的组织特征

为满足上述性能要求,轴承合金应具有软基体上分布着硬质点(图9.3)或在硬基体上分布着软质点的组织。运转时软组织很快受磨损而凹陷,可储存润滑油,减小摩擦。硬组织支撑轴颈,降低轴和轴瓦之间的摩擦因数。

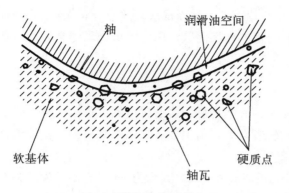

图 9.3 轴承合金组织示意

9.3.2 轴承合金的分类及牌号

轴承合金按主要成分可分为锡基、铅基、铝基、铜基、锌基等几种。其中锡基和铅基轴承合金又称巴氏合金。轴承合金的价格较贵。

轴承合金一般在铸态下使用，其编号方法是"Z+基本元素+主加元素+主加元素含量+辅助加入元素符号及含量"。其中 Z 是"铸"字汉语拼音字首。例如，牌号为 ZSnSb11Cu6(即旧牌号 ZChSnSb11－6)表示是含 11%Sb 和 6%Cu 的锡基轴承合金。

1. 锡基轴承合金(锡基巴氏合金)

锡基轴承合金是以 Sn 为基础，加入 Sb、Cu 等元素组成的合金。如 ZSnSb11Cu6 合金中软基体为 Sb 溶于 Sn 的 α 固溶体，以 β 相(即 SnSb 为基的硬脆化合物)及高熔点的 Cu_3Sn 为硬质点。

与其他轴承材料相比，锡基轴承合金膨胀系数小，减摩性好，并具有良好的导热性、塑性和耐蚀性。适用于制造汽车、拖拉机、汽轮机等高速轴承。但其疲劳强度差。由于 Sn 的熔点低，其工作温度也较低(小于 120℃)。为提高疲劳强度和使用寿命，常采用离心浇注法将它镶嵌在低碳钢的轴瓦上，形成薄而均匀的内衬。这种双金属的轴承称为"双金属"轴承。即提高了轴承的使用寿命，又节约了大量昂贵的锡基轴承合金。

2. 铅基轴承合金(铅基巴氏合金)

铅基轴承合金是以 Pb-Sb 为基，又加入少量的锡和铜的轴承合金，也是软基体上分布硬质点的轴承合金。常用牌号为 ZPbSb16Sn16Cu2 轴承合金。含 16%Sb、16%Sn 和 2%Cu。其软基体为 $(\alpha+\beta)$ 共晶体(α 相是锑溶于铅中的固溶体，β 相是以 Pb-Sb 为基的硬脆化合物)，硬质点是 β 相 SnSb 和 Cu_2Sb 化合物。加入约 11%Sn 的作用是溶入 Pb 中强化基体，并能形成硬质点。加入约 2%Cu，能防止"比重偏析"，同时形成 Cu_2Sb 硬质点，提高耐磨性。

铅基轴承合金的硬度、强度和韧性比锡基轴承合金低，但由于价格便宜，常做低速低载轴承。如汽车、拖拉机的曲轴轴承及电动机、破碎机轴承等，工作温度不超过 120℃。

3. 铜基轴承合金

铜基轴承合金有铅青铜、锡青铜和铝青铜(如 ZCuPb30、ZCuSn10Pb1、ZCuAl10Fe3)，常见的 ZCuPb30 青铜中，铅不溶于铜而形成软质点分布在铜(硬)基体中，铅青铜的疲劳强度高，导热性好，并具有低的摩擦因数，因此，可做承受高载荷、高速度及在高温下工作的轴承。

4. 铝基轴承合金

铝基轴承合金密度小，导热性好，疲劳强度高，价格低廉，广泛用作高速轴承。但膨胀系数大，运转时易与轴咬合。目前主要有高锡铝基与铝锑镁轴承合金两类，都是硬基体上分布着软质点的轴承合金。

高锡铝基轴承合金(20%Sn，1%Cu，其余为 Al)具有高的疲劳强度及高的耐热性与耐磨性，且承载能力高，用来代替巴氏合金、铜基轴承合金，制作高速重载发动机轴承，已在汽车、拖拉机、内燃机车上推广使用。铝锑镁轴承合金具有高的疲劳强度与耐磨性，但承载能力不大，一般用来制造承载能力较小的内燃机轴承。

5. 锌基轴承合金

锌基轴承合金是以锌为基加入其他元素组成的轴承合金，常加的合金元素有铝、铜、镁、镉、铅、钛等。锌基合金熔点低，流动性好，易熔焊，钎焊和塑性加工，在大气中耐腐蚀，残废料便于回收和重熔；但蠕变强度低，易发生自然时效引起尺寸变化。采用熔融法制备，压铸或压力加工成材。按制造工艺可分为铸造锌基合金和变形锌基合金。

高铝锌基合金是新型重力铸造锌基合金系列(ZA8、ZA12、ZA27)的代称，其在 1997 年被列入国家推荐标准《铸造锌基合金》(标准代号：GB/T 1175—1997)，以 $ZnAl27Cu2Mg$ 即 ZA27-2 为代表并衍生的高铝锌基合金，作为新型轴承合金已广泛取代部分巴氏合金和青铜，用来制造各类轴瓦、轴套、滑板、滑块、蜗轮及传动螺母等减摩耐磨件。与巴氏合金相比，除了拥有显著的性价比优势外，还具有更高的强韧性、更低的比重和更宽的应用范围等特点。

小　　结

本章主要介绍了铝合金、铜合金及滑动轴承合金的成分、组织性能特点、牌号及主要用途：

(1) 铝合金分为变形铝合金和铸铝合金。变形铝合金包括防锈铝合金、硬铝合金和超硬铝合金。

(2) 铜合金按化学成分不同，分为黄铜、白铜和青铜；按生产方式不同，铜合金分为加工铜合金和铸造铜合金。工业上应用较多的是黄铜和青铜。

(3) 滑动轴承合金是制造滑动轴承中的轴瓦及内衬的材料。应具有软基体上分布着硬质点或在硬基体上分布着软质点的组织特征。轴承合金按主要成分可分为锡基、铅基、铜基、铝基、锌基等几种。

练习与思考

1. 判断题

(1) 铝合金热处理也是基于铝具有同素异构转变。

(2) LF21 是防锈铝合金,可用冷压力加工或淬火、时效来提高强度。

(3) ZL105 是铝硅合金,其中还含有少量的合金元素,可用热处理来强化,常用于制造发动机的气缸体。

(4) LY12 的耐蚀性比纯铝、防锈铝都好。

(5) H70 的组织为 $\alpha + \beta'$,具有较高的强度、较低的塑性。

(6) 锡基轴承合金比铜基轴承合金(锡青铜)的硬度高,故常用于制造整体轴套。

2. 填空题

(1) ZL102 属于____合金,一般用____工艺方法来提高强度。

(2) H70 属于____合金,其组织为____,一般采用____来提高强度。

(3) 铝合金热处理是首先进行____处理,获得____组织;然后经____过程使其强度、硬度明显提高。

(4) ZSnSb11Cu6 属于____合金,其中锡含量为____。

3. 选择题

(1) 提高 LY11 零件强度的方法通常采用(   )。
   A. 淬火+低温回火   B. 固溶处理+时效
   C. 变质处理   D. 调质处理

(2) 为了获得较高强度的 ZL102(ZAlSi12)零件,通常采用(   )。
   A. 调质处理   B. 变质处理
   C. 固溶处理+时效   D. 淬火+低温回火

(3) ZSnSb11Cu6 合金的组织是属于(   )。
   A. 软基体软质点   B. 软基体硬质点
   C. 硬基体软质点   D. 硬基体硬质点

4. 简答题

(1) 时效强化与固溶强化有何区别?

(2) 形变铝合金分为哪几类?主要性能特点是什么?

(3) 何谓硅铝明?它属于哪一类铝合金?为什么硅铝明具有良好的铸造性能?在变质处理前后其组织和性能有何变化?这类铝合金主要用于何处?

(4) 铜合金主要分为哪几类?试述锡青铜的主要性能特点和应用。

(5) 指出下列合金的类别、成分、主要特性及用途:LF21,ZL102,LY12,LD7,LC4;H70,T2,HPb59-1,ZCuZn25Al6Fe3Mn3,ZCuSn10Pb1,QBe2;ZPbSbl6Sn16Cu2,ZCuPb30。

(6) 用作轴瓦材料必须具有什么特性?对轴承合金的组织有什么要求?

第 10 章

其他工程材料

本章简单介绍了除金属材料外的其他工程材料,包括塑料、橡胶、陶瓷和复合材料的基本知识。阐述了常用工程塑料和橡胶的组成、分类、成形方法、性能特点及其应用领域和制品等。介绍现今意义上陶瓷材料的分类,简述工程陶瓷的基本工艺过程及显微组织和性能,介绍了常用工业陶瓷的组成、性能特点和应用。

采用某种可能的工艺将两种或两种以上的组织结构、物理及化学性质完全不同的物质结合在一起,就可以形成一类新的复合材料,它代表了工程材料的一个发展方向。本章介绍了复合材料的分类,讨论纤维复合材料和颗粒复合材料的复合机制与原则,分析其性能比组成材料性能优越的原因,按照基体类型介绍常用金属基和非金属基复合材料的组成、性能及应用。重点阐述了常用的增强体的性能,常用的金属基、陶瓷基和聚合物基复合材料的性能和主要用途。

本章要求学生了解除金属材料外的其他工程材料,包括塑料、橡胶、陶瓷和复合材料的基本知识。熟悉常用工程塑料、橡胶、工业陶瓷及复合材料的分类、性能特点及应用,学会在生产实践中,正确选择并应用这些材料。

工程材料仍然以金属材料为主，这在相当长的时间内大概不会改变。但近年来高分子材料、陶瓷、复合材料等其他工程材料的急剧发展，在材料的生产和使用方面均有重大的进展，具有的某些特有的使用性能，正在越来越多地应用于国民经济各个部门。因此，非金属材料已经不是金属材料的代用品，而是一类独立使用的材料，有时甚至是一种不可取代的材料。

其他工程材料，主要指非金属材料，包括除金属材料以外几乎所有的材料，主要有各类高分子材料(塑料、橡胶、合成纤维、部分胶粘剂等)、陶瓷材料(各种陶器、瓷器、耐火材料、玻璃、水泥及近代无机非金属材料等)和各种复合材料等。本章主要介绍常用的塑料、橡胶、陶瓷和复合材料。

10.1 塑　　料

塑料是一种以有机合成树脂为主要组成的高分子材料，它通常可在加热、加压条件下塑制成形，故称为塑料。

10.1.1 塑料的组成

工程上所用的塑料，其成分都是以各种各样的合成树脂为基础，再加入其他添加剂制成的，其大致组成如下。

(1) 合成树脂。合成树脂是塑料的主要成分，是由低分子化合物通过缩聚或加聚反应合成的高分子化合物，如酚醛树脂、聚乙烯等，也起粘接剂作用。合成树脂在塑料中的含量约为40%～100%，它决定了塑料的主要性能，并且其他添加剂的加入及作用的发挥都是以合成树脂为中心作用的，故绝大多数塑料都以相应的树脂来命名的。

(2) 添加剂。工程塑料中的添加剂都是为改善材料的某种性能而加入的。根据作用不同，添加剂可分为增塑剂、稳定剂、润滑剂、填充剂、增强剂、着色剂和发泡剂等。其主要作用是增加塑料制品的使用性能和改善塑料工艺性能。

10.1.2 塑料的分类

塑料的品种繁多，分类方法也很多，在工业上常用的分类方法有以下两种：

1. 按树脂在加热和冷却时所表现的性质分类

有热塑性塑料和热固性塑料两种。

(1) 热塑性塑料。该类材料加热后软化或熔化，冷却后硬化成形并保持既得形状，而且该过程可反复进行。常用的材料有聚乙烯、聚丙烯、ABS塑料等。这类塑料加工成形简便，具有较高的力学性能，但耐热性和刚性比较差。较后开发的氟塑料、聚酰亚胺具有较突出的特殊性能，如优良的耐蚀性、耐热性、绝缘性、耐磨性等，是塑料中较好的高级工程塑料。

(2) 热固性塑料。初加热时软化，可塑造成形，但固化后再加热将不再软化，也不溶于溶剂，故只可一次成形或使用。这类塑料有酚醛、环氧、氨基、不饱和聚酯等。它们具有耐热性高，受压不易变形等优点，但力学性能不好。

2. 按使用范围分类

通常分为工程塑料、通用塑料和特种塑料。

(1) 工程塑料。可用作工程结构或机械零件的一类塑料，它们一般有较好的稳定的力学性能，耐热耐蚀性较好，且尺寸稳定性好，如 ABS、尼龙、聚甲醛等。

(2) 通用塑料。主要用于日常生活用品的塑料。其应用范围广，生产产量大，占塑料总产量的 3/4 以上，是一般工农业和日常生活不可缺少的低成本材料。

(3) 特种塑料。具有某些特殊的物理化学性能的塑料，如耐高温，耐蚀，光学等性能塑料。其产量少，成本高，只用于特殊场合。

10.1.3 塑料的成形方法

塑料的成形是指将原材料制成具有一定形状和尺寸的塑料制品的工艺过程。塑料的成形方法较多，但工艺较简单。其原材料一般采用树脂与所加的添加剂混合而成的粉末或颗粒。热塑性树脂加热可软化变形，经加压后即可成形。热固性树脂在加热成形时进行聚合反应，形成体形高分子结构而变硬。热塑性塑料的成形方法主要有挤出成形、注射成形、压延成形、吹塑成形等。热固性塑料的成形方法主要有模压成形、传递成形、层压成形等。其中传递成形、层压成形、注射成形等既可以用于热塑性塑料的成形，也可用于热固性塑料的成形，但工艺参数有所不同。

10.1.4 塑料的性能

塑料相对于金属来说，具有重量轻、比强度高、化学稳定性好、电绝缘性好、耐磨、减摩和自润滑性好等优点。此外，如透光性、绝热性等也是一般金属所不及的。

通常热塑性塑料强度在 50MPa～100MPa，热固性塑料强度一般为 30MPa～60MPa，强度较低；弹性模量只有金属材料的十分之一，但承受冲击载荷的能力与金属一样。虽然塑料的硬度低，但其摩擦、磨损性能优良，摩擦因数小，有些塑料有自润滑性能，很耐磨，可制作在干摩擦条件下使用的零件。

热塑性塑料的最高允许使用温度多数在 100℃ 以下，而热固性塑料一般高于热塑性塑料，如有机硅塑料高达 300℃。塑料的导热性很差，而膨胀系数较大，约为金属的 3～10 倍。

10.1.5 常用工程塑料

1. 聚烯烃塑料

聚烯烃塑料的原料来源于石油天然气，原料丰富，因此一直是塑料工业中产量最大的品种，用途也十分广泛。

(1) 聚乙烯(PE)。聚乙烯由乙烯单体聚合而成。根据合成方法不同，可分为高压、中压和低压三种。高压聚乙烯相对分子质量、结晶度和密度较低，质地柔软，常用来制作塑料薄膜、软管和塑料瓶等。低压聚乙烯质地刚硬，耐磨性、耐蚀性及电绝缘性较好，常用来制造塑料管、板材、绳索以及承载不高的零件，如齿轮、轴承等。

聚乙烯产品缺点是：强度和刚度低；热变形温度低，耐热性差，且容易老化。

(2) 聚氯乙烯(PVC)。聚氯乙烯是最早工业生产的塑料产品之一，产量仅次于聚乙烯。聚氯乙烯是由乙炔气体和氯化氢合成的氯乙烯聚合而成。具有较高的强度和较好的耐蚀性。用于制作化工、纺织等工业的排污排毒塔、气体液体输送管，还可代替其他耐蚀材料制造贮槽、离心泵、通风机和接头等。当增塑剂加入量达30%～40%时，便制得软质聚氯乙烯，其延伸率高，制品柔软，并具有良好的耐蚀性和电绝缘性，常制成薄膜，用于工业包装、农业育秧和日用雨衣、台布等，还可用于制作耐酸耐碱软管、电缆外皮、导线绝缘层等。

PVC适宜的加工温度为150℃～180℃，使用温度一般在-15℃～55℃。其突出的优点是耐化学腐蚀，不燃烧且成本低，易于加工；但其耐热性差，冲击韧度低，还有一定的毒性。当然若用共聚和混合法改进，也可制成用于食品和药品包装的无毒聚氯乙烯产品。

(3) 聚苯乙烯(PS)。该类塑料的产量仅次于上述两者(PE、PVC)。PS具有良好的加工性能；其薄膜有优良的电绝缘性，常用于电器零件；其发泡材料相对密度低达0.33，是良好的隔音、隔热和防震材料，广泛用于仪器包装和隔热。可用以制造纺织工业中的纱管、纱锭、线轴；电子工业中的仪表零件、设备外壳；化工中的储槽、管道、弯头；车辆上的灯罩、透明窗；电工绝缘材料等。其中还可加入各种颜色的填料制成色彩鲜艳的制品，用于制造玩具及日常用品。聚苯乙烯的最大缺点是抗冲击性差，易脆裂、耐热性不高。

(4) 聚丙烯(PP)。聚丙烯由丙烯单体聚合而成。聚丙烯刚性大，其强度、硬度和弹性等力学性能均高于聚乙烯。聚丙烯的密度仅为$0.90g/cm^3$～$0.91g/cm^3$，是常用塑料中最轻的。而它的强度、刚度、表面硬度都比PE塑料大；它无毒，耐热性也好，是常用塑料中唯一能在水中煮沸、经受消毒温度(130℃)的品种。聚丙烯具有优良的电绝缘性能和耐蚀性能，在常温下能耐酸、碱，所以经常制作成导线外皮。但聚丙烯的冲击韧度差，耐低温及抗老化性也差。聚丙烯可用于制作某些零件，如法兰、齿轮、风扇叶轮、泵叶轮、把手及壳体等，还可制作化工管道、容器、医疗器械等。

PVC、PS及PP三大类烯烃塑料的性能比较见表10-1。

表10-1 PVC、PS及PP的性能比较

名称	聚氯乙烯	聚苯乙烯	聚丙烯
缩写	PVC	PS	PP
密度/g·cm^{-3}	1.30～1.45	1.02～1.11	0.90～0.91
抗拉强度/MPa	35～36	42～56	30～39
延伸率/%	20～40	1.0～3.7	100～200
抗压强度/MPa	56～91	98	39～56
耐热温度/℃	60～80	80	149～160
吸水率/%(24h)	0.07～0.4	0.03～0.1	0.03～0.04

2. ABS塑料

ABS塑料是丙烯腈、丁二烯和苯乙烯的三元共聚物。由于ABS为三元共聚物，丙烯腈使材料耐蚀性和硬度提高，丁二烯提高其柔顺性，而苯乙烯则使其具有良好的热塑性加工性，因此ABS是"坚韧、质硬且刚性"的材料，是最早被人类认识和使用的"高分子合金"。

ABS由于其低的成本和良好的综合性能，且易于加工成形和电镀防护，因此在机械，

电器和汽车等工业有着广泛的应用。可制造齿轮、泵叶轮、轴承、把手、管道、储槽内衬、电机外壳、仪表壳、仪表盘、蓄电池槽、水箱外壳等。近来在汽车零件上的应用发展很快，如做挡泥板、扶手、热空气调节导管，以及小轿车车身等。做纺织器材、电信器件都有很好的效果。

3. 聚酰胺(PA)

聚酰胺又叫尼龙或锦纶，是最先发现能承受载荷的热塑性塑料，在机械工业中应用比较广泛。它的强度较高，耐磨、自润滑性好，而且耐油、耐蚀、消声、减振，大量用于制造小型零件，代替有色金属及其合金。大多数尼龙易吸水，导致性能和尺寸的改变，这在使用时应予以注意。

4. 聚碳酸酯(PC)

聚碳酸酯是新型热塑性工程塑料，品种很多，工程上常用的是芳香族聚碳酸酯，其综合性能很好，产量仅次于尼龙。聚碳酸酯誉称"透明金属"，具有优良的综合性能。冲击韧度和延性率突出，在热塑性塑料中是最好的；弹性模量较高，不受温度的影响；抗蠕变性能好，尺寸稳定性高。透明度高，可染成各种颜色；吸水性小。绝缘性能优良，在10℃～130℃间介电常数和介质损耗近于不变。制造精密齿轮、蜗轮、蜗杆、垫片、套管、电容器等，由于透明性好，在航空工业中，是一种不可缺少的制造信号灯、挡风玻璃，座舱罩的材料。

5. 聚甲基丙烯酸甲酯(PMMA)

俗称有机玻璃。有机玻璃的透明度比无机玻璃还高，透光率达92%，是目前最好的透明材料；密度也只有后者的一半，为 1.18g/cm³。冲击韧度比普通玻璃高 7～8 倍(厚度为3mm～6mm 时)，不易破碎，耐紫外线和防老化性能好。但其硬度低，耐磨性和耐热性差，使用温度不能超过180℃。主要用于制造各种窗体，罩类及光学镜片和防弹玻璃等。

6. 聚四氟乙烯(F-4)

聚四氟乙烯是氟塑料中的一种，具有很好的耐高、低温，耐腐蚀等性能。聚四氟乙烯几乎不受任何化学药品的腐蚀，它的化学稳定性超过了玻璃、陶瓷、不锈钢，甚至金和铂，俗称"塑料王"。由于聚四氟乙烯的使用范围广，化学稳定性好，介电性能优良，自润滑和防黏性好，所以在国防、科研和工业中占有重要地位。

7. 其他热塑性塑料

常用的热塑性塑料还有聚砜(PSF)、聚酰亚胺(PI)、聚苯醚(PPO)等。

(1) 聚砜是分子链中具有硫键的透明树脂，具有良好的综合性能。它耐热性、抗蠕变性好，长期使用温度为150℃～174℃，脆化温度为－100℃，广泛应用于电器、机械设备、医疗器械、交通运输等。

(2) 聚酰亚胺是含氮的环形结构的耐热性树脂，其强度硬度较高，使用温度可达260℃；但加工性较差，脆性大，成本高。主要用于特殊条件下工作的精密零件，如喷气发动机供燃料系统的零件，耐高温高真空用自润滑轴承及电气设备，是航空航天工业中常用的高分子材料。

(3) 聚苯醚是线型、非结晶的工程塑料,具有很好的综合性能。它的最大特点是使用温度宽(-190℃～190℃),达到热固性塑料的水平;它的耐摩擦磨损性能和电性能也很好,还具有卓越的耐水、蒸汽性能。所以聚苯醚主要用作在较高温度下工作的齿轮、轴承、凸轮、泵叶轮、鼓风机叶片、水泵零件、化工用管道、阀门以及外科医疗器械等。

氯化聚醚的主要特点是耐化学腐蚀性极好,仅次于 PTFE。但加工性好,成本低,尺寸稳定性好。主要用于制作 120℃以下腐蚀介质中工作的零件或管道以及精密机械零件等。

8. 热固性塑料

热固性塑料也很多,主要是酚醛塑料和环氧塑料。

(1) 酚醛塑料(PF)。由酚类和醛类在酸或碱催化剂作用下缩聚合成酚醛树脂,再加入添加剂而制得的高聚物。酚醛塑料具有一定的强度和硬度,耐磨性好,绝缘性良好,耐热性较高,耐蚀性优良。缺点是性脆,不耐碱。酚醛塑料广泛用于制作插头、开关、电话机、仪表盒、汽车刹车片、内燃机曲轴皮带轮、纺织机和仪表中的无声齿轮、化工用耐酸泵日用用具等。

(2) 环氧塑料(EP)。为环氧树脂加入固化剂后形成的热固性塑料。环氧塑料强度高,且耐热性耐腐蚀性及加工成形性优良,对很多材料有好的胶粘性能,主要用于制作塑料模具,电气、电子元件和线圈的密封和固定等领域,还可用于修复机件。

10.2 橡 胶

橡胶是以高分子化合物为基础的具有显著高弹性的材料,分子量一般在几十万以上,甚至达到百万。它与塑料的区别是在很宽的温度范围内(-50℃～150℃)处于高弹态,并保持明显的高弹性。某些特种橡胶在-100℃的低温和 200℃高温下都保持高弹性。橡胶的弹性模量值很低,在外力作用下变形量可达 100%～1 000%,外力去除又很快恢复原状。橡胶有优良的伸缩性,良好的储能能力和耐磨、隔声、绝缘、不透气、不透水等性能,是常用的弹性材料、密封材料、减振防振材料和传动材料。

10.2.1 橡胶的组成

工业用橡胶是由生胶(或纯橡胶)和橡胶配合剂组成。

生胶是橡胶制品的主要成分,对其他配合剂来说,起着粘接剂的作用。使用不同的生胶,可以制成不同的橡胶制品。但生胶性能随温度和环境变化很大,如高温发黏,低温变脆且极易为溶剂溶解,因此必须加入各种不同的橡胶配合剂,以提高橡胶制品的使用性能和加工工艺性能。

橡胶配合剂种类很多,有硫化剂、硫化促进剂、增塑剂、防老剂、填充剂、发泡剂和着色剂等。硫化剂的作用是使橡胶分子产生交联成为三维网状结构,这种交联过程称为硫化。主要为硫黄、含硫有机化合物、过氧化物等。

10.2.2 橡胶的种类

橡胶品种很多,根据原材料的来源,主要有天然橡胶和合成橡胶两类。根据应用范围,主要分为通用橡胶和特种橡胶。

1. 天然橡胶

天然橡胶是橡树上流出的胶乳，是以异戊二烯为主要成分的不饱和状态的天然高分子化合物。天然橡胶具有很好的弹性，弹性模量为 3MPa～6MPa，较好的力学性能，良好的耐碱性及电绝缘性。缺点是不耐强酸、耐油差、不耐高温，用来制造轮胎。

2. 合成橡胶

合成橡胶种类繁多，常用来做各种机器中的密封圈、减震器等零件，又可作为电器用的绝缘体和轮胎等。

(1) 丁苯橡胶：代号 SBR，可以和任意比例的天然橡胶混合使用，耐磨性、耐油性、耐热性及抗氧化性都优于天然橡胶，价格低廉，但弹性不如天然橡胶，主要用来制造轮胎、胶带和胶管。

(2) 顺丁橡胶：代号 BR，由丁二烯聚合而成，其弹性、耐磨性、耐热性及耐寒性均优于天然橡胶，缺点是强度低、加工性差、抗撕裂性差。主要用来制造轮胎、胶带、减振部件和绝缘零件。

(3) 氯丁橡胶：代号 CR，由氯丁二烯聚合而成，不但具有高弹性、高强度、高绝缘性，而且具有耐溶剂、耐氧化、耐油、耐酸、耐热、耐燃烧和抗老化等，有"万能橡胶"之称。但是它耐寒性差，生胶稳定性差。主要用来制造输送带、风管、电缆和输油管。

(4) 乙丙橡胶：代号 EPDM，由乙烯和丙烯共聚而成，结构稳定，抗老化，绝缘性、耐热性及耐寒性好，并且耐酸碱。缺点是耐油性差，黏着性差，硫化速度慢。主要用来制作轮胎、电线套管和输送带。

(5) 丁腈橡胶：代号 NBR，由丁二烯和丙烯共聚而成，耐油、耐磨、耐热、耐燃烧、耐火、耐碱、耐有机溶剂、抗老化性好。但是它耐寒性差，耐酸和绝缘性差。主要用来制作耐油制品，如油桶、油槽及输油管等。

(6) 硅橡胶：由二基硅氧烷与其他有机硅单体共聚而成。具有高的耐热性及耐寒性，在-100℃～350℃范围内保持良好的弹性，抗老化、绝缘性好。缺点是强度低、耐磨和耐酸碱性差，价格贵。主要用于飞机和宇航中的密封件、薄膜和耐高温的电线和电缆等。

(7) 氟橡胶：代号 FPM，是一种以碳原子为主链，含有氟原子的聚合物。化学稳定性高，在各类橡胶中耐蚀性最好，耐热性也好，最高使用温度达 300℃。缺点是加工性差，耐寒性差，主要用于国防和高技术中的密封件和化工设备。

常用橡胶的性能和用途见表 10-2。

表 10-2 常用橡胶的性能和用途

名称	代号	抗拉强度/MPa	延伸率/%	使用温度/℃	特性	用途
天然橡胶	NR	25～30	650～950	-50～120	高强、绝缘、防振	通用制品、轮胎
丁苯橡胶	SBR	15～20	500～800	-50～140	耐磨	通用制品、胶板、胶布
顺丁橡胶	BR	18～25	450～800	120	耐磨、耐寒	轮胎、运输带

续表

名称	代号	抗拉强度/MPa	延伸率/%	使用温度/℃	特性	用途
氯丁橡胶	CR	25~27	800~1 000	−35~130	耐酸、碱、阻燃	管道、电缆、轮胎
丁腈橡胶	NBR	15~30	300~800	−35~175	耐油、水、气密性好	油管、耐油垫圈
乙丙橡胶	EPDM	10~25	400~800	150	耐水、气密性好	汽车零件、绝缘体
硅橡胶	—	4~10	50~500	−70~275	耐热、绝缘	耐高温零件
氟橡胶	FPM	20~22	100~500	−50~300	耐油、碱	化工设备衬里、密封件

10.3 陶 瓷

传统意义上的陶瓷主要指陶器和瓷器，也包括玻璃、搪瓷、耐火材料、砖瓦等，所使用的原料主要是天然硅酸盐类矿物，故又称为硅酸盐材料；其主要成分是 SiO_2、Al_2O_3、TiO_2、Fe_2O_3、CaO、K_2O、MgO、PbO、Na_2O 等氧化物，形成的材料又统称为传统陶瓷或普通陶瓷，包括陶瓷、玻璃、水泥及耐火材料等。

现今意义上的陶瓷材料已有了巨大变化，许多新型陶瓷已经远远超出了硅酸盐的范畴，不仅在性能上有了重大突破，在应用上也已渗透到各个领域。所以，一般认为，陶瓷材料是指各种无机非金属材料的通称。所谓现代陶瓷材料是指用人工合成的高纯度原料(如氧化物、氮化物、碳化物、硅化物、硼化物、氟化物等)用传统陶瓷工艺方法制造的新型陶瓷。

10.3.1 陶瓷材料制作工艺

陶瓷胚体的生产过程要经历三个阶段，即坯料制备，成形和烧结。

(1) 坯料制备。采用天然的岩石、矿物、黏土等作为原料时，一般经过原料粉碎、去杂质、磨细、配料(保证制品性能)、脱水(控制坯料水分)、练坯等过程。

(2) 成形。陶瓷成形就是将粉料直接或间接地转变成具有一定形状、体积和强度的形体，也称素坯。成形方法很多，主要有可塑法、注浆法和压制法。

可塑法又称塑性料团成形法，是将粉料与一定量的水或塑化剂混合均匀化，使之成为具有良好的塑性的料团，再用手工或机械成形。

注浆法又称浆料成形法，是将原料粉配制成糊状浆料注入模具中成形，还可将其分为注浆成形和热压注浆成形。

压制法又称粉料成形法，是粉料直接成形的方法，与粉末冶金的成形方法完全一致，其又分作干压法和冷等静压法两种。

(3) 烧结。陶瓷制品成形后还要烧结，未经烧结的陶瓷制品叫做生坯。烧结是将成形后的生坯体加热到高温(有时还须同时加压)并保持一定时间，通过固相或部分液相物质原子的扩散迁移或反应的过程；消除坯料中的孔隙并使材料致密化，同时形成特定的显微组织结构的过程。

10.3.2 陶瓷材料的显微结构及性能

陶瓷的显微结构是决定其性能的基本因素之一。因此有必要先了解陶瓷的显微结构。

1. 陶瓷的显微结构

陶瓷的显微结构主要包括不同的晶相和玻璃相，晶粒的大小及形状，气孔的尺寸及数量，微裂纹的存在形式及分布。

(1) 晶粒。陶瓷主要由取向各异的晶粒构成，晶相的性能往往能表征材料的特性。陶瓷制品的原料是细颗粒，但由于烧结过程中发生晶粒长大的现象，烧结后的成品不一定获得细晶粒。因而陶瓷生产中控制晶粒大小十分重要。保温时间越短晶粒尺寸越小，强度越高。

(2) 玻璃相。玻璃相是陶瓷烧结时各组成物及杂质发生一系列物理、化学反应后形成的一种非晶态物质，它的作用是粘接分散的晶相，降低烧结温度，抑制晶粒长大和填充气孔。由于玻璃相熔点低、热稳定性差，导致陶瓷在高温下产生蠕变，因此一般控制其含量为 20%～40%。

(3) 气相。气相是指陶瓷孔隙中的的气体，是在陶瓷生产过程中形成并被保留下来的。气孔对陶瓷性能的影响是双重的，它使陶瓷密度减小，并能减振，这是有利的一面；不利的是它使陶瓷强度降低，介电耗损增大，电击穿强度下降，绝缘性降低。因此，生产上要控制气孔数量、大小及分布。一般气孔体积分数占 5%～10%，力求气孔细小均匀分布，呈球状。

2. 陶瓷材料的性能特点

由于陶瓷材料原子结合主要是离子键和共价键，因此陶瓷材料总的性能特点是强度高、硬度大、熔点高、化学稳定性好、线胀系数小，且多为绝缘体；相应地其塑性韧性和可加工性较差。在这里主要介绍陶瓷材料一些主要的性能特点。

(1) 强度和硬度。陶瓷材料弹性模量较大，即刚性好；但陶瓷在断裂前无明显塑性变形。因此陶瓷质脆，作为结构材料使用时安全性差。

陶瓷材料的高温强度比金属高得多，且当温度升到 $0.5T_m$（T_m 为熔点）以上时陶瓷材料也可发生塑性变形，虽然高温时陶瓷材料强度下降，但其塑性韧性却大大提高，加之陶瓷材料优异的抗氧化性，其可能成为未来高速高温燃气发动机的主要结构材料。

高硬度、高耐磨性是陶瓷材料主要的优良特性之一，因此硬度对陶瓷烧结气孔等缺陷敏感性低。陶瓷硬度随温度升高而降低的程度较强度下降的要快。

(2) 脆性与陶瓷增韧。脆性是陶瓷材料的特征。其直观性能的表征为抗机械冲击和热冲击性能差。脆性的本质是与陶瓷材料内原子为共价键或离子键合特征有关的。改善陶瓷脆性主要有三方面的途径：一是增加陶瓷烧结致密度，降低气孔所占份数及气孔尺寸，尽量减少脆性玻璃相数量，并细化晶粒；二是通过陶瓷的相变增韧，同金属一样某些陶瓷材料也存在相变和同素异构转变；具有补强效应。三是纤维增韧 利用一些纤维(长纤维或短纤维)的高强度和高模量特性，使之均匀分布于陶瓷基体中，生成一种陶瓷基复合材料。

(3) 陶瓷的电性能。大部分的陶瓷是好的绝缘材料，这是由于陶瓷中组成原子的共价键和离子键的饱和性。但由于成分因素和环境因素的影响，有些陶瓷可以作半导体或压电材料。

(4) 陶瓷的化学性能。陶瓷的组织结构非常稳定，不与介质中的氧发生氧化，即使在高温下也不氧化，所以陶瓷对酸、碱、盐等都有极好的抗腐蚀能力。

(5) 陶瓷热性能。陶瓷熔点高，而且有很好的高温强度和抗氧化性，是有前途的高温材料，用于制造陶瓷发动机，不仅重量轻体积小，且热效率大大提高；陶瓷热传导性差，抗熔融金属侵蚀性好，可用作坩埚热容器；陶瓷线胀系数小，但抗热振性能差。

陶瓷材料还有一些特殊的光学性能，磁性能，生物相容性以及超导性能等；而陶瓷薄膜的力学性能除与其结构因素有关外，还应服从薄膜的力学性能规律以及其独特的光、电、磁等物理化学性能。利用之，将可开发出具有各种各样功能的材料，有着广泛的应用前景。

10.3.3 常用工业陶瓷及其应用

1. 普通陶瓷

普通陶瓷也叫传统陶瓷，其主要原料是黏土($Al_2O_3 \cdot 2SiO_2 \cdot 2H_2O$)、石英($SiO_2$)和长石($K_2O \cdot Al_2O_3 \cdot 6SiO_2$)，它产量大，应用广。大量用于日用陶器、瓷器、建筑工业、电器绝缘材料、耐蚀要求不很高的化工容器、管道，以及力学性能要求不高的耐磨件，如纺织工业中的导纺零件等。组分的配比不同，陶瓷的性能会有所差别。

普通陶瓷通常分为日用陶瓷和工业陶瓷两大类。日用陶瓷主要用作日用器皿和瓷器，一般具有良好的光泽度、透明度，热稳定性和力学强度较高。工业陶瓷包括建筑用瓷，用于装饰板、卫生间装置及器具等，通常尺寸较大，要求强度和热稳定性好。普通陶瓷的性能见表 10-3。

表 10-3 普通陶瓷的性能

名称	耐酸耐温陶瓷	耐酸陶瓷	工业瓷
相对密度	2.1～2.2	2.2～2.3	2.3～2.4
气孔率/%	<12	<5	<3
吸水率/%	<6	<3	<1.5
*耐热冲击性/℃	450	200	200
抗拉强度/MPa	7～8	8～12	26～36
抗弯强度/MPa	30～50	40～60	65～85
抗压强度/MPa	120～140	80～120	460～660
冲击强度/MPa	—	$(1～1.5)×10^3$	$(1.5～3)×10^3$
弹性模量/MPa	—	450～600	650～850

注：耐热冲击性是指试样从高温(如 200℃或 450℃)(快速)冷却到室温(20℃)条件下测试，并反复 2～4 次不出现裂纹的性能。

2. 特种陶瓷

特种陶瓷也叫现代陶瓷、精细陶瓷，包括特种结构陶瓷和功能陶瓷两大类。工程上最重要的是高温陶瓷，包括氧化物陶瓷、硼化物陶瓷、氮化物陶瓷和碳化物陶瓷。

1) 氧化物陶瓷

氧化物陶瓷熔点大多 2 000℃以上，烧成温度约 1 800℃；单相多晶体结构，有时有少量气相；强度随温度的升高而降低，在 1 000℃ 以下时一直保持较高强度，随温度变化不大；纯氧化物陶瓷任何高温下都不会氧化。

(1) 氧化铝(刚玉)陶瓷。这是以 Al_2O_3 为主要成分的陶瓷，另含有少量的 SiO_2。熔点达 2 050℃，抗氧化性好，广泛用于耐火材料。根据 Al_2O_3 含量不同又分为 75 瓷(含 75% Al_2O_3)、95 瓷(含 95% Al_2O_3)和 99 瓷(含 99% Al_2O_3)，Al_2O_3 含量在 90%～99.5%时称为刚玉瓷。氧化铝含量越高性能越好。氧化铝瓷耐高温性能很好，在氧化气氛中可使用到 1 950℃。氧化铝瓷的硬度高、电绝缘性能好、耐蚀性和耐磨性也很好。可用作高温器皿、刀具、内燃机火花塞、轴承、化工用泵、阀门等。

氧化铝瓷的缺点是脆性大，不能承受冲击载荷，抗热振性差，不适合用于有温度急变的场合。

(2) 氧化铍陶瓷。氧化铍陶瓷在还原性气相条件下特别稳定，其导热性极好(与铝相近)，故抗热冲击性能好，可用作高频电炉坩埚和高温绝缘子等电子元件，以及用于激光管、晶体管散热片、集成电路基片等；铍的吸收中子截面小，故氧化铍还是核反应堆的中子减速剂和反射材料；但氧化铍粉末及其蒸气有剧毒，生产和应用中应倍加注意。

(3) 氧化锆陶瓷。氧化锆陶瓷的熔点在 2 700℃ 以上，耐 2 300℃ 高温，推荐使用温度 2 000℃～2 200℃；能抗熔融金属的侵蚀，做铂、铑等金属的冶炼坩埚和 1 800℃ 以上的发热体及炉子、反应堆绝热材料等；氧化锆做添加剂可大大提高陶瓷材料的强度和韧性，氧化锆增韧陶瓷可替代金属制造模具、拉丝模、泵叶轮和汽车零件(如凸轮、推杆、连杆)等。

2) 氮化硅陶瓷

氮化硅(Si_3N_4)陶瓷硬度很高，摩擦因数小，耐磨性和减摩性好(自润滑性好)，是很好的耐磨材料；化学稳定性极好，除氢氟酸外能耐各种酸碱腐蚀，也可抵抗熔融有色金属的侵蚀；同时(Si_3N_4)还有很好的抗热震性，故氮化硅陶瓷可用做腐蚀介质下的机械零件，密封环，高温轴承，燃气轮机叶片，冶金容器和管道以及精加工刀具等。

3) 氮化硼陶瓷

氮化硼有六方结构和立方结构两种陶瓷。六方氮化硼为六方晶体结构，也叫做"白色石墨"；硬度低，可进行各种切削加工；导热和抗热性能高，耐热性好，有自润滑性能；高温下耐腐蚀、绝缘性好；用于高温耐磨材料和电绝缘材料、耐火润滑剂等。在高压和 1 360℃时六方氮化硼转化为立方 β-BN，硬度接近金刚石的硬度，用作金刚石的代用品，制作耐磨切削刀具、高温模具和磨料等。

4) 碳化硅陶瓷

碳化硅(SiC)陶瓷的最大特点是高温强度高，在 1 400℃时抗弯强度仍达 500MPa～600MPa，热压碳化硅是目前高温强度最高的陶瓷。且其导热性好，仅次于 BeO 陶瓷，热稳定性耐蚀性耐磨性也很好。主要可用于制作热电偶套管、炉管、火箭喷管的喷嘴，以及高温轴承、高温热交换器、密封圈和核燃料的包封材料等。

5) 硼化物陶瓷

硼化物陶瓷有硼化铬、硼化钼、硼化钛、硼化钨和硼化锆等。具有高硬度，同时具有较好的耐化学侵蚀能力。硼化物陶瓷熔点范围为 1 800℃～2 500℃。比起碳化物陶瓷，硼化物陶瓷具有较高的抗高温氧化性能，使用温度达 1 400℃。硼化物主要用于高温轴承、内燃机喷嘴、各种高温器件、处理熔融非铁金属的器件等。各种硼化物还用作电触点材料。

陶瓷的品种很多，其所具有的性能也是十分广泛的，在所有的工业领域都有这一类材料的应用天地，随着材料的发展，其应用必将越来越广泛。而功能陶瓷(尤其是功能性陶瓷薄膜)的品种和应用也是十分广泛的，发挥作用也越来越重要；由于性能各异，品种繁多，此处不一一介绍。

10.4 复合材料

在自然界和人类发展中，复合材料并不是一个陌生的领域，建筑中的混凝土和人体的骨骼等都是复合材料，而现代复合材料则是在充分利用材料科学理论和材料制作工艺发展的基础上发展起来的一类新型材料。复合材料(Composite Material)是指两种或两种以上的物理、化学性质不同的物质，经一定方法得到的一种新的多相固体材料。由于复合材料各组分之间"取长补短""协同作用"，极大地弥补了单一材料的缺点，创造单一材料不具备的双重或多重功能，或者在不同时间或条件下发挥不同的功能。

10.4.1 复合材料的分类

复合材料种类繁多，分类方法也不尽统一。原则上讲，复合材料可以由金属材料、高分子材料和陶瓷材料中任两种或几种制备而成。

按复合材料基体的不同可分为树脂基复合材料(Resin Matrix Composite)、金属基复合材料(Metal Matrix Composite)、陶瓷基复合材料(Ceramic Matrix Composite)及碳-碳基复合材料。目前应用最多的是树脂基复合材料和金属基复合材料。

复合材料中增强体的种类和形态不同其可分为纤维增强复合材料、颗粒增强复合材料、层状复合材料和填充骨架型复合材料。其中纤维增强复合材料又分为长纤维、短纤维和晶须增强型复合材料。其中，发展最快，应用最广的是各种纤维(玻璃纤维、碳纤维、硼纤维、SiC 纤维等)增强的复合材料。

按复合材料的主要作用，可将其分为结构复合材料和功能复合材料两大类。

10.4.2 复合材料的性能特点

影响复合材料性能的因素很多，主要取决于增强材料的性能、含量及分布状况，基体材料的性能、含量，以及它们之间的界面结合情况，作为产品还与成形工艺和结构设计有关。因此，无论对那种复合材料，性能不是一个定值，但就常用的工程复合材料而言，与其相应的基体材料相比较，其主要有如下的力学性能特点。

1. 高比强度、高比模量

比强度、比模量是指材料的强度或模量与其密度之比。由于复合材料增强体一般为高强度、高模量、低密度的纤维、晶须、颗粒，从而大大增加了复合材料的比强度比模量。

2. 良好的耐疲劳性能

复合材料中的纤维缺陷少，因而本身抗疲劳能力高；而基体的塑性和韧性好，能够消除或减少应力集中，不易产生微裂纹；大量纤维的存在，使裂纹扩展要经历非常曲折、复杂的路径，促使复合材料疲劳强度的提高。

3. 优越的高温性能

由于各种增强纤维一般在高温下仍可保持高的强度，所以用它们增强的复合材料的高温强度和弹性模量均较高，特别是金属基复合材料。例如7075-76铝合金，在400℃时，弹性模量接近于零，强度值也从室温时的500MPa降至30MPa～50MPa。而碳纤维或硼纤维增强组成的复合材料，在400℃时，强度和弹性模量可保持接近室温下的水平。碳纤维复合材料在非氧化气氛下在2 400℃～2 800℃长期使用。

4. 减振性能

材料的比模量越大，则其自振频率越高，可避免在工作状态下产生共振及由此引起的早期破坏。

5. 断裂安全性

纤维增强复合材料是力学上典型的静不定体系，纤维增强复合材料在每平方厘米截面上，有几千至几万根增强纤维(直径一般为10μm～100μm)，较大载荷下部分纤维断裂时载荷由韧性好的基体重新分配到未断裂纤维上，构件不会瞬间失去承载能力而断裂。

6. 耐磨性好

金属基复合材料，尤其是陶瓷纤维、晶须、颗粒增强金属基复合材料具有很好的耐磨性。各类材料强度性能的比较见表10-4。

表10-4 各类材料强度性能的比较

材料	密度/g·cm^{-3}	抗拉强度 R_m/MPa	弹性模量 E/MPa	比强度/kPa·m^3·kg^{-1}	比弹性模量/kPa·m^3·kg^{-1}
钢	7.8	1 010	206×10^3	129	26×10^3
铝	2.3	461	74×10^3	165	26×10^3
钛	4.5	942	112×10^3	209	25×10^3
玻璃钢	2.0	1 040	39×10^3	520	20×10^3
碳纤维Ⅱ/环氧树脂	1.45	1 472	137×10^3	1015	95×10^3
碳纤维Ⅰ/环氧树脂	1.6	1 050	235×10^3	656	147×10^3
有机纤维PRD/环氧树脂	1.4	1 373	78×10^3	981	56×10^3
硼纤维/环氧树脂	2.1	1 344	206×10^3	640	98×10^3
硼纤维/铝	2.65	981	196×10^3	370	74×10^3

10.4.3 复合材料简介

1. 树脂基复合材料

树脂基复合材料又称聚合物基复合材料，是目前应用最广泛的一类复合材料。它是以有机聚合物为基体，连续纤维为增强材料组合而成的。以玻璃纤维增强的塑料(俗称玻璃钢)

问世以来，工程界才明确提出"复合材料"这一术语。此后，由于碳纤维、硼纤维、碳化硅纤维等高性能增强体和一些耐高温树脂基体的相继问世，发展了大量高性能树脂基复合材料，成为先进复合材料的重要组成部分。

(1) 玻璃纤维增强热固性塑料。玻璃纤维增强热固性塑料是玻璃纤维作为增强材料，热固性塑料(包括环氧树脂、酚醛树脂、不饱和聚酯树脂等)作为基体的纤维增强塑料，俗称玻璃钢。根据基体种类不同，可将其分成三类：玻璃纤维增强环氧树脂、玻璃纤维增强酚醛树脂、玻璃纤维增强聚酯树脂。玻璃纤维增强热固性塑料的突出特点是比重小(为1.6～2.0，比最轻的金属铝还要轻)、比强度高(比高级合金钢还高)，"玻璃钢"这个名称便由此而来。该种复合材料耐磨性、绝缘性和绝热性好，吸水性低，易于加工成形；但是这类材料弹性模量低，只有结构钢的1/5～1/10，刚性差，耐热性比热塑性玻璃钢好但仍不够高，只能在300℃以下工作。为提高它的性能，可对基体进行化学改性，如环氧树脂和酚醛树脂混溶后做基体的环氧-酚醛玻璃钢热稳定性好，强度更高。热固性玻璃钢主要用于机器护罩、车辆车身、绝缘抗磁仪表、耐蚀耐压容器和管道及各种形状复杂的机器构件和车辆配件。

(2) 玻璃纤维增强热塑性塑料。它是由玻璃纤维(包括长纤维或短切纤维)作为增强材料和基体材料热塑性塑料(如尼龙、ABS塑料等)组成，具有高强度高冲击韧度，良好的低温性能及热胀系数小的特性。热塑性玻璃钢强度不如热固性玻璃钢，但成形性好、生产率高，且比强度也不低。如尼龙66玻璃钢具有刚度、强度、减摩性好，可用作轴承、轴承架、齿轮等精密件、电工件、汽车仪表、前后灯等；ABS玻璃钢可用作化工装置、管道、容器等。

(3) 碳纤维-树脂复合材料。碳纤维增强树脂复合材料由碳纤维与聚酯、酚醛、环氧、聚四氟乙烯等树脂组成，其性能优于玻璃钢，具有密度小，强度高，弹性模量高(因此比强度和比模量高)，并具有优良的抗疲劳性能和耐冲击性能，良好的自润滑性、减摩耐磨性、耐蚀和耐热性；但碳纤维与基体的结合力差(必须经过适当的表面处理才能与基体共混成形)。这类材料主要应用于航空航天、机械制造、汽车工业及化学工业中。

(4) 硼纤维-树脂复合材料。由硼纤维和环氧、聚酰亚胺等树脂组成，具有高的比强度和比模量，良好的耐热性。如硼纤维-环氧树脂复合材料的弹性模量分别为铝或钛合金的三倍或两倍，而比模量则为铝或钛合金的4倍；其缺点是各向异性明显，加工困难，成本太高。主要用于航空航天和军事工业。

(5) 碳化硅纤维-树脂复合材料。碳化硅与环氧树脂组成的复合材料，具有高的比强度和比模量，抗拉强度接近碳纤维-碳化硅纤维-树脂复合材料，即碳化硅与环氧树脂组成的复合材料，具有高的比强度和比模量，抗拉强度接近碳纤维-环氧树脂复合材料，而抗压强度为其两倍，是一类很有发展前途的新材料，主要用于航空航天工业。

2. 金属基复合材料

与传统的金属材料相比，金属基复合材料具有较强的比强度和比刚度，而与树脂基复合材料相比，又具有优良的导电性和耐热性，与陶瓷材料相比，它又具有高韧性和抗高冲击性能。

(1) 纤维增强金属基复合材料。纤维增强金属基复合材料是由高性能长纤维和金属合金组成的一类先进复合材料。纤维增强金属基复合材料常用的增强纤维有硼纤维、碳(石墨)

纤维、氧化铝纤维、碳化硅纤维等。基体金属主要有铝及其合金、镁及其合金、钛及其合金、铜合金、高温合金及新近发展的金属化合物。如硼纤维增强铝基复合材料(B/Al)、碳化硅纤维增强铝基复合材料(SiC/Al)、氧化铝纤维增强镁基复合材料(Al_2O_3/Mg)氧化铝纤维增强镍基金属间化合物复合材料(Al_2O_3/Ni_3Al)。

纤维增强金属基复合材料特别适合于作航天飞机主舱骨架支柱、发动机叶片、尾翼、空间站结构材料;以及汽车构件、保险杠、活塞连杆及自行车车架、体育运动器械等。

(2) 颗粒增强金属基复合材料。颗粒增强金属基复合材料是由一种或多种陶瓷颗粒或金属基颗粒增强体与金属基组成的先进复合材料。这种材料一般选择具有高模量、高强度、耐磨及良好高温性能,并在物理、化学上与基体相匹配的颗粒作为增强体,一般为碳化硅、三氧化二铝、碳化钛、硼化钛等陶瓷颗粒,有时也用金属颗粒作为增强体。典型的代表有SiC/Al复合材料、SAP复合材料及弥散无氧铜复合材料。

(3) 晶须增强金属基复合材料。增强金属基复合材料是由各种晶须为增强体、金属材料为基体所形成的复合材料。增强晶须主要有碳化硅晶须和氮化硅晶须。

目前以碳化硅晶须增强铝基(SiC/Al)复合材料的发展较快,它是针对于航空航天等高技术领域的实际需求而开发的一类先进复合材料。可以采用多种工艺方法,如粉末冶金法、挤压铸造法进行制备。

3. 陶瓷基复合材料

现代陶瓷材料致命弱点是脆性,这使陶瓷材料的使用受到了很大的限制。陶瓷中加入起增韧作用的第二相而制成的陶瓷基复合材料即是一种重要的增韧方法。

陶瓷基复合材料的增强体通常为纤维、晶须和颗粒状。主要是碳纤维或石墨纤维,它能大幅度的提高冲击韧性和热震性,降低陶瓷的脆性,而陶瓷基体则保证纤维在高温下不氧化烧蚀,使材料的综合力学性能大大提高。如碳纤维-石英陶瓷的冲击韧性为烧结石英的40倍,抗弯强度为5~12倍,能承受1 200℃~1 500℃的高温气流冲蚀,可用于宇航飞行器的防热部件上;碳纤维-Si_3N_4复合材料可在1 400℃长期工作,用于制造飞机发动机叶片。

10.5　新型工程材料简介

10.5.1　纳米材料

纳米科学技术是20世纪80年代末期刚刚诞生并正在崛起的高新科技,它的基本含义是在纳米尺度(10^{-10}m~10^{-7}m)范围内认识和改造自然,通过直接操作和安排原子、分子创造新物质。它的出现标志着人类改造自然的能力已延伸至原子、分子的水平,标志着人类科学技术已进入一个新的时代——纳米科技时代。

纳米科技是研究由尺寸在0.1nm~100nm之间的物质组成的体系的运动规律和相互作用以及实际应用中的技术问题的科学技术。而纳米材料和技术是纳米科技领域富有活力、研究内涵十分丰富的科学分支。那么,何谓纳米材料呢?通常把组成相或晶粒结构控制在100nm以下的长度尺寸的材料称为纳米材料。广义地说,纳米材料是指在三维空间中至少有一维处于纳米尺度范围或由它们作为基本单元构成的材料,例如,纳米尺度颗粒、纳米丝以及超薄膜等。

当颗粒尺寸进入纳米数量级时,其本身和由它构成的固体主要具有以下三个方面的效应,并由此派生出传统固体不具备的许多特殊性质。

(1) 小尺寸效应。当超微粒子的尺寸小到纳米数量级时,其声、光、电、屈、热力学等特性均会呈现新的尺寸效应。如磁有序转为磁无序,超导相转为正常相,声子谱发生改变等。

(2) 表面与界面效应。随纳米微粒尺寸减小,比表面积增大,三维纳米材料中界面占的体积分数增加。如当粒径为 5nm 时,比表面积为 $180m^2/g$,界面体积分数为 50%,而粒径为 2nm 时,则比表面积增加到 $45m^2/g$,体积分数增加到 80%。此时已不能把界面简单地看做是一种缺陷,它已成为纳米固体的基本组分之一,并对纳米材料的性能起着举足轻重的作用。

(3) 量子尺寸效应。随粒子尺寸减小,能级间距增大,从而导致磁、光、声、热、电及超导电性与宏观特性显著不同。

由于具有以上几方面的效应,纳米材料具有许多区别于传统材料的特性。陶瓷材料通常呈现脆性,而由纳米超微粒制成的纳米陶瓷材料却具有良好的韧性,这是由于纳米超微粒制成的固体材料具有大的界面,界面原子排列相当混乱。原子在外力作用下易于迁移,从而表现出良好的韧性与一定的延展性,使陶瓷材料具有新奇的力学性能。据美国记者报道,CaF_2 纳米材料在室温下可大幅度弯曲而不断裂,人的牙齿之所以有很高的强度,是因为它是由磷酸钙等纳米材料构成的。当组成相尺寸足够小时,由于在限制的原子系统中的各种弹性和热力学参数的变化,平衡相的关系将被改变。固体物质在粗晶粒尺寸时具有固定的熔点,超微化后则熔点降低。例如块状金的熔点为 1 064℃,当颗粒尺寸减到 10nm 时,则降低为 1 037℃时变为 327℃;银的熔点为 690℃,而超细银熔点变为 100℃。纳米材料还有许多其他特征,例如纳米微粒对光的反射率低、吸收率高,因此金属纳米微粒几乎全呈黑色;随微粒尺寸减少,其发光颜色依 "红色—绿色—蓝色" 变化;微粒尺寸为纳米数量级时,金属由良导体变为非导体;纳米金属粒子会在空气中燃烧;纳米材料强度和硬度高、塑性和韧性好,如纳米 SiC 的裂断韧性高于常规同种材料 100 倍。

10.5.2 超导材料

超导材料是指在一定的温度下材料电阻为零,材料内部失去磁通成为完全抗磁性的材料。零电阻和完全抗磁性是超导材料的两个最基本的特性,出现零电阻时的温度称为临界温度 T_c。T_c 值越高,超导材料使用价值越高。绝大多数超导材料需用昂贵的极低温的液氦冷却,称此类材料为低温超导材料;高温超导材料是指可用廉价的液氮作冷却剂的超导材料,目前已研制出 $T_c>120K$ 的高温超导材料。

超导合金是具有使用价值的超导体,在超导材料中强度很高、应力应变小、磁场强度低,应用较多的是 Nb-Zr 系合金。此外,还有超导陶瓷($T_c>120K$)和超导高聚物($T_c\approx10K$)。

超导材料应用范围极广,经济效益很高。用超导材料输送大电流,能完全消除目前 10% 的输电耗损;用于磁流体发电机,可使发光效率提高 60% 左右;用于磁悬浮列车,可使列车时速高达 500km;还可用于制造超高速计算机、制造高灵敏度的器件、超导通信,武器和新型运输机械等。

10.5.3 储氢材料

氢是一种高能量密度、清洁的绿色新能源,但用高压气瓶贮存或以液态、固态储存氢不经济也不安全,用储氢材料储氢比较经济实用。常用的储氢材料主要有以下几种|:

(1) 储氢合金。某些过渡族金属、合金和金属间化合物的晶体结构,容易使氢原子进入其晶格间隙并形成金属氢化物。这些氢化物的储氢量很大,氢化物中氢的密度是氢气的1000～1500倍,但氢与这些金属的结合力很弱,在加热和减压时,氢能从金属氢化物中很容易释放出来。

储氢合金储氢方便、安全、储氢时间长,无耗损,无污染,制备技术和工艺成熟,可批量生产,成本低,是目前主要的储氢材料,应用较广。储氢合金主要有镁系、稀土系、钛系、锆系等四个系列。

(2) 碳质储氢材料。这类材料主要有高比表面积活性炭、碳纳米管和石墨纳米纤维。经特殊加工后的高比表面积活性炭,需在超低温下(77K)才能储存大量的氢,因此使用受限;碳纳米管、石墨纳米纤维贮氢量大,但成本高,不能批量生产,应用不广。

除上述储氢材料外,还有离子型氢化物,有机液态储氢材料等。

10.5.4 超硬材料

超硬材料是指硬度非常高的一类材料。一般来说,人们把莫氏硬度8～9度的材料称为硬材料,把莫氏硬度9^+～10度的材料称为超硬材料。目前,已知并被广泛应用的超硬材料主要有两种:金刚石及立方氮化硼。其中前者是单元超硬材料,其化学成分为碳(C),莫氏硬度为10,是地球上已知最硬的物质;后者为二元超硬材料,化学成分为BN,硬度为9^+度,略逊于金刚石,是人工合成产品。

金刚石又称钻石,大约于公元前3000年,在印度首先被发现。其高硬度及高折射率等特性逐渐被人熟知,被加工成饰品或用于切割陶瓷等脆硬物品。关于金刚石的结构、组成和性质,在很长时间内都是一个谜。直到18世纪后期,人们才确定了金刚石由一种化学元素——碳构成的。光彩夺目的金刚石会和黑黑的石墨是由同一种元素构成,真的让人有些难以接受,但却被科学实验所证实。在此之后,人们便开始了人工合成金刚石的探索,提出了关于天然金刚石形成的各种假设,在实验室进行了合成金刚石的尝试,并逐渐发现由石墨向金刚石的转变,只有在超高压高温同时存在的条件下才能实现。目前工业合成的金刚石绝大部分是采用静态超高压高温技术、爆炸法合成技术生产出来的。

人造金刚石问世后,其应用领域迅速拓展,主要是制成各种工具。其应用由最初的地质勘探很快扩展到石材加工、能源开发、水利、电力、建筑、公路、机场等工程及精密加工、木材加工、橡胶玻璃、特种陶瓷、光学和汽车制造业等方向。金刚石工具的使用对各领域的发展产生了深刻影响,最主要是生产效率方面,从而使得对工业金刚石的需求量不断增加。

立方氮化硼(CBN)的应用前景也十分看好,其优越的物理、化学及机械性能,特别适合铁族金属材料加工,它和金刚石互为补充用于加工硬而脆的非金属材料。

就目前金刚石的应用看,人们只是利用了其高硬度特性。金刚石还具有其他许多优良性能，如最快的声速、最高的适光波段、最高的热导率、最高的杨氏模量等，人们正在开发这些特性材料的应用。金刚石不仅是一种重要的结构材料也是应用前景很大的功能材料，它将是21世纪众多材料研究领域中最活跃的材料之一。

2006年，据俄罗斯《科学信息》社报道，莫斯科钢与合金研究所已成功合成出一种特殊的准单晶物质，在该物质中，3种金属原子的排列虽不像普通单晶那样具有相同的晶格，但仍具有严格的顺序，呈现出几何排列。在研究准单晶材料的性质时，科研人员发现，在橡胶和聚合物底基上用这种准单晶物质制成的复合材料共有独特的件质，既有金属的性质，也见有陶瓷的特性。它们像金刚石一样坚硬，摩擦因数比任何金属都要小，比超滑氟层材料稍大一点，化学稳定性和耐磨性很高。有关专家指出，这种性能独特的准单晶材料将在工业应用上有着广泛的前景，比如，可以做各种橡胶和塑料密封塞的填充物。

10.5.5 光纤材料

1966年，英籍华裔学者高锟(C.K.Kao)和霍克哈姆(C.A.Hockham)发表了关于传输介质新概念的论文，指出了利用光纤进行信息传输的可能性和技术途径，奠定了现代光通信——光纤通信的基础。1970年，美国康宁公司率先研制出了世界上第一根衰减损耗低于20dB/km的石英玻璃光纤。从20世纪80年代中期起，全世界范围内光纤通信开始走向实用化，尤其是美国1993年提出的建设国家信息基础结构计划后，在全世界掀起了建设信息高速公路的高潮。目前，一个光纤到路边甚至到家庭的计划正在实施中，它将从根本上改变人们的生活方式、工作方式与交往方式，也将从根本上改变目前的商业销售方式。光纤以它极大通信容量给人类带来了一个无限带宽的信息载体，正是它托起了现代通信网和未来的全球信息网。

光纤是由高透明电介质材料制成的非常细(外径约为 125μm～200μm)的低损耗导光纤维，具有束缚和传输从红外到可见光区域内光的功能，也具有传感功能。一般通信用光纤由纤芯和包层构成，纤芯是由高透明固体材料(如高二氧化硅玻璃、多组分玻璃、塑料等)制成，纤芯的外面是包层，用折射率相对纤芯较低的石英玻璃、多组分玻璃或塑料制成。

光纤是利用光的全反射原理来传输光的。光入射至光纤内部，当入射角大于一定的临界角时，在纤芯和包层的界面上发生全反射，能量将不受损失，这样光纤透过纤芯和包层界面的全反射总体上沿光纤不断向前传播，光功率的损耗达到最小值。

光纤有多种分类方法，按折射率可分为阶跃型(SI)光纤和渐变型(GI)光纤。按传输模式可将光纤分为多模光纤和单模光纤，前者传输的距离较近，一般只有几公里，而后者适用于远程通信。按纤芯材料组成则可将光纤分为石英光纤、多组分玻璃光纤和塑料光纤。

光导纤维最广泛的应用是在通信领域，即光导纤维通信。此外，在医学上光导纤维可以用作食道、直肠、膀胱、子宫、胃等深部探查内窥镜的光学元件；在照明和光能传送方面，可利用塑料光纤光缆传输太阳光作为水下、地下照明；在工业方面，可传输激光进行机械加工。

10.5.6 隐身材料

隐身技术是最近10年中发展最快的军用高技术，因此隐身材料也就成为有关国家优先研究的高技术材料。现在已研制出的隐身材料有吸波结构隐身材料和吸波涂层隐身材料。

吸波结构隐身材料是由吸波性的填料分散到非金属(树脂)基体中而形成的新型复合材料。其内部结构疏松，受雷达波照射后可将电磁能转化为热能扩散掉，从而减少雷达波的散射。在研制吸波结构材料的同时，人们不定期在研究另一种完全不同的隐身材料——能让电磁波穿透过去的材料。它不反射也不吸收雷达波，而是使其穿透过去，从而使雷达探测不到目标。现已研制出的表面吸波涂层材料有吸波型和反射型两种。吸波型涂层材料由吸波性填料加树脂组成，制成漆状，涂敷在金属蒙皮上。它能将吸收的雷达波在金属蒙皮上传导辐射掉，基本不反射。反射型涂层材料的构成与吸波型涂层次材料类似，但它是将吸收的雷达波改变波长后再反射出去，使雷达接收不到自己发射的电磁波的回波信号。

隐身材料已被成功地用于隐身飞机上。美国的 F-117A 战斗机、B-1B 战略轰炸机和 B-2 先进技术轰炸机，都因大量采用高级隐身材料而成为著名的隐身飞机。正在研制之中的 21 世纪的战斗机、轰炸机和侦察机等都将更多地采用隐身材料。此外，一些国家还将研制出大量使用隐身材料的隐身巡航导弹、隐身舰船、隐身坦克、隐身反舰导弹，乃至隐身机场等等。在美国、日本、英国、德国、意大利和俄罗斯等国面向 21 世纪的种种国防高技术发展项目或计划中，隐身材料都是重要的研究对象之一。我国从 1984 年开始也开展了隐身材料的研究，已经开发出实用的型号产品。

10.5.7 压电材料

在电场的作用下，可以引起电介质中带电粒子的相对位移而发生极化。但是，在某些电介质晶体中，也可以通过纯粹的机械作用而发生极化，并导致介质两端表面出现符号相反的束缚电荷，其电荷密度与外力成正比。这种由于机械力的作用而激起的晶体表面荷电现象，称为压电效应，晶体的这一性质称为压电性。

压电效应是在 19 世纪末首先在水晶和电气石等晶体上发现的，以后又相继发现了罗息盐(酒石酸钾钠)、磷酸二氢铵、磷酸二氢钾、酒心酸乙烯二胶、硫酸锂单水化合物和钛酸钡等重要的压电、铁电晶体。这些晶体相继在电声元件、谐振器、滤波器、换能器和声纳等方面应用。但是，除了水晶外，这些压电晶体多是水溶性晶体，存在易潮解等缺点，1942年—1943 年，发现钛酸钡压电陶瓷，1947 年制成器件，这对于压电材料的发展具有重大意义。压电陶瓷同水晶等单晶体比较，具有易于制造和可批量生产，成本低，不受尺寸大小限制，可在任意方向极化，可通过调节组分改变材料的性能以适应不同用途的需要，而且具有耐热、耐湿等优点。它们主要用于制造超声、水声、电声换能器，陶瓷滤波器，陶瓷变压器以及点火、引爆装置等。此外，还可用作表面滤波器件、电光器件和热释电探测器等。

20 世纪 50 年代初出现的锆钛酸铅陶瓷(PZT)的压电性远优于钛酸钡陶瓷，并在许多方面取代了原有的压电材料。20 世纪 60 年代以来，一方面在锆钛酸铅压电陶瓷的基础上进行种种掺杂改性，并且发展了三元系压电陶瓷，使得压电陶瓷各项性能进一步提高；另一方面，由于陶瓷材料不能满足日益发展的超高频技术的要求，特别是由于激光等新技术的应用，晶体材料的发展得到很大的推动。同时，由于单晶的生长工艺不断改进，使得一些新的压电、铁电晶体材料有可能大批生产。这样，就出现了一批性能优良的新的压电、铁电晶体，如铌酸锂、钽酸锂、镓酸锂、锗酸铋等。利用薄膜工艺还制备出具有较好的压电性能的硫化镉、氧化锌、氧化铝等的薄膜换能器，用于微波声学技术中。除此以外，新的压电材料还不断涌现，如热压烧结的压电陶瓷以及高分子化合物的柔软压电材料、复合压电材料等。

10.5.8 非晶合金

非晶合金是指在特殊的冷却条件下(例如急速冷却),凝固时会获得非晶态的固体合金。因此在结构上与玻璃相似,也称金属玻璃。

非晶态合金具有优异的性能:高的强度、硬度,例如 Fe75B25 硬度可达 1300HV,其抗拉强度约为马氏体钢的 2 倍,非晶态铝合金的抗拉强度(1140MPa)是超硬铝的两倍;高的塑性与韧性,一般可承受 50%左右的变形量加工;电阻率比晶态合金高 2~3 倍;高的磁导率、低铁损、恒弹性、热胀系数小、耐疲劳、耐辐射损伤、抗蚀性极好(约为晶态不锈钢的 100 倍)。

非晶态合金主要用于结构加强材料,如制作轮胎、传送带、高压管道的增强纤维、切削刀具、变压器和电动机的铁心材料、磁头材料、电缆、鱼雷、化学滤器,精密电阻合金、电极和表面保护等。

微晶材料是指具有细胞状晶粒的材料(晶粒尺寸非常小,为 0.1μm ~10μm)。微晶材料的冷却的速度介于冷速较慢(得到树枝状晶体)与急冷(得到非晶态合金)之间。微晶材料主要有铝基高强度轻合金(制作飞行器零件)及在高温下使用的镍基与铬基合金、磁性材料等。

10.5.9 形状记忆合金

记忆功能是指合金在高温下形成一定形状,降至低温进行塑性变形为另一种形状,变形后的合金经加热,合金会自动回复至变形前的原始形状。具有记忆功能的合金,称为形状记忆合金。记忆功能是通过热弹性马氏体与母相的相互转化实现的,当合金母相冷却至 Ms 点以下时,马氏体晶核随温度的降低而弹性地长大,材料产生变形,直至全部装变为马氏体。当温度回升时,马氏体又随温度的升高而弹性地缩小,变形逐步恢复,称此种马氏体为热弹性马氏体。这种马氏体与一般钢中的淬火马氏体不同,通常它比母相软,可加工。热弹性马氏体的相变温度可以通过调整合金成分而变动,使合金在某一温度范围内呈现最佳的记忆效应。

形状记忆合金的记忆功能有三种类型:单程形状记忆、双程形状记忆和全程形状记忆。单程形状记忆是指当合金母相转变为马氏体相后,改变初始形状,变形后若将马氏体相加热,当马氏体相全部转变为母相时,合金则恢复到原初始形状(即母相时的形状),若再重新冷却则合金不能恢复到马氏体相时的形状;双程形状记忆是指合金能记住母相合金的初始形状,还可以记住合金为马氏体相时变性后的形状,合金在反复加热冷却过程中,可反复呈现母相和马氏体相时的形状,如合金母相时为弯曲形,马氏体相时为直线形,反复加热冷却时,合金形状则时弯时直;全程形状记忆是指合金再冷却时,会在相反方向再现原初始形状。

很多合金都有形状记忆功能,但有实用价值的是 Ti-Ni 合金,铜基记忆合金和铁基记忆合金。Ti-Ni 合金有较高的力学性能和抗蚀性,相变温度范围宽,记忆能力强且稳定。在 25℃~60℃内使用,效果突出;铜基记忆合金的记忆功能良好,价格低、工艺简单,应用较多的是 Cu-Zn-Al 和 Cu-Al-Ni 两个系列的合金;铁基记忆合金强度高,刚度好,易加工,价格更低,具有发展前途。

形状记忆合金主要制作温控设备元件,如温室门窗自动开关、自动温控阀、过热保护器、火警预报器，机器人和机械手元件，各种管接头、铆钉等。

美国 F14 战斗机中油压系统的管接头就是采用形状记忆合金制成的。管接头内径比待接管子的外径约小 4%，在 M_s 温度以下将管接头孔胀大并插入待接管子，加热后管接头内经恢复到原来的尺寸与管子紧密的连接成整体，无泄漏。

美国用 Ti-Ni 丝焊接成半环状月面天线，然后压缩成小团状，用阿波罗火箭送到月球。小团在月球上被阳光晒热后即恢复初始形状，用于通信。

高聚物形状记忆材料，因具有重量轻、易加工、变形量大、成本低等特点，其应用日益扩大。可制作汽车缓冲器、保护罩等。当汽车受到冲击，使保护罩变形后，经加热即可恢复初始完好形状。用此种材料制作的容器、玩具等，成型后压成平板状，运输方便，使用时经加热即可恢复原形。形状记忆材料在生物学和医学方面也有应用。

小　　结

高分子化合物具有高的耐蚀性、耐磨性、绝缘性能，比强度高、密度小等优点，从而在现代工业中得到广泛应用。在高分子化合物中加入各种添加剂得到不同性能的塑性。橡胶是以高分子化合物为基础的具有显著高弹性的材料，具有优良的伸缩性，良好的储能能力和耐磨、隔音、绝缘、不透气、不透水等性能，是常用的弹性材料、密封材料、减振防振材料和传动材料。

陶瓷材料主要以共价或离子键结合，力学性能特点是强硬而脆，同时具有很高的耐腐蚀性和高温性能(高温力学性能和抗氧化性能)；通过陶瓷相变和材料复合化可大大提高陶瓷的韧性。因此陶瓷材料在机械工程中主要应用于耐磨耐蚀和高温零部件。

复合材料是指两种或两种以上的物理、化学性质不同的物质，经一定方法得到的一种新的多相固体材料，它改善或克服了组成材料的弱点，具有高比强度和比模量、很好的抗疲劳和抗断裂性能、优越的耐高温性能、良好的减摩、耐磨性和较强的减振能力。

本章还对新型工程材料进行了介绍。

练习与思考

1. 填空题

(1) 按应用范围分类，塑料可以分为_____、_____、_____。

(2) 陶瓷的生产过程一般都要经过_____、_____与_____三个阶段。

(3) 传统陶瓷的基本原料是_____、_____和_____。

(4) 玻璃钢是_____和_____的复合材料。

2. 判断题

(1) 蠕变是指在应力保持恒定的情况下，应变随时间的增长而减少的现象。　　(　　)

(2) 塑料是一种以生胶为主要组成的高分子材料。　　　　　　　　　　　　(　　)

(3) 聚氯乙烯是最早工业生产的塑料产品之一，是塑料产品中产量最大的。　(　　)

(4) 现代陶瓷材料是各种无机非金属材料的统称。　　　　　　　　　（　）
(5) 陶瓷材料的抗拉强度比抗压强度高得多。　　　　　　　　　　　（　）
(6) 复合材料是指两种或两种以上的物理、化学性质不同的物质，经一定方法得到的一种新的多相固体材料。　　　　　　　　　　　　　　　　　　　　　（　）
(7) 所有的陶瓷材料都是电和热的绝缘体。　　　　　　　　　　　　（　）

3. 选择题

(1) 橡胶是优良的减振材料和摩阻材料，因为它具有突出的_____。
　　A. 高弹性　　　　B. 黏弹性　　　　C. 塑料　　　　D. 减摩性
(2) 传统陶瓷包括_____，而特种陶瓷主要有_____。
　　A. 水泥　　　　　B. 氧化铝　　　　C. 碳化硅
　　D. 氮化硼　　　　E. 耐火材料　　　F. 日用陶瓷
(3) 纤维增强树脂复合材料中，增强纤维应该_____。
　　A. 强度高，塑性好　　　　　　　B. 强度高，弹性模量高
　　C. 强度高，弹性模量低　　　　　D. 塑性好，弹性模量高

4. 简答题

(1) 什么是热塑性塑料？什么是热固性塑料？试举例说明。
(2) 试述聚乙烯、聚氯乙烯、聚苯乙烯、聚丙烯、ABS 塑料、聚酰胺、聚碳酸酯、有机玻璃、塑料王等材料的性能及用途。
(3) 简述橡胶的组成及性能特点。
(4) 陶瓷材料的生产制作过程是怎样的？
(5) 陶瓷材料的优点是什么？简述其原因。
(6) 举出四种常见的工程陶瓷材料，并说明其性能及在工程上的应用。
(7) 什么是复合材料？它有哪些种类？
(8) 复合材料有哪些特点？
(9) 何谓纳米材料？有何特点？举例说明其用途。
(10) 简述超导材料、超硬材料、光纤材料、非晶态合金、压电材料的主要特点和应用。
(11) 举例说明储氢合金的储氢机理。
(12) 什么是形状记忆合金？其记忆功能的类型有哪几种？举例说明其用途。

第 11 章

机械零件的失效分析与选材

教学提示

作为一个从事机械设计与制造的工程技术人员,在机械零件设计与制造过程中,都会遇到选择材料的问题。在生产实践中,往往由于材料的选择和加工工艺路线不当,造成机械零件在使用过程中发生早期失效,给生产带来了重大损失。若要正确合理地选择和使用材料,必须了解零件的工作条件及其失效形式,才能较准确地提出对零件材料的主要性能要求,从而选择出合适的材料并制定出合理的冷、热加工工艺路线。

教学要求

本章让学生掌握机械零件选材原则;了解各种失效形式的特点;了解选材的方法与步骤。掌握齿轮(机床和汽车齿轮)、轴类零件工作条件、失效形式、性能要求及选材特点,进行工艺路线分析。通过本章学习,学生应具有综合运用相关知识较正确的选材的能力。

机械零件的失效分析与选材

11.1 机械零件的失效分析

所谓失效主要指零件由于某种原因，导致其尺寸、形状或材料的组织与性能变化而丧失其规定功能的现象。机械零件的失效，一般包括以下几种情况。

(1) 零件完全破坏，不能继续工作。
(2) 虽然仍能安全工作，但不能满意地起到预期的作用。
(3) 零件严重损伤，继续工作不安全。

分析引起机械零件的失效原因、提出对策、研究采取补救措施的技术和管理活动称为失效分析。研究机械零件的失效是很重要的工作，本节将讨论机械零件常见的失效形式及零件失效的产生原因。

11.1.1 零件的失效形式

根据零件损坏的特点，可将失效形式分为 3 种基本类型：变形、断裂和表面损伤。

1. 变形失效与选材

变形失效有两种情况，即弹性变形失效与塑性变形失效。

(1) 弹性变形失效。弹性变形失效是指由于发生过大的弹性变形而造成零件的失效。例如，电动机转子轴的刚度不足，发生过大的弹性变形，结果转子与定子相撞，最后主轴被撞弯，甚至折断。

弹性变形的大小取决于零件的几何尺寸及材料的弹性模量。金刚石与陶瓷的弹性模量最高，其次是难熔金属、钢铁，有色金属则较低，有机高分子材料的弹性模量最低。因此，作为结构件，从刚度及经济角度来看，选择钢铁是比较合适的。

(2) 塑性变形失效。塑性变形失效是指零件由于发生过量塑性变形而失效。塑性变形失效是零件中的工作应力超过材料的屈服强度的结果。塑性变形是一种永久变形，可在零件的形状和尺寸上表现出来。在给定载荷条件下，塑性变形发生与否，取决于零件几何尺寸及材料的屈服强度。

一般陶瓷材料的屈服强度很高，但脆性非常大。进行拉伸试验时，在远未达到屈服应力时就发生脆断，强度高的特点发挥不出来。因此，不能用来制造高强度结构件。有机高分子材料的强度很低，最高强度的塑料也不超过铝合金。因此，目前用作高强度结构的主要材料还是钢铁。

2. 断裂失效

断裂失效是机械零件的主要失效形式。根据断裂的性质和断裂的原因，可分为以下 4 种。

(1) 塑性断裂。塑性断裂是指零件在受到外载荷作用时，某一截面上的应力超过了材料的屈服强度，产生很大的塑性变形后发生的断裂。如低碳钢光滑试样拉伸试验时。由于断裂前已经发生了大量的塑性变形而进入了失效状态，故只能使零件不能工作，但不会造成较大的危险。

(2) 脆性断裂。脆性断裂发生时，事先不产生明显的塑性变形，承受的工作应力通常远低于材料的屈服强度，所以又称为低应力脆断。这种断裂经常发生在有尖锐缺口或裂纹的零件中，另外，零件结构中的棱角、台阶、沟槽及拐角等结构突变处也易发生，特别是在低温或冲击载荷作用的情况下，更易发生脆性断裂。

(3) 疲劳断裂。在低于材料屈服强度的交变应力反复作用下发生的断裂称为疲劳断裂。因疲劳而最终断裂是瞬时的，因此危害性较大，常在齿轮、弹簧、轴、模具、叶片等零件中发生。疲劳断裂是一种危害极大，而且是一种常见的失效形式，据统计，承受交变应力的零件，80%～90%以上的损坏是由于疲劳引起的。采用各种强化方法提高材料的强度，尤其是表面强度，在表面形成残余压应力，可使疲劳强度显著提高。此外，减少零件上各种能引起应力集中的缺陷、刀痕、尖角、截面突变等，均可提高零件的抗疲劳能力。

(4) 蠕变断裂。蠕变断裂即在应力不变的情况下，变形量随时间的延长而增加，最后由于变形过大或断裂而导致的失效。如架空的聚氯乙烯电线管在电线和自重的作用下发生的缓慢的挠曲变形，就是典型的材料蠕变现象。金属材料一般在高温下才产生明显的蠕变，而高聚物在常温下受载就会产生显著的蠕变，当蠕变变形量超过一定范围时，零件内部就会产生裂纹而很快断裂。

3. 表面损伤

零件在工作过程中，由于机械和化学的作用，使工件表面及表面附近的材料受到严重损伤导致失效，称为表面损伤失效。表面损伤失效大体上分为 3 类：磨损失效、表面疲劳失效和腐蚀失效。

(1) 磨损失效。在机械力的作用下，产生相对运动(滑动、滚动等)而使接触表面的材料以磨屑的形式逐渐磨耗，使零件的形状、尺寸发生变化而失效，称为磨损失效。零件磨损后，会使其精度下降或丧失，甚至无法正常运转。材料抵抗磨损的能力称为耐磨性，用单位时间的磨损量表示。磨损量愈小，耐磨性愈好。

磨损主要有磨粒磨损和粘着(胶合)磨损两种类型。

① 磨粒磨损。磨粒磨损是在零件表面遭受摩擦时，有硬质颗粒嵌入材料表面，形成许多切屑沟槽而造成的磨损。这种磨损常发生在农业机械、矿山机械以及车辆、机床等机械运行时因嵌入硬屑(硬质颗粒)等情况中。

② 粘着磨损。粘着磨损又称胶合磨损，是相对运动的摩擦表面之间在摩擦过程中发生局部焊合或粘着，在分离时粘着处将小块材料撕裂，形成磨屑而造成的磨损。这种磨损在所有的摩擦副中均会产生，例如蜗轮与蜗杆、内燃机的活塞环和缸套、轴瓦与轴颈等。

为了减少粘着磨损，所选材料应当与所配合的摩擦副为不同性质的材料，而且摩擦因数应尽可能小，最好具有自润滑能力或有利于保存润滑剂。例如，近年来在不少设备上已采用尼龙、聚甲醛、聚碳酸酯、粉末冶金材料制造轴承、轴套等。

(2) 表面疲劳。相互接触的两个运动表面(特别是滚动接触)，在工作过程中承受交变接触应力的作用，使表层材料发生疲劳破坏而脱落，造成零件失效称为表面疲劳失效。为了提高材料的表面疲劳抗力，材料应具有足够高的硬度，同时具有一定的塑性和韧性；材料应尽量少含夹杂物，材料要进行表面强化处理，强化层的深度足够大，以免在强压层下的基体内形成小裂纹，使强化层大块剥落。

(3) 腐蚀失效。由于化学和电化学腐蚀的作用，使表面损伤而造成零件失效称为腐蚀失效。腐蚀失效除与材料的成分、组织有关外，还与周围介质有很大关系，应根据介质的成分性质选材。

11.1.2 零件失效的原因

零件到底会发生哪种形式的失效，这与很多因素有关。概括起来，失效的原因有以下4个方面。

1. 零件设计不合理

零件的结构、形状、尺寸设计不合理最容易引起失效。如键槽、孔或截面变化较剧烈的尖角处或尖锐缺口处容易产生应力集中，出现裂纹。其次，是对零件在工作中的受力情况判断有误，设计时安全系数过小或对环境的变化情况估计不足造成零件实际承载能力降低等均属设计不合理。

2. 选材不合理

选材不合理即选用的材料性能不能满足工作条件要求，或者所选材料名义性能指标不能反映材料对实际失效形式的抗力。所用材料的化学成分与组织不合理、质量差也会造成零件的失效，如含有过多的夹杂物和杂质元素等缺陷。因此对原材料进行严格检验是避免零件失效的重要步骤。

3. 加工工艺不合理

零件在加工和成形过程中，因采用的工艺方法、工艺参数不合理，操作不正确等会造成失效。如热成形过程中温度过高所产生的过热、过烧、氧化、脱碳；热处理过程中工艺参数不合理造成的变形和裂纹、组织缺陷及由于淬火应力不均匀导致零件的棱角、台阶等处产生拉应力。

4. 安装及使用不正确

机器在安装过程中，配合过紧、过松、对中不良、固定不牢或重心不稳，密封性差以及装配拧紧时用力过大或过小等，均易导致零件过早失效。在超速、过载、润滑条件不良的情况下工作，工作环境中有腐蚀性物质及维修、保养不及时或不善等均会造成零件过早失效。

11.1.3 失效分析的步骤、方法

对失效零件进行失效分析的基本步骤、方法如下。

(1) 现场勘察察看零件失效的部位、形式，弄清零件工作条件，操作情况和失效过程；收集并保护好失效零件，必要时对现场进行拍照。

(2) 了解零件背景资料，了解零件设计、加工制造、装配及使用、维护等一系列历史资料，并收集与该零件失效相类似的相关资料。

(3) 测试分析主要包括断口宏观分析、金相组织分析、电镜分析、成分分析、表面及内部质量分析、应力分析、力学分析及力学性能测试等。以上项目可根据需要选择。

(4) 综合分析 对以上调查材料、测试结果进行综合分析，判明失效原因(尤其是主要原因，是确定主要失效抗力指标的依据)，提出改进措施并在实践中检验效果。

11.2　选材的一般原则

作为一个从事机械设计与制造的工程技术人员，如何合理地选择和使用材料是一项十分重要的工作，不仅要保证零件在工作时具有良好的功能，使零件经久耐用，而且要求材料有较好的工艺性和经济性，以便提高生产率，降低成本。本节简要介绍机械零件选材的一般原则。

11.2.1　失效形式分析

在选择材料时，必须根据零件在整机中的作用、零件的尺寸、形状以及受力情况，提出零件材料应具备的主要力学性能指标。零件的工作环境是复杂的，故应注意以下3点。

1. 零件使用条件与失效形式分析

(1) 零件使用条件。零件使用条件应根据产品的功能和零件在产品中的作用进行分析。

① 受力状况。包括应力种类(拉伸、压缩、弯曲、扭转、剪切等)和大小；载荷性质(静载荷、冲击载荷、变动载荷等)和分布状况及其他(摩擦、振动等)条件。

② 环境状况。包括温度和介质等。

③ 特殊要求。如导电性能、绝缘性能、磁性能、热胀性能、导热性能、外观等。

选择材料时一定要将上述条件考虑周全，并且找出材料所需要的主要使用性能。

(2) 零件失效形式分析。机械零件在使用过程中会因某种性能不足而出现相应形式的失效。因此可根据零件的失效形式，分析得出起主导作用的使用性能，并以此作为选材的主要依据。例如，长期以来，人们认为发动机曲轴的主要使用性能是高的冲击抗力和耐磨性。但失效分析结果证明，曲轴破坏主要是疲劳失效，所以，以疲劳强度为主要设计依据，其质量和寿命有很大提高。

2. 确定使用性能指标和数值

通过分析零件工作条件和失效形式，确定零件对使用性能的要求后，必须进一步转化为实验室性能指标和数值，这是选材的极其重要的步骤。

3. 根据力学性能选材时应注意的问题

零件所要求的力学性能指标和数值确定下来之后便可进行选材。由于适当的强化方法可充分发挥材料的性能潜力，所以选材时应把材料与强化手段紧密结合起来综合考虑，而且还要注意下列问题。

(1) 学会正确使用手册和有关资料。选材时查手册是十分自然的事情，但必须注意手册中数据测定条件等的局限性。

(2) 正确使用硬度指标。设计中，常用硬度作为控制材料性能的指标，在零件图等技术文件中，常以硬度来表明对零件的力学性能要求。但硬度指标亦有其局限性。

因此，在设计中提出硬度值的同时，应对其热处理工艺(特别是强化工艺)做出明确规定，而对于某些重要零件还应明确规定其他力学性能要求。

(3) 强度与韧性应合理配合。受力的零件、构件选用材料时，首先要看强度能否满足使用要求，为防止零件在使用过程中发生脆性断裂，还要考虑塑性和冲击韧度，例如，断面有变化并有缺口的零件，承受冲击的零件，大尺寸零、构件等，应适当降低强度、硬度要求，相应提高塑性、韧性。

(4) 平面断裂韧性 KIC 在选材中的应用。由于 KIC 反映了材料抵抗内部裂纹失稳扩展的能力，故可根据 KIC 数值的大小对材料的韧性做出可靠的评价，并可用于设计计算。

11.2.2 材料的工艺性能原则

零件都是由不同的工程材料经过一定的加工制造而成的。因此，材料的工艺性能，即加工成合格零件的难易程度，显然也是选材必须考虑的主要问题。选材中，同使用性能相比较，工艺性能处于次要地位，但在某些情况下，如大量生产，工艺性能就可能成为选材考虑的主要依据，例如选用易切钢等。

用金属材料制造零件的基本加工方法，通常有 4 种：铸造、压力加工、焊接和机械(切削)加工。热处理是作为改善加工性能和使零件得到所要求的性能的工序。

材料的工艺性能好坏对零件加工生产有直接的影响，主要的工艺性能包括铸造性能、压力加工性能、焊接性能、切削加工性能和热处理性能。

从工艺出发，如果设计的零件是铸件，最好选用共晶成分及其附近的合金；若设计的是锻件、冲压件，最好选择固溶体的合金；如果设计的是焊接结构，则不应选用铸铁，最适宜的材料是低碳钢、低合金钢。而铜合金、铝合金的焊接性能都不好。

在机械制造生产中，绝大部分的零件都要经过切削加工。因此，材料的切削加工性的好坏，对提高产品质量和生产率、降低成本都具有重要意义。为了便于切削，一般希望钢铁材料的硬度控制在 170HBW～230HBW 之间。

一般说来，碳钢的锻造、切削加工等工艺性能较好，其力学性能可以满足一般零件工作条件的要求，因此碳钢的用途较广，但它的强度还不够高，淬透性差。所以，制造大截面、形状复杂和高强度的淬火零件，常选用合金钢，因为合金钢淬透性好、强度高，但合金钢的锻造、切削加工等工艺性能较差。

11.2.3 材料的经济性原则

在机械设计和生产过程中，一般在满足使用性能和工艺性能的条件下，经济性也是选材必须考虑的主要因素。选材时应注意以下几点。

1. 尽量降低材料及其加工成本

在满足零件对使用性能与工艺性能要求的前提下，能用铸铁不用钢，能用非合金钢不用合金钢，能用硅锰钢不用铬镍钢，能用型材不用锻件加工件，且尽量用加工性能好的材料。能正火使用的零件就不必调质处理。材料来源要广，尽量采用符合我国资源情况的材料，如含铝超硬高速钢(W6Mo5Cr4V2A1)具有与含钴高速钢(W18Cr4V2Co8)相似的性能，但价格便宜。

2. 用非金属材料代替金属材料

非金属材料的资源丰富，性能也在不断提高，应用范围不断扩大，尤其是发展较快的聚合物具有很多优异的性能，在某些场合可代替金属材料，既改善了使用性能，又可降低制造成本和使用维护费用。

3. 零件的总成本

零件的总成本包括原材料价格、零件的加工制造费用、管理费用、试验研究费和维修费等。选材时不能一味追求原材料低价而忽视总成本的其他各项。

11.3 典型零件的选材与工艺

11.3.1 提高疲劳强度与耐磨性的选材与工艺

1. 提高疲劳强度的选材与工艺

承受交变应力的零件主要分为 3 种情况：一是承受交变拉、压应力的零件，如拉杆、连杆、螺栓、锻锤杆等；二是承受交变弯曲、扭转应力；三是吸收、储存能量，如弹簧、弹簧夹头等。它们都要求较高的疲劳强度，在各类材料中，金属材料的疲劳强度较高，故推荐选用金属材料来制造抗疲劳零部件(以钢铁材料为最佳)。

主要承受交变载荷零件的用材及强化方法见表 11-1。

表 11-1 主要承受交变载荷零件的用材及强化方法

零件名称	受力情况	性能要求	主要用材及强化方法	强化特点
内燃机连杆、连接螺栓、锻锤杆、拉杆等	交变拉压应力、冲击载荷	高强度、耐疲劳	调质钢。热变形，调质或淬火及中温回火，表面滚压	整个截面均强化
各种传动轴、内燃机曲轴、汽车半轴、凸轮轴、机床主轴等	交变弯曲、扭转应力、冲击、局部受摩擦	耐疲劳、局部表面耐磨、综合力学性能良好	(1) 调质钢。热变形，调质、表面淬火或氮化，表面滚压 (2) 球墨铸铁。等温淬火或调质，表面淬火、表面滚压 (3) 渗碳钢。渗碳淬火低温回火	表层强化
弹簧等	交变弯曲、扭转应力、冲击、振动能量吸收及储备	高强度极限、高屈强比、疲劳强度	(1) 弹簧钢。热变形、淬火及中温回火或铅淬冷拉、形变热处理、表面喷丸 (2) 铍青铜。淬火时效 (3) 磷青铜。变形强化	整个截面均匀强化

2. 耐磨性的选材与工艺

承受摩擦、磨损的零件情况比较复杂，大致可分为 3 类：一是对整体硬度要求较高的零件，如刃具、冷冲模、量具、滚动轴承等；二是自身要耐磨，又要求减摩以保护配偶件，如滑动轴承、丝杠螺母等；三是对心部强韧性有较高要求的零件，如齿轮、凸轮、活塞销等。它们都要求有较高耐磨、减摩性。各种材料中，除金刚石外，陶瓷硬度最高，耐磨性最好，含碳量高的钢硬度较高，耐磨性也较好；铸铁、部分有色金属、塑料等具有较低的摩擦因数和较高的减摩性。

主要承受摩擦、磨损零件的材料及其强化方法选择见表 11-2。

表 11-2　主要承受摩擦、磨损零件的材料及其强化方法选择

类型	零件名称	工作条件与性能要求	材料及其强化方法
要求整体高硬度	量具、低速切削刃具、顶尖、钻套	承受摩擦，受力不大。要求高硬度、高耐磨性	碳素工具钢，低合金工具钢。淬火及低温回火
	高速切削刃具	强烈摩擦，高温。要求高硬度、高耐磨性，热硬性好	(1) 高速钢。淬火及三次 560℃ 回火 (2) 硬质合金 (3) 陶瓷
	冷冲模	承受摩擦，冲击载荷，交变载荷，要求高硬度、高疲劳强度、高屈服强度	碳素工具钢，低合金工具钢、高碳高铬冷作模具钢。淬火及低温回火
	滚动轴承	承受滚动摩擦，交变接触应力。要求高硬度、高接触疲劳强度	滚动轴承钢。淬火及低温回火
兼有较高韧性	齿轮、凸轮、活塞销	表面摩擦，冲击载荷，交变应力。要求表硬内韧、疲劳强度和接触疲劳强度高	(1) 调质钢。调质或正火，表面淬火或氮化 (2) 渗碳钢。渗碳淬火及低温回火
	碎石机颚板	强烈冲击，严重挤、压，摩擦。要求高的抗磨性与韧性	高锰钢的水韧处理
减摩耐磨	滑动轴承	承受滑动摩擦，交变应力，硬度不高于配偶件。摩擦因数小，磨合性好	(1) 滑动轴承 (2) 塑料 (3) 复合材料
	缸套、活塞环	承受摩擦、振动，要求耐磨、减摩	灰铸铁

11.3.2　齿轮类与轴类零件的选材与工艺

1. 齿轮类零件的选材与工艺

(1) 齿轮的性能要求。齿轮在机器中主要担负传递功率与调节速度的任务，有时也起改变运动方向的作用。在工作时它通过齿面的接触传递动力，周期地受弯曲应力和接触应力的作用，在啮合的齿面上，相互运动和滑动造成强烈的摩擦，有些齿轮在换挡、启动或啮合不均匀时还承受冲击力等。其失效形式主要有齿轮疲劳冲击断裂、过载断裂、齿面接触疲劳与磨损。因此，要求材料具有高的疲劳强度和接触疲劳强度；齿面具有高的硬度和耐磨性；齿轮心部具有足够的强度与韧性。但是，对于不同机器中的齿轮，因载荷大小、速度高低、精度要求、冲击强弱等工作条件的差异，对性能的要求也有所不同，故应选用不同的材料及相应的强化方法。

(2) 齿轮用材的特点。机械齿轮通常采用锻造钢件制造，而且，一般均先锻成齿轮毛坯，以获得致密组织和合理的流线分布。就钢种而言，主要有调质钢齿轮和渗碳钢齿轮两类。

① 调质钢齿轮。调质钢主要用于制造两种齿轮，一种是对耐磨性要求较高，而冲击韧

度要求一般的硬齿面(HB＞350)齿轮,如车床、钻床、铣床等机床的变速箱齿轮,通常采用45钢、40Cr、40MnB、45Mn2等。经调质后表面淬火。对于高精度、高速运转的齿轮,可采用38CrMoAlA氮化钢,进行调质后再氮化处理。另一种是对齿面硬度要求不高的软齿面(HB≤350)齿轮,如车床溜板上的齿轮、车床挂轮架齿轮、汽车曲轴齿轮等,通常采用45钢、40Cr、35SiMn等钢,经调质或正火处理。

② 渗碳钢齿轮。渗碳钢主要用于制造速度高、重载荷、冲击较大的硬齿面齿轮,如汽车、拖拉机变速箱、驱动桥齿轮、立车的重要齿轮等,通常采用20CrMnTi、20MnVB、20CrMnMo等钢,经渗碳淬火,低温回火处理,表面硬度高且耐磨,心部强韧耐冲击。为增加齿面残余压应力,进一步提高齿轮的疲劳强度,还可随后进行喷丸处理。

除锻钢齿轮外,还有铸钢、铸铁齿轮。铸钢(如 ZG340-640)常用于制造力学性能要求较高且形状复杂的大型齿轮,如起重机齿轮。对耐磨性、疲劳强度要求较高但冲击载荷较小的齿轮,如机油泵齿轮,可采用球墨铸铁(如 QT500-7)制造。而对受冲击很小的低精度、低速齿轮,如汽车发动机凸轮轴齿轮,可采用灰铸铁(如 HT200、HT300)制造。

另外,塑料齿轮具有摩擦因数小、减振性好、噪声低、质量轻、耐腐蚀等优点也被广泛应用。但其强度、硬度、弹性模量低,使用温度不高,尺寸稳定性差,故主要用于制造轻载、低速、耐蚀、无润滑或少润滑条件下工作的齿轮,如仪表齿轮、无声齿轮等。

(3) 典型齿轮选材具体实例。现以车床床头箱中三联滑动齿轮为例进行选材及其强化方法分析。

图 11.1 所示为 C620-1 卧式车床床头箱中三联滑动齿轮。工作中,通过拨动主轴箱外手柄使齿轮在轴上作滑移运动,利用与不同齿数的齿轮啮合,可得到不同转速,工作时转速较高。其热处理技术条件是:轮齿表面硬度 50HRC～55HRC,齿心部硬度 20HRC～25HRC,整体强度 R_m=780MPa～800MPa,整体冲击韧度 α_K=40J·cm^{-2}～60J·cm^{-2}。

从下列材料中选择合适的钢种,并制定其加工工艺路线,分析每步热处理的目的。

35 钢,45 钢,T12,20Cr,40Cr,20CrMnTi,38CrMoAl,1Cr18Ni9Ti,W18Cr4V。

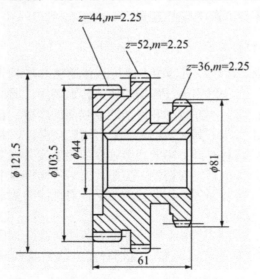

图 11.1　C620-1 卧式车床床头箱中三联滑动齿轮简图

① 分析及选材。该齿轮是普通车床主轴箱滑动齿轮,是主传动系统中传递动力并改变转速的齿轮。该齿轮受力不大,在变速滑移过程中,虽然同与其相啮合的齿轮有碰撞,但冲击力不大,运动也较平稳。根据题中要求,轮齿表面硬度只要求50HRC~55HRC,选用淬透性适当的调质钢经调质、高频感应加热淬火和低温回火即可达到要求。考虑到该齿轮较厚,为提高其淬透性,可选用合金调质钢,油淬即可使截面大部分淬透,同时也可尽量减少淬火变形量,回火后基本上能满足性能要求。因此,从所给钢种中选择 40Cr 钢比较合适。

② 确定加工工艺。加工工艺路线为:下料→齿坯锻造 →正火(850℃~870℃空冷)→粗加工→调质(840℃~860℃油淬,600℃~650℃回火) →精加工 →齿轮高频感应加热淬火(860℃~880℃高频感应加热,乳化液冷却) →低温回火(180℃~200℃回火) →精磨。

③ 热处理目的。正火处理可消除锻造应力,均匀组织,改善切削加工性。对于一般齿轮,正火也可作为高频淬火前的最终热处理工序。调质处理可使齿轮获得较高的综合力学性能,齿轮可承受较大的弯曲应力和冲击载荷,并可减少淬火变形。高频淬火及低温回火提高了齿轮表面硬度和耐磨性,并且使齿轮表面产生压应力,提高了抗疲劳破坏的能力。低温回火可消除淬火应力,对防止产生磨削裂纹和提高抗冲击能力是有利的。

2. 轴类零件的选材

机床主轴、丝杠、内燃机曲轴、汽车车轴等都属于轴类零件,它们是机器上的重要零件,一旦发生破坏,就会造成严重的事故。

(1) 轴类零件的性能要求。轴类零件主要起支承转动零件,承受载荷和传递动力的作用。一般在较大的静、动载荷下工作,受交变的弯曲应力与扭转应力,有时还要承受一定的冲击与过载。为此,所选材料应具有良好的综合力学性能和高的疲劳强度,以防折断、扭断或疲劳断裂。对于轴颈等受摩擦部位,则要求高硬度与高耐磨性。

(2) 轴类零件的用材特点。大多数轴类零件采用锻钢制造,对于阶梯直径相差较大的阶梯轴或对力学性能要求较高的重要轴、大型轴,应采用锻造毛坯。而对力学性能要求不高的光轴、小轴,则可采用轧制圆钢直接加工。在具体选材时,可以从以下几方面考虑。

① 对承受交变拉应力的轴类零件,如缸盖螺栓、连杆螺栓、船舶推进器轴等,其截面受均匀分布的拉应力作用,应选用淬透性好的调质钢。如 40Cr、42Mn2V、40MnVB、40 CrNi 等,以保证调质后零件整个截面的性能一致。

② 主要承受弯曲和扭转应力的轴类零件,如发动机曲轴、汽轮机主轴、机床主轴等,一般采用调质钢制造。因其最大应力在轴的表层,故一般不需要选用淬透性很高的钢。其中,对磨损较轻、冲击不大的轴,如普通齿轮减速器传动轴、普通车床主轴等,可选用 45 钢经调质或正火处理,然后对要求耐磨的轴颈及配件经常装拆的部位进行表面淬火、低温回火。对磨损较重且受一定冲击的轴,可选用合金调质钢,经调质处理后,再在需要高硬度部位进行表面淬火。例如汽车半轴常采用 40Cr、40CrMnMo 等钢,高速内燃机曲轴常采用 35CrMo、42CrMo、18Cr2Ni4WA 等钢。

③ 对磨损严重且受较大冲击的轴,如载荷较重的组合机床主轴、齿轮铣床主轴、汽车、

拖拉机变速轴、活塞销等，可选用20CrMnTi渗碳钢，经渗碳、淬火、低温回火处理。

④ 对高精度、高速转动的轴类零件，可采用氮化钢、高碳钢或高合金钢，如高精度磨床主轴或精密镗床镗杆采用38CrMoAlA钢，经调质、氮化处理；精密淬硬丝杠采用9Mn2V或CrWMn钢，经淬火、低温回火处理。

在轴类零件制造过程中，还可采用滚辗螺纹、滚压圆角与轴颈、横轧丝杆、喷丸等方法提高零件的疲劳强度。例如，锻钢曲轴的弯曲疲劳强度，经喷丸处理后可提高15%～25%；经圆角滚压后，可提高20%～70%。

除锻钢曲轴类零件外，对中、低速内燃机曲轴以及连杆，凸轮轴，可采用QT600-3等球墨铸铁来制造，经正火、局部表面淬火或软氮化处理。不仅力学性能满足要求，而且制造工艺简单，成本较低。

(3) 典型轴类零件用材实例分析。以C616车床主轴为例来分析其选材及热处理，图11.2为其示意图。

该主轴受交变弯曲和扭转复合应力作用，载荷不大，转速中等，冲击载荷也不大，所以具有一般综合力学性能即可满足要求。但大的内锥孔、外锥体与卡盘、顶尖之间有摩擦，花键处与齿轮有相对滑动。为防止这些部位划伤和磨损，故这些部位要求有较高的硬度和耐磨性。轴颈与滚动轴承配合，硬度要求不高(220HBW～250HBW)。

根据以上分析，C616车床主轴选用45钢即可。热处理技术条件：整体硬度为220HBW～250HBW；内锥孔和外锥体为45HRC～50HRC，花键部分为48HRC～53HRC。其加工工艺路线为：锻造→正火→粗加工→调质→半精加工→淬火、低温回火→粗磨(外圆、锥孔、外锥体)→铣花键→花键淬火、回火→精磨。

其中，正火是为了细化晶粒，消除锻造应力，改善切削加工性能，并为调质处理做组织准备；调质处理是为使主轴获得良好的综合力学性能，为更好地发挥调质效果，将其安排在粗加工之后。锥孔及外锥体的局部淬火和回火是为使该处获得较高的硬度。锥孔、外锥体的局部淬火、回火可采用盐浴加热。花键处的表面淬火采用高频表面淬火、回火以减小变形和达到硬度要求。

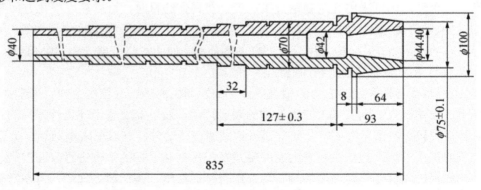

图11.2 C616车床主轴简图

表11-3给出了其他机床主轴的工作条件、选材及热处理工艺情况。

表 11-3　机床主轴的工作条件、选材及热处理

序号	工作条件	材料	热处理工艺	硬度要求	应用举例
1	(1) 在滚动轴承中运转 (2) 低速，轻或中等载荷 (3) 精度要求不高 (4) 稍有冲击载荷	45 钢	正火或调质	220HBW～250HBW	一般简易机床主轴
2	(1) 在滚动或滑动轴承内运转 (2) 低速，轻或中等载荷 (3) 精度要求不很高 (4) 有一定的冲击、交变载荷	45 钢	正火或调质后轴颈局部表面淬火整体淬硬	≤229HBW(正火) 220HBW～250HBW(调质) 46HBW～57HRC(表面)	CB3463、CA6140、C61200 等重型车床主轴
3	(1) 在滑动轴承内运转 (2) 中或重载荷，转速略高 (3) 精度要求较高 (4) 有较高的交变、冲击载荷	40Cr 40MnB 40MnVB	调质后轴颈表面淬火	220HBW～280HBS(调质) 46HRC～55HRC(表面)	铣床、M74758 磨床砂轮主轴
4	(1) 在滑动轴承内运转 (2) 重载荷，转速很高 (3) 精度要求极高 (4) 有很高的交变、冲击载荷	38CrMoAl	调质后渗氮	≤260HBS(调质) ≥850HV(渗氮表面)	高精度磨床砂轮主轴，T68 镗杆，T4240A 坐标镗床主轴，C2150-6D 多轴自动车床中心轴
5	(1) 在滑动轴承内运转 (2) 重载荷，转速很高 (3) 高的冲击载荷 (4) 很高的交变压力	20CrMnTi	渗碳淬火	≥50HRC(表面)	Y7163 齿轮磨床、CG1107 车床、SG8630 精密车床主轴

小　　结

掌握各种工程材料的特性，正确选择和使用材料是对从事机械设计和制造的工程技术人员的基本要求。目前即使选用最好的材料和最先进的工艺手段制造的机器零件，使用的期限也是有限的，常发生失效。因此要对零件的失效进行分析，找出失效的原因，提出预防措施。零件的失效主要有变形、断裂和表面损伤 3 种基本类型。原因主要有零件设计不合理、选材不合理、加工工艺不合理、安装及使用不正确等。选材的一般原则有使用性能原则、工艺性原则、经济性原则。

通过齿轮、轴类等典型零件的选材分析介绍了机械零件选材的方法和步骤。

练习与思考

简答题

(1) 什么是零件的失效？零件失效形式有哪几种？失效的原因一般包括哪几个方面？

(2) 合理选材的原则是什么？

(3) 零件选材的经济性从哪些方面考虑？

(4) 机床床头箱齿轮与汽车变速箱齿轮的工作条件各有何特点？应选用哪种材料最合适？请写出工艺路线和强化方法。

(5) 某齿轮要求具有良好的综合力学性能，表面硬度50HRC～55HRC，用45钢制造。加工路线为：下料→锻造→热处理→粗加工→热处理→精加工→热处理→精磨。试说明工艺路线中各热处理工序的名称和目的。

(6) 汽车、拖拉机变速箱齿轮多采用渗碳钢制造，而机床变速箱齿轮多采用中碳钢制造，为什么？

第12章

铸 造

教学提示

铸造是机械制造中毛坯成形的主要工艺之一。在机械制造业中，铸造零件的应用十分广泛。在一般机械设备中，铸件的质量往往要占机械总质量的70%~80%，甚至更高。学习本章前，学生应预习工程材料中有关二元相图、凝固与结晶的内容，以及机械制图中有关三视图的内容。在学习本章内容时，应与"金工实习"中实际操作的工艺相联系，理论联系实际。

教学要求

通过本章的学习，使学生了解铸造的特点、分类及应用；重点掌握铸造合金液体的充型能力与流动性及其影响因素，缩孔与缩松的产生与防止，铸造应力、变形与裂纹的产生与防止；掌握砂型铸造工艺及铸件的结构工艺性；对于特种铸造只做一般了解。

(金属液态成形)是将液态金属在重力或外力作用下充填到型腔中,待其凝固冷却后,获得所需形状和尺寸的毛坯或零件的方法。

铸造成形的优点:
(1) 适应性广,工艺灵活性大(材料、大小、形状几乎不受限制)。
(2) 最适合制造形状复杂的箱体、机架、阀体、泵体、缸体等。
(3) 成本较低(铸件与最终零件的形状相似、尺寸相近)。

主要缺点:铸件组织疏松、晶粒粗大,内部常有缩孔、缩松、气孔等缺陷产生,导致铸件力学性能,特别是冲击性能较低。

分类:铸造从造型方法来分,可分为砂型铸造和特种铸造两大类。

12.1 铸造工艺基础

铸造生产过程非常复杂,影响铸件质量的因素也非常多。其中合金的铸造性能的优劣对能否获得优质铸件有着重要影响。铸造合金在铸造过程中呈现出的工艺性能,称为铸造性能。合金的铸造性能主要指充型能力、收缩性、偏析、吸气等。其中液态合金的充型能力和收缩性是影响成形工艺及铸件质量的两个最基本的问题。

12.1.1 合金的流动性及充型能力

液态合金充满型腔的过程称为充型。液态合金充满型腔是获得形状完整、轮廓清晰合格铸件的保证,铸件的很多缺陷都是在此阶段形成的。

1. 合金的流动性及充型能力

液态合金的流动能力称为流动性。液态合金充满型腔,形成轮廓清晰、形状和尺寸符合要求的优质铸件的能力,称为液态合金的充型能力。流动性是液态合金本身的属性。液态合金的充型能力首先取决于液态合金本身的流动性,同时又与外界条件,如铸型性质、浇注条件、铸件结构等因素密切相关,是各种因素的综合反应。

液态合金的流动性好,易于充满型腔,有利于气体和非金属夹杂物上浮和对铸件进行补缩。流动性差,则充型能力差,铸件易产生浇不到、冷隔、气孔和夹渣等缺陷。

合金的流动性通常用螺旋形流动性试样衡量,如图 12.1 所示。浇注的试样越长,其流动性越好。常用合金的流动性见表 12-1。

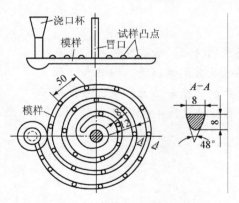

图 12.1 螺旋形流动试样

表 12-1　常用合金的流动性(砂型，试样截面 8mm×8mm)

合金种类	铸型种类	浇注温度/℃	螺旋线长度/mm
铸铁　w_{C+Si}=6.2%	砂型	1 300	1 800
w_{C+Si}=5.9%	砂型	1 300	1 300
w_{C+Si}=5.2%	砂型	1 300	1 000
w_{C+Si}=4.2%	砂型	1 300	600
铸钢 w_C=0.4%	砂型	1 600	100
	砂型	1 640	200
铝硅合金(硅铝明)	金属型(预热温度 300℃)	680～720	700～800
镁合金(含 Al 和 Zn)	砂型	700	400～600
锡青铜(w_{Sn}≈10%, w_{Zn}≈2%)	砂型	1 040	420
硅黄铜(w_{Si}=1.5%～4.5%)	砂型	1 100	1 000

2. 影响流动性和充型能力的因素

1) 化学成分

纯金属和共晶成分的合金，由于是在恒温下进行结晶，液态合金从表层逐渐向中心凝固，固液界面比较光滑，对液态合金的流动阻力较小，同时，共晶成分合金的凝固温度最低，可获得较大的过热度，推迟了合金的凝固，故流动性最好；其他成分的合金是在一定温度范围内结晶的，由于初生树枝状晶体与液体金属两相共存，粗糙的固液界面使合金的流动阻力加大，合金的流动性大大下降，合金的结晶温度区间越宽，流动性越差。

Fe-C 合金的流动性与含碳量之间的关系如图 12.2 所示。由图可见，亚共晶铸铁随含碳量增加，结晶温度区间减小，流动性逐渐提高，愈接近共晶成分，合金的流动性愈好。

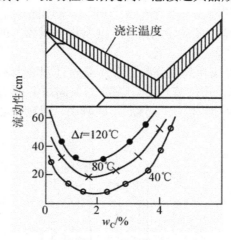

图 12.2　Fe-C 合金的流动性与含碳量的关系过热度 $\Delta t = t_{浇} - t_{液}$

2) 铸型的结构和性质

当合金的流动性一定时，铸型结构对液态合金的充型能力有较大影响，主要表现为型腔的阻力和铸型的导热能力的影响。

(1) 铸件结构越复杂，型腔结构就越复杂，液态合金流动时的阻力也越大，其充型能力就越差。铸件壁厚越小，型腔就越窄小，液态合金的散热也越快，其充型能力就越差。

(2) 铸型材料，铸型材料的导热系数越大，液态合金降温越快，其充型能力就越差。

(3) 铸型温度，铸型的温度低、热容量大，充型能力下降；铸型温度高，合金液与铸型的温差越小，散热速度越小，保持流动的时间越长，充型能力上升。

(4) 铸型中的气体，在合金液的热作用下，铸型(尤其是砂型)将产生大量的气体，如果气体不能顺利排出，型腔中的气压将增大，就会阻碍液态合金的流动。

3) 浇注条件

浇注温度、充型压力和浇注系统结构等条件对铸件质量的影响如下。

(1) 浇注温度。提高浇注温度，可使合金保持液态的时间延长，使合金凝固前传给铸型的热量多，从而降低液态合金的冷却速度，还可使液态合金的黏度减小，显著提高合金的流动性。但随着浇注温度的提高，铸件的一次结晶组织变得粗大，且易产生气孔、缩孔、粘砂、裂纹等缺陷，故在保证充型能力的前提下，浇注温度应尽量低。通常铸钢的浇注温度为1 520℃~1 620℃；铸铁的为1 230℃~1 450℃；铝合金的为680℃~780℃。

(2) 充型压力。液态金属在流动方向上所受到的压力越大，充型能力就越好。如通过提高浇注时的静压头的方法，可提高充型能力。一些特种工艺，如压力铸造、低压铸造、离心铸造等，充型时合金液受到的压力较大，充型能力较好。

(3) 浇注系统。浇注系统的结构越复杂，流动的阻力就越大，充型能力就降低。铸型的结构越复杂、导热性越好，合金的流动性就越差。提高合金的浇注温度和浇注速度，以及增大静压头的高度会使合金的流动性增加。

12.1.2 铸件的凝固方式

铸件的成形过程是液态金属在铸型中的凝固过程。合金的凝固方式对铸件的质量、性能以及铸造工艺等都有极大的影响。

铸件在凝固过程中，其断面一般存在3个区域，即固相区、凝固区和液相区，其中液相和固相并存的凝固区对铸件质量影响最大。通常根据凝固区的宽窄将铸件的凝固方式分为逐层凝固、糊状凝固和中间凝固方式。

(1) 逐层凝固。纯金属或共晶成分的合金在凝固过程中因不存在液、固相并存的凝固区，故端面上外层的固体和内层的液体由一条界线(凝固前沿)清楚地分开，如图12.3(a)所示。随着温度的下降，固体层不断加厚，液体层不断减少，直到中心层全部凝固。这种凝固方式称为逐层凝固。

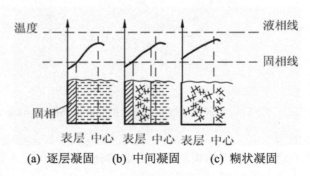

图 12.3　铸件的凝固方式

(2) 中间凝固。介于逐层凝固和糊状凝固之间的凝固方式称为中间凝固,如图 12.3(b)所示。大多数合金均属于中间凝固方式。

(3) 糊状凝固。当合金的结晶温度范围很宽,且铸件断面温度分布较为平坦时,在凝固的某段时间内,铸件表面并不存在固体层,而液、固并存的凝固区贯穿整个断面,如图 12.3(c)所示。由于这种凝固方式与水泥凝固方式很相似,先成糊状而后固化,故称为糊状凝固。

12.1.3 铸造合金的收缩

1. 收缩的概念

液态合金在凝固和冷却过程中,体积和尺寸减小的现象称为合金的收缩。收缩能使铸件产生缩孔、缩松、裂纹、变形和内应力等缺陷。

合金的收缩经历如下 3 个阶段,如图 12.4 所示。
(1) 液态收缩。从浇注温度($T_浇$)到凝固开始温度(即液相线温度 T)间的收缩。
(2) 凝固收缩。从凝固开始温度(T)到凝固终止温度(即固相线温度 T_s)间的收缩。
(3) 固态收缩。从凝固终止温度(T_s)到室温间的收缩。

合金的总体积收缩为上述 3 个阶段收缩之和。与金属本身的成分、浇注温度及相变有关。合金的收缩量是用体收缩率和线收缩率表示的。

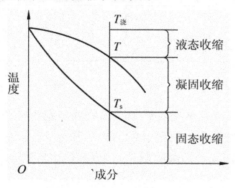

图 12.4 合金收缩的 3 个阶段

体收缩率是指单位体积的收缩量,因为合金的液态收缩和凝固收缩表现为合金体积的缩减,故常用体积收缩率来表示。

线收缩率是指单位长度上的收缩量。合金的固态收缩不仅引起体积上的缩减,同时还使铸件在尺寸上减小,因此常用线收缩率来表示。

当合金由温度 t_0 下降到 t_1 时,其体收缩率和线收缩率分别如下。

$$\varepsilon_V = \frac{V_模 - V_{铸件}}{V_模} \times 100\% = \alpha_V (t_0 - t_1) \times 100\%$$

$$\varepsilon_L = \frac{L_模 - L_{铸件}}{L_模} \times 100\% = \alpha_L (t_0 - t_1) \times 100\%$$

式中，ε_V——体收缩率；

ε_L——线收缩率；

$V_模$、$V_{铸件}$——合金在 t_0、t_1 时模型和铸件的体积/cm³；

$L_模$、$L_{铸件}$——合金在 t_0、t_1 时模型和铸件的长度/cm；

α_V、α_L——合金在 t_0 至 t_1 温度范围内的体胀系数和线胀系数(l/℃)。

2．影响收缩的因素

(1) 化学成分的影响。常用合金中，铸钢的收缩率最大，灰铸铁最小。几种铁碳合金的体积收缩率见表12-2。灰铸铁收缩小是由于其中大部分碳是以石墨状态存在的，石墨的比容大，在结晶过程中，析出石墨所产生的体积膨胀抵消了部分收缩所致。故含碳量越高，灰铸铁的收缩越小。

(2) 浇注温度的影响。合金的浇注温度愈高，过热度愈大，液态收缩量愈大。

(3) 铸件结构与铸型条件的影响。铸件冷却收缩时，因其形状、尺寸的不同，各部分的冷却速度不同，导致收缩不一致，且互相阻碍；此外，铸型和型芯对铸件收缩产生阻碍，故铸件的实际收缩率总是小于其自由收缩率，但会增大铸造应力。

表 12-2　几种铁-碳合金的体收缩率

合金种类	含碳量/%	浇注温度/℃	液态收缩/%	凝固收缩/%	固态收缩/%	总体积收缩/%
碳素铸钢	0.35	1 610	1.6	3.0	7.86	12.46
白口铸铁	3.0	1 400	2.4	4.2	5.4～6.3	12～12.9
灰铸铁	3.5	1 400	3.5	0.1	3.3～4.2	6.9～7.8

3．铸件的缩孔和缩松

(1) 缩孔和缩松的形成。若液态收缩和凝固收缩所缩减的体积得不到补足，则在铸件的最后凝固部位会形成一些孔洞。按照孔洞的大小和分布，可将其分为缩孔和缩松两类。

缩孔是集中在铸件上部或最后凝固部位，容积较大的孔洞。缩孔多呈倒圆锥形，内表面粗糙。

缩松是分散在铸件某些区域内的细小缩孔。

缩孔的形成，主要出现在金属在恒温或很窄温度范围内结晶，铸件壁呈逐层凝固方式的条件下，如图12.5所示。当液态合金填满铸型后，由于铸型的吸热和不断散热，合金由表及里逐层凝固。靠近型腔表面的金属最先凝固结壳，此时内浇道也凝固，随着凝固过程的进行，硬壳逐渐加厚，同时内部的剩余液体，由于本身的液态收缩和补充凝固层的凝固收缩使体积减小，液面逐渐下降。由于硬壳内的液态合金因收缩得不到补充，当铸件全部凝固后，在其上部形成了一个倒锥形的空洞——缩孔。已经产生缩孔的铸件自凝固终了温度冷却到室温，因固态收缩使外形尺寸有所减小。

可见，铸件中的缩孔是由于合金的液态收缩和凝固收缩得不到补充而产生的。合金的液态收缩和凝固收缩越大，浇注温度越高，铸件的壁越厚，缩孔的容积就越大。

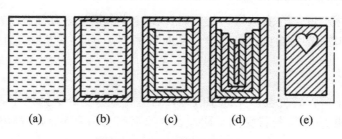

图 12.5 缩孔形成过程示意

缩松的形成，主要出现在呈糊状凝固方式的合金中或断面较大的铸件壁中，是被树枝状晶体分隔开的封闭的液体区收缩难以得到补缩所致，如图 12.6 所示。

缩松大多分布在铸件中心轴线处、热节处、冒口根部、内浇口附近或缩孔下方，它分布面广，难以控制，因而对铸件的力学性能影响很大，是铸件最危险的缺陷之一。

铸件中的缩松也是由于合金的液态收缩和凝固收缩得不到补充而产生的。

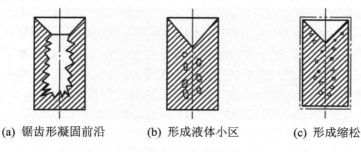

(a) 锯齿形凝固前沿　　(b) 形成液体小区　　(c) 形成缩松

图 12.6 缩松的形成过程

(2) 缩孔和缩松的防止。缩孔和缩松使铸件受力的有效面积减小，而且在孔洞处易产生应力集中，可使铸件力学性能大大减低，以致成为废品。为此必须采取适当的措施加以防止。

防止缩孔的根本措施是使铸件实现"顺序凝固"。所谓顺序凝固，是在铸件可能出现缩孔的厚大部位，通过安放冒口等工艺措施，使铸件上远离冒口的部位最先凝固(图 12.7 中的Ⅰ区)，接着是靠近冒口的部位凝固(图 12.7 中的Ⅱ区、Ⅲ区)，冒口本身最后凝固。按照这样的凝固顺序，先凝固部位的收缩，由后凝固部位的金属液来补充；后凝固部位的收缩，由冒口中的金属液来补充从而将缩孔转移到冒口之中。切除冒口便可得到无缩孔的致密铸件。

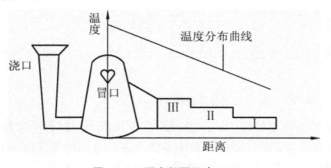

图 12.7 顺序凝固示意

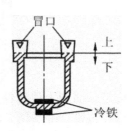

图 12.8 冷铁的应用

为了实现顺序凝固，在安放冒口的同时，在铸件上某些厚大部位(热节)增设冷铁，如图 12.8 所示，加快底部突台的冷却速度，从而实现了自下而上的顺序凝固。

12.1.4 铸造应力

随着温度的下降，铸件会产生固态收缩，有些合金甚至还会因发生固态相变而引起收缩或膨胀，这些收缩或膨胀若受到阻碍或因铸件各部分互相牵制，都将在铸件内部产生应力。

1. 铸造应力的种类

按照铸造内应力产生的原因可分为热应力、机械应力和相变应力三种，它们是铸件产生变形和裂纹的基本原因。

(1) 热应力。由于铸件各部分冷却速度不同，以致在同一时期铸件各部分收缩不一致而引起内应力，称为热应力。

图 12.9 为框形铸件热应力的形成过程。应力框由一根粗杆Ⅰ和两根细杆Ⅱ组成如图 12.9(a)所示。图的上部表示了杆Ⅰ和杆Ⅱ的冷却曲线，$T_{临}$表示金属弹塑性临界温度。当铸件处于高温阶段时，两杆均处于塑性状态，尽管杆Ⅰ和杆Ⅱ的冷却速度不同，收缩不一致会产生应力，但铸件可以通过两杆的塑性变形使应力很快自行消失。温度继续下降，细杆Ⅱ由于冷却速度快，先进入弹性状态，而粗杆Ⅰ仍处于塑性状态($t_1 \sim t_2$)。细杆Ⅱ收缩大于粗杆Ⅰ，由于相互制约，细杆Ⅱ受拉伸，粗杆Ⅰ受压缩，如图 12.9(b)所示，产生了应力。但此时的应力会随着粗杆Ⅰ的压缩变形而消失，如图 12.9(c)。当温度继续下降到 $t_2 \sim t_3$ 时，已被压缩的粗杆Ⅰ也进入弹性状态，此时，粗杆Ⅰ温度高于细杆Ⅱ，还会有较大的收缩。因此，当粗杆Ⅰ收缩时必然会受到细杆Ⅱ的阻碍，此时，细杆Ⅱ受压缩，而粗杆Ⅰ受拉伸，直到室温，在铸件中形成了残余应力，如图 12.9(d)所示。图中，"+"表示拉应力，"-"表示压应力。

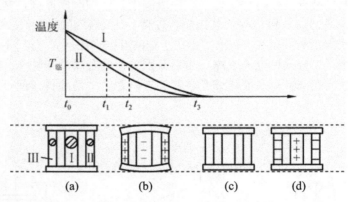

图 12.9　热应力的形成过程

可见，热应力使铸件的厚壁或心部受拉应力，薄壁或表层受压应力。铸件的壁厚差越大，合金的线收缩率越大，热应力越大。顺序凝固时，由于铸件各部分的冷却速度不一致，产生的热应力较大，铸件易出现变形和裂纹，应予以注意。

(2) 机械应力。由于金属冷却到弹性状态后，因收缩受到铸型、型芯、浇冒口、箱挡等的机械阻碍而形成的内应力,称为机械应力。形成应力的原因一旦消失(如铸件落砂或去除浇口后),机械应力也就随之消失。所以机械应力是临时应力。如图 12.10 所示。

(3) 相变应力。铸件在冷却过程中往往产生固态相变,相变产物往往具有不同的比容。例如,碳钢发生 $\delta-\gamma$ 转变时,体积缩小;发生 $\gamma-\alpha$ 转变时,体积膨大。铸件在冷却过程中,由于各部分冷却速度不同,导致相变不同时发生,则会产生相变应力。

综上所述,铸造应力是热应力、相变应力和机械应力的总和。在某一瞬间,应力的总和大于金属在该温度下的强度极限时,铸件就要产生裂纹。当铸件冷却到常温并经落砂后,只有残余应力对铸件质量有影响,这是铸件常温下产生变形和开裂的主要原因。残余应力也并非永久性的,在一定的温度下,经过一定的时间后,铸件各部分的应力会重新分配,也会使铸件产生塑性变形,变形以后应力消失。

2. 减小应力的措施

在铸造工艺上采取"同时凝固原则",是减少和消除铸造应力的重要工艺措施。同时凝固是指采取一些工艺措施,尽量减小铸件各部位间的温度差,使铸件各部位同时冷却凝固(图 12.11)。同时凝固的铸件中心易出现缩松,影响铸件致密性。所以,同时凝固主要用于收缩较小的一般灰铸铁和球墨铸铁件,壁厚均匀的薄壁铸件,以及气密性要求不高的铸件等。

铸件形状愈复杂,各部分壁厚相差愈大,冷却时温度就会愈不均匀,铸造应力就愈大。因此,在设计铸件时应尽量使铸件形状简单、对称、壁厚均匀。

为防止铸件有残余内应力而变形,可将铸件加热到 550℃~650℃之间保温,进行去应力退火可消除残余内应力,减小变形。

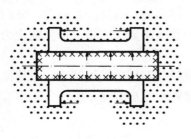

图 12.10 机械应力

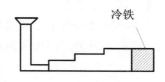

图 12.11 同时凝固示意

12.1.5 铸件的变形

具有残余应力的铸件,其状态处于不稳定状态,将自发地进行变形以减少内应力趋于稳定状态。显然,只有原来受拉伸部分产生压缩变形,受压缩部分产生拉伸变形,才能使铸件中的残余应力减少或消除。铸件变形的结果将导致铸件产生扭曲。图 12.12 所示的 T 型梁铸钢件,由于壁厚不均匀发生翘曲变形,变形的方向是厚的部分向内凹,薄的部分向外凸,如图所示。

铸造变形的根本原因在于铸造应力的存在,消除铸造应力的工艺措施也是防止变形的根本方法。此外,工艺上亦可采取一些方法来防止铸件变形的发生。

采用反变形法,统计铸件变形规律的基础上,在模样上预先做出相当于铸件变形量的反变形量,以抵消铸件的变形。

进行时效处理，铸件产生挠曲变形后，只能减少应力，而不能完全消除应力。机加工后，由于失去平衡的残余应力存在于零件内部，经过一段时间后又会产生二次挠曲变形，造成零件失去应有的精度。为此，对于不允许发生变形的重要机件(如机床床身、变速箱体等)必须进行时效处理。时效处理可分为自然时效和人工时效。自然时效是将铸件置于露天半年以上，使其缓慢发生变形，从而消除内应力。人工时效是将铸件加热到550℃～650℃进行去应力退火。

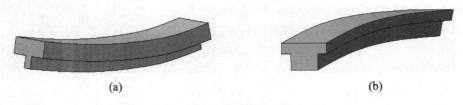

图12.12　T型梁铸钢件变形示意

12.1.6　铸件的裂纹

当铸造内应力超过金属材料的抗拉强度时，铸件便产生裂纹，根据产生温度的不同，裂纹可分为热裂和冷裂两种。

1. 热裂

热裂纹是在凝固末期固相线附近的高温下形成的，裂纹沿晶界产生和发展，特征是尺寸较短、缝隙较宽、形状曲折、缝内呈严重的氧化色。热裂常发生在应力集中的部位(拐角处、截面厚度突变处)或铸件最后凝固区的缩孔附近或尾部。

在铸件凝固末期，固体的骨架已经形成，但枝晶间仍残留少量液体，此时的强度、塑性极低。当固态合金的线收缩受到铸型、型芯或其他因素的阻碍，产生的应力若超过该温度下合金的强度，即产生热裂。

防止热裂的方法是使铸件的结构合理，改善铸型和型芯的退让性；严格限制钢和铸铁中硫的含量等。特别是后者，因为硫能增加钢和铸铁的热脆性，使合金的高温强度降低。

2. 冷裂

冷裂是铸件冷却到低温处于弹性状态时，铸造应力超过合金的强度极限而产生的。冷裂纹特征是表面光滑，具有金属光泽或呈微氧化色，贯穿整个晶粒，常呈圆滑曲线或直线状。脆性大、塑性差的合金，如白口铸铁、高碳钢及某些合金钢，最易产生冷裂纹，大型复杂铸铁件也易产生冷裂纹。冷裂往往出现在铸件受拉应力的部位，特别是应力集中的部位。

防止冷裂的方法是：减小铸造内应力和降低合金的脆性。如铸件壁厚要均匀；增加型砂和芯砂的退让性；降低钢和铸铁中的含磷量，因为磷能显著降低合金的冲击韧度，使钢产生冷脆。如铸钢的磷含量大于0.1%、铸铁的含磷量大于0.5%时，因冲击韧度急剧下降，冷裂倾向明显增加。

12.1.7　铸件的常见缺陷

铸件生产工序多，很容易使铸件产生各种缺陷。某些有缺陷的产品经修补后仍可使用的成为次品，严重的缺陷则使铸件成为废品。为保证铸件的质量应首先正确判断铸件的缺陷类别，并进行分析，找出原因，以采取改进措施。砂型铸造的铸件常见的缺陷有：冷隔、浇不足、气孔、粘砂、夹砂、砂眼、胀砂等。

1. 冷隔和浇不足

液态金属充型能力不足，或充型条件较差，在型腔被填满之前，金属液便停止流动，将使铸件产生浇不足或冷隔缺陷。浇不足时，会使铸件不能获得完整的形状；冷隔时，铸件虽可获得完整的外形，但因存有未完全融合的接缝(图 12.13)，铸件的力学性能严重受损，甚至导致铸件成为废品。

防止浇不足和冷隔的方法是：提高浇注温度与浇注速度；合理设计铸件壁厚等。

2. 气孔

气体在金属液结壳之前未及时逸出，在铸件内生成的孔洞类缺陷。气孔的内壁光滑，明亮或带有轻微的氧化色。铸件中产生气孔后，破坏了金属的连续性，将会减小其有效承载面积，且在气孔周围会引起应力集中而降低铸件的抗冲击性和抗疲劳性。气孔还会降低铸件的致密性，致使某些要求承受水压试验的铸件报废。另外，气孔对铸件的耐腐蚀性和耐热性也有不良的影响。

防止气孔产生的有效方法是：降低金属液中的含气量，增大砂型的透气性，以及在型腔的最高处增设出气冒口等。

3. 粘砂

铸件表面上粘附有一层难以清除的砂粒称为粘砂，见图 12.14。粘砂既影响铸件外观，又增加铸件清理和切削加工的工作量，甚至会影响机器的寿命。例如铸齿表面有粘砂时容易损坏，泵或发动机等机器零件中若有粘砂，则将影响燃料油、气体、润滑油和冷却水等流体的流动，并会玷污和磨损整个机器。

防止粘砂的方法是：在型砂中加入煤粉，以及在铸型表面涂刷防粘砂涂料等。

图 12.13 冷隔

图 12.14 粘砂缺陷

4. 夹砂

在铸件表面形成的沟槽和疤痕缺陷，在用湿型铸造厚大平板类铸件时极易产生。

铸件中产生夹砂的部位大多是与砂型上表面相接触的地方，型腔上表面受金属液辐射热的作用，容易拱起和翘曲，当翘起的砂层受金属液流不断冲刷时可能断裂破碎，留在原处或被带入其他部位。铸件的上表面越大，型砂体积膨胀越大，形成夹砂的倾向性也越大。

防止夹砂的方法是：避免大的平面结构。

5. 砂眼

在铸件内部或表面充塞着型砂的孔洞类缺陷。主要由于型砂或芯砂强度低；型腔内散砂未吹尽；铸型被破坏；铸件结构不合理等原因产生的。

防止砂眼的方法是：提高型砂强度；合理设计铸件结构；增加砂型紧实度。

6. 胀砂

浇注时在金属液的压力作用下，铸型型壁移动，铸件局部胀大形成的缺陷。

为了防止胀砂，应提高砂型强度、砂箱刚度、加大合箱时的压箱力或紧固力，并适当降低浇注温度，使金属液的表面提早结壳，以降低金属液对铸型的压力。

12.2 砂型铸造

将液体金属浇入用型砂紧实成的铸型中，待凝固冷却后，将铸型破坏，取出铸件的铸造方法称为砂型铸造。砂型铸造是传统的铸造方法，它适用于各种形状、大小及各种常用合金铸件的生产。砂型铸造工艺，如图 12.15 所示。主要工序包括制造模样、制备造型材料、造型、制芯、合型、熔炼、浇注、落砂、清理与检验等。

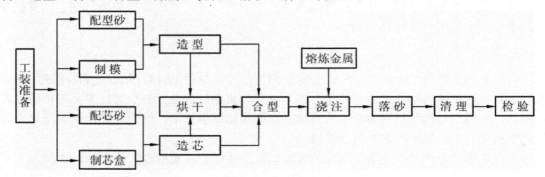

图 12.15 砂型铸造工艺流程

12.2.1 造型材料

制造铸型的材料称为造型材料。它通常包括原砂、粘接剂、水及其他附加物(如煤粉、木屑、重油等)按一定比例混制而成。根据黏结剂的种类不同，可分为黏土砂、水玻璃砂、树脂砂等。造型材料的质量直接影响铸件的质量，据统计，铸件废品率约 50%以上与造型材料有关。为保证铸件质量，要求型砂应具备足够的强度、良好的可塑性、高的耐火性和一定的透气性、退让性等。芯砂处于金属液体的包围之中，工作条件更加恶劣，所以对芯砂的基本性能要求更高。

1. 黏土砂

以黏土作粘接剂的型(芯)砂称为黏土砂。常用的黏土为膨润土和高岭土。黏土在与水混合时才能发挥粘接作用，因此必须使黏土砂保持一定的水分。此外，为了防止铸件粘砂，还需在型砂中添加一定数量的煤粉或其他附加物。

根据浇注时铸型的干燥情况可将其分为湿型、表干型及干型三种。湿型铸造具有生产效率高、铸件不易变形，适合于大批量流水作业等优点，广泛用于生产中、小型铸铁件，而大型复杂铸铁件则采用干型或表干型铸造。

到目前为止，黏土砂依然是铸造生产中应用最广泛的砂种，但它的流动性差，造型时需消耗较多的紧实功。用湿型砂生产大件，由于浇注时水分的迁移，容易在铸件的表面形成夹砂、胀砂、气孔等缺陷。而使用干型则生产周期长，铸型易变形，同时也增加能源的消耗。因此，人们研究采用了其他粘接剂的砂种。

2. 树脂砂

以合成树脂做粘接剂的型(芯)砂称为树脂砂。目前国内铸造用的树脂粘接剂主要有酚醛树脂、尿醛树脂和糠醇树脂三类。但这三类树脂的性能都有一定的局限性，单一使用时不能完全满足铸造生产的要求，常采用各种方法将它们改性，生成各种不同性能的新树脂砂。

目前用树脂砂制芯(型)主要有四种方法：壳芯法、热芯盒法、冷芯盒法和温芯盒法。各种方法所用的树脂及硬化形式都不一样。与湿型黏土砂相比，型芯可直接在芯盒内硬化，且硬化反应快，不需进炉烘干，大大提高了生产效率；制芯(造型)工艺过程简化，便于实现机械化和自动化；型芯硬化后取出，变形小，精度高，可制作形状复杂、尺寸精确、表面粗糙度低的型芯和铸型。

由于树脂砂对原砂的质量要求较高，树脂粘接剂的价格较贵，树脂硬化时会放出有害气体，对环境有污染，所以树脂砂只用在制作形状复杂、质量要求高的中、小型铸件的型芯及壳型(制芯)时使用。

3. 水玻璃砂

用水玻璃做黏结剂的型(芯)砂称为水玻璃砂。它的硬化过程主要是化学反应的结果，并可采用多种方法使之自行硬化，因此也称为化学硬化砂。

化学硬化砂与黏土砂相比，具有型砂要求的强度高、透气性好、流动性好等特点，易于紧实，铸件缺陷少，内在质量高；造型(芯)周期短，耐火度高，适合于生产大型铸铁件及所有铸钢件。

当然，水玻璃砂也存在一些缺点，如退让性差，旧砂回用较复杂等。针对这些问题，人们正在进行大量的研究工作，以逐步改善水玻璃砂的应用情况。目前国内用于生产的化学硬化砂有二氧化碳硬化水玻璃砂、硅酸二钙水玻璃砂、水玻璃石灰石砂等，而其中尤以二氧化碳硬化水玻璃砂用得最多。

12.2.2 砂型铸造造型方法

造型是指用型砂及模样等工艺装备制造铸型的过程。造型是砂型铸造最基本的工序，通常分为手工造型和机器造型两大类。造型方法选择是否合理，对铸件质量和成本有着很大影响。

1. 手工造型

手工造型是全部用手工或手动工具完成的造型工序。手工造型特点是操作方便灵活、适应性强，模样生产准备时间短。但生产率低，劳动强度大，铸件质量不易保证。只适用于单件或小批量生产。

各种常用手工造型方法的特点及其适用范围见表 12-3。

表 12-3　常用手工造型方法的特点和应用范围

造型方法			主要特点	适用范围
按砂箱特征区分	两箱造型		铸型由上型和下型组成，造型、起模、修型等操作方便。是造型最基本的方法	适用于各种生产批量，各种大、中、小铸件
	三箱造型		铸型由上、中、下三部分组成，中型的高度须与铸件两个分型面的间距相适应。三箱造型费工，应尽量避免使用	主要用于单件、小批量生产具有两个分型面的铸件
	地坑造型		在车间地坑内造型，用地坑代替下砂箱，只要一个上砂箱，可减少砂箱的投资。但造型费工，而且要求操作者的技术水平较高	常用于砂箱数量不足，制造批量不大或质量要求不高的大、中型铸件
按模样特征区分	整模造型		模样是整体的，分型面是平面，多数情况下，型腔全部在下半型内，上半型无型腔。造型简单，铸件不会产生错型缺陷	适用于一端为最大截面，且为平面的铸件
	挖砂造型		模样是整体的，但铸件的分型面是曲面。为了起模方便，造型时手工挖去阻碍起模的型砂。每造一件，就挖砂一次，费工、生产率低	用于单件或小批量生产分型面不是平面的铸件
	假箱造型		为了克服挖砂造型的缺点，先将模样放在一个预先作好的假箱上，然后放在假箱上造下型，假箱不参与浇注，省去挖砂操作。操作简便，分型面整齐	用于成批生产分型面不是平面的铸件
	分模造型		将模样沿最大截面处分为两半，型腔分别位于上、下两个半型内。造型简单，节省工时	常用于最大截面在中部的铸件
	活块造型		铸件上有妨碍起模的小凸台、肋条等。制模时将此部分作成活块，在主体模样起出后，从侧面取出活块。造型费工，要求操作者的技术水平较高	主要用于单件、小批量生产带有突出部分、难以起模的铸件
	刮板造型		用刮板代替模样造型。可大大降低模样成本，节约木材，缩短生产周期。但生产率低，要求操作者的技术水平较高	主要用于有等截面的或回转体的大、中型铸件的单件或小批量生产

2. 机器造型

机器造型是指用机器完成全部或至少完成紧砂操作的造型工序。与手工造型相比，机器造型能够显著提高劳动生产率，铸型紧实度高而均匀，型腔轮廓清晰，铸件质量稳定，并能提高铸件的尺寸精度、表面质量，使加工余量减小，改善劳动条件。是大批量生产砂型的主要方法。但由于机器造型需造型机、模板及特制砂箱等专用机器设备，其费用高，生产准备时间长，故只适用中、小铸件的成批或大量生产。

(1) 机器造型紧实砂型的方法。机器造型紧实砂型的方法很多，最常用的是振压紧实法和压实紧实法等。

振压紧实法如图 12.16 所示，砂箱放在带有模样的模板上，填满型砂后靠压缩空气的动力，使砂箱与模板一起振动而紧砂，再用压头压实型砂即可。

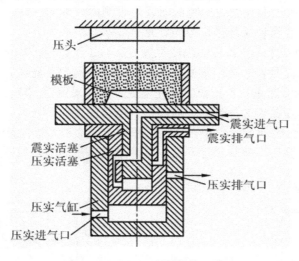

图 12.16　振压式造型机工作原理

压实法是直接在压力作用下使型砂得到紧实。如图 12.17 所示，固定在横梁上的压头将辅助框内的型砂从上面压入砂箱得以紧实。

(2) 起模方法。为了实现机械起模，机器造型所用的模样与底板连成一体，称为模板。模板上有定位销与砂箱精确定位。图 12.18 是顶箱起模的示意图。起模时，四个顶杆在起模液压缸的驱动下一起将砂箱顶起一定高度，从而使固定在模板上的模样与砂型脱离。

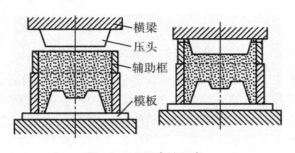

图 12.17　压实法示意

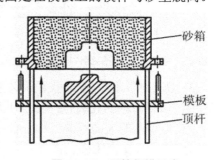

图 12.18　顶箱起模示意

12.2.3 铸造工艺设计

铸造生产必须首先根据零件结构特点、技术要求、生产批量和生产条件进行铸造工艺设计，并绘制铸造工艺图。铸造工艺包括：铸件浇注位置和分型面位置，加工余量、收缩率和拔模斜度等工艺参数，型芯和芯头结构，浇注系统、冒口和冷铁的布置等。铸造工艺图是在零件图上绘制出制造模样和铸型所需技术资料，并表达铸造工艺方案的图形。

1. 铸件浇注位置的选择

铸件的浇注位置是指浇注时铸件在铸型内所处的空间位置。铸件浇注时的位置，对铸件质量、造型方法、砂箱尺寸、机械加工余量等都有着很大的影响。在选择浇注位置时应以保证铸件质量为主，一般注意以下几个原则。

(1) 铸件的重要加工面应处于型腔低面或位于侧面。因为浇注时气体、夹杂物易漂浮在金属液上面，下面金属质量纯净，组织致密。

图 12.19 所示为车床床身铸件的浇注位置方案。由于床身导轨面是重要表面，不允许有明显的表面缺陷，而且要求组织致密，因此应将导轨面朝下浇注。

如图 12.20 所示为起重机卷扬筒的浇注位置方案。采用立式浇注，由于全部圆周表面均处于侧立位置，其质量均匀一致、较易获得合格铸件。

(2) 铸件的大平面应朝下。由于在浇注过程中金属液对型腔上表面有强烈的热辐射，铸型因急剧热膨胀和强度下降易拱起开裂，从而形成夹砂缺陷。如图 12.21 所示，铸件的大平面应朝下。

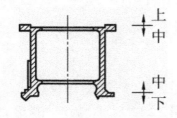

图 12.19　床身的浇注位置

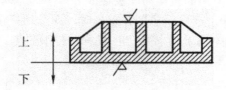

图 12.21　具有大平面的铸件的正确浇注位置示意

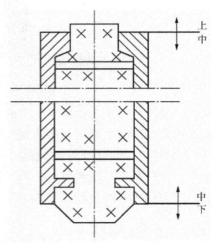

图 12.20　卷扬筒的浇注位置示意

(3) 面积较大的薄壁部分置于铸型下部或使其处于垂直或倾斜位置，这样有利于金属的充填，可以有效防止铸件产生浇不足或冷隔等缺陷。如图 12.22 所示为箱盖的合理浇注位置，它将铸件的大面积薄壁部分放在铸型下面，使其能在较高的金属液压力下充满铸型。

(4) 对于容易产生缩孔的铸件，应将厚大部分放在分型面附近的上部或侧面，以便在铸件厚壁处直接安置冒口，使之实现自下而上的定向凝固。如前述之铸钢卷扬筒，浇注时厚端放在上部是合理的；反之，若厚端在下部，则难以补缩。

2. 铸型分型面的选择原则

分型面是指两半铸型相互接触的表面。分型面决定了铸件(模样)在造型时的位置。铸型分型面的选择不恰当会影响铸件质量，使制模、制型、造芯、合箱或清理等工序复杂化，甚至还可增大切削加工的工作量。在选择分型面时应注意以下原则。

(1) 为便于起模，分型面应尽量选在铸件的最大截面处，并力求采用平直面。

图 12.23 所示零件，若按(a)图确定分型面则不便于起模，分型面选择不当；改为(b)图的最大截面处则便于起模，分型面选择合理。

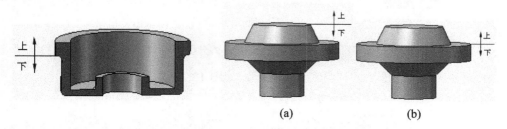

图 12.22　箱盖浇注时的正确位置示意　　图 12.23　分型面应选在最大截面处示意

如图 12.24 所示为一起重臂铸件，按图(b)中所示的分型面为一平面，故可采用较简便的分模造型；如果选用图(a)所示的分型面为弯曲分型面，则需采用挖砂或假箱造型，而在大量生产中则使机器造型的模板制造费用增加。

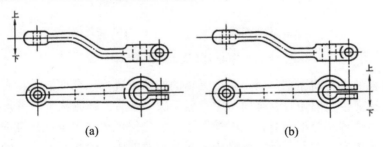

图 12.24　起重臂的分型面

(2) 应尽量使铸型只有一个分型面，以便采用工艺简便的两箱造型。多一个分型面，铸型就增加一些误差，使铸件的精度降低。有时可用型芯来减少分型面。图 12.25 所示的绳轮铸件，由于绳轮的圆周面外侧内凹，采用不同的分型方案，其分型面数量不同。采用(a)图方案，铸型必须有两个分型面才能取出模样，即用三箱造型。采用(b)图方案，铸型只有一个分型面，采用两箱造型即可。

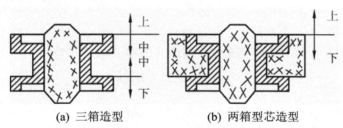

(a) 三箱造型　　　　(b) 两箱型芯造型

图 12.25　绳轮采用型芯使三箱造型变为两箱造

(3) 尽量使铸件全部或大部置于同一砂箱内，并使铸件的重要加工面、工作面、加工基准面及主要型芯位于下型内。这样便于型芯的安放和检验，还可使上型箱的高度减低，便于合箱，并可保证铸件的尺寸精度，防止错箱。图 12.26 所示管子堵头分型面的选择，如采用(c)图方案可使铸件全部放在下型，避免了错箱，铸件质量得到保证。

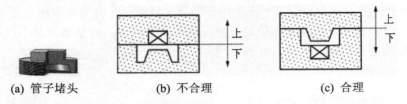

图 12.26　管子堵头的分型面

(4) 铸件的非加工面上，尽量避免有披缝，如图 12.27 所示。

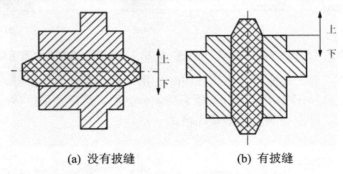

图 12.27　在非加工面上避免披缝的方法

分型面选择的上述诸原则，对于某个具体的铸件来说难以全面满足，有时甚至互相矛盾。因此，必须抓住主要矛盾、全面考虑，至于次要矛盾，则应从工艺措施上设法解决。

在确定浇注位置和分型面时，一般情况下，应先保证铸件质量选择浇注位置，而后通过简化造型工艺确定分型面。但在生产中，有时二者的确定会相互矛盾，必须综合分析各种方案的利弊，选择最佳方案。

3. 工艺参数的确定

铸造工艺参数是指铸造工艺设计时，需要确定的某些工艺数据。这些工艺数据一般与模样和芯盒尺寸有关，同时也与造型、制芯、下芯及合型的工艺过程有关。选择不当会影响铸件的精度、生产率和成本。常见的工艺参数有如下几项。

(1) 收缩率。由于合金的线收缩，铸件冷却后的尺寸比型腔尺寸略为缩小，为保证铸件的应有尺寸，模样和芯盒的尺寸必须比铸件加大一个收缩的尺寸。加大的这部分尺寸称收缩量，一般根据合金铸造收缩率来定。铸造收缩率 K 表达式为：

$$K = \frac{L_{模} - L_{件}}{L_{件}} \times 100\%$$

式中：$L_{模}$——模样或芯盒工作面的尺寸，单位为 mm；

$L_{件}$——铸件的尺寸，单位为 mm。

收缩率的大小取决于铸造合金的种类及铸件的结构、尺寸等因素。通常，灰铸铁的铸造收缩率为 0.7%～1.0%，铸造碳钢为 1.3%～2.0%，铸造锡青铜为 1.2%～1.4%。

(2) 加工余量。在铸件的加工面上为切削加工而加大的尺寸称为机械加工余量。加工余量过大，会浪费金属和加工工时，过小则达不到加工要求，影响产品质量。加工余量取决于铸件生产批量、合金的种类、铸件的大小、加工面与基准面之间的距离及加工面在浇注时的位置等。采用机器造型，铸件精度高，余量可减小；手工造型误差大，余量应加大。铸钢件因收缩大、表面粗糙，余量应加大；非铁合金铸件价格昂贵，且表面光洁，余量应比铸铁小。铸件的尺寸愈大或加工面与基准面之间的距离愈大，尺寸误差也愈大，故余量也应随之加大。浇注时铸件朝上的表面因产生缺陷的几率较大，其余量应比底面和侧面大。灰铸铁的机械加工余量见表 12-4。

表 12-4　灰铸铁的机械加工余量(单位：mm)

铸件最大尺寸	浇注时位置	加工面与基准面之间的距离					
		<50	50～120	120～260	260～500	500～800	800～1250
<120	顶面	3.5～4.5	4.0～4.5				
	底、侧面	2.5～3.5	3.0～3.5				
120～260	顶面	4.0～5.0	4.5～5.0	5.0～5.5			
	底、侧面	3.0～4.0	3.5～4.0	4.0～4.5			
260～500	顶面	4.5～6.0	5.0～6.0	6.0～7.0	6.5～7.0		
	底、侧面	3.5～4.5	4.0～4.5	4.5～5.0	5.0～6.0		
500～800	顶面	5.0～7.0	6.0～7.0	6.5～7.0	7.0～8.0	7.5～9.0	
	底、侧面	4.0～5.0	4.5～5.0	4.5～5.5	5.0～6.0	6.5～7.0	
800～1 250	顶面	6.0～7.0	6.5～7.5	7.0～8.0	7.5～8.0	8.0～9.0	8.5～10
	底、侧面	4.0～5.5	5.0～5.5	5.0～6.0	5.5～6.0	5.5～7.0	6.5～7.5

(3) 最小铸出孔。对于铸件上的孔、槽，一般来说，较大的孔、槽应当铸出，以减少切削加工工时，节约金属材料，并可减小铸件上的热节；较小的孔则不必铸出，用机械加工较经济。最小铸出孔的参考数值见表 12-5。对于零件图上不要求加工的孔、槽以及弯曲孔等，一般均应铸出。

表 12-5　铸件毛坯的最小铸出孔(单位：mm)

生产批量	最小铸出孔的直径	
	灰铸铁件	铸钢件
大量生产	12～15	
成批生产	15～30	30～50
单件、小批量生产	30～50	50

(4) 起模斜度。为了使模样(或型芯)易于从砂型(或芯盒)中取出，凡垂直于分型面的立壁，制造模样时必须留出一定的倾斜度，此倾斜度称为起模斜度，如图 12.28 所示。在铸造工艺图上，加工表面上的起模斜度应结合加工余量直接表示出，而不加工表面上的斜度(结构斜度)仅需用文字注明即可。

起模斜度应根据模样高度及造型方法来确定。模样越高，斜度取值越小；内壁斜度比外壁斜度大，手工造型比机器造型的斜度大。

(5) 铸造圆角。铸件上相邻两壁之间的交角应设计成圆角,防止在尖角处产生冲砂及裂纹等缺陷。圆角半径一般为相交两壁平均厚度的 1/3～1/2。

(6) 型芯头。为保证型芯在铸型中的定位、固定和排气,在模样和型芯上都要设计出型芯头。型芯头可分为垂直芯头和水平芯头两大类,如图 12.29 所示。

以上工艺参数的具体数值均可在有关手册中查到。

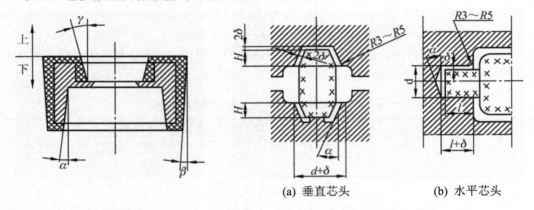

图 12.28 起模斜度

图 12.29 型芯头的构造

4. 铸造工艺图的绘制

为了获得健全的合格铸件,减小铸型制造的工作量,降低铸件成本,在砂型铸造的生产准备过程中,必须合理地制订出铸造工艺方案,并绘制出铸造工艺图。

铸造工艺图是根据零件的结构特点、技术要求、生产批量以及实际生产条件,在零件图(图 12.30)中用各种工艺符号、文字和颜色,表示出铸造工艺方案的图形。其中包括:铸件的浇注位置;铸型分型面;型芯的数量、形状、固定方法及下芯次序;加工余量;起模斜度;收缩率;浇注系统;冒口;冷铁的尺寸和布置等。铸造工艺图是指导模样(芯盒)设计及制造、生产准备、铸型制造和铸件检验的基本工艺文件。依据铸造工艺图,结合所选造型方法,便可绘制出模样(芯盒)图及铸型装配图(砂型合箱图)。如图 12.30 所示为支座的铸造工艺图、模样图及合箱图。

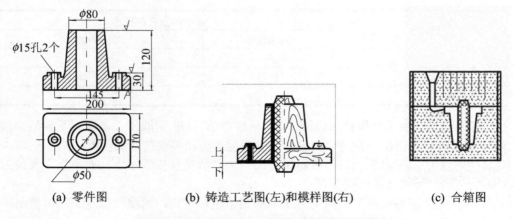

图 12.30 支座的铸造工艺图、模样图及合型图

5. 铸造工艺设计的一般程序

铸造工艺设计就是在生产铸件之前，编制出控制该铸件生产工艺的技术文件。铸造工艺设计主要是画铸造工艺图、铸型装配图和编写工艺卡片等，它们是生产的指导性文件，也是生产准备、管理和铸件验收的依据。因此，铸造工艺设计的好坏，对铸件的质量、生产率及成本起着决定性的作用。

一般大量生产的定型产品、特殊重要的单件生产的铸件，铸造工艺设计订得细致，内容涉及较多。单件、小批生产的一般性产品，铸造工艺设计内容可以简化。在最简单的情况下，只须绘制一张铸造工艺图即可。

铸造工艺设计的内容和一般程序见表 12-6。

表 12-6 铸造工艺设计的内容和一般程序

项目	内容	用途及应用范围	设计程序
铸造工艺图	在零件图上用规定的红、蓝等各色符号表示出：浇注位置和分型面，加工余量，收缩率，起模斜度，反变形量，浇、冒口系统，内外冷铁，铸肋，砂芯形状、数量及芯头大小等	制造模样、模底板、芯盒等工装以及进行生产准备和验收的依据。适用于各种批量的生产	① 产品零件的技术条件和结构工艺性分析 ② 选择铸造及造型方法 ③ 确定浇注位置和分型面 ④ 选用工艺参数 ⑤ 设计浇冒口、冷铁和铸肋 ⑥ 型芯设计
铸件图	把经过铸造工艺设计后，改变了零件形状、尺寸的地方都反映在铸件图上	铸件验收和机加工夹具设计的依据。适用于成批、大量生产或重要铸件的生产	⑦ 在完成铸造工艺图的基础上，画出铸件图
铸型装配图	表示出浇注位置，型芯数量、固定和下芯顺序，浇冒口和冷铁布置，砂箱结构和尺寸大小等	生产准备、合箱、检验、工艺调整的依据。适用于成批、大量生产的重要件，单件的重型铸件	⑧ 通常在完成砂箱设计后画出
铸造工艺卡片	说明造型、造芯、浇注、打箱、清理等工艺操作过程及要求	生产管理的重要依据。根据批量大小填写必要条件	⑨ 综合整个设计内容

12.3 特种铸造

砂型铸造虽然是应用最普遍的一种铸造方法，但其铸造尺寸精度低，表面粗糙度值大，铸件内部质量差，生产过程不易实现机械化。为改变砂铸的这些缺点，满足一些特殊要求零件的生产，人们在砂型铸造的基础上，通过改变铸型的材料(如金属型、磁型、陶瓷型铸造)、模型材料(如熔模铸造、实型铸造)、浇注方法(如离心铸造、压力铸造)金属液充填铸型的形式或铸件凝固的条件(如压铸、低压铸造)等又创造了许多其他的铸造方法。通常把这些不同于普通砂型铸造的铸造方法通称为特种铸造。每种特种铸造方法，在提高铸件精度和表面质量、改善合金性能、提高劳动生产率、改善劳动条件和降低铸造成本等方面，各有其优越之处。近年来，特种铸造在我国发展非常迅速，尤其在有色金属的铸造生产中占有重要地位。特种铸造具有铸件精度和表面质量高、铸件内在性能好、原材料消耗低、工作环境好等优点。但铸件的结构、形状、尺寸、质量、材料种类往往受到一定限制。本节就几种应用较多的特种铸造方法的工艺过程、特点及应用作一些简单介绍。

12.3.1 熔模铸造(失蜡铸造)

熔模铸造是用易熔材料制成模样，然后在模样上涂挂若干层耐火涂料制成形壳，经硬化后再将模样熔化，排出型外，经过焙烧后即可浇注液态金属获得铸件的铸造方法。由于熔模广泛采用蜡质材料来制造，故又称失蜡铸造或精密铸造。

1. 熔模铸造的工艺过程

(1) 压型制造。压型[图 12.31(b)]是用来制造蜡模的专用模具，它是用根据铸件的形状和尺寸制作的母模[图 12.31(a)]来制造的。压型必须有很高的精度和低的表面粗糙度值，而且型腔尺寸必须包括蜡料和铸造合金的双重收缩率。当铸件精度高或大批量生产时，压型一般用钢、铜合金或铝合金经切削加工制成；对于小批量生产或铸件精度要求不高时，可采用易熔合金(锡、铅等组成的合金)、塑料或石膏直接向母模上浇注而成。

(2) 制造蜡模。蜡模材料常用 50%石蜡和 50%硬脂酸配制而成。将蜡料加热至糊状，在一定的压力下压入型腔内，待冷却后，从压型中取出得到一个蜡模[图 12.31(c)]。为提高生产率，常把数个蜡模熔焊在蜡棒上，成为蜡模组[图 12.31(d)]。

(3) 制造型壳。在蜡模组表面浸挂一层以水玻璃和石英粉配制的涂料，然后在上面撒一层较细的硅砂，并放入固化剂(如氯化铵水溶液等)中硬化。使蜡模组外面形成由多层耐火材料组成的坚硬型壳(一般为 4～10 层)，型壳的总厚度为 5mm～7mm[图 12.31(e)]。

(4) 熔化蜡模(脱蜡)。通常将带有蜡模组的型壳放在 80℃～90℃的热水中，使蜡料熔化后从浇注系统中流出。脱模后的型壳[图 12.31(f)]。

(5) 型壳的焙烧。把脱蜡后的型壳放入加热炉中，加热到 800℃～950℃，保温 0.5h～2h，烧去型壳内的残蜡和水分，洁净型腔。为使型壳强度进一步提高，可将其置于砂箱中，周围用粗砂充填，即"造型"[图 12.31(g)]，然后再进行焙烧。

(6) 浇注。将型壳从焙烧炉中取出后，周围堆放干砂，加固型壳，然后趁热(600℃～700℃)浇入合金液，并凝固冷却[图 12.31(h)]。

(7) 脱壳和清理。用人工或机械方法去掉型壳、切除浇冒口，清理后即得铸件。

2. 熔模铸造的特点和应用

熔模铸造的特点如下。

(1) 由于铸型精密，没有分型面，型腔表面极光洁，故铸件精度高、表面质量好，是少、无切削加工工艺的重要方法之一，其尺寸精度可达 IT9～IT12，表面粗糙度 R_a 为 6.3μm～1.6μm。如熔模铸造的涡轮发动机叶片，铸件精度已达到无加工余量的要求。

(2) 可制造形状复杂铸件，其最小壁厚可达 0.3mm，最小铸出孔径为 0.5mm。对由几个零件组成的复杂部件，可用熔模铸造一次铸出。

(3) 铸造合金种类不受限制，用于高熔点和难切削合金，如高合金钢、耐热合金等，更具显著的优越性。

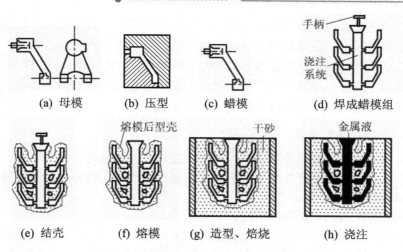

图 12.31 熔模铸造的工艺过程

(4) 生产批量基本不受限制，既可成批、大批量生产，又可单件、小批量生产。

(5) 工序繁杂，生产周期长，原辅材料费用比砂型铸造高，生产成本较高，铸件不宜太大、太长，一般限于 25kg 以下。

应用：生产汽轮机及燃气轮机的叶片，泵的叶轮，切削刀具，以及飞机、汽车、拖拉机、风动工具和机床上的小型零件。

12.3.2 金属型铸造

金属型铸造是将液体金属在重力作用下浇入金属铸型，以获得铸件的一种方法。铸型可以反复使用几百次到几千次，所以又称永久型铸造。

1. 金属型的结构与材料

根据分型面位置的不同，金属型可分为垂直分型式、水平分型式和复合分型式三种结构，其中垂直分型式金属型开设浇注系统和取出铸件比较方便，易实现机械化，应用较广，如图 12.32 所示。

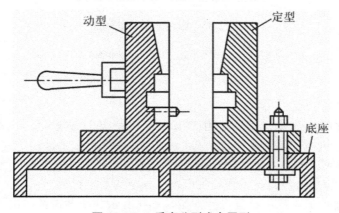

图 12.32 垂直分型式金属型

图 12.33 所示为铸造铝合金活塞用的垂直分型式金属型，它由两个半型组成。上面的

大金属芯由三部分组成，便于从铸件中取出。当铸件冷却后，首先取出中间的楔片及两个小金属芯，然后将两个半金属芯沿水平方向向中心靠拢，再向上拔出。

制造金属型的材料熔点一般应高于浇注合金的熔点。如浇注锡、锌、镁等低熔点合金，可用灰铸铁制造金属型；浇注铝、铜等合金，则要用合金铸铁或钢制金属型。金属型用的芯子有砂芯和金属芯两种。有色金属铸件常用金属型芯。

2. 金属型的铸造工艺措施

由于金属型导热速度快，没有退让性和透气性，直接浇注易产生浇不到、冷隔等缺陷及内应力和变形，且铸件易产生白口组织，为了确保获得优质铸件和延长金属型的使用寿命，必须采取下列工艺措施：

(1) 预热金属型，减缓铸型冷却速度。

(2) 表面喷刷防粘砂耐火涂料，以减缓铸件的冷却速度，防止金属液直接冲刷铸型。

(3) 控制开型时间，因金属型无退让性，除在浇注时正确选定浇注温度和浇注速度外，浇注后，如果铸件在铸型中停留时间过长，易引起过大的铸造应力而导致铸件开裂。因此，铸件冷凝后，应及时从铸型中取出。通常铸铁件出型温度为780℃～950℃左右，开型时间为10s～60s。

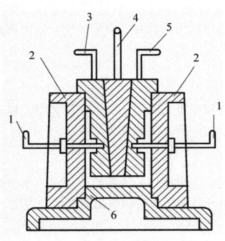

图 12.33　铝活塞金属型简图

1—销孔金属型芯　2—左右半型　3，4，5—分块金属型芯　6—底型

3. 金属型铸造的特点及应用范围

金属型铸造的特点是：

(1) 尺寸精度高，尺寸公差等级为(IT12～IT14)，表面质量好，表面粗糙度(R_a值为12.5μm～6.3μm)，机械加工余量小。

(2) 铸件的晶粒较细，力学性能好。

(3) 可实现一型多铸，提高了劳动生产率，且节约造型材料。

但金属型的制造成本高，不宜生产大型、形状复杂和薄壁铸件；由于冷却速度快，铸铁件表面易产生白口组织，切削加工困难；受金属型材料熔点的限制，熔点高的合金不适宜用金属型铸造。

用途：铜合金、铝合金等铸件的大批量生产，如活塞、连杆、汽缸盖等；铸铁件的金属型铸造目前也有所发展，但其尺寸限制在 300 mm 以内，质量不超过 8 kg，如电熨斗底板等。

12.3.3 压力铸造

压力铸造(简称压铸)是在高压作用下，使液态或半液态金属以较高的速度充填金属型型腔，并在压力下成形和凝固而获得铸件的方法。常用的压射比压 30MPa～150MPa，充型时间 0.01s～0.2s。

1. 压铸机和压铸工艺过程

压铸是在压铸机上完成的，压铸机根据压室工作条件不同，分为冷压室压铸机和热压室压铸机两类。热压室压铸机的压室与坩埚连成一体，而冷压室压铸机的压室是与坩埚分开的。冷压室压铸机又可分为立式和卧式两种，目前以卧式冷压室压铸机应用较多，其工作原理如图 12.34 所示。

压铸铸型称为压型，分定型、动型。将定量金属液浇入压室，柱塞向前推进，金属液经浇道压入压铸模型腔中，经冷凝后开型，由推杆将铸件推出，完成压铸过程。冷压室压铸机，可用于压铸熔点较高的非铁金属，如铜、铝和镁合金等。

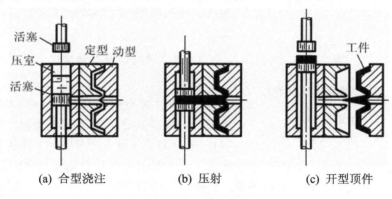

(a) 合型浇注　　(b) 压射　　(c) 开型顶件

图 12.34　压力铸造

2. 压力铸造的特点及其应用

压铸有如下优点：

(1) 压铸件尺寸精度高，表面质量好，尺寸公差等级为 IT10～IT12，表面粗糙度 R_a 值为 3.2μm～0.8μm，可不经机械加工直接使用，而且互换性好。

(2) 可以压铸壁薄、形状复杂以及具有直径很小的孔和螺纹的铸件，如锌合金的压铸件最小壁厚可达 0.8 mm，最小铸出孔径可达 0.8 mm、最小可铸螺距达 0.75 mm。还能压铸镶嵌件。

(3) 压铸件的强度和表面硬度较高。压力下结晶，加上冷却速度快，铸件表层晶粒细密，其抗拉强度比砂型铸件高 25%～40%，但延伸率有所下降。

(4) 生产率高，可实现半自动化及自动化生产。每小时可压铸几百个零件。是所有铸造方法中生产率最高的。

缺点：气体难以排出，压铸件易产生皮下气孔，压铸件不能进行热处理，也不宜在高温下工作；金属液凝固快，厚壁处来不及补缩，易产生缩孔和缩松；设备投资大，铸型制造周期长，造价高，不宜小批量生产。

应用：生产锌合金、铝合金、镁合金和铜合金等铸件；汽车、拖拉机制造业、仪表和电子仪器工业、在农业机械、国防工业、计算机、医疗器械等制造业等。

12.3.4 低压铸造

使液体金属在较低压力(0.02 MPa～0.06 MPa)作用下充填铸型，并在压力下结晶以形成铸件的方法。

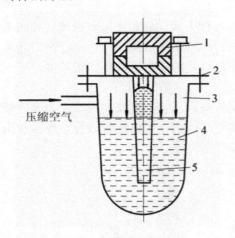

图 12.35　低压铸造的工作原理
1—铸型　2—密封盖　3—坩埚
4—金属液　5—升液管

1. 低压铸造的工艺过程

低压铸造的工作原理如图 12.35 所示。把熔炼好的金属液倒入保温坩埚，装上密封盖，升液导管使金属液与铸型相通，锁紧铸型，缓慢地向坩埚炉内通入干燥的压缩空气，金属液受气体压力的作用，由下而上沿着升液管和浇注系统充满型腔，并在压力下结晶，铸件成形后撤去坩埚内的压力，升液管内的金属液降回到坩埚内金属液面。开启铸型，取出铸件。

2. 低压铸造的特点及应用

特点：

(1) 浇注时金属液的上升速度和结晶压力可以调节，故可适用于各种不同铸型(如金属型、砂型等)，适合铸造各种合金及各种大小的铸件。

(2) 采用底注式充型，金属液充型平稳，无飞溅现象，可避免卷入气体及对型壁和型芯的冲刷，铸件的气孔、夹渣等缺陷少，提高了铸件的合格率。

(3) 铸件在压力下结晶，铸件组织致密、轮廓清晰、表面光洁，力学性能较高，对于大薄壁件的铸造尤为有利。

(4) 省去补缩冒口，金属利用率提高到 90%～98%。

(5) 劳动强度低，劳动条件好，设备简易，易实现机械化和自动化。

应用：主要用来生产质量要求高的铝、镁合金铸件，汽车发动机缸体、缸盖、活塞、叶轮等。

12.3.5 离心铸造

离心铸造是指将熔融金属浇入旋转的铸型中，使液体金属在离心力作用下充填铸型并凝固成形的一种铸造方法。

1. 离心铸造的类型

铸型采用金属型或砂型。为使铸型旋转，离心铸造必须在离心铸造机上进行。离心铸造机通常可分为立式和卧式两大类，其工作原理如图 12.36 所示。铸型绕水平轴旋转的称为卧式离心铸造，适合浇注长径比较大的各种管件；铸型绕垂直轴旋转的称为立式离心铸造，适合浇注各种盘、环类铸件。

铸型的转速是根据铸件直径的大小来确定离心铸造的铸型转速，一般在 250r/min～1500r/min 范围内。

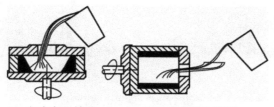

(a) 立式离心铸造　　　　(b) 卧式离心铸造

图 12.36　离心铸造机原理示意

2. 离心铸造的特点及应用范围

1) 离心铸造的特点

(1) 液体金属能在铸型中形成中空的自由表面，不用型芯即可铸出中空铸件，简化了套筒、管类铸件的生产过程。

(2) 由于旋转时液体金属所产生的离心力作用，离心铸造可提高金属充填铸型的能力，因此一些流动性较差的合金和薄壁铸件都可用离心铸造法生产。

(3) 由于离心力的作用，改善了补缩条件，气体和非金属夹杂物也易于自金属液中排出，产生缩孔、缩松、气孔和夹杂等缺陷的几率较小。

(4) 无浇注系统和冒口，节约金属。

(5) 可进行双金属铸造，如在钢套上镶铸薄层铜衬制作滑动轴承等，可节约贵重材料。

(6) 金属中的气体、熔渣等夹杂物，因密度较轻而集中在铸件的内表面上，所以内孔的尺寸不精确，质量也较差；铸件易产生成分偏析和密度偏析。

2) 应用

主要用于大批量生产的各种铸铁和铜合金的管类、套类、环类铸件和小型成形铸件，如铸铁管、汽缸套、铜套、双金属轴承、特殊钢的无缝管坯、造纸机滚筒等铸件的生产。

12.4　铸件结构设计

设计铸件结构时，不仅要保证其工作性能和力学性能要求，还应符合铸造工艺和合金铸造性能对铸件结构的要求，即所谓"铸件结构工艺性"。同时采用不同的铸造方法，对铸件结构有着不同的要求。铸件结构设计合理与否，对铸件的质量、生产率及其成本有很大的影响。

12.4.1　铸造工艺对铸件结构设计的要求

铸件结构的设计应尽量使制模、造型、制芯、合型和清理等工序简化，提高生产率。

1. 铸件的外形必须力求简单、造型方便

(1) 避免外部侧凹。铸件在起模方向上若有侧凹，必将增加分型面的数量，使砂箱数量和造型工时增加，也使铸件容易产生错型，影响铸件的外形和尺寸精度。图 12.37(a)所示的端盖，由于上下法兰的存在，使铸件产生侧凹，铸件具有两个分型面，所以必须采用三箱造型，或增加环状外型芯，使造型工艺复杂。改为图 12.37(b)所示结构，取消了上部法兰，使铸件只有一个分型面，可采用两箱造型，这样可以显著提高造型效率。

图 12.37　端盖的设计

(2) 凸台、肋板的设计。设计铸件侧壁上的凸台、肋板时，要考虑到起模方便，尽量避免使用活块和型芯。图 12.38 (a)、(b)所示凸台均妨碍起模，应将相近的凸台连成一片，并延长到分型面，如图 12.38 (c)、(d)所示，就不需要活块和活型芯，便于起模。

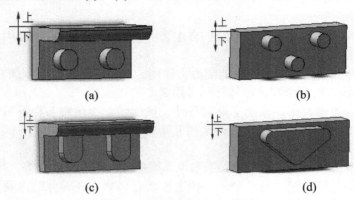

图 12.38　凸台的设计

2. 合理设计铸件内腔

铸件的内腔通常由型芯形成，型芯处于高温金属液的包围之中，工作条件恶劣，极易产生各种铸造缺陷。故在铸件内腔的设计中，尽可能地避免或减少型芯。

(1) 尽量避免或减少型芯。图 12.39(a)所示悬臂支架采用方形中空截面，为形成其内腔，必须采用悬臂型芯，型芯的固定、排气和出砂都很困难。若改为图 12.39(b)所示工字形开式截面，可省去型芯。图 12.40(a)所示结构带有向内的凸缘，必须采用型芯形成内腔，若改为图 12.40(b)结构，则可通过自带型芯形成内腔，使工艺过程大大简化。

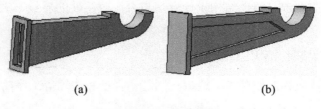

图 12.39　悬臂支架

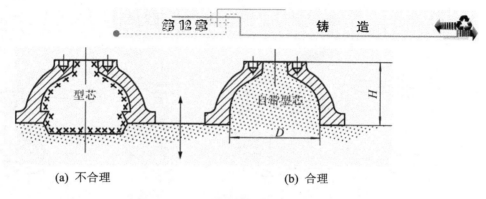

(a) 不合理　　　　　　　　　　(b) 合理

图 12.40　内腔的两种设计

(2) 型芯要便于固定、排气和清理。型芯在铸型中的支撑必须牢固，否则型芯经不住浇注时金属液的冲击而产生偏芯缺陷，造成废品。如图 12.41(a)所示轴承架铸件，其内腔采用两个型芯，其中较大的呈悬臂状，需用型撑来加固，如将铸件的两个空腔打通，改为图 12.41(b)所示结构，则可采用一个整体型芯形成铸件的空腔，型芯既能很好地固定，而且下芯、排气、清理都很方便。

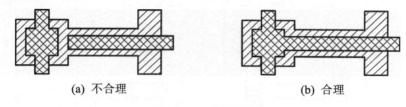

(a) 不合理　　　　　　　　　　(b) 合理

图 12.41　轴承架铸件

(3) 应避免封闭内腔。图 12.42 (a)所示铸件为封闭空腔结构，其型芯安放困难、排气不畅、无法清砂、结构工艺性极差。若改为图 12.42(b)所示结构，上述问题迎刃而解，结构设计是合理的。

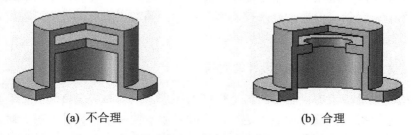

(a) 不合理　　　　　　　　　　(b) 合理

图 12.42　铸件结构避免封闭内腔示意

3. 分型面尽量平直

分型面如果不平直，造型时必须采用挖砂或假箱造型，而这两种造型方法生产率低。图 12.43(a)所示杠杆铸件的分型面是不直的，改为图 12.43(b)结构，分型面变成平面，方便了制模和造型，分型面设计是合理的。

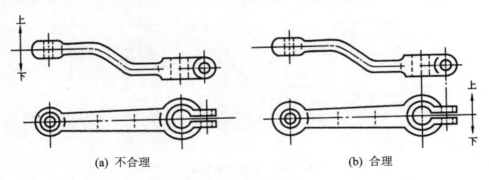

(a) 不合理   (b) 合理

图 12.43　杠杆铸件结构

4. 铸件要有结构斜度

铸件垂直于分型面的不加工表面，应设计出结构斜度，如图12.44(b)所示，在造型时容易起模，不易损坏型腔，有结构斜度是合理的。图12.44(a)所示为无结构斜度的不合理结构。

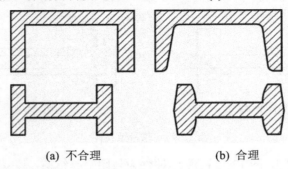

(a) 不合理   (b) 合理

图 12.44　铸件结构斜度

铸件的结构斜度和起模斜度不容混淆。结构斜度是在零件的非加工面上设置的，直接标注在零件图上，且斜度值较大。起模斜度是在零件的加工面上设置的，在绘制铸造工艺图或模样图时使用，切削加工时将被切除。

12.4.2　合金铸造性能对铸件结构设计的要求

铸件结构的设计应考虑到合金的铸造性能的要求，因为与合金铸造性能有关的一些缺陷如缩孔、变形、裂纹、气孔和浇不足等，有时是由于铸件结构设计不够合理，未能充分考虑合金铸造性能的要求所致。虽然有时可采取相应的工艺措施来消除这些缺陷，但必然会增加生产成本和降低生产率。

1. 合理设计铸件壁厚

铸件的壁厚越大，越有利于液态合金充填型腔。但是随着壁厚的增加，铸件心部的晶粒越粗大，而且凝固收缩时没有金属液的补充，易产生缩孔、缩松等缺陷，故承载力并不随着壁厚的增加而成比例地提高。铸件壁厚减小，有利于获得细小晶粒，但不利于液态合金充填型腔，容易产生冷隔、浇不到等缺陷。为了获得完整、光滑的合格铸件，铸件壁厚设计应大于该合金在一定铸造条件下所能得到的"最小壁厚"。表 12-7 列出了砂型铸造条件下铸件的最小壁厚。

表 12-7 砂型铸造铸件最小壁厚的设计(单位：mm)

铸件尺寸	铸钢	灰铸铁	球墨铸铁	可锻铸铁	铝合金	铜合金
<200×200	5～8	3～5	4～6	3～5	3～3.5	3～5
200×200～500×500	10～12	4～10	8～12	6～8	4～6	6～8
>500×500	15～20	10～15	12～20	—	—	—

当铸件壁厚不能满足力学性能要求时，常采用带加强肋结构的铸件，而不是用单纯增加壁厚的方法，如图 12.45 所示。

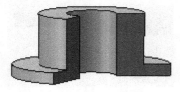

(a) 不合理结构

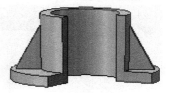

(b) 合理结构

图 12.45 采用加强肋减小铸件的壁厚

2. 壁厚应尽可能均匀

铸件各部分壁厚若相差过大，将在局部厚壁处形成金属积聚的热节，导致铸件产生缩孔、缩松等缺陷；同时，不均匀的壁厚还将造成铸件各部分的冷却速度不同，冷却收缩时各部分相互阻碍，产生热应力，易使铸件薄弱部位产生变形和裂纹，如图 12.46 所示。因此在设计铸件时，应力求做到壁厚均匀。所谓壁厚均匀，是指铸件的各部分具有冷却速度相近的壁厚，故内壁的厚度要比外壁厚度小一些。

3. 铸件壁的连接方式要合理

(1) 铸件壁之间的连接应有结构圆角。直角转弯处易形成冲砂、砂眼等缺陷，同时也容易在尖锐的棱角部分形成结晶薄弱区。此外，直角处还因热量积聚较多(热节)容易形成缩孔、缩松，如图 12.47 所示。因此要合理地设计内圆角和外圆角。铸造圆角的大小应与铸件的壁厚相适应，数值可参阅表 12-8。

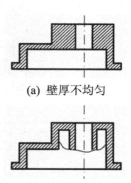

(a) 壁厚不均匀

(b) 壁厚均匀

图 12.46 铸件的壁厚设计

表 12-8 铸件的内圆角半径 R 值(单位：mm)

	(a+b)/2	<8	8～12	12～16	16～20	20～27	27～35	35～45	45～60
	铸铁	4	6	6	8	10	12	16	20
	铸钢	6	6	8	10	12	16	20	25

(2) 铸件壁厚不同的部分进行连接时，应力求平缓过渡，避免截面突变，以减小应力集中，防止产生裂纹，如图 12.48 所示。

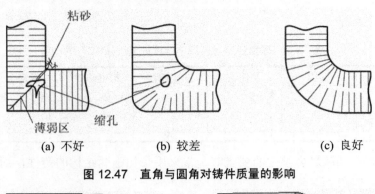

图 12.47　直角与圆角对铸件质量的影响

图 12.48　铸件壁厚的过渡形式

(3) 连接处避免集中交叉和锐角。两个以上的壁连接处热量积聚较多，易形成热节，铸件容易形成缩孔，因此当铸件两壁交叉时，中、小铸件采用交错接头，大型铸件采用环形接头，如图 12.49(c)所示。当两壁必须锐角连接时，要采用图 12.49(d)所示的过渡形式。

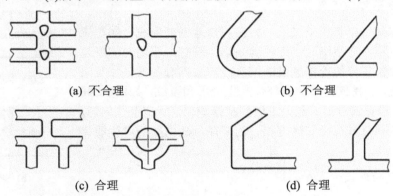

图 12.49　壁间连接结构的对比

4. 避免大的水平面

铸件上的大平面不利于液态金属的充填，易产生浇不到、冷隔等缺陷。而且大平面上方的砂型受高温金属液的烘烤，容易掉砂而使铸件产生夹砂等缺陷；金属液中气孔、夹渣上浮滞留在上表面，产生气孔、渣孔。如将图 12.50(a)的水平面改为图 12.50(b)的斜面，则可减少或消除上述缺陷。

图 12.50　避免大水平壁的结构

5. 避免铸件收缩受阻

铸件在浇注后的冷却凝固过程中，若其收缩受阻，铸件内部将产生应力，导致变形、裂纹的产生。因此铸件结构设计时，应尽量使其自由收缩。如图 12.51 所示的轮形铸件，轮缘和轮毂较厚，轮辐较薄，铸件冷却收缩时，极易产生热应力，图 12.51(a)所示轮辐对称分布，虽然制作模样和造型方便，但因收缩受阻易产生裂纹，改为图 12.51(b)所示奇数轮辐或图 12.51(c)所示弯曲轮辐，可利用铸件微量变形来减少内应力。

(a) 不合理　　　　　　　(b) 合理　　　　　　　(c) 合理

图 12.51　轮辐的设计

以上介绍的只是砂型铸造铸件结构设计的特点，在特种铸造方法中，应根据每种不同的铸造方法及其特点进行相应的铸件结构设计。

12.4.3　不同铸造方法对铸件结构的要求

对于采用特种铸造方法生产的铸件，不同的铸造方法对铸件结构有着不同的要求，设计特种铸造生产的铸件结构时，除了考虑上述铸件结构的合理性和铸件结构的工艺性等一般原则外，还必须充分考虑不同特种铸造方法的特点所决定的一些特殊要求。

1. 熔模铸件

(1) 便于蜡模的制造。如图 12.52(a)所示铸件的凸缘朝内，注蜡后无法从压型中取出型芯，使蜡模制造困难，而改成图 12.52(b)所示结构，把凸缘取消则可克服上述缺点。

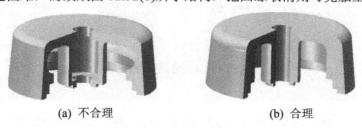

(a) 不合理　　　　　　　　(b) 合理

图 12.52　便于抽出型芯的设计

(2) 尽量避免大平面结构。由于熔模铸造的型壳高温强度较低，型壳易变形，而大面积平板型壳的变形尤甚。故设计铸件结构时，应尽量避免采用大的平面。当功能所需必须有大的平面时，应在大平面上设计工艺肋或工艺孔，以增强型壳的刚度，如图 12.53 所示。

(3) 铸件上的孔、槽不能太小和太深。过小或过深的孔、槽，使制壳时涂料和砂粒很难进入蜡模的孔洞内，形成合适的型腔。同时也给铸件的清砂带来困难。一般铸孔直径应大于 2mm(薄件壁厚＞0.5mm)。

(4) 铸件壁厚不可太薄。一般为 2mm～8mm。

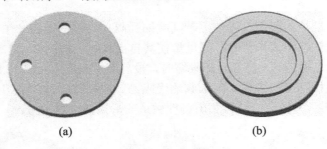

图 12.53　大平面上的工艺孔和工艺肋

(5) 铸件的壁厚应尽量均匀，熔模铸造工艺一般不用冷铁，少用冒口，多用直浇口直接补缩，故要求铸件壁厚均匀，不能有分散的热节，并使壁厚分布符合顺序凝固的要求，以便利用浇口补缩。

2. 金属型铸件

(1) 铸件结构一定要保证能顺利出型。由于金属型铸造的铸型和型芯采用金属制作，故铸型和型芯都不具有退让性，且导热性好，铸件冷却速度快，为保证铸件能从铸型中顺利取出，铸件结构斜度应较砂型铸件为大。图 12.54 是一组合理结构和不合理结构的示例。

(2) 金属型导热快，为防止铸件出现浇不足、缩松、裂纹等缺陷，铸件壁厚要均匀，也不能过薄(Al-Si 合金壁厚 2mm～4mm，Al-Mg 合金壁厚为 3mm～5mm)。

(3) 铸孔的孔径不能过小、过深，以便于金属型芯的安放和抽出。通常铝合金的最小铸出孔径为 8mm～10mm，镁合金和锌合金的孔径均为 6mm～8mm。

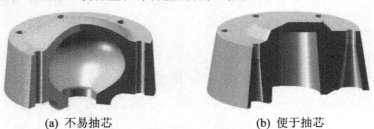

(a) 不易抽芯　　　　　　　　　(b) 便于抽芯

图 12.54　金属型铸件

3. 压铸件

(1) 压铸件上应尽量避免侧凹和深腔，以保证压铸件从压型中顺利取出。图 12.55 所示的压铸件两种设计方案中，图(a)的结构因侧凹朝内，侧凹处无法抽芯。改为图(b)结构后，侧凹朝外，可按箭头方向抽出外型芯，这样铸件便可从压型中顺利取出。

(2) 应尽可能采用薄壁并保证壁厚均匀。由于压铸工艺的特点，金属浇注和冷却速度都很快，厚壁处不易得到补缩而形成缩孔、缩松。压铸件适宜的壁厚，锌合金的壁厚为 1mm～4mm，铝合金壁厚为 1.5mm～5mm，铜合金为 2mm～5mm。

(3) 对于复杂而无法取芯的铸件或局部有特殊性能(如耐磨、导电、导磁和绝缘等)要求的铸件，可采用镶嵌铸法，把镶嵌件先放在压型内，然后和压铸件铸合在一起。为使嵌件在铸件中连接可靠，应将嵌件镶入铸件部分制出凹槽、凸台或滚花等。

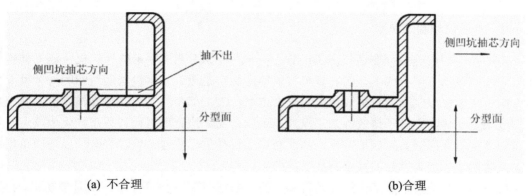

图 12.55　压铸件的两种设计方案

12.5　铸造新技术与发展趋势

随着科学技术的飞速发展，新能源、新材料、自动化技术、信息技术、计算机技术等相关学科高新技术成果的应用，促进了铸造技术的快速发展。一些新的科技成果与传统工艺的结合，创造出一些新的铸造方法。目前，铸造技术正朝着优质、高效、低耗、节能、污染小和自动化的方向发展。

12.5.1　造型技术的发展

1．气体冲压造型

气体冲压造型是近年来发展起来的一种新的造型工艺方法。它包括空气冲击造型和燃气冲击造型两类。其主要工艺过程是：将型砂填入砂箱和辅助框内，然后打开冲击阀，将储存在压力罐内的压缩空气突然释放出来，作用在砂箱里松散的型砂上面，使其紧实成形；或利用可燃气体燃烧爆炸产生的冲击波使型砂紧实成形。气体冲压造型可一次紧实成形，无需辅助紧实，具有砂型紧实度高且均匀、能生产复杂的铸件、噪声小、设备结构简单、生产率高和节约能源等优点，主要用于交通运输、纺织机械所用铸件以及水管的造型。

2．真空实型铸造

真空实型铸造又称气化模铸造、消失模铸造。它是采用聚苯乙烯发泡塑料模样代替普通模样，将刷过涂料的模样放入可抽真空的特制砂箱内，填干砂后，振动紧实，抽真空，不取出模样就浇入金属液，在高温金属液的作用下，塑料模样燃烧、气化、消失，金属液取代原来塑料模所占据的空间位置，冷却凝固后获得所需铸件的铸造方法。这种造型方法无需起模，没有铸造斜度和活块，无分型面，无型芯，因而无飞边毛刺，铸件的尺寸精度和表面粗糙度接近熔模铸造，增大了设计铸造零件的自由度，简化了铸件生产工序，缩短了生产周期，减少材料消耗。一般来说，真空实型铸造的应用范围是十分广泛的，既可以用于大件的单件小批量生产，也可用于中小件的大批量生产。但按我国目前的铸造水平，在生产上应用还存在一系列问题有待继续研究和进一步完善。

12.5.2 快速原型制造技术

铸造模型的快速原型制造技术(RPM)是以分层合成工艺为基础的计算机快速立体模型制造系统,包括分层合成工艺的计算机智能铸造生产是最近几年机器制造业的一个重要发展方向。快速原型制造技术集成了现代数控技术、CAD/CAM 技术、激光技术以及新型材料的成果于一体,突破了传统的加工模式,可以自动、快速地将设计思想物化为具有一定结构和功能的原型或直接制造零件,从而对产品设计进行快速评价、修改,以适应市场的快速发展要求,提高企业的竞争力。

快速原型制造技术的工作原理是将零件的 CAD 三维几何模型,输入到计算机上,再以分解算法将模型分解成一层层的横向薄层,确定各层的平面轮廓,将这些模型数据信息按顺序一层接一层地传递到分层合成系统。在计算机的控制下,由激光器或紫外光发生器逐层扫描塑料、复合材料、液态树脂等成形材料,在激光束或紫外光束作用下,这些材料将会发生固化、烧结或粘接而制成立体模型。用这种模型作为模样进行熔模铸造、实型铸造等,可以大大缩短铸造生产周期。

目前,正在应用与开发的快速原型制造技术有以分层叠加合成工艺为原理的激光立体光刻技术(SLA)、激光粉末选区烧结成形技术(SLS)、熔丝沉积成形技术(FDM)、叠层轮廓制造技术(LOM)等多种工艺方法。每种工艺方法原理相同,只是技术有所差别。

(1) 激光立体光刻技术(SLA)。采用 SLA 成形方法生产金属零件的最佳技术路线是:SLA 原型(零件型)→熔模铸造(消失模铸造)→铸件,主要用于生产中等复杂程度的中小型铸件。

(2) 激光粉末选区烧结成形技术(SLS)。采用 SLS 成形方法生产金属零件的最佳技术路线是:SLS 原型(陶瓷型)→铸件,SLS 原型(零件型)→熔模铸造(消失模铸造)→铸件,主要用于生产中小型复杂铸件。

(3) 熔丝沉积成形技术(FDM)。采用 FDM 成形方法生产金属零件的最佳技术路线是:FDM 原型(零件型)→熔模铸造→铸件,主要用于生产中等复杂程度的中小型铸件。

12.5.3 计算机在铸造中的应用

随着计算机的发展和广泛应用,把计算机应用于铸造生产中已取得了越来越好的效果。铸造生产中计算机可应用的领域很广,例如,在铸造工艺设计方面,计算机可模拟液态金属的流动性和收缩性,可以预测与铸件温度场直接相关的铸件的宏观缺陷,如缩孔、缩松、热裂、偏析等;可进行铸造工艺参数的计算;可绘制铸造工艺图、木模图、铸件图;用于生产控制等。近年来,应用的铸造工艺计算机辅助设计系统是利用计算机协助生产工艺设计者分析铸造方法、优化铸造工艺、估算铸造成本、确定设计方案并绘制铸造图等,将计算机的快速性、准确性与设计者的思维、综合分析能力结合起来,从而极大地提高了产品的设计质量和速度,使产品更具有竞争力。

小 结

本章主要内容是合金的铸造性能；砂型铸造造型，砂型铸造工艺设计；特种铸造的成形方法、特点及适用范围；铸件结构设计；还简单介绍了铸造新技术的发展概况。

(1) 合金的铸造性能主要指流动性与收缩性，二者均与合金的成分、铸型结构、浇注温度等因素有关。合金的铸造性能好坏对铸件质量影响很大(这部分内容是重点)。

(2) 砂型铸造是应用最广泛的铸造成形方法。常用造型方法是两箱造型。工艺设计包括浇注位置与分型面的选择、浇注系统的设计、工艺参数的选择及铸造工艺图的绘制。(这部分内容是本章重点)。

(3) 特种铸造主要介绍了砂型铸造以外的其他常用铸造方法的原理、特点及使用范围。(这部分内容了解即可)。

(4) 铸件结构设计介绍了在铸件结构设计时应遵循的原则和注意的事项。(这部分内容应当理解、初步会用)。

练习与思考

1. 名词解释

(1) 流动性；(2) 充型能力；(3) 缩孔；(4) 缩松；(5) 分型面；(6) 收缩率；(7) 起模斜度；(8) 结构斜度。

2. 填空题

(1) 铸件的凝固方式有_____，_____和_____。其中恒温下结晶的金属或合金以_____方式凝固，凝固温度范围较宽的合金以_____方式凝固。

(2) 缩孔产生的基本原因是_____和_____大于_____，且得不到补偿。防止缩孔的基本原则是按照_____原则进行凝固。

(3) 铸造应力是_____，_____，_____的总和。防止铸造应力的措施是采用_____原则。

(4) 在确定浇注位置时，具有大平面的铸件，应将铸件的大平面朝_____。

(5) 为有利于铸件各部分冷却速度一致，内壁厚度要比外壁厚度_____。

(6) 铸件上垂直于分型面的不加工表面，应设计出_____。

3. 选择题

(1) (　　)的合金，铸造时合金得流动性较好，充型能力强。
　　A. 糊状凝固　　B. 逐层凝固　　C. 中间凝固

(2) 防止和消除铸造应力的措施是采用(　　)。
　　A. 同时凝固原则　　　　　　B. 顺序凝固原则

(3) 缩孔一般发生在以（　　）的合金中。
　　A. 糊状凝固　　　B. 逐层凝固　　　C. 中间凝固
(4) 缩松一般发生在以（　　）的合金中。
　　A. 糊状凝固　　　B. 逐层凝固　　　C. 中间凝固
(5) 合金液体的浇注温度越高，合金的流动性（　　），收缩率（　　）。
　　A. 越好　　　　B. 越差　　　　C. 越小　　　　D. 越大
(6) 铸件冷却后的尺寸将比型腔的尺寸（　　）。
　　A. 大　　　　　B. 小　　　　　C. 一样
(7) 生产滑动轴承时，采用的铸造方法应是（　　）。
　　A. 熔模铸造　　B. 压力铸造　　C. 金属型铸造　　D. 离心铸造
(8) 模样越高，起模斜度取值越（　　），内壁斜度比外壁斜度（　　）。
　　A. 大　　　　　B. 小
(9) 零件的结构斜度是在零件的（　　）上设置的。
　　A. 加工面上　　B. 非加工面上

4. 简答题

(1) 型砂由哪些物质组成？对其基本性能有哪些要求？

(2) 合金的铸造性能对铸件的质量有何影响？常用铸造合金中，哪种铸造性能较好？哪种较差？为什么？

(3) 什么是液态合金的流动性？影响合金流动性的因素有哪些？它与液态合金的充型能力有何关系？为什么铸钢的充型能力比铸铁差？

(4) 缩孔和缩松对铸件质量有何影响？为何缩孔比缩松较容易防止？

(5) 什么是顺序凝固原则和同时凝固原则？两种凝固原则各应用于哪种场合？

(6) 分模造型、活块造型、挖砂造型、三箱造型、地坑造型各应用于哪种场合？

(7) 试述分型面选择原则有哪些？它与浇注位置选择原则的关系如何？

(8) 什么是铸件的结构斜度？它与拔模斜度有何不同？改正图12.56所示铸件的不合理结构。

(9) 为什么铸件要有结构圆角？图 12.57 所示的铸件上哪些圆角不够合理？如何修改？

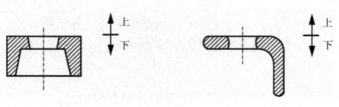

图 12.56　铸件一　　　　　图 12.57　铸件二

(10) 设计铸件上的内外壁厚有何不同？为什么？

(11) 图 12.58 所示铸件结构有何缺点？如何改进？

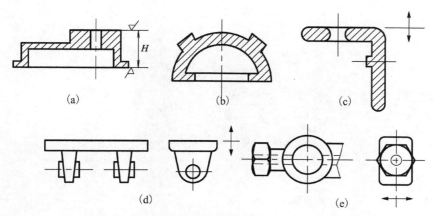

图 12.58　铸件三

(12) 简述熔模铸造工艺过程、生产特点和应用范围。
(13) 试比较压力铸造和低压铸造的异同点及应用范围。
(14) 金属型铸造为什么要严格控制开型时间？

第 13 章

锻 压

 教学提示

锻压是利用外力使金属坯料产生塑性变形，获得所需尺寸、形状及性能的毛坯或零件的加工方法。锻压是锻造和冲压的总称。它是金属压力加工的主要方式，也是机械制造中毛坯生产的主要方法之一。学习本章前，应预习工程材料中有关二元相图、塑性变形与再结晶的内容以及机械制图中有关三视图的内容，学习过程中，应与金工实习中实际操作相联系，理论联系实际。

教学要求

了解金属锻压的特点、分类及应用，理解金属塑性变形的有关理论基础，初步掌握自由锻、模锻和板料冲压的基本工序、特点及应用。

第13章 锻 压

锻压是机械制造中毛坯和零件生产的主要方法之一，常分为自由锻、模锻、板料冲压、挤压、拉拔、轧制等。它们的成形方式如图 13.1 所示。

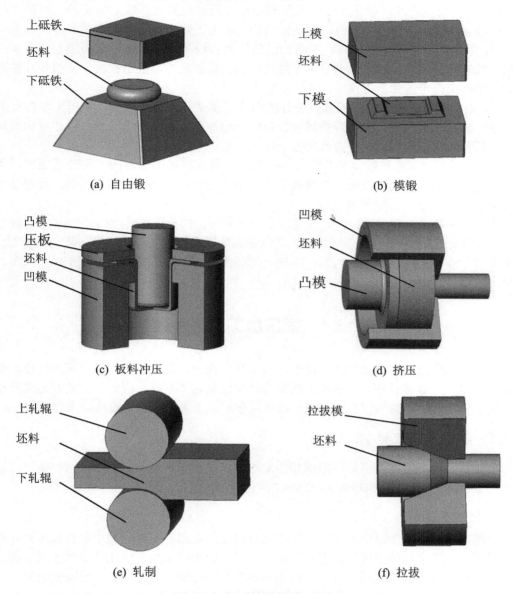

图 13.1 常用的压力加工方法

锻压加工与其他加工方法相比，具有以下特点。

(1) 改善金属的组织、提高力学性能。金属材料经锻压加工后，其组织、性能都得到改善和提高，锻压加工能消除金属铸锭内部的气孔、缩孔和树枝状晶等缺陷，并由于金属的塑性变形和再结晶，可使粗大晶粒细化，得到致密的金属组织，从而提高金属的力学性能。在零件设计时，若正确选用零件的受力方向与纤维组织方向，可以提高零件的抗冲击性能。

(2) 材料的利用率高。金属塑性成形主要是靠金属的形体组织相对位置重新排列，而不需要切除金属。

(3) 较高的生产率。锻压加工一般是利用压力机和模具进行成形加工的。例如，利用多工位冷镦工艺加工内六角螺钉，比用棒料切削加工工效提高约 400 倍以上。

(4) 毛坯或零件的精度较高。应用先进的技术和设备，可实现少切削或无切削加工。例如，精密锻造的伞齿轮齿形部分可不经切削加工直接使用，复杂曲面形状的叶片精密锻造后只需磨削便可达到所需精度。

(5) 锻压所用的金属材料应具有良好的塑性，以便在外力作用下，能产生塑性变形而不破裂。常用的金属材料中，铸铁属脆性材料，塑性差，不能用于锻压。钢和非铁金属中的铜、铝及其合金等可以在冷态或热态下压力加工。

(6) 不适合成形形状较复杂的零件。锻压加工是在固态下成形的，与铸造相比，金属的流动受到限制，一般需要采取加热等工艺措施才能实现。对制造形状复杂，特别是具有复杂内腔的零件或毛坯较困难。

由于锻压具有上述特点，因此承受冲击或交变应力的重要零件(如机床主轴、齿轮、曲轴、连杆等)，都应采用锻件毛坯加工。所以锻压加工在机械制造、军工、航空、轻工、家用电器等行业得到广泛应用。例如，飞机上的塑性成形零件的质量分数占 85%；汽车、拖拉机上的锻件质量分数约占 60%～80%。

13.1 锻压加工工艺基础

金属材料经过锻压加工之后，由于产生了塑性变形，其内部组织发生很大变化，使金属的性能得到改善和提高，为锻压方法的广泛使用奠定了基础。因此只有较好地掌握塑性变形的实质、规律和影响因素，才能正确选用锻压加工方法，合理设计锻压加工零件。

13.1.1 金属的热加工和冷加工

金属在不同温度下变形后的组织和性能不同，通常以再结晶温度为界，将金属的塑性加工分为冷加工(冷变形)和热加工(热变形)两种。

1. 冷加工

金属在再结晶温度以下的塑性加工称为冷加工。金属在变形过程中只有加工硬化而无再结晶现象，变形后的金属只具有加工硬化组织。由于产生加工硬化，冷加工需要很大的变形力，而且变形程度也不宜过大，以免缩短模具寿命或使工件破裂。但冷变形加工的产品具有表面品质好、尺寸精度高、力学性能好的特点，一般不需再切削加工。金属在冷镦、冷挤、冷轧以及冷冲压中的变形都属于冷变形。

冷加工使金属变形抗力升高、塑性下降，难以进一步变形，因此，在某些冷加工过程中，必须增加中间退火工艺，以保证冷加工过程的继续进行，但生产率降低、成本增加。

2. 热加工

金属在再结晶温度以上进行的加工变形称为热加工。热加工条件下金属变形产生的加工硬化组织会随金属的再结晶而消失，变形后的金属具有细而均匀的再结晶等轴晶粒组织而无任何加工硬化痕迹。金属只有在热加工的情况下，才能在较小的变形功的作用下产生较大的变形，加工出尺寸较大和形状较复杂的塑件，同时，获得具有较高力学性能的再结晶组织。但是，由于热变形是在高温下进行的，因而金属在加热过程中，表面容易形成氧化皮，影响产品尺寸精度和表面品质，劳动条件较差，生产率也较低；若加热温度过高或保温时间过长，晶粒还会聚合长大，使力学性能降低。金属在自由锻、热模锻、热轧、热挤压中的变形都属于热加工。

13.1.2 金属的锻造性能

金属的锻造性能(又称可锻性)是用来衡量压力加工工艺性好坏的主要工艺性能指标。金属的可锻性好，表明该金属适用于压力加工。衡量金属的可锻性，常从金属材料的塑性和变形抗力两个方面来考虑，材料的塑性越好，变形抗力越小，则材料的锻造性能越好，越适合压力加工。在实际生产中，往往优先考虑材料的塑性。

金属的塑性是指金属材料在外力作用下产生永久变形而不破坏其完整性的能力，用伸长率、断面收缩率来表示。材料的伸长率、断面收缩率值越大或镦粗时变形程度越大且不产生裂纹，塑性也越大。变形抗力是指金属在塑性变形时反作用于工具上的力。变形抗力越小，变形消耗的能量也就越少，锻压越省力。塑性和变形抗力是两个不同的独立概念。如奥氏体不锈钢在冷态下塑性很好，但变形抗力却很大。

金属的锻造性能取决于材料的性质(内因)和加工条件(外因)。

1. 材料性质的影响

1) 化学成分

不同化学成分的金属其锻造性能不同。纯金属的锻造性能较合金的好。钢的含碳量对钢的可锻性影响很大，对于碳质量分数小于 0.15%的低碳钢，主要以铁素体为主(含珠光体量很少)，其塑性较好。随着碳质量分数的增加，钢中的珠光体量也逐渐增多，甚至出现硬而脆的网状渗碳体，使钢的塑性下降，塑性成形性也越来越差。

合金元素会形成合金碳化物，形成硬化相，使钢的塑性变形抗力增大，塑性下降，通常合金元素含量越高，钢的塑性成形性能也越差。

杂质元素磷会使钢出现冷脆性，硫使钢出现热脆性，降低钢的塑性成形性能。

2) 金属组织

金属内部的组织不同，其可锻性有很大差别。纯金属及单相固溶体的合金具有良好的塑性，其锻造性能较好；钢中有碳化物和多相组织时，锻造性能变差；具有均匀细小等轴晶粒的金属，其锻造性能比晶粒粗大的铸态柱状晶组织好；钢中有网状二次渗碳体时，钢的塑性将大大下降。

2. 加工条件的影响

金属的加工条件一般指金属的变形温度、变形速度和变形方式等。

1) 变形温度

随着温度升高，原子动能升高，削弱了原子之间的吸引力，减少了滑移所需要的力，因此塑性增大，变形抗力减小，提高了金属的锻造性能。变形温度升高到再结晶温度以上时，加工硬化不断被再结晶软化消除，金属的锻造性能进一步提高。

但加热温度过高，会使晶粒急剧长大，导致金属塑性减小，锻造性能下降，这种现象称为"过热"。如果加热温度接近熔点,会使晶界氧化甚至熔化,导致金属的塑性变形能力完全消失,这种现象称为"过烧",坯料如果过烧将报废。因此加热要控制在一定范围内,金属锻造加热时允许的最高温度称为始锻温度,停止锻造的温度称为终锻温度。如图13.2 为碳素钢的锻造温度范围。

2) 变形速度

变形速度即单位时间内变形程度的大小。它对可锻性的影响是矛盾的。一方面,随着变形速度的增大,金属在冷变形时的冷变形强化趋于严重,表现出金属塑性下降,变形抗力增大;另一方面,金属在变形过程中,消耗于塑性变形的能量一部分转化为热能,当变形速度很大时,热能来不及散发,会使变形金属的温度升高,这种现象称为热效应。变形速度越大,热效应现象越明显,有利于金属的塑性提高,变形抗力下降,锻造性能变好(图 13.3 中 A 点以右)。但除高速锤锻造外,在一般的压力加工中变形速度不能超过 A 点的变形速度,因此热效应现象对可锻性并不影响。故塑性差的材料(如高速钢)或大型锻件,还是应采用较小的变形速度为宜。若变形速度过快会出现变形不均匀,造成局部变形过大而产生裂纹。

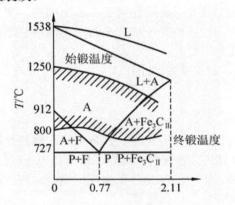

图 13.2 碳素钢的锻造温度范围图　　图 13.3 变形速度对金属锻造性能的影响

3) 应力状态

不同的压力加工方法在材料内部所产生的应力大小和性质(压应力和拉应力)是不同的。例如,金属在挤压变形时三向受压[图 13.4(a)],而金属在拉拔时为两向压应力和一向拉应力,如图 13.4(b)所示。镦粗时,坯料内部处于三向压应力状态,但侧表面在水平方向却处于拉应力状态[图 13.4(c)]。

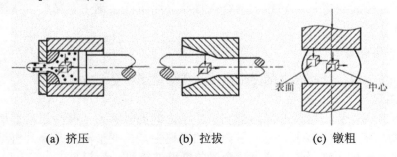

(a) 挤压　　(b) 拉拔　　(c) 镦粗

图 13.4 金属变形时的应力状态

实践证明，在三向应力状态下，压应力的数目越多，则其塑性越好；拉应力的数目越多，则其塑性越差。其原因是在金属材料内部或多或少总是存在着微小的气孔或裂纹等缺陷，在拉应力作用下，缺陷处会产生应力集中，使缺陷扩展甚至达到破坏，从而金属丧失塑性；而压应力使金属内部原子间距减小，又不易使缺陷扩展，因此金属的塑性会提高。从变形抗力分析，压应力使金属内部摩擦增大，变形抗力也随着增大。在三向受压的应力状态下进行变形时，其变形抗力较三向应力状态不同时大得多。因此，选择压力加工方法时，应考虑应力状态对金属塑性变形的影响。

综上所述，金属的锻造性能既取决于金属的本质，又取决于变形条件。在压力加工过程中，要根据具体情况，尽量创造有利的变形条件，充分发挥金属的塑性，降低其变形抗力，以达到塑性成形加工的目的。

13.1.3 锻造比及流线组织

金属压力加工生产采用的原始坯料一般是铸锭，其组织很不均匀，晶粒较粗大，并存在气孔、缩松、非金属夹杂物等缺陷。铸锭加热后经过压力加工，铸造组织的内部缺陷如气孔、缩孔、微裂纹等得到压合，使金属组织更加致密。再结晶后可细化晶粒，改变了粗大、不均匀的铸态组织，金属的各种力学性能得到提高。

在金属铸锭中存在的夹杂物多分布在晶界上。有塑性夹杂物，如 FeS 等，还有脆性夹杂物，如氧化物等。锻造时，晶粒沿变形方向伸长，塑性夹杂物随着金属变形沿主要伸长方向呈带状分布。脆性夹杂物被打碎，顺着金属主要伸长方向呈碎粒状或链状分布。拉长的晶粒通过再结晶过程后得到细化，而夹杂物无再结晶能力，依然呈带状和链状保留下来，形成流线组织。

在冷变形过程中，晶粒沿变形方向拉长而形成的组织称为纤维组织，可通过再结晶退火消除。

形成的流线组织使金属的力学性能呈现各向异性。金属在纵向(平行流线方向)上塑性和韧性提高，而在横向(垂直流线方向)上塑性和韧性降低。变形程度越大，流线组织就越明显，力学性能的方向性也就越显著。锻压过程中，常用锻造比(Y)来表示变形程度。这样热锻后的金属组织就具有一定的方向性，通常称为锻造流线，又叫纤维组织。使金属性能呈现异向性。纵向性能高于横向。通常用变形前后的截面比、长度比或高度比来表示。

拔长时：$Y=A_0/A$ (A_0、A 分别表示拔长前后金属坯料的横截面积)；

镦粗时：$Y=H_0/H$ (H_0、H 分别表示镦粗前后金属坯料的高度)。

锻造比对锻件的锻透程度和力学性能有很大影响。当锻造比达到 2 时，随着金属内部组织的致密化，锻件纵向和横向的力学性能均有显著提高；当锻造比为 2~5 时，由于流线化的加强，力学性能出现各向异性，纵向性能虽仍略有提高，但横向性能开始下降，锻造比超过 5 后，因金属组织的致密度和晶粒细化度均已达到最大值，纵向性能不再提高，横向性能却急剧下降。因此，选择适当的锻造比相当重要。

流线组织形成后，不能用热处理方法消除，只能通过锻造方法使金属在不同方向变形，才能改变纤维的方向和分布。由于纤维组织的存在对金属的力学性能，特别是冲击韧度有一定影响，在设计和制造易受冲击载荷的零件时，一般应遵循两项原则：

(1) 零件工作时的正应力方向与流线方向应一致，切应力方向与流线方向垂直。

(2) 流线的分布与零件的外形轮廓应相符合，而不被切断。

例如，曲轴毛坯的锻造，应采用拔长后弯曲工序，使纤维组织沿曲轴轮廓分布，拐颈处流线分布合理。这样曲轴工作时不易断裂，如图13.5(a)所示，而图13.5(b)是用棒材直接切削加工出的曲轴，拐颈处流线组织被切断，使用时容易沿轴肩断裂。

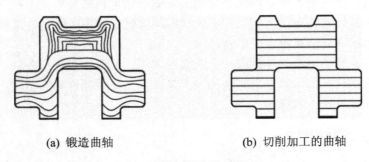

(a) 锻造曲轴　　　　　　　(b) 切削加工的曲轴

图 13.5　曲轴的流线分布

图 13.6 所示是不同成形工艺制造齿轮的流线分布，图 13.6(a)是用棒料直接切削成形的齿轮，齿根处的切应力平行于流线方向，力学性能最差，寿命最短；图 13.6(b)是扁钢经切削加工的齿轮，齿 1 的根部切应力与流线方向垂直，力学性能好，齿 2 情况正好相反，力学性能差；图 13.6(c)是棒料镦粗后再经切削加工而成，流线呈径向放射状，各齿的切应力方向均与流线近似垂直，强度与寿命较高；图 13.6(d)是热轧成形齿轮，流线完整且与齿廓一致，未被切断，性能最好，寿命最长。

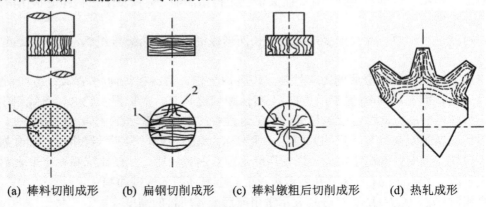

(a) 棒料切削成形　(b) 扁钢切削成形　(c) 棒料镦粗后切削成形　(d) 热轧成形

图 13.6　不同成形工艺齿轮的流线组织

13.1.4　金属的塑性变形规律

锻压加工是利用金属的塑性变形而进行的，只有掌握其变形规律，才能合理制定工艺规程，达到预期的变形效果。金属塑性变形时遵循的基本规律主要有最小阻力定律和体积不变规律等。

1. 最小阻力定律

最小阻力定律是指在塑性变形过程中，如果金属质点有向几个方向移动的可能时，则金属各质点将向阻力最小的方向移动。阻力最小的方向移动是通过该质点向金属变形的周边所作的法线方向,因为质点沿此方向移动的距离最短,所需的变形功最小。最小阻力定律符合力学的一般原则,它是塑性成形加工中最基本的规律之一。

利用最小阻力定律可以推断,任何形状的物体只要有足够的塑性,都可以在平锤头下镦粗使坯料逐渐接近于圆形。这是因为在镦粗时,金属流动距离越短,摩擦阻力也越小。图 13.7 所示圆形截面的金属朝径向流动;方形、长方形截面则分成 4 个区域分别朝垂直与四个边的方向流动,最后逐渐变成圆形、椭圆形。由此可知,圆形截面金属在各个方向上的流动最均匀,镦粗时总是先把坯料锻成圆柱体再进一步锻造。

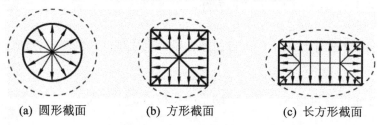

(a) 圆形截面　　　(b) 方形截面　　　(c) 长方形截面

图 13.7　不同截面金属的流动情况

通过调整某个方向的流动阻力来改变某些方向上金属的流动量,以便合理成形,消除缺陷。例如,在模锻中增大金属流向分型面的阻力,或减小流向型腔某一部分的阻力,可以保证锻件充满型腔。在模锻制坯时,可以采用闭式滚挤和闭式拔长模膛来提高滚挤和拔长的效率。

2. 塑性变形时的体积不变规律

体积不变规律是指金属材料在塑性变形前、后体积保持不变。金属塑性变形过程实际上是通过金属流动而使坯料体积进行再分配的过程。但实际上,由于钢锭再锻造时可消除内部的微裂纹、疏松等缺陷,使金属的密度提高,因此体积总会有一些减小,只不过这种体积变化量极其微小,可忽略不计。

13.2　常用锻造方法

锻造是毛坯成形的重要手段,尤其在工作条件复杂、力学性能要求高的重要结构零件的制造中,具有重要的地位。锻造是使加热好的金属坯料,在外力的作用下,发生塑性变形,通过控制金属的流动,使其成形为所需形状、尺寸和组织的方法。根据变形时金属流动的特点不同,可以分为自由锻和模锻两大类。

13.2.1　自由锻

自由锻锻造过程中,金属坯料在上、下砧铁间受压变形时,可朝各个方向自由流动,不受限制,其形状和尺寸主要由操作者的技术来控制。

自由锻分为手工锻造和机器锻造两种,手工锻造只适合单件生产小型锻件,机器锻造则是自由锻的主要生产方法。

自由锻所用设备根据它对坯料施加外力的性质不同,分为锻锤和液压机两大类。锻锤是依靠产生的冲击力使金属坯料变形,但由于能力有限,故只用来锻造中、小型锻件。液压机是依靠产生的压力使金属坯料变形。其中,水压机可产生很大的作用力,能锻造质量达 300t 的锻件,是重型机械厂锻造生产的主要设备。

1. 自由锻的特点及应用

(1) 自由锻工艺灵活,工具简单,设备和工具的通用性强,成本低。

(2) 应用范围较为广泛,可锻造的锻件质量由不及 1kg 到 300t。在重型机械中,自由锻是生产大型和特大型锻件的唯一成形方法。

(3) 锻件精度较低,加工余量较大,生产率低。

一般只适合于单件小批量生产。自由锻也是锻制大型锻件的唯一方法。

2. 自由锻的工序

自由锻的工序可分为基本工序、辅助工序和精整工序三大类。

1) 基本工序

它是使金属坯料实现变形的主要工序。主要有以下几个工序。

(1) 镦粗:是使坯料高度减小、横截面积增大的工序。

(2) 拔长:是使坯料横截面积减小、长度增大的工序。

(3) 冲孔:是使坯料具有通孔或盲孔的工序。

(4) 弯曲:是使坯料轴线产生一定曲率的工序。

(5) 扭转:是使坯料的一部分相对于另一部分绕其轴线旋转一定角度的工序。

(6) 错移:是使坯料的一部分相对于另一部分平移错开的工序。

(7) 切割:是分割坯料或去除锻件余量的工序。

2) 辅助工序

是指进行基本工序之前的预变形工序。如压钳口、倒棱、压肩等。

3) 精整工序

修整锻件的最后形状与尺寸,消除表面的不平整,使锻件达到要求的工序。主要有修整、校直、平整端面等。

3. 自由锻的工艺规程

工艺规程是组织生产过程、控制和检查产品质量的依据。自由锻工艺规程如下。

1) 锻件图

锻件图是工艺规程的核心部分,它是以零件图为基础,结合自由锻造工艺特点绘制而成。绘制自由锻件图应考虑如下几个内容。

(1) 增加敷料。为了简化零件的形状和结构、便于锻造而增加的一部分金属,称为敷料。如消除零件上的锭槽、窄环形沟槽、齿谷或尺寸相差不大的台阶。

(2) 考虑加工余量和公差。在零件的加工表面上为切削加工而增加的尺寸称为余量,锻件公差是锻件名义尺寸的允许变动值,它们的数值应根据锻件的形状、尺寸、锻造方法等因素查相关手册确定。

自由锻锻件如图 13.8 所示,图中双点画线为零件轮廓。

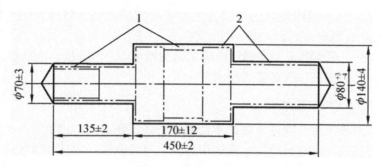

图 13.8 自由锻锻件

1—敷料　2—加工余量

2) 确定变形工序

确定变形工序的依据是锻件的形状、尺寸、技术要求、生产批量和生产条件等。一般自由锻件大致可分为六类，其形状特征及主要变形工序见表 13-1。

表 13-1 自由锻锻件分类及基本工序方案

类别	图 例	工序方案	实 例
盘类		镦粗或局部镦粗	圆盘、齿轮、叶轮、轴头等
轴类		拔长或镦粗再拔长(或局部镦粗再拔长)	传动轴、齿轮轴、连杆、立柱等
环类		镦粗、冲孔、在心轴上扩孔	圆环、齿圈、法兰等
筒类		镦粗、冲孔、在心轴上拔长	圆筒、空心轴等
曲轴类		拔长、错移、镦台阶、扭转	各种曲轴、偏心轴
弯曲类		拔长、弯曲	弯杆、吊钩、轴瓦等

3) 计算坯料质量及尺寸

锻件的质量可按下式计算：

$$G_{坯料}=G_{锻件}+G_{烧损}+G_{料头}$$

式中：$G_{坯料}$——坯料质量；

$G_{锻件}$——锻件质量；

$G_{烧损}$——加热中坯料表面因氧化而烧损的质量(第一次加热取被加热金属质量的 2%～3%，以后各次加热的烧损量取 1.5%～2%)；

$G_{料头}$——在锻造过程中冲掉或被切掉的那部分金属的质量。

坯料的尺寸根据坯料重量和几何形状确定，还应考虑坯料在锻造中所必需的变形程度，即锻造比的问题。对于以钢锭作为坯料并采用拔长方法锻制的锻件,锻造比一般不小于2.5~3;如果采用轧材作坯料,则锻造比可取 1.3~1.5。

除上述内容外,任何锻造方法都还应确定始锻温度、终锻温度、加热规范、冷却规范、选定相应的设备及确定锻后所必需的辅助工序等。

4. 自由锻件的结构工艺性

设计自由锻造零件时,除应满足使用性能要求外,还必须考虑锻造工艺的特点,一般情况力求简单和规则,这样可使自由锻成形方便,节约金属,保证质量和提高生产率。具体要求见表 13-2。

表 13-2 自由锻锻件结构工艺性

结构要求	不合理的结构	合理的结构
尽量避免锥体或斜面	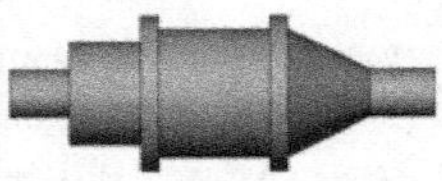	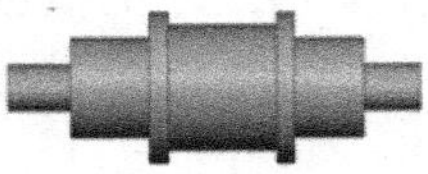
避免几何体的交接处形成空间曲线(圆柱面与圆柱面相交或非规则外形)	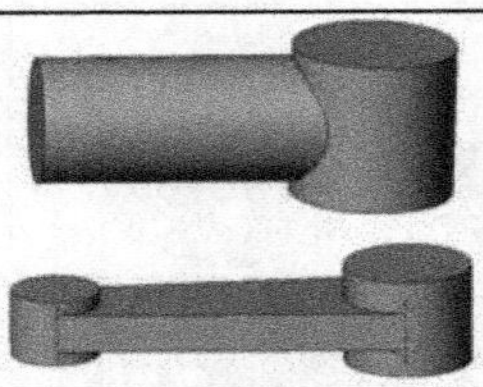	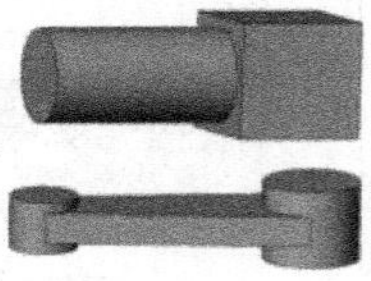
避免筋肋和凸台		
截面有急剧变化或形状较复杂时,采用几个简单件锻焊结合方式	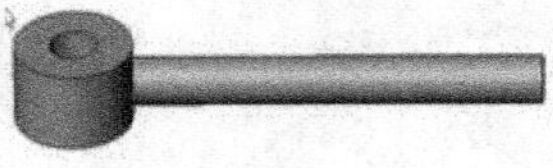	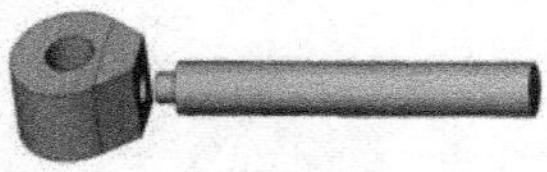

13.2.2 模锻

模锻是将加热后的金属坯料,在冲击力或压力作用下,迫使其在锻模模膛内变形,从而获得锻件的工艺方法。

模锻按使用的设备不同分为锤上模锻、曲柄压力机上模锻、摩擦压力机上模锻、胎模锻等。

1. 与自由锻相比模锻的特点及应用

(1) 锻件形状可以比较复杂,用模膛控制金属的流动,可生产较复杂锻件(图 13.9)。

(2) 力学性能高,模锻使锻件内部的锻造流线比较完整。

(3) 锻件质量较高,表面光洁,尺寸精度高,节约材料与机加工工时。

(4) 生产率较高，操作简单，易于实现机械化，批量越大成本越低。
(5) 设备及模具费用高，设备吨位大，锻模加工工艺复杂，制造周期长。
(6) 模锻件不能太大，一般不超过 150 kg。

因此，模锻只适合中、小型锻件批量或大批量生产。

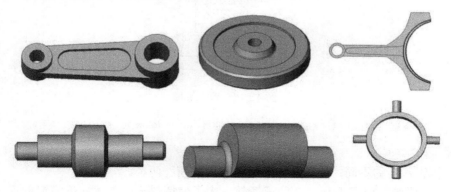

图 13.9　典型模锻件

2. 锤上模锻

锤上模锻所用设备为模锻锤，由它产生的冲击力使金属变形，图 13.10 所示为一般常用的蒸汽-空气模锻锤，它的砧座 3 比相同吨位自由锻锤的砧座增大约 1 倍，并与锤身 2 连成一个刚性整体，锤头 7 与导轨之间的配合也比自由锻精密，因锤头的运动精度较高，使上模 6 与下模 5 在锤击时对位准确。

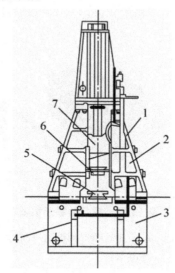

图 13.10　蒸汽-空气模锻锤

1—操纵机构　2—锤身　3—砧座　4—踏杆　5—下模　6—上模　7—锤头

1) 锻模结构

锤上模锻生产所用的锻模如图 13.11 所示。带有燕尾的上模 2 和下模 4 分别用楔铁 10 和 7 固定在锤头 1 和模垫 5 上，模垫用楔铁 6 固定在砧座上。上模随锤头做上下往复运动。

273

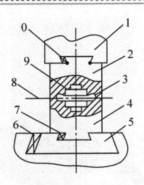

图 13.11 锤上锻模

1—锤头　2—上模　3—飞边槽　4—下模　5—模垫　6、7、10—楔铁　8—分模面　9—模膛

2) 模膛的类型

根据模膛作用的不同，可分为制坯模膛和模锻模膛两种。

(1) 制坯膜膛。对于形状复杂的模锻件，为了使坯料形状基本接近模锻件形状，使金属能合理分布和很好地充满模锻模膛，就必须预先在制坯模膛内制坯。制坯模膛(图 13.12)有以下几种。

① 拔长模膛。用来减小坯料某部分的横截面积，以增加该部分的长度。

② 滚压模膛。在坯料长度基本不变的前提下，用它来减小坯料某部分的横截面积，以增大另一部分的横截面积。

③ 弯曲模膛。对于弯曲的杆类模锻件，需采用弯曲模膛来弯曲坯料。

④ 切断模膛。它是在上模与下模的角部组成的一对刀口，用来切断金属，如图 13.13 所示。

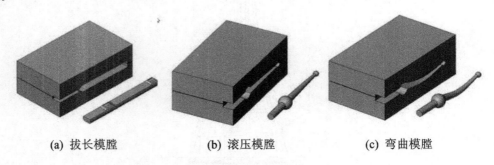

(a) 拔长模膛　　　　　(b) 滚压模膛　　　　　(c) 弯曲模膛

图 13.12 常见的制坯模膛

(2) 模锻模膛。由于金属在此种模膛中发生整体变形，故作用在锻模上的抗力较大。模锻模膛又分为终锻模膛和预锻模膛两种。

① 终锻模膛。终锻模膛的作用是使坯料最后变形到锻件所要求的形状和尺寸，因此它的形状应和锻件的形状相同。考虑到收缩，终锻模膛的尺寸应比锻件尺寸放大一个收缩量，钢件收缩率取 1.5%。另外，模膛四周有飞边槽，用以增加金属从模膛中流出的阻力，使金属更好地充满模膛，同时容纳多余的金属。对于具有通孔的锻件，由于不可能靠上、下模的凸起部分把金属完全挤压到旁边去，故终锻后在孔内留有一薄层金属，称为冲孔连皮(图 13.14)。因此，把冲孔连皮和飞边冲掉后，才能得到具有通孔的模锻件。

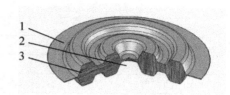

图 13.13　切断模膛　　　　　图 13.14　带有飞边槽和冲孔连皮的模锻件

1—飞边　2—冲孔连皮　3—锻件

② 预锻模膛。预锻模膛的作用是使坯料变形到接近于锻件的形状和尺寸，然后进入终锻模膛。预锻模膛与终锻模膛的主要区别是，前者的圆角和斜度较大，没有飞边槽。对于形状简单或批量不够大的模锻件也可以不设预锻模膛。

根据模锻件的复杂程度不同，所需变形的模膛数量不等，可将锻模设计成单膛锻模或多膛锻模。多膛锻模是在一副锻模上具有两个以上模膛的锻模，如弯曲连杆模锻件的锻模即为多膛锻模，如图 13.15 所示。

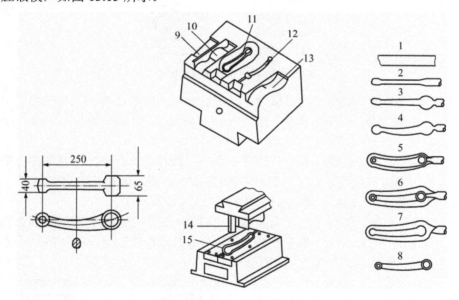

图 13.15　弯曲连杆模锻过程

1—原始坯料　2—延伸　3—滚压　4—弯曲　5—预锻　6—终锻　7—飞边　8—锻件　9—延伸模堂
10—滚压模堂　11—终锻模堂　12—预锻模堂　13—弯曲模堂　14—切边凸模　15—切边凹模

3) 模锻锻件图的制定

模锻件的锻件图是以零件图为基础，考虑余块、加工余量、锻造公差、分模面位置、模锻斜度和圆角半径等因素绘制的。

(1) 确定分模面。分模面是上、下锻模在模锻件上的分界面，确定它的基本原则见表 13-3。

表 13-3　分模面的确定原则

分模面的确定原则	主要理由
尽量选择最大截面[图 13.16(a)不合理]	便于锻件从模膛中取出
模膛尽量浅[图 13.16(b)不合理]	金属易于充满型腔
尽量采用平面	便于模具的生产
使上下模沿分模面的模膛轮廓一致[图 13.16(c)不合理]	便于及时发现错模现象
使敷料尽量少[图 13.16(b)不合理]	节省金属

按照上述原则，图 13.16 中 d—d 面是最合理的分模面。

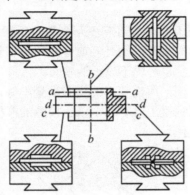

图 13.16　分模面的选择比较示意

(2) 确定加工余量和锻造公差。锻件上凡需切削加工的表面均应有机械加工余量，所有尺寸均应给出锻造公差。单边余量一般为 1mm～4mm，偏差值一般为 ±(1mm～3mm)，锻锤吨位小时取较小值。

(3) 模锻斜度。为了使锻件易于从模膛中取出，锻件上与分模面垂直的部分需带一定斜度，称为模锻斜度或拔模斜度。外壁斜度通常为 7°，特殊情况下用 5°和 10°；内壁斜度应较外壁斜度大 2°～3°，如图 13.17 所示。

(4) 模锻圆角半径。锻件上的转角处须采用圆角，以利于金属充满模膛和提高锻模寿命。模膛内圆角(凸圆角)半径 r 为单面加工余量与成品零件的圆角半径之和，外圆角(凹圆角)半径 R 为 r 的 2～3 倍，如图 13.18 所示。

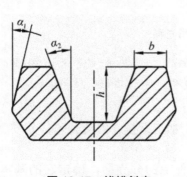

图 13.17　拔模斜度

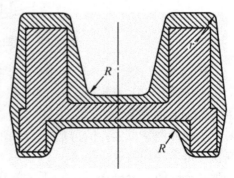

图 13.18　模锻件的圆角半径

(5) 冲孔连皮。需要锻出的孔内须留连皮(即一层较薄的金属)，以减少模膛凸出部位的磨损，连皮厚度通常为 4mm～8mm，孔径大时取值较大。

上述参数确定后，便可以绘制模锻件图。图 13.19 所示为一个齿轮坯的模锻件图例。

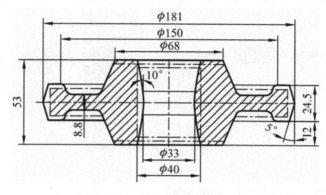

图 13.19　齿轮坯的模锻件图

4) 模锻工序的确定

模锻工序主要根据模锻件结构形状和尺寸确定。常见的锤上模锻件可以分为以下两大类。

(1) 长轴类零件，如曲轴、连杆、台阶轴等，如图 13.20 所示。锻件的长度与宽度之比较大，此类锻件在锻造过程中，锤击方向垂直于锻件的轴线，终锻时，金属沿高度与宽度方向流动，而沿长度方向没有显著的流动，常选用拔长、滚压、弯曲、预锻和终锻等工序。

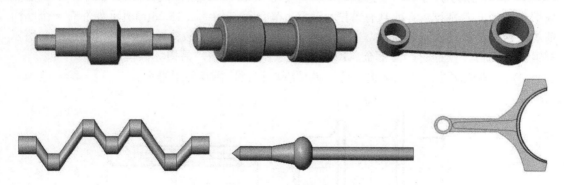

图 13.20　长轴类模锻件

(2) 盘类零件，如齿轮、法兰盘等，如图 13.21 所示。此类模锻件在锻造过程中，锤击方向与坯料轴线相同，终锻时金属沿高度、宽度及长度方向均产生流动，因此常选用镦粗、预锻、终锻等工序。

图 13.21　盘类模锻件图

5) 模锻件的精整

为了提高模锻件成形后精度和表面质量的工序称精整。包括切边、冲连皮、校正等。图 13.22 所示为切边模和冲孔模。

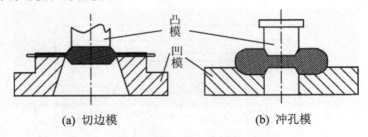

图 13.22　切边模和冲孔模

6) 模锻件的结构工艺性

设计模锻零件时，应使结构符合以下原则。

(1) 必须具有一个合理的分模面，以保证模锻成形后，容易从锻模中取出，并且使敷料最少，锻模容易制造。

(2) 考虑斜度和圆角，模锻件上与分模面垂直的非加工表面，应设计出模锻斜度。两个非加工表面形成的角(包括外角和内角)都应按模锻圆角设计。

(3) 只有与其他机件配合的表面才需进行机械加工，由于模锻件尺寸精度较高和表面粗糙度值低，因此在零件上，其他表面均应设计为非加工表面。

(4) 外形应力求简单、平直和对称，为了使金属容易充满模腔而减少工序，尽量避免模锻件截面间差别过大，或具有薄壁、高筋、高台等结构。图 13.23(a)所示零件有一个高而薄的凸缘，金属难以充满模腔，且使锻模制造和成形后取出锻件较为困难；图 13.23(b)所示模锻件扁而薄，模锻时，薄部金属冷却快，变形抗力剧增，易损坏锻模。

(5) 应避免深孔或多孔结构，便于模具制造和延长模具使用寿命。

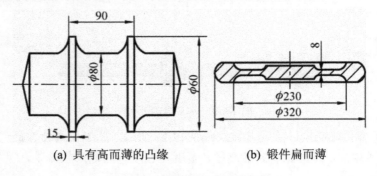

图 13.23　结构不合理的模锻件

3. 其他设备模锻

锤上模锻具有工艺适应性广的特点，目前依然在锻造生产中得到广泛应用。但是，它的震动和噪声大、劳动条件差、效率低、能耗大等不足难以克服。因此，近年来大吨位模锻锤逐渐被压力机取代。

1) 曲柄压力机模锻

曲柄压力机是一种机械式压力机，其传动系统如图 13.24 所示。当离合器 7 在结合状态时，电动机 1 的转动通过带轮 2、3、传动轴 4 和齿轮 5、6 传给曲柄 8，再经曲柄连杆机构使滑块 10 做上下往复直线运动。离合器处在脱开状态时，带轮 3(飞轮)空转，制动器 15 使滑块停在确定的位置上。锻模分别安装在滑块 10 和工作台 11 上。顶杆 12 用来从模膛中推出锻件，实现自动取件。曲柄压力机的吨位一般是 2 000kN～120 000kN。

曲柄压力机上模锻的特点如下。

(1) 工作时无振动，噪声小。曲柄压力机作用于金属上的变形力是静压力，且变形抗力由机架本身承受，不传给地基。

(2) 滑块行程固定。每个变形工序在滑块的一次行程中即可完成。

(3) 精度高、生产率高。曲柄压力机具有良好的导向装置和自动顶件机构，锻件的余量、公差和模锻斜度都比锤上模锻的小，且生产率高。

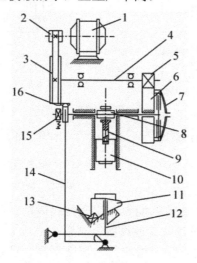

图 13.24　曲柄压力机传动示意

1—电动机　2、3—带轮　4—传动轴　5、6—齿轮　7—离合器　8—曲柄　9—连杆　10—滑块
11—工作台　12—顶杆　13—楔铁　14—顶件机构　15—制动器　16—凸轮

(4) 使用镶块式模具。这类模具制造简单，更换容易，节省贵重的模具材料，如图 13.25 所示。模膛由镶块 3、8 构成，镶块用螺栓 4 和压板 7 固定在模板 1、5 上，导柱 9 用来保证上下模之间的最大合模精度，顶杆 2 和 6 的端面形成模膛的一部分。

(5) 曲柄压力机价格高。

因而这种模锻方法只适合于大批量生产条件下锻制中、小型锻件。

2) 摩擦压力机模锻

摩擦压力机的工作原理如图 13.26 所示。锻模分别安装在滑块 7 和机座 9 上，电机 5 经皮带 6 使摩擦盘 4 旋转，改变操作杆位置可以使摩擦盘沿轴向左右移动，于是飞轮 3 可先后分别与两侧的摩擦盘接触而获得不同方向的旋转，并带动螺杆 1 转动，在螺母 2 的约束下，螺杆的转动变为滑块的上下滑动，实现模锻生产。

摩擦压力机工作过程中，滑块运动速度为 0.5m/s ~1.0m/s，具有一定的冲击作用，且滑块行程可控，这与锻锤相似，坯料变形中抗力由机架承受，形成封闭力系，这又是压力机的特点。所以摩擦压力机具有锻锤和压力机的双重工作特性，吨位为 3 500kN 的摩擦压力机使用较多，最大吨位可达 10 000kN。

摩擦压力机上模锻的特点如下：

(1) 工艺适应性好，压力机滑块行程不固定，可进行墩粗、弯曲、预锻、终锻等工序，还可进行校正、切边和冲孔等操作。

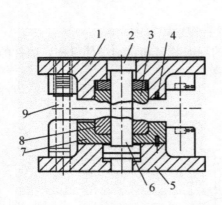

图 13.25　曲柄压力机所用锻模

1、5—模板　2、6—顶杆　3、8—镶块
4—螺栓　7—压板　9—导柱

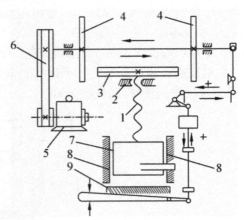

图 13.26　摩擦压力机传动示意

1—螺杆　2—螺母　3—飞轮　4—摩擦盘
5—电动机　6—皮带　7—滑块　8—导轨　9—机座

(2) 摩擦压力机承受偏心载荷的能力差，通常只适用于单膛锻模进行模锻。对于形状复杂的锻件，需要在自由锻设备或其他设备上制坯。

(3) 模具设计和制造简化，由于滑块打击速度不高，设备本身具有顶料装置，故既可以采用整体式锻模，也可以采用组合式模具。

(4) 生产率较低，由于滑块运动速度低，因此生产效率低，但因此特别适合于锻造低塑性合金钢和非铁金属(如铜合金)等。

摩擦压力机模锻适合于中小型锻件的小批或中批量生产，如铆钉、螺钉阀、齿轮、三通阀等。如图 13.27 所示。

综上所述，摩擦压力机具有结构简单、造价低、投资少、使用及维修方便、工艺用途广泛等优点，所以我国中小型锻造车间大多拥有这类设备。

图 13.27　摩擦压力机上锻造的锻件图

4. 胎模锻

胎模锻是用自由锻的设备,并使用简单的非固定模具(胎模)生产模锻件的一种工艺方法。

与自由锻相比,胎模锻具有生产率高、粗糙度值低、节约金属等优点;与模锻相比,他又节约了设备投资,大大简化了模具制造。但是胎模锻生产率和锻件质量都比模锻差,劳动强度大,安全性差,模具寿命低。因此,这种锻造方法只适合于小型锻件的中、小批量生产。

13.3 板料冲压

板料冲压是金属塑性加工的基本方法之一,它是通过装在压力机上的模具对板料施压使之产生分离或变形,从而获得一定形状、尺寸和性能的零件或毛坯的加工方法。这种加工通常是在常温或低于板料再结晶温度的条件下进行的,因此又称为冷冲压。只有当板料厚度超过 8 mm 或材料塑性较差时才采用热冲压。

13.3.1 板料冲压特点及应用

板料冲压与其他加工方法相比具有以下特点。

(1) 板料冲压所用原材料必须有足够的塑性,如低碳钢、高塑性的合金钢、不锈钢、铜、铝、镁及其合金等。

(2) 冲压件尺寸精度高,表面光洁,质量稳定,互换性好,一般不需进行机械加工,可直接装配使用。

(3) 可加工形状复杂的薄壁零件。

(4) 生产率高,操作简便,成本低,工艺过程易实现机械化和自动化。

(5) 可利用塑性变形的加工硬化提高零件的力学性能,在材料消耗少的情况下获得强度高、刚度大、质量好的零件。

(6) 冲压模具结构复杂,加工精度要求高,制造费用大,因此板料冲压只适合于大批量生产。

板料冲压广泛于汽车、拖拉机、家用电器、仪器仪表、飞机、导弹、兵器以及日用品的生产中。

板料冲压的基本工序可分为冲裁、拉伸、弯曲和成形等。

13.3.2 冲裁

冲裁是使坯料沿封闭轮廓分离的工序。包括落料和冲孔。落料时,冲落的部分为成品,而余料为废料;冲孔是为了获得带孔的冲裁件,而冲落部分是废料。

1. 变形与断裂过程

冲裁使板料变形与分离的过程如图 13.28 所示,包括以下 3 个阶段。

(1) 弹性变形阶段,冲头(凸模)接触板料继续向下运动的初始阶段,将使板料产生弹性压缩、拉伸与弯曲等变形。

(2) 塑性变形阶段，冲头继续向下运功，板料中的应力达到屈服极限，板料金属产生塑性变形。变形达到一定程度时，在凸凹模刃口处出现微裂纹。

(3) 断裂分离阶段，冲头继续向下运动，已形成的微裂纹逐渐扩展，上下裂纹相遇重合后，板料被剪断分离。

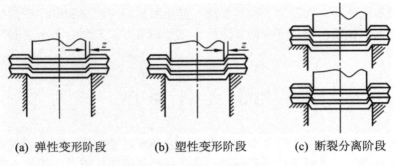

(a) 弹性变形阶段　　(b) 塑性变形阶段　　(c) 断裂分离阶段

图 13.28　冲裁变形过程

2. 凸凹模间隙

凸凹模间隙不仅严重影响冲裁件的断面质量，也影响着模具使用寿命等。

当冲裁间隙合理时上下剪裂纹会基本重合，获得的工件断面较光洁，毛刺最小，如图 13.29(a)所示；间隙过小，上下剪裂纹较正常间隙时向外错开一段距离，在冲裁件断面会形成毛刺和夹层，如图 13.29(b)所示；间隙过大，材料中拉应力增大，塑性变形阶段过早结束，裂纹向里错开，不仅光亮带小，毛刺和剪裂带均较大，如图 13.29(c)所示。

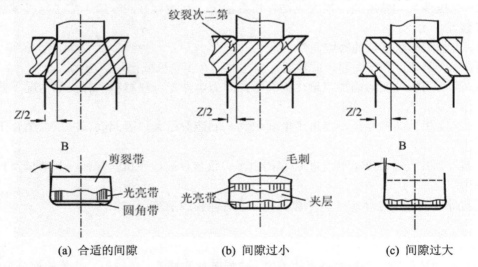

(a) 合适的间隙　　(b) 间隙过小　　(c) 间隙过大

图 13.29　冲裁间隙对断面质量的影响

一般情况，冲裁模单面间隙的大小为 3%～8%板料的厚度。

因此，选择合理的间隙值对冲裁生产是至关重要的。当冲裁件断面质量要求较高时，应选取较小的间隙值。对冲裁件断面质量无严格要求时，应尽可能加大间隙，以利于提高冲模使用寿命。

3. 刃口尺寸的确定

凸模和凹模刃口的尺寸取决于冲裁件尺寸和冲模间隙。

(1) 设计落料模时，以凹模尺寸(为落料件尺寸)为设计基准，然后根据间隙确定凸模尺寸，即用缩小凸模刃口尺寸来保证间隙值；设计冲孔模时，取凸模尺寸(冲孔件尺寸)为设计基准，然后根据间隙确定凹模尺寸，即用扩大凹模刃口尺寸来保证间隙值。

(2) 考虑冲模的磨损，落料件外形尺寸会随凹模刃口的磨损而增大，而冲孔件内孔尺寸则随凸模的磨损而减小。为了保证零件的尺寸精度，并提高模具的使用寿命，落料凹模的基本尺寸应取工件最小工艺极限尺寸；冲孔时，凸模基本尺寸应取工件最大工艺极限尺寸。

4. 修整

修整是利用修整模沿冲裁件外缘或内孔刮削一薄层金属，以切掉冲裁件上的剪裂带和毛刺。分为外缘修整和内孔修整，如图 13.30 所示。

修整的机理与切削加工相似。对于大间隙冲裁件，单边修整量一般为板料厚度的 10%；对于小间隙冲裁件，单边修整量在板料厚度的 8%以下。

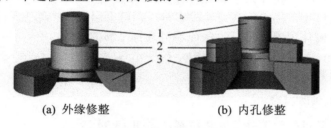

(a) 外缘修整　　　　(b) 内孔修整

图 13.30　修整工序

1—凸模　2—坯料　3—凹模

13.3.3 拉伸

拉伸是利用模具冲压坯料，使平板冲裁坯料变形成开口空心零件的工序，也称拉延(图 13.31)。

1. 变形过程

将直径为 D 的平板坯料放在凹模上，在凸模作用下，坯料被拉入凸模和凹模的间隙中，变成内径为 d，高为 h 的杯形零件，其拉伸过程变形分析如图 13.32 所示。

(1) 筒底区：金属基本不变形，只传递拉力，受径向和切向拉应力作用；

(2) 筒壁部分：由凸缘部分经塑性变形后转化而成，受轴向拉应力作用；形成拉伸件的直壁，厚度减小，直壁与筒底过渡圆角部被拉薄得最为严重；

(3) 凸缘区：是拉伸变形区，这部分金属在径向拉应力和切向压应力作用下，凸缘不断收缩逐渐转化为筒壁，顶部厚度增加。

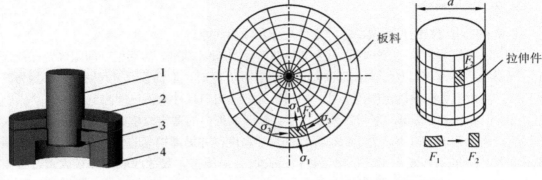

图 13.31　拉伸过程示意　　　　　　　　图 13.32　拉伸过程变形分析

1—凸模　2—压边圈　3—坯料　4—凹模

2. 拉伸系数

拉伸件直径 d 与坯料直径 D 的比值称为拉伸系数，用 m 表示。它是衡量拉伸变形程度的指标。m 越小，表明拉伸件直径越小，变形程度越大，坯料被拉入凹模越困难，易产生拉穿废品。一般情况下，拉伸系数 m 不小于 0.5～0.8。

如果拉伸系数过小，不能一次拉伸成形时，则可采用多次拉伸工艺(图 13.33)。但多次拉伸过程中，加工硬化现象严重。为保证坯料具有足够的塑性，在一两次拉伸后，应安排工序间的退火工序；其次，在多次拉伸中，拉伸系数应一次比一次略大一些，总拉伸系数值等于每次拉伸系数的乘积。

3. 拉伸缺陷及预防措施

拉伸过程中最常见的问题是起皱和拉裂，如图 13.34 所示。

由于凸缘受切向压应力作用，厚度的增加使其容易产生折皱。在筒形件底部圆角附近拉应力最大，壁厚减薄最严重，易产生破裂而被拉穿。

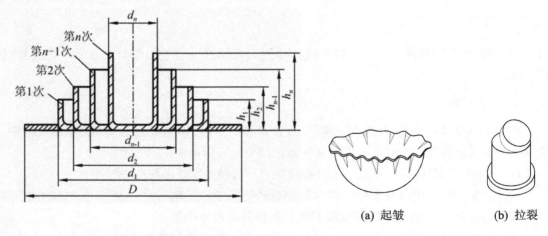

图 13.33　多次拉伸的变化　　　　　　图 13.34　拉伸件废品

防止拉伸时出现起皱和拉裂，主要采取以下措施。

(1) 限制拉伸系数 m，m 值不能太小，拉伸系数 m 不小于 0.5～0.8。

(2) 拉伸模具的工作部分必须加工成圆角，凹模圆角半径 $R_d=(5\sim10)t$ (t 为板料厚度)，凸模圆角半径 $R_p<R_d$，如图 13.31 所示。

(3) 控制凸模和凹模之间的间隙，间隙 $Z=(1.1\sim1.5)t$。

(4) 使用压边圈，进行拉伸时使用压边圈，可有效防止起皱，如图 13.31 所示。

(5) 涂润滑剂，减少摩擦，降低内应力，提高模具的使用寿命。

13.3.4 弯曲

弯曲是利用模具或其他工具将坯料一部分相对另一部分弯曲成一定的角度和圆弧的变形工序。弯曲过程及典型弯曲件如图 13.35 所示。

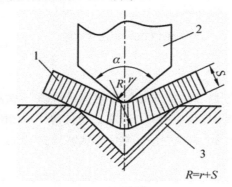

(a) 弯曲过程

1—工件　2—凸模　3—凹模

(b) 弯曲产品

图 13.35　弯曲过程及典型弯曲件

坯料弯曲时，其变形区仅限于曲率发生变化的部分，且变形区内侧受压缩，外侧受拉伸，位于板料的中心部位有一层材料不产生应力和应变，称其为中性层。

弯曲变形区最外层金属受切向拉应力和切向伸长变形最大。当最大拉应力超过材料强度极限时，则会造成弯裂。内侧金属也会因受压应力过大而使弯曲角内侧失稳起皱。

弯曲过程中要注意以下几个问题。

(1) 考虑弯曲的最小半径 r_{min} 弯曲半径越小，其变形程度越大。为防止材料弯裂，应使 r_{min} 不小于 $0.25\sim1.0$ 倍的板料厚度，材料塑性好，相对弯曲半径可小些。

(2) 考虑材料的纤维方向，弯曲时应尽可能使弯曲线与坯料纤维方向垂直，使弯曲时的拉应力方向与纤维方向一致，如图 13.36 所示。

(3) 考虑回弹现象。弯曲变形与任何方式的塑性变形一样，在总变形中总存在一部分弹性变形，外力去掉后，塑性变形保留下来，而弹性变形部分则恢复，从而使坯料产生与弯曲变形方向相反的变形，这种现象称为弹复或回弹。回弹现象会影响弯曲件的尺寸精度。

一般在设计弯曲模时,使模具角度与工件角度差一个回弹角(回弹角一般小于10°),这样在弯曲回弹后能得到较准确的弯曲角度。

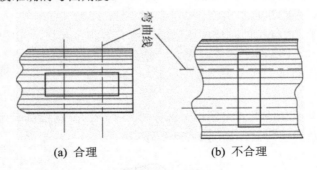

图 13.36 弯曲线方向

13.3.5 成形

使板料毛坯或制件产生局部拉伸或压缩变形来改变其形状的冲压工艺统称为成形工艺。成形工艺应用广泛,既可以与冲裁、弯曲、拉伸等工艺相结合,制成形状复杂、强度高、刚性好的制件,又可以被单独采用,制成形状特异的制件。主要包括翻边、胀形、起伏等。

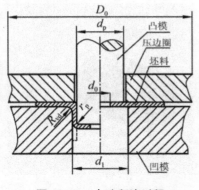

图 13.37 内孔翻边过程

1. 翻边

翻边是将内孔或外缘翻成竖直边缘的冲压工序。

内孔翻边在生产中应用广泛,翻边过程如图 13.37 所示。翻边前坯料孔径为 d_0,翻边的变形区是外径为 d_1 内径为 d_p 的圆环区。在凸模压力作用下,变形区金属内部产生切向和径向拉应力,且切向拉应力远大于径向拉应力,在孔缘处切向拉应力达到最大值,随着凸模下压,圆环内各部分的直径不断增大,直至翻边结束,形成内径为凸模直径的竖起边缘,如图 13.38(a)所示。

内孔翻边的主要缺陷是裂纹的产生,因此,一般内孔翻边高度不宜过大。当零件所需凸缘的高度较大,可采用先拉伸、后冲孔、再翻边的工艺来实现,如图 13.38(b)所示。

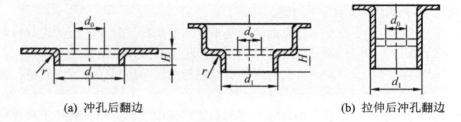

(a) 冲孔后翻边   (b) 拉伸后冲孔翻边

图 13.38 内孔翻边举例

2. 胀形

胀形是利用局部变形使半成品部分内径胀大的冲压成形工艺。可以采用橡皮胀形、机械胀形、气体胀形或液压胀形等。

图13.39 所示为球体胀形。其主要过程是先焊接成球形多面体，然后向其内部用液体或气体打压变成球体。图13.40 所示为管坯胀形。在凸模的作用下，管坯内的橡胶变形，将管坯直径胀大，靠向凹模。胀形结束后，凸模抽回，橡胶恢复原状，从胀形件中取出。凹模采用分瓣式，使工件很容易取出。

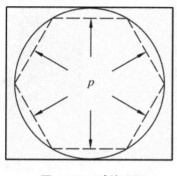

图 13.39 球体胀形

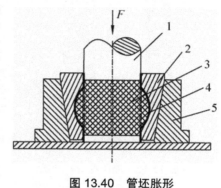

图 13.40 管坯胀形

1—凸模 2—凹模 3—橡胶 4—坯料 5—外套

3. 起伏

起伏是利用局部变形使坯料压制出各种形状的凸起或凹陷的冲压工艺，主要应用于薄板零件上制出筋条、文字、花纹等。

图 13.41 所示为采用橡胶凸模压筋，从而获得与钢制凹模相同的筋条。图 13.42 是刚性模压坑。

图 13.41 软模压筋

图 13.42 刚性模压坑

成形工序通常使冲压工件具有更好的刚度，并获得所需要的空间形状。

13.3.6 板料冲压件的结构工艺性

在设计板料冲压件时，不仅应使其具有良好的使用性能，而且必须考虑冲压加工的工艺特点。影响冲压件工艺性的主要因素有冲压件的几何形状、尺寸以及精度要求等。

1. 冲压件的形状

(1) 冲压件的形状应力求简单、对称，尽可能采用圆形、矩形等规则形状，以便于冲压模具的制造、坯料受力和变形的均匀。

(2) 冲压件的形状应便于排样，用以提高材料的利用率(图 13.43)，其中 13.43(d)所示为采用无搭边排样(即用落料件的一个边作为另一个落料件的边缘)的材料利用率最高，但是，毛刺不在同一个平面上，而且尺寸不容易准确，因此，只有对冲裁件质量要求不高时才采用。有搭边排样(即各个落料件之间均留有一定尺寸的搭边)的优点是毛刺小，冲裁件尺寸精度高，但材料消耗多，如图 13.43(a)、(b)、(c)所示。

(3) 用加强筋提高刚度，以实现薄板材料代替厚板材料，节省金属(图 13.44)。

(a) 182.7mm²   (b) 117 mm²   (c) 112.63 mm²   (d) 97.5 mm²

图 13.43　冲压件排样方式　　　　　　图 13.44　加强筋的应用

(4) 采用冲压—焊接结构，对于形状复杂的冲压件，先分别冲制若干简单件，然后焊接成复杂件，以简化冲压工艺，降低成本(图 13.45)。

(5) 采用冲口工艺，以减少组合件数量(图 13.46)。

图 13.45　冲压－焊接结构件　　　　　　图 13.46　冲口工艺结构

2. 冲压件的尺寸

(1) 冲裁件上的转角应采用圆角，避免工件的应力集中和模具的破坏。

(2) 冲裁件应避免过长的槽和悬臂结构，避免凸模过细以防冲裁时折断，孔与孔之间距离或孔与零件边缘间的距离不能太小如图 13.47 所示。

(3) 弯曲件的弯曲半径应大于材料许用的最小弯曲半径，弯曲件上孔的位置应位于弯曲变形区之外，如图 13.48 所示，$L>1.5$；弯曲件的直边长度 $H>2t$，如图 13.49 所示。

(4) 拉伸件的最小允许半径，如图 13.50 所示。

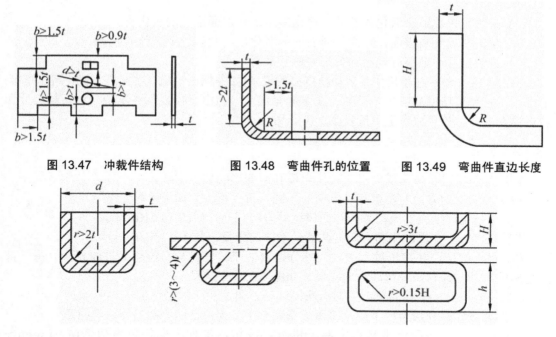

图 13.47 冲裁件结构　　图 13.48 弯曲件孔的位置　　图 13.49 弯曲件直边长度

图 13.50 拉伸件最小允许半径

3. 冲压件的精度和表面质量

对冲压件的精度要求，不应超过工艺所能达到的一般精度，冲压工艺的一般精度如下：落料不超过 IT10；冲孔不超过 IT9；弯曲不超过 IT9～IT10；拉伸件的高度尺寸精度为 IT8～IT10，经整形工序后精度可达 IT6～IT7。

一般对冲压件表面质量的要求不应高于原材料的表面质量，否则要增加切削加工等工序，使产品成本大为提高。

13.4 现代塑性加工与发展趋势

随着工业的不断发展，对塑性加工生产提出了越来越高的要求，不仅要能生产各种毛坯，更需要直接生产更多的零件。近年来，在压力加工生产方面出现了许多特种工艺方法，并得到迅速发展，如精密模锻、零件挤压、零件轧制及超塑性成形等。现代塑性加工正向着高科技、自动化和精密成形的方向发展。

13.4.1 精密模锻

精密模锻是在模锻设备上锻造出形状复杂、高精度锻件的锻造工艺。如精密锻造锥齿轮，其齿形部分可直接锻出而不必再切削加工。精密模锻件尺寸精度可达 IT12～IT15、表面粗糙度值 R_a 为 $3.2\,\mu m \sim 1.6\,\mu m$。

保证精密模锻的主要措施如下。

(1) 精确计算原始坯料的尺寸，否则会增大锻件尺寸公差，降低精度。

(2) 精密制造模具，精锻模膛的精度必须比锻件精度高两级，精锻模应有导向结构，以保证合模准确。

(3) 采用无氧化或少氧化加热法，尽量减少坯料表面形成的氧化皮。

(4) 精细清理坯料表面，除净坯料表面的氧化皮、脱碳层及其他缺陷等。

(5) 模锻过程中要很好地冷却锻模和进行润滑。

精密模锻一般都在刚度大、运动精度高的设备(如曲柄压力机、摩擦压力机、高速锤等)上进行，它具有精度高、生产率高、成本低等优点。但由于模具制造复杂、对坯料尺寸和加热等要求高，故只适合于大批量生产中采用。

13.4.2 挤压

挤压是使坯料在挤压模内受压被挤出模孔而变形的加工方法。

按金属的流动方向与凸模运动方向的不同，挤压可分为如下 4 种。

(1) 正挤压，金属的流动方向与凸模运动方向相同，如图 13.51(a)所示。

(2) 反挤压，金属的流动方向与凸模运动方向相反，如图 13.51(b)所示。

(3) 复合挤压，在挤压过程中，一部分金属的流动方向与凸模运动方向相同，另一部分金属的流动方向与凸模运动方向相反，如图 13.51(c)所示。

(4) 径向挤压，金属的流动方向与凸模运动方向呈 90°，如图 13.51(d)所示。

根据金属坯料变形温度不同，挤压成形还有可分为冷挤压、热挤压和温挤压。

(1) 冷挤压，挤压通常是在室温下进行。冷挤压零件表面粗糙度值低(R_a=1.6μm～0.2μm)、精度高(达到 IT6～IT7)；变形后的金属组织为冷变形强化组织，故产品的强度高；但金属的变形抗力较大，故变形程度不宜过大；冷挤压时可以通过对坯料进行热处理和润滑处理等方法提高其冷挤压的性能。

(2) 热挤压时，坯料变形的温度与锻造温度基本相同。热挤压中，金属的变形抗力小，允许的变形程度较大，生产率高；但产品表面粗糙度较高，精度较低；热挤压广泛地应用于冶金部门生产铝、铜、镁及其合金的型材和管材等。目前也越来越多地用于机器零件和毛坯的生产。

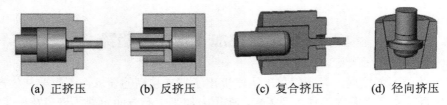

(a) 正挤压　　　　(b) 反挤压　　　　(c) 复合挤压　　　　(d) 径向挤压

图 13.51　挤压成形

(3) 温挤压时金属坯料变形的温度介于室温和再结晶温度之间(100℃～800℃)。与冷挤压相比，变形抗力低，变形程度增大，提高了模具的寿命；与热挤压相比，坯料氧化脱碳少，表面粗糙度值低(R_a=6.5μm～3.2μm)，产品尺寸精度较高。故适合于挤压中碳钢和合金钢件。

挤压成形的工艺特点如下

(1) 挤压时金属坯料处于三向受压状态，可提高金属坯料的塑性，扩大了金属材料的塑性加工范围。

(2) 可制出形状复杂、深孔、薄壁和异型断面的零件。

(3) 挤压零件的精度高，表面粗糙度值低，尤其是冷挤压成形。

(4) 挤压变形后，零件内部的纤维组织基本上是沿零件外形分布而不被切断，从而提高了零件的力学性能。

(5) 其材料利用率可达 70%，生产率比其他锻造方法提高几倍。

(6) 挤压是在专用挤压机(有液压式、曲轴式、肘杆式等)上进行的，也可在适当改造后的通用曲柄压力机或摩擦压力机上进行。

13.4.3 轧制成形

轧制工艺是生产型材、板材和管材的主要加工方法，因为它具有生产率高、质量好、成本低，并可大量减少金属材料消耗等优点，近年来在零件生产中也得到越来越广泛的应用。

根据轧辊轴线与坯料轴线方向的不同，轧制分为纵轧、横轧、斜轧、楔横轧等。

1. 纵轧

纵轧是轧辊轴线与坯料轴线互相垂直的轧制方法。包括型材轧制和辊锻轧制等。

图 13.52 所示为辊锻轧制过程。坯料通过装有弧形模块的一对作相反旋转运动的轧辊变形的生产方法称辊锻。辊锻轧制既可作为模锻前的制坯工序，也可直接辊锻工件。

目前，成形辊锻适用于生产以下三种类型的锻件。

(1) 扁断面的长杆件，如扳手、活动扳手、链环等。

(2) 带有头部、沿长度方向横截面递减的锻件，如叶片等。

(3) 连杆件，用辊锻工艺锻制连杆生产率高，工艺过程得以简化，但需进行后续的精整工艺。

2. 横轧

横轧是轧辊轴线与坯料轴线互相平行，坯料在两轧辊摩擦力带动下作反向旋转的轧制方法。利用横轧工艺轧制齿轮是一种少切削加工齿轮的新工艺。图 13.53 所示为热轧齿轮示意图。在轧制前将毛坯外缘用感应加热器 3 加热，然后将带齿形的主轧轮 1 作径向进给，迫使轧轮与毛坯 2 对辗，在对辗过程中，轧轮 1 继续径向送进到一定的距离，使坯料金属流动而形成轮齿。

采用横轧工艺可轧制直齿轮，也可轧制斜齿轮。由于被轧制的锻件内部流线与齿形轮廓一致，故可提高齿轮的力学性能和工作寿命。

图 13.52 辊锻成形过程

图 13.53 热轧齿轮过程示意

1—主轧轮　2—毛坯　3—感应加热器

3. 斜轧

轧辊轴线与坯料轴线相交一定角度的轧制方法称斜轧也称螺旋斜轧。两个同向旋转的轧辊交叉成一定角度，轧辊上带有所需的螺旋型槽，使坯料以螺旋式前进，因而扎制出形状呈周期性变化的毛坯或各种零件。

图 13.54 所示为螺旋斜轧(轧制钢球和轧制周期性变形的长杆件)，可连续生产，效率高，且节约材料。

(a) 轧制周期性杆件

(b) 斜轧钢球

图 13.54　螺旋斜轧示意

4. 楔横轧

带有楔形模具的两(或三个)轧辊，向相同的方向旋转，棒料在它的作用下反向旋转的轧制方法，如图 13.55 所示。其变形过程主要是靠两个楔形凸块压缩坯料，使坯料径向尺寸减小，长度增加。

楔横轧主要用于加工阶梯轴、锥形轴等各种对称的零件或毛坯。

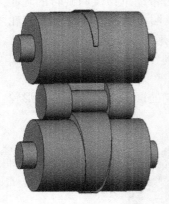

图 13.55　楔横轧示意

13.4.4　超塑性变形

延伸率是表示金属塑性的指标之一。通常，室温下黑色金属延伸率不大于 40%，铝、铜等有色金属也只有 50%～60%。而在特定的组织结构和变形条件下，金属可呈现极高的塑性，其延伸率可达百分之百，甚至百分之一千到几千而不发生破坏的能力称为超塑性。

1. 超塑性变形的特点

材料处于超塑性状态下，其变形应力只有常态下金属变形应力的几分之一至几十分之一，进入稳定阶段后，不呈现加工硬化现象，因此极易成形。它可采用板料冲压、挤压、模锻等方法制出形状复杂的零件。随着超塑性材料的日益发展，超塑性成形工艺的应用也将随之扩大。

2. 超塑性的分类

超塑性主要可分为结构超塑性和相变超塑性。

(1) 结构超塑性。具有直径小于 10μm 的微细晶粒的金属材料，在一定的恒温和一定低变形速率下进行拉伸变形时获得的超塑性称为结构超塑性，又称为恒温塑性或微细晶粒超塑性。

晶粒尺寸是影响结构超塑性的最主要因素，晶粒细化程度决定了金属材料获得超塑性可能性的大小。

在一定温度下(约为熔点的一半)，微晶超塑性变形发生在一定的变形速率范围内($\varepsilon=10^{-2}\sim10^{-4}$/s)。

(2) 相变超塑性。具有固态相变的金属在相变温度附近进行加热与冷却循环，反复发生相变或同素异构转变，同时在低应力下进行变形，可产生极大伸延性的现象，称为相变超塑性或动态超塑性。动态超塑性特点是变形中伴随相变所表现出来的超塑性。

3. 超塑性成形工艺的应用

(1) 超塑性气压成形。超塑性气压成形是以压缩气体为动力，使处于超塑性状态下的金属材料等温热胀，以产生大变形量来生产零件的一种工艺。

(2) 超塑性拉伸成形。利用辅助压力模具对室温下呈现超塑性的材料进行薄板超塑性拉伸成形。超塑性拉伸成形时，单次拉伸的最大杯深与杯的直径比大于11，是常规拉伸时的15倍。

(3) 超塑性挤压成形。超塑性挤压成形是将坯料直接放入模具内一起加热到最佳的超塑性的恒定温度后，并恒定慢速加载，保持压力，在封闭的模具中进行压缩成形的工艺。在变形过程中模具也保持与变形金属相同的恒温，改善金属流动性，降低挤压力。

(4) 超塑性无模拉拔成形。基于超塑性材料对温度及变形速率的敏感特性，对工件局部进行感应加热，在控制加热温度的条件下控制速度进行拉拔，实现超塑性变形，制出截面为矩形、圆形等简单形状的管状、棒状零件。这一成形方法被称为无模拉拔成形。

13.4.5 塑性加工发展趋势

金属塑性成形工艺的发展有着悠久的历史，近年来在计算机的应用、先进技术和设备的开发和应用等方面均已取得显著进展，并正向着高科技、自动化和精密成形的方向发展。

1. 先进成形技术的开发和应用

(1) 发展省力成形工艺。塑性加工工艺相对于铸造、焊接工艺有产品内部组织致密、力学性能好且稳定的优点。但是传统的塑性加工工艺往往需要大吨位的压力机，相应的设备重量及初期投资非常大。可以采用超塑成形、液态模锻、旋压、辊锻、楔横轧、摆动辗压等方法降低变形力。

(2) 提高成形精度。"少无余量成形"可以减少材料消耗，节约后续加工，成本低。提高产品精度，一方面要使金属能充填模腔中很精细的部位，另一方面又要有很小的模具变形。等温锻造由于模具与工件的温度一致，工件流动性好，变形力小，模具弹性变形小，是实现精锻的好方法。粉末锻造由于容易得到最终成形所需要的精确的预制坯，所以既节省材料又节省能源。

(3) 复合工艺和组合工艺。粉末锻造(粉末冶金+锻造)、液态模锻(铸造+模锻)等复合工艺有利于简化模具结构，提高坯料的塑性成形性能，应用越来越广泛。采用热锻-温整形、温锻-冷整形、热锻-冷整形等组合工艺，有利于大批量生产高强度、形状较复杂的锻件。

2. 计算机技术的应用

(1) 塑性成形过程的数值模拟。计算机技术已应用于模拟和计算工件塑性变形区的应力场、应变场和温度场；预测金属充填模腔情况、锻造流线的分布和缺陷产生情况；可分析变形过程的热效应及其对组织结构和晶粒度的影响。

(2) CAD/CAE/CAM 的应用。在锻造生产中，利用 CAD/CAM 技术可进行锻件、锻模设计，材料选择、坯料计算，制坯工序、模锻工序及辅助工序设计，确定锻造设备及锻模加工等一系列工作。在板料冲压成形中，随着数控冲压设备的出现，CAD/CAE/CAM 技术得到了充分的应用，尤其是冲裁件 CAD/CAE/CAM 系统应用已经比较成熟。

(3) 增强成形柔度。柔性加工是指应变能力很强的加工方法，它适于产品多变的场合。在市场经济条件下，柔度高的加工方法显然也有较强的竞争力。计算机控制和检测技术已广泛应用于自动生产线，塑性成形柔性加工系统(FMS)在发达国家已应用于生产。

3. 实现产品-工艺-材料的一体化

以前，塑性成形往往是"来料加工"，近来由于机械合金化的出现，可以不通过熔炼得到各种性能的粉末，塑性加工时可以自配材料经热等静压(HIP)再经等温锻得到产品。

4. 配套技术的发展

(1) 模具生产技术。发展高精度、高寿命模具和简易模具(柔件模、低熔点合金模等)的制造技术以及开发通用组合模具、成组模具、快速换模装置等。

(2) 坯料加热方法。火焰加热方式较经济，工艺适应性强，仍是国内外主要的坯料加热方法。生产效率高、加热质量和劳动条件好的电加热方式的应用正在逐年扩大。各类少、无氧化加热方法和相应设备将得到进一步开发和扩大应用。

小　　结

1. **压力加工的工艺理论**　金属锻造性能如何，受材料本身的性质和变形条件等因素的影响；纤维组织使锻件的力学性能显著提高，应该使纤维组织沿零件的外形轮廓连续分布，使零件所受最大正应力方向与纤维方向一致

2. **锻造方法**　使加热到奥氏体状态的金属，在外力作用下，变形成所需形状的工艺称锻造。常用锻造方法包括自由锻和模锻。对它们的特点、应用、锻造工艺规范制订及结构工艺性进行对比分析。

3. **板料冲压**　指对塑性较好的金属薄板在常温下进行分离和变形的工序。包括冲裁、拉伸、弯曲、成形等。

练习与思考

1. 名词解释

(1) 冷加工与热加工 (2) 锻造性能；(3) 纤维组织；(4) 锻造比；(5) 模锻斜度；(6) 拉伸；(7) 回弹角； (8)冲孔连皮。

2. 填空题

(1) 衡量金属锻造性能的指标是_____，_____。

(2) 锻造中对坯料加热时，加热温度过高，会产生_____、_____等加热缺陷。

(3) 冲孔时，工件尺寸为_____模尺寸；落料时，工件尺寸为_____模尺寸。

(4) 画自由锻件图，应考虑_____、_____及_____三因素。

(5) 板料弯曲时，弯曲部分的拉伸和压缩应力应与纤维组织方向_____。

(6) 拉伸时，容易产生_____、_____等缺陷。

(7) 弯曲变形时，弯曲模角度等于工件角度(+/−)_____回弹角，弯曲圆角半径过小时，工件易产生_____。

(8) 拉伸系数越大工件变形量越_____，"中间退火"适用于拉伸系数较_____时。

(9) 钢在常温下的变形加工是_____加工，而铅在常温下的变形加工是_____加工。

3. 选择题

(1) 材料的锻造比总是(　　)。
　　A. 介于 0 与 1 之间　　B. >1　　　　　　　　C. =1

(2) 冲压拉伸时，拉伸系数总是(　　)。
　　A. =0　　　　B. <1　　　　C. =1　　　　D. >1

(3) 自由锻件的加工余量比模锻件(　　)。
　　A. 稍小　　　B. 小很多　　C. 大　　　　D. 相等

(4) ϕ100mm 钢板拉伸成 ϕ75mm 的杯子，拉伸系数是(　　)。
　　A. 0.75　　　B. 0.25　　　C. 1.33　　　D. 0.33

(5) 零件的所受最大切应力方向应与其纤维组织的方向呈(　　)。
　　A. 0°　　　　B. 45°　　　C. 90°　　　D. 180°

(6) 铅在室温下变形(　　)(铅熔点 327℃)。
　　A. 产生加工硬化　　　　B. 是冷变形　　　C. 是热变形

(7) 锻造时出现(　　)缺陷即为废品。
　　A. 过热　　　B. 过烧　　　C. 氧化　　　D. 变形

(8) 提高锻件锻造性能，可以通过(　　)。
　　A. 长时间锻打　　B. 长时间加热　　C. 使用大锻锤　　D. 使用高速锤

(9) 模锻件质量一般(　　)。
　　A. <10kg　　　B. >100kg　　　C. <150kg　　　D. >1 000kg

4. 简答题

(1) 影响金属的锻造性能的因素有哪些？提高金属锻造性能的途径是什么？

(2) 什么是纤维组织？纤维组织的存在有何意义？

(3) $\phi300$ 的低碳钢板能否一次拉伸成 $\phi100$ 的圆桶？为什么？应如何处理？

(4) 影响金属锻造性能的主要因素是什么？

(5) 热加工对金属的组织和性能有何影响？

(6) 重要的轴类锻件在锻造过程中常安排有墩粗工序，为什么？

(7) 模锻件为何要有斜度、圆角及冲孔连皮？

(8) 试从生产率、锻件精度、锻件复杂程度、锻件成本几个方面比较自由锻、胎模锻和锤上模锻三种锻造方法的特点。

(9) 比较拉伸、平板坯料胀形和翻边，说明三种成形方法的异同。

(10) 落料模与拉伸模的凸凹模间隙和刃口结构有何不同？为什么？

(11) 现代塑性加工有哪些新技术？

第 14 章

焊　接

教学提示

除了铸造、压力加工以外,焊接也是零件或毛坯成形的主要方法。焊接是利用加热或加压(或加热和加压),借助于金属原子的结合与扩散,使分离的两部分金属牢固地、永久地结合起来的工艺。焊接的种类很多,通常按照焊接过程的特点分为熔化焊、压力焊和钎焊三大类。焊接方法可以化大为小、化复杂为简单、拼小成大,还可以与铸、锻、冲压结合成复合工艺生产大型复杂件。主要用于制造金属构件,如锅炉、压力容器、管道、车辆、船舶、桥梁、飞机、火箭、起重机、海洋设备、冶金设备等。

教学要求

本章使学生较深刻地理解焊接工程的基本理论;掌握常用焊接方法的特点与应用;认识常用金属材料的焊接性能及焊接特点;了解焊接件的结构工艺性及焊接技术的发展趋势;为合理设计和选择焊接成形方法打下良好的基础。

焊接是利用加热或加压(或加热和加压),借助于金属原子的结合与扩散,使分离的两部分金属牢固地、永久地结合起来的工艺。焊接方法可以拼小成大,还可以与铸、锻、冲压结合成复合工艺生产大型复杂件。主要用于制造金属构件,如锅炉、压力容器、管道、车辆、船舶、桥梁、飞机、火箭、起重机、海洋设备、冶金设备等。

14.1 焊接工程理论基础

熔化焊的焊接过程是利用热源(如电弧热、气体火焰热、高能粒子束等)先将工件局部加热到熔化状态,形成熔池,然后,随着热源向前移动,熔池液体金属冷却结晶,形成焊缝。熔化焊的过程包含有加热、冶金和结晶过程,在这些过程中,会产生一系列变化,对焊接质量有较大的影响,如焊缝成分变化、焊接接头组织和性能变化以及焊接应力与变形的产生等等。

14.1.1 熔焊冶金过程

1. 焊接熔池的冶金特点

熔焊过程中,一些有害杂质元素(如氧、氮、氢、硫、磷等)会因各种原因溶入液态金属,影响焊缝金属的化学成分和性能。

用光焊条在大气中对低碳钢进行无保护的电弧焊时,在电弧高温的作用下,焊接区周围空气中的氧气和氮气会发生强烈的分解反应,形成氧原子和氮原子。

氧原子与熔化的金属接触,氧化反应使焊缝金属中的 C、Mn、Si 等元素明显烧损,而含氧量则大幅度提高,导致金属的强度、塑性和韧性都急剧下降,尤其会引起冷脆等质量问题。此外,一些金属氧化物会溶解到熔池金属中,与碳发生反应,产生不溶于金属的 CO,在熔池金属结晶时 CO 气体来不及逸出就会形成气孔。

氮能以原子的形式溶于大多数金属中,氮在液态铁中的溶解度随温度的升高而增大,当液态铁结晶时,氮的溶解度急剧下降。这时过饱和的氮以气泡形式从熔池向外逸出,若来不及逸出熔池表面,便在焊缝中形成气孔。氮原子还能与铁化合形成 Fe_4N 等化合物,以针状夹杂物形态分布在晶界和晶内,使焊缝金属的强度、硬度提高,而塑性、韧性下降,特别是低温韧性急剧降低。

除了氧和氮以外,氢的溶入和对焊缝金属的有害作用也是值得注意的。当液态铁吸收了大量氢以后,在熔池冷却结晶时会引起气孔,当焊缝金属中含氢量高时,会导致金属的脆化(称氢脆)和冷裂纹等问题。

焊缝金属中的硫和磷主要来自焊条药皮和焊剂中,含硫量高时,会导致热脆性和热裂纹,并能降低金属的塑性和韧性。磷的有害作用主要是严重地降低金属的低温韧性。

因此,焊接熔池的冶金与一般的钢铁冶金过程比较,其主要的特点是:

(1) 熔池温度高,接电弧和熔池的温度比一般冶金炉的温度高,所以气体含量高,溶入的有害元素多,金属元素发生强烈的蒸发和烧损。

(2) 熔池凝固快,焊接熔池的体积小(约 $2cm^3 \sim 3cm^3$),从熔化到凝固时间很短(约 10s),熔池中气体无法充分排出,易产生气孔,各种化学反应难以充分进行。

2. 对熔池的保护和冶金处理

为了保证焊缝金属的质量，降低焊缝中各种有害杂质的含量，熔焊时必须从以下两方面采取措施：

(1) 对焊接区采取机械保护，防止空气污染熔化金属，如采用焊条药皮、焊剂或保护气体等，使焊接区的熔化金属被熔渣或气体保护，与空气隔绝。

(2) 对熔池进行冶金处理，清除已经进入熔池中的有害杂质，增加合金元素，以保证和调整焊缝金属的化学成分。通过在焊条药皮或焊剂中加入铁合金等，对熔化金属进行脱氧、脱硫、脱磷、去氢和渗合金等。

14.1.2 焊接接头组织和性能

熔焊是焊件局部经历加热和冷却的热过程。在焊接热源的作用下，焊接接头上某点的温度随时间变化的过程称为焊接热循环。焊缝及附近的母材所经历的焊接热循环是不相同的，因此，引起的组织和性能的变化也不相同。

熔焊的焊接接头由焊缝和热影响区组成。

1. 焊缝的组织与性能

焊缝是由熔池金属结晶而成的，结晶首先从熔池底壁开始，沿垂直于熔池和母材的交界线向熔池中心长大，形成柱状晶，如图 14.1 所示。熔池结晶过程中，由于冷却速度很快，已凝固的焊缝金属中的化学元素来不及扩散，造成合金元素偏析。

焊缝组织是由液态金属结晶的铸态组织。其具有晶粒粗大、成分偏析、组织不致密等缺点，但是，由于焊接熔池小，冷却快，且碳、硫、磷都较低，还可以通过焊接材料(焊条、焊丝和焊剂等)向熔池金属中渗入某些细化晶粒的合金元素，调整焊缝的化学成分，因此可以保证焊缝金属的性能满足使用要求。

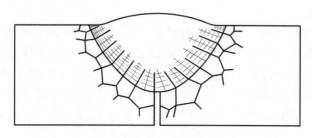

图 14.1 焊缝的柱状结晶示意

2. 热影响区的组织与性能

热影响区是指在焊接热循环的作用下，焊缝两侧因焊接热而发生金相组织和力学性能变化的区域。低碳钢的焊接热影响区组织变化，如图 14.2 所示。由于各点温度不同，组织和性能变化特征也不同，其热影响区一般包括半熔化区、过热区、正火区和部分相变区。

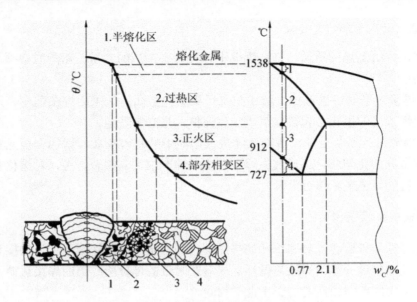

图 14.2　低碳钢焊接热影响区组织变化示意

(1) 半熔化区，是焊缝与基体金属的交界区，也称为熔合区。焊接加热时，该区的温度处于固相线和液相线之间，金属处于半熔化状态。对低碳钢而言，由于固相线和液相线的温度区间小，且温度梯度又大，所以熔合区的范围很窄(0.1mm～1mm)。熔合区的化学成分和组织性能都有很大的不均匀性，其组织中包含未熔化而受热长大的粗大晶粒和铸造组织，力学性能下降较多，是焊接接头中的薄弱区域。

(2) 过热区。焊接加热时此区域处于 1 100℃至固相线的高温范围，奥氏体晶粒发生严重的长大现象，焊后快速冷却的条件下，形成粗大的魏氏组织。魏氏组织是一种典型的过热组织，其组织特征是铁素体一部分沿奥氏体晶界分布，另一部分以平行状态伸向奥氏体晶粒内部。此区的塑性和韧性严重降低，尤其是冲击韧度降低更为显著，脆性大，也是焊接接头中的薄弱区域。

(3) 正火区。焊接时母材金属被加热到 A_{c3}～1 100℃的范围，铁素体和珠光体全部转变为奥氏体。冷却后得到均匀细小的铁素体和珠光体组织，其力学性能优于母材。

(4) 部分相变区。焊接时被加热到 A_{c1}～A_{c3} 之间的区域属于部分相变区。该区域中只有一部分母材金属发生奥氏体相变，冷却后成为晶粒细小的铁素体和珠光体；而另一部分是始终未能溶入奥氏体的铁素体，它不发生转变，但随温度升高，晶粒略有长大。所以冷却后此区晶枝大小不一，组织不均匀，其力学性能稍差。

3. 影响焊接接头性能的主要因素

焊接热影响区中的半熔化区和过热区对焊接接头不利，应尽量减小。

影响焊接接头组织和性能的因素有焊接材料、焊接方法、焊接工艺参数、焊接接头形式和坡口等。实际生产中，应结合母材本身的特点合理地考虑各种因素，对焊接接头的组织和性能进行控制。对重要的焊接结构，若焊接接头的组织和性能不能满足要求时，则可以采用焊后热处理来改善。

14.1.3 焊接应力与变形

构件焊接以后,内部会产生残余应力,同时产生焊接变形。焊接应力与外加载荷叠加,造成局部应力过高,则构件产生新的变形或开裂,甚至导致构件失效。

因此,在设计和制造焊接结构时,必须设法减小焊接应力,防止过量变形。

1. 应力与变形的形成

(1) 形成原因。金属材料在受均匀加热和冷却作用的情况,能完全自由膨胀和收缩,那么在加热过程中产生变形,而不产生应力;在冷却之后,恢复到原来的尺寸,没有残余变形及残余应力,如图 14.3(a)所示。

当金属杆件在加热和冷却时,完全不能膨胀和收缩,如图 14.3(b)所示,加热时,杆件不能像自由膨胀时那样伸长到位置 2,依然处于位置 1,因此,承受压应力,产生塑性压缩变形;冷却时,又不能从位置 1 自由收缩到位置 3,依然处于位置 1,于是承受拉应力。这个过程有焊接残余应力,但是没有残余变形。

熔焊过程中,焊接接头区域受不均匀的加热和冷却,加热的金属受周围冷金属的约束,不能自由膨胀,但可以膨胀一些,如图 14.3(c)所示,在加热时只能从位置 1 膨胀到位置 4,此时产生压应力;冷却后只能从位置 4 收缩到位置 5,因此,这部分金属受拉应力并残留下来,即焊接残余应力。从位置 1 到位置 5 的变化,就是焊接残余变形。

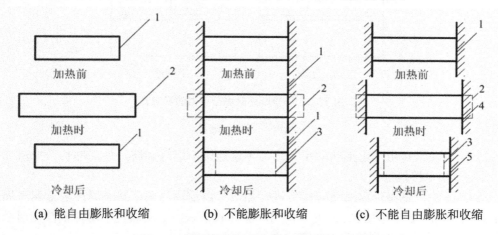

图 14.3 焊接变形与残余应力产生原因示意

(2) 应力的大致分布。对接接头焊缝的应力分布,如图 14.4 所示,可见,焊缝往往受拉应力。

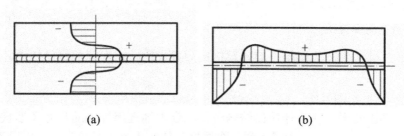

图 14.4 对接焊缝的焊接应力分布

(3) 变形的基本形式。常见的焊接残余变形的基本形式有尺寸收缩、角变形、弯曲变形、扭曲变形和翘曲变形五种，如图14.5所示。但在实际的焊接结构中，这些变形并不是孤立存在的，而是多种变形共存，并且相互影响。

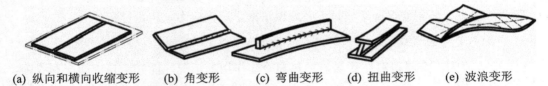

(a) 纵向和横向收缩变形　　(b) 角变形　　(c) 弯曲变形　　(d) 扭曲变形　　(e) 波浪变形

图 14.5　焊接变形的基本形式

2. 减少或消除应力的措施

可以从设计和工艺两方面综合考虑来降低焊接应力。在设计焊接结构时，应采用刚性较小的接头形式，尽量减少焊缝数量和截面尺寸，避免焊缝集中等。在工艺措施上可以采取以下方法。

(1) 合理选择焊接顺序，应尽量使焊缝能较自由地收缩，减少应力，如图14.6所示。

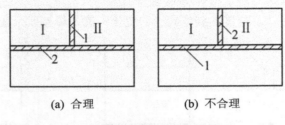

(a) 合理　　　　　　(b) 不合理

图 14.6　焊接顺序对焊接应力的影响

1—焊接顺序一　2—焊接顺序二

(2) 锤击法，是用一定形状的小锤均匀迅速地敲击焊缝金属，使其伸长，抵消部分收缩，从而减小焊接残余应力。

(3) 预热法，是指焊前对待焊构件进行加热，焊前预热可以减小焊接区金属与周围金属的温差，使焊接加热和冷却时的不均匀膨胀和收缩减小，从而使不均匀塑性变形尽可能减小，是最有效的减少焊接应力的方法之一。

(4) 热处理法，为了消除焊接结构中的焊接残余应力，生产中通常采用去应力退火。对于碳钢和低、中合金钢结构，焊后可以把构件整体或焊接接头局部区域加热到 600℃～650℃，保温一定时间后缓慢冷却。一般可以消除 80%～90%的焊接残余应力。

3. 变形的预防与矫正

焊接变形对结构生产的影响一般比焊接应力要大些。在实际焊接结构中，要尽量减少变形。

1) 预防焊接变形的方法

为了控制焊接变形，在设计焊接结构时，应合理地选用焊缝的尺寸和形状，尽可能减少焊缝的数量，焊缝的布置应力求对称。在焊接结构的生产中，通常可采用以下工艺措施：

(1) 反变形法。根据经验或测定，在焊接结构组焊时，先使工件反向变形，以抵消焊接变形，如 14.7 所示。

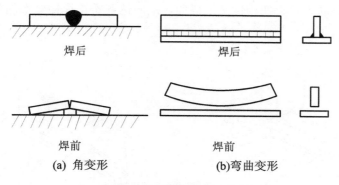

图 14.7　反变形法预防焊接变形示意

(2) 刚性固定法。刚性大的结构焊后变形一般较小；当构件的刚性较小时，利用外加刚性拘束以减小焊接变形的方法称为刚性固定法，如图 14.8 所示。

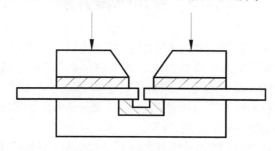

图 14.8　刚性固定法预防焊接变形示意

(3) 选择合理的焊接方法和焊接工艺参数，选用能量比较集中的焊接方法，如采用 CO_2 焊、等离子弧焊代替气焊和手工电弧焊，以减小薄板焊接变形。

(4) 选择合理的装配焊接顺序，焊接结构的刚性通常是在装配、焊接过程中逐渐增大的，结构整体的刚性要比其部件的刚性大。因此，对于截面对称、焊缝布置也对称的简单结构，采用先装配成整体，然后按合理的焊接顺序进行生产，可以减小焊接变形，如图 14.9 所示，图中的阿拉伯数字为焊接顺序，最好能同时对称施焊。

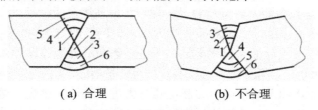

图 14.9　预防焊接变形的焊接顺序

2) 矫正焊接变形的措施

矫正焊接变形的方法主要有机械矫正和火焰矫正两种。

机械矫正是利用外力使构件产生与焊接变形方向相反的塑性变形，使二者互相抵消，可采用辊床、压力机、矫直机等设备(图 14.10),也可手工锤击矫正。

　　火焰矫正是利用局部加热时(一般采用三角形加热法)产生压缩塑性变形,在冷却过程中,局部加热部位的收缩将使构件产生挠曲,从而达到矫正焊接变形的目的,如图 14.11 所示。

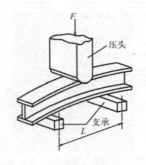

图 14.10　机械矫正法示意

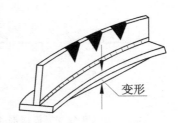

图 14.11　火焰矫正法示意

14.2　常用焊接方法

　　焊接的方法种类很多,按照焊接过程的特点可分为以下三大类。

　　(1) 熔化焊。它是利用局部加热的方法,将工件的焊接处加热到熔化态,形成熔池,然后冷却结晶,形成焊缝。熔化焊是应用最广泛的焊接方法,如气焊(气体火焰为热源)、电弧焊(电弧为热源)、电渣焊(熔渣电阻热为热源)、激光焊(激光束为热源)、电子束焊(电子束为热源)、等离子弧焊(压缩电弧为热源)等。

　　(2) 压力焊。在焊接过程中需要对焊件施加压力(加热或不加热)的一类焊接方法,如电阻焊、摩擦焊、扩散焊以及爆炸焊等。

　　(3) 钎焊。利用熔点比母材低的填充金属熔化后,填充接头间隙并与固态的母材相互扩散,实现连接的焊接方法,如软钎焊和硬钎焊。

　　本节介绍常用的焊接方法。

14.2.1　手工电弧焊

　　利用电弧作为热源,用手工操纵焊条进行焊接的方法称为手工电弧焊(也称焊条电弧焊)。由于手工电弧焊设备简单,维修容易,焊钳小,使用灵活,可以在室内、室外、高空和各种方位进行焊接,因此,它是焊接生产中应用最广泛的方法。

　　手工电弧焊操作过程包括:引燃电弧、送进焊条和沿焊缝移动焊条。手工电弧焊焊接过程,如图 14.12 所示。电弧在焊条与工件(母材)之间燃烧,电弧热使母材熔化形成熔池,焊条金属芯熔化并以熔滴形式借助重力和电弧吹力进入熔池,燃烧、熔化的药皮进入熔池成为熔渣浮在熔池表面,保护熔池不受空气侵害。药皮分解产生的气体环绕在电弧周围,隔绝空气,保护电弧、熔滴和熔池金属。当焊条向前移动,新的母材熔化时,原熔池和熔渣凝固,形成焊缝和渣壳。

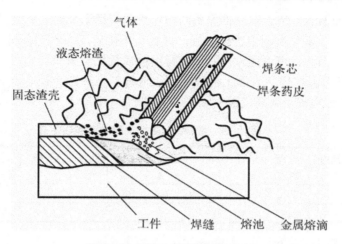

图 14.12　手工电弧焊过程示意

1. 焊接电弧

(1) 电弧的产生。电弧是在焊条(电极)和工件(电极)之间产生强烈、稳定而持久的气体放电现象。先将焊条与工件相接触，瞬间有强大的电流流经焊条与焊件接触点，产生强烈的电阻热，并将焊条与工件表面加热到熔化，甚至蒸发、汽化。电弧引燃后，弧柱中充满了高温电离气体，放出大量的热和光。

(2) 焊接电弧的结构。电弧由阴极区、阳极区和弧柱区三部分组成，其结构如图 14.13 所示。阴极是电子供应区，温度约 2 400K；阳极为电子轰击区，温度约 2 600K；弧柱区位于阴阳两极之间的区域。对于直流电焊机，工件接阳极，焊条接阴极称正接；而工件接阴极，焊条接阳极称反接。

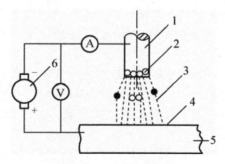

图 14.13　焊接电弧示意

1—焊条　2—阴极区　3—弧柱区　4—阳极区　5—工件　6—电焊机

为保证顺利引弧，焊接电源的空载电压(引弧电压)应是电弧电压的 1.8～2.25 倍，电弧稳定燃烧时所需的电弧电压(工作电压)约为 29V～45V 左右。

2. 焊条

1) 焊条的组成与作用

焊条是由焊芯和药皮两部分组成。

(1) 焊芯。焊芯采用焊接专用金属丝。结构钢焊条一般含碳量低，有害杂质少，含有一定合金元素，如 H08A 等。不锈钢焊条的焊芯采用不锈钢焊丝。

焊芯的作用，一是作为电极传导电流，再者其熔化后成为填充金属，与熔化的母材共同组成焊缝金属。因此，可以通过焊芯调整焊缝金属的化学成分。

(2) 药皮。是压涂在焊芯表面上的涂料层。原材料有矿石、铁合金、有机物和化工产品等。表 14-1 为结构钢焊条药皮配方示例。

表 14-1 结构钢焊条药皮配方示例

焊条牌号	人造金红石/%	钛白粉/%	大理石/%	萤石/%	长石/%	菱苦土/%	白泥/%	钛铁/%	45硅铁/%	硅锰合金/%	纯碱/%	云母/%
J422	30	8	12.4	—	8.6	7	14	12	—	—	—	7
J507	5	—	45	25	—	—	—	13	3	7.5	1	2

药皮的主要作用有以下几点。

① 改善焊接工艺性，如药皮中含有稳弧剂，使电弧易于引燃和保持燃烧稳定；

② 对焊接区起保护作用，药皮中含有造渣剂、造气剂等，产生气体和熔渣，对焊缝金属起双重保护作用；

③ 起冶金处理作用，药皮中含有脱氧剂、合金剂、稀渣剂等，使熔化金属顺利进行脱氧、脱硫、去氢等冶金化学反应．并补充被烧损的合金元素。

2) 焊条的种类、型号与牌号

(1) 焊条分类。焊条按用途不同分为十大类：结构钢焊条、钼和铬钼耐热钢焊条、低温钢焊条、不锈钢焊条、堆焊焊条、铸铁焊条、镍及镍合金焊条、铜及铜合会焊条、铝及铝合金焊条及特殊用途焊条等。其中结构钢焊条分为碳钢焊条和低合金钢焊条。

结构钢焊条按药皮性质不同可分为酸性焊条和碱性焊条两种，酸性焊条的药皮中含有大量酸性氧化物(SiO_2、MnO_2 等)，碱性焊条药皮中含大量碱性氧化物(如 CaO 等)和萤石 CaF_2)。由于碱性焊条药皮中不含有机物，药皮产生的保护气氛中氢含量极少，所以又称为低氢焊条。

(2) 焊条型号与牌号。焊条型号是国家标准中规定的焊条代号。焊接结构件生产中应用最广的碳钢焊条和低合金钢焊条，型号标准见 GB/T 5117—1995 和 GB/T 5118—1995。国家标准规定，碳钢焊条型号由字母 E 和四位数字组成，如 E4303、E5016、E5017 等，其含义如下：

E 表示焊条。前两位数字表示熔敷金属的最小抗拉强度，单位为 MPa。

第三位数字表示焊条的焊接位置，0 及 1 表示焊条适于全位置焊接(平、立、仰、横)；2 表示只适于平焊和平角焊；4 表示向下立焊。

第三位和第四位数字组合时表示焊接电流种类及药皮类型，如 03 为钛钙型药皮，交流或直流正、反接；15 为低氢钠型药皮，直流反接；16 为低氢钾型药皮，交流或直流反接。

焊条牌号是焊条生产行业统一的焊条代号。焊条牌号用一个大写汉语拼音字母和三个数字表示，如 J422、J507 等。拼音表示焊条的大类，如 J 表示结构钢焊条，Z 表示铸铁焊条；前二位数字代表焊缝金属抗拉强度等级，单位为 MPa；末尾数字表示焊条的药皮类型和焊接电流种类，1～5 为酸性焊条，6、7 为碱性焊条，见表 14-2。

表 14-2 焊条药皮类型与电源种类

编号	1	2	3	4	5	6	7	8
药皮类型和电源种类	钛型，直流或交流	钛钙型，交、直流	钛铁型，交、直流	氧化铁型，交、直流	纤维素型，交、直流	低氢钾型，交、直流	低氢钠型，直流	石墨型，交、直流

3) 酸性焊条与碱性焊条的对比

酸性焊条与碱性焊条在焊接工艺性和焊接性能方面有许多不同，使用时要注意区别，不可以随便用酸性焊条替代碱性焊条。两者对比，有以下特点。

(1) 从焊缝金属力学性能考虑，碱性焊条焊缝金属力学性能好，酸性焊条焊缝金属的塑性、韧性较低，抗裂性较差。这是因为碱性焊条的药皮含有较多的合金元素，且有害元素(硫、磷、氢、氮、氧)比酸性焊条含量少，故焊缝金属力学性能好，尤其是冲击韧度较好，抗裂性好，适于焊接承受交变冲击载荷的重要结构钢件和几何形状复杂、刚度大、易裂钢件；酸性焊条的药皮熔渣氧化性强，合金元素易烧损，焊缝中氢、硫等含量较高，故只适于普通结构钢件焊接。

(2) 从焊接工艺性考虑，酸性焊条稳弧性好，飞溅小，易脱渣，对油污、水锈的敏感性小，可采用交、直流电流，焊接工艺性好；碱性焊条稳弧性差，飞溅大，对油污、水锈敏感，焊接电源多要求直流，焊接烟雾有毒，要求现场通风和防护，焊接工艺性较差。

(3) 从经济性考虑，碱性焊条价格高于酸性焊条。

4) 焊条的选用原则

选用是否恰当的焊条将直接影响焊接质量、劳动生产率和产品成本。通常遵循以下基本原则。

(1) 等强度原则，应使焊缝金属与母材具有相同的使用性能。

焊接低、中碳钢或低合金钢的结构件，按照"等强"原则，选择强度级别相同的结构钢焊条。

(2) 若无等强要求，选强度级别较低、焊接工艺性好的焊条。

(3) 焊接特殊性能钢(不锈钢、耐热钢等)和非铁金属，按照"同成分""等强度"原则，选择与母材化学成分、强度级别相同或相近的各类焊条。焊补灰铸铁时，应选相适应的铸铁焊条。

14.2.2 埋弧自动焊

手工电弧焊的生产率低、对工人操作技术要求高，工作条件差，焊接质量不易保证，而且质量不稳定。埋弧自动焊(简称埋弧焊)是电弧在焊剂层内燃烧进行焊接的方法，电弧的引燃、焊丝的送进和电弧沿焊缝的移动，是由设备自动完成的。

1. 埋弧自动焊设备与焊接材料的选用

(1) 设备。埋弧自动焊的动作程序和焊接过程弧长的调节，都是由电器控制系统来完成的。埋弧焊设备由焊车、控制箱和焊接电源三部分组成。埋弧焊电源有交流和直流两种。

(2) 焊接材料。埋弧焊的焊接材料有焊丝和焊剂。焊丝和焊剂选配的总原则是：根据母材金属的化学成分和力学性能，选择焊丝，再根据焊丝选配相应的焊剂。例如，焊接普通结构低碳钢，选用焊丝 H08A，配合 HJ431 焊剂；焊接较重要低合金结构钢，选用焊丝 H08MnA 或 H10Mn2，配合 HJ431 焊剂。焊接不锈钢，选用与母材成分相同的焊丝配合低锰焊剂。

2. 埋弧自动焊焊接过程及工艺

埋弧焊焊接过程，如图 14.14 所示，焊剂均匀地堆覆在焊件上，形成厚度 40mm～60mm 的焊剂层，焊丝连续地进入焊剂层下的电弧区，维持电弧平稳燃烧，随着焊车的匀速行走，完成电弧焊缝自行移动的操作。

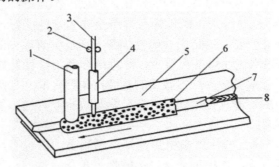

图 14.14　埋弧自动焊焊接过程示意

1—焊剂漏斗　2—送丝滚轮　3—焊丝　4—导电嘴　5—焊件　6—焊剂　7—渣壳　8—焊缝

埋弧焊焊缝形成过程如图 14.15 所示，在颗粒状焊剂层下燃烧的电弧使焊丝、焊件熔化形成熔池，焊剂熔化形成熔渣，蒸发的气体使液态熔渣形成封闭的熔渣泡，有效阻止空气侵入熔池和熔滴，使熔化金属得到焊剂层和熔渣泡的双重保护，同时阻止熔滴向外飞溅，既避免弧光四射，又使热量损失少，加大熔深。随着焊丝沿焊缝前行，熔池凝固成焊缝，比重轻的熔渣结成覆盖焊缝的渣壳。没有熔化的大部分焊剂回收后可重新使用。

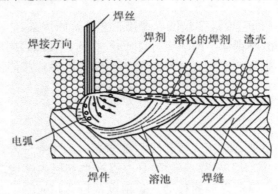

图 14.15　埋弧焊焊缝形成过程示意

埋弧焊焊丝从导电嘴伸出的长度较短，所以可大幅度提高焊接电流，使熔深明显加大。一般埋弧焊电流强度比焊条电弧焊高 4 倍左右。当板厚在 24mm 以下对接焊时，不需要开坡口。

3. 埋弧自动焊的特点及应用

埋弧自动焊与手工电弧焊相比，有以下特点。

(1) 生产率高、成本低，由于埋弧焊时电流大，电弧在焊剂层下稳定燃烧，无熔滴飞溅，热量集中，焊丝熔敷速度快，比手工电弧焊效率提高 5~10 倍左右；焊件熔深大，较厚的焊件不开坡口也能焊透，节省加工坡口的工时和费用，减少焊丝填充量，没有焊条头，焊剂可重用，节约焊接材料。

(2) 焊接质量好、稳定性高，埋弧焊时，熔滴、熔池金属得到焊剂和熔渣泡的双重保护，有害气体浸入减少；焊接操作自动化程度高，工艺参数稳定，焊缝成形美观，内部组织均匀。

(3) 劳动条件好，没有弧光和飞溅，操作过程的自动化，使劳动强度降低。

(4) 埋弧焊适应性较差，通常只适于焊接长直的平焊缝或较大直径的环焊缝，不能焊空间位置焊缝及不规则焊缝。

(5) 设备费用一次性投资较大。

因此，埋弧自动焊适用于成批生产的中、厚板结构件的长直及环焊缝的平焊。

14.2.3 气体保护焊

气体保护电弧焊是用外加气体作为电弧介质并保护电弧和焊接区的电弧焊。按照保护气体的不同，气体保护焊分为两类：使用惰性气体作为保护的称惰性气体保护焊，包括氩弧焊、氦弧焊、混合气体保护焊等；使用 CO_2 气体作为保护的气体保护焊，简称 CO_2 焊。

1. 氩弧焊

氩弧焊是以氩气作为保护气体的电弧焊，氩气是惰性气体，可保护电极和熔化金属不受空气的有害作用，在高温条件下，氩气与金属既不发生反应，也不溶入金属中。

1) 氩弧焊的种类

根据所用电极的不同，氩弧焊可分为非熔化极氩弧焊和熔化极氩弧焊两种(图 14.16)。

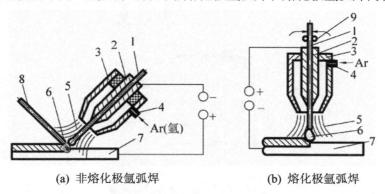

(a) 非熔化极氩弧焊　　(b) 熔化极氩弧焊

图 14.16　氩弧焊示意

1—电极或焊丝　2—导电嘴　3—喷嘴　4—进气管　5—氩气流
6—电弧　7—工件　8—填充焊丝　9—送丝辊轮

(1) 钨极氩弧焊，常以高熔点的铈钨棒作电极，焊接时，铈钨极不熔化(也称非熔化极氩弧焊)，只起导电和产生电弧的作用。焊接钢材时，多用直流电源正接，以减少钨极的烧损；焊接铝、镁及其合金时采用反接。此时，铝工件作阴极，有"阴极破碎"作用，能消除氧化膜，焊缝成形美观。

钨极氩弧焊需要加填充金属，它可以是焊丝，也可以在焊接接头中填充金属条或采用卷边接头。

为防止钨合金熔化，钨极氩弧焊焊接电流不能太大，所以一般适于焊接小于4mm的薄板件。

(2) 熔化极氩弧焊，用焊丝作电极，焊接电流比较大，母材熔深大，生产率高，适于焊接中厚板，比如8mm以上的铝容器。为了使焊接电弧稳定，通常采用直流反接，这对于焊铝工件正好有"阴极破碎"作用。

2) 氩弧焊的特点

(1) 用氩气保护可焊接化学性质活泼的非铁金属及其合金或特殊性能钢，如不锈钢等。
(2) 电弧燃烧稳定，飞溅小，表面无熔渣，焊缝成形美观，焊接质量好。
(3) 电弧在气流压缩下燃烧，热量集中，焊缝周围气流冷却，热影响区小，焊后变形小，适宜薄板焊接。
(4) 明弧可见，操作方便，易于自动控制，可实现各种位置焊接。
(5) 氩气价格较贵，焊件成本高。

综上所述，氩弧焊主要适于焊接铝、镁、钛及其合金、稀有金属、不锈钢、耐热钢等，脉冲钨极氩弧焊还适于焊接0.8mm以下的薄板。

2. CO_2气体保护焊

CO_2焊是利用廉价的CO_2作为保护气体，既可降低焊接成本，又能充分利用气体保护焊的优势。CO_2焊的焊接过程如图14.17所示。

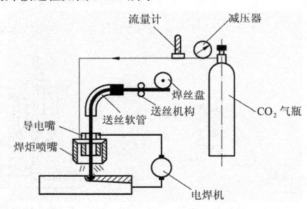

图14.17 CO_2气体保护焊示意

CO_2气体经焊枪的喷嘴沿焊丝周围喷射，形成保护层，使电弧、熔滴和熔池与空气隔绝。由于CO_2气体是氧化性气体，在高温下能使金属氧化，烧损合金元素，所以不能焊接易氧化的非铁金属和不锈钢。因CO_2气体冷却能力强，熔池凝固快，焊缝中易产生气孔。若焊丝中含碳量高，飞溅较大。因此要使用冶金中能产生脱氧和渗合金的特殊焊丝来完成

CO_2 焊。常用的 CO_2 焊焊丝是 H08Mn2SiA，适于焊接抗拉强度小于 600MPa 的低碳钢和普通低合金结构钢。为了稳定电弧，减少飞溅，CO_2 焊采用直流反接。

CO_2 气体保护焊的特点如下。

(1) 生产率高，CO_2 焊电流大，焊丝熔敷速度快，焊件熔深大，易于自动化，生产率比手工电弧焊提高 1~4 倍。

(2) 成本低，CO_2 气体价廉，焊接时不需要涂料焊条和焊剂，总成本仅为手工电弧焊和埋弧焊的 45% 左右。

(3) 焊缝质量较好，CO_2 焊电弧热量集中，加上 CO_2 气流强冷却，焊接热影响区小，焊后变形小，采用合金焊丝，焊缝中氢含量低，焊接接头抗裂性好，焊接质量较好。

(4) 适应性强，焊缝操作位置不受限制，能全位置焊接，易于实现自动化。

(5) 由于是氧化性保护气体，不宜焊接非铁金属和不锈钢。

(6) 焊缝成形稍差，飞溅较大。

(7) 焊接设备较复杂，使用和维修不方便。

CO_2 焊主要适用于焊接低碳钢和强度级别不高的普通低合金结构钢焊件，焊件厚度最厚可达 50 mm(对接形式)。

14.2.4 压焊与钎焊

压焊与钎焊也是应用比较广的焊接方法。压力焊是在焊接的过程中需要加压的一类焊接方法，简称压焊。主要包括电阻焊、摩擦焊、爆炸焊、扩散焊和冷压焊等，这里主要介绍电阻焊和摩擦焊。钎焊是利用熔点比母材低的填充金属熔化后，填充接头间隙并与固态的母材相互扩散，实现连接的焊接方法。

1. 电阻焊

电阻焊是将焊件组合后通过电极施加压力，利用电流通过焊件及其接触处所产生的电阻热，将焊件局部加热到塑性或熔化状态，然后在压力下形成焊接接头的焊接方法。

由于工件的总电阻很小，为使工件在极短时间内迅速加热，必须采用很大的焊接电流(几千到几万安培)。

与其他焊接方法相比，电阻焊具有生产率高、焊接变形小、不需另加焊接材料、劳动条件好、操作简便、易实现机械化等优点；但其设备较一般熔焊复杂、耗电量大、可焊工件厚度(或断面尺寸)及接头形式受到限制。

按工件接头形式和电极形状不同，电阻焊分为点焊、缝焊和对焊三种形式。

1) 点焊

点焊是利用柱状电极加压通电，在搭接工件接触面之间产生电阻热，将焊件加热并局部熔化，形成一个熔核(周围为塑性态)，然后，在压力下熔核结晶成焊点，如图 14.18 所示。图 14.19 为几种典型的点焊接头形式。

焊完一个点后，电极将移至另一点进行焊接。当焊接下一个点时，有一部分电流会流经已焊好的焊点，称为分流现象。分流将使焊接处电流减小，影响焊接质量。因此两个相邻焊点之间应有一定距离。工件厚度越大，材料导电性越好，则分流现象越严重，故点距应加大。表 14-3 为不同材料及不同厚度工件焊点之间的最小距离。

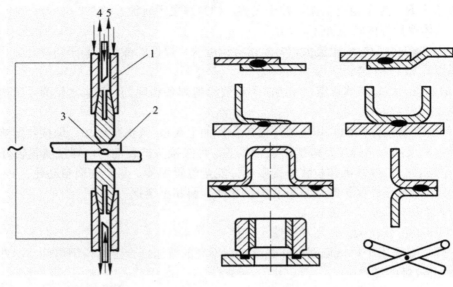

图 14.18 点焊示意　　　图 14.19 典型的点焊接头形式示意

1—电极　2—焊件　3—熔核　4—冷却水　5—压力

表 14-3　点焊焊点之间的最小距离(单位：mm)

工件厚度	点距		
	结构钢	耐热钢	铝合金
0.5	10	8	15
1	12	10	18
2	16	14	25
3	20	18	30

影响点焊质量的主要因素有焊接电流、通电时间、电极压力及工件表面清理情况等。点焊焊件都采用搭接接头。

点焊主要适用于厚度为 0.05mm～6mm 的薄板、冲压结构及线材的焊接,目前,点焊已广泛用于制造汽车、飞机、车厢等薄壁结构以及罩壳和轻工、生活用品等。

2) 缝焊

缝焊过程与点焊相似,只是用旋转的圆盘状滚动电极代替柱状电极,焊接时,盘状电极压紧焊件并转动(也带动焊件向前移动),配合断续通电,即形成连续重叠的焊点。因此称为缝焊。如图 14.20 所示。

缝焊时,焊点相互重叠 50%以上,密封性好。主要用于制造要求密封性的薄壁结构,如油箱、小型容器与管道等。但因缝焊过程分流现象严重,焊接相同厚度的工件时,焊接电流约为点焊的 1.5～2 倍,因此要使用大功率电焊机,只适用于厚度 3mm 以下的薄板结构。

3) 对焊

对焊是利用电阻热使两个工件整个接触面焊接起来的一种方法，可分为电阻对焊和闪光对焊。焊件配成对接接头形式，如图 14.21 所示。对焊主要用于刀具、管子、钢筋、钢轨、锚链、链条等的焊接。

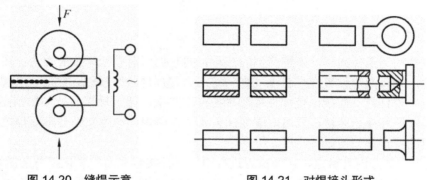

图 14.20　缝焊示意　　　　　　图 14.21　对焊接头形式

(1) 电阻对焊，是将两个工件夹在对焊机的电极钳口中，施加预压力使两个工件端面接触，并被压紧，然后通电，当电流通过工件和接触端面时产生电阻热．将工件接触处迅速加热到塑性状态(碳钢为 1 000℃～1 250℃)，再对工件施加较大的顶锻力并同时断电，使接头在高温下产生一定的塑性变形而焊接起来，如图 14.22(a)所示。

电阻对焊操作简单，接头比较光滑。电阻对焊一般只用于焊接截面形状简单、直径(或边长)小于 20mm 和强度要求不高的杆件。

(2) 闪光对焊，是将两工件先不接触，接通电源后使两工件轻微接触，因工件表面不平．首先只是某些点接触，强电流通过时，这些接触点的金属即被迅速加热熔化、蒸发、爆破，高温颗粒以火花形式从接触处飞出而形成"闪光"。此时应保持一定闪光时间，待焊件端面全部被加热熔化时，迅速对焊件施加顶锻力并切断电源，焊件在压力作用下产生塑性变形而焊在一起，如图 14.22 (b)所示。

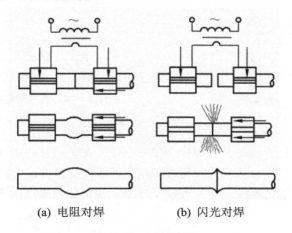

(a) 电阻对焊　　　　(b) 闪光对焊

图 14.22　对焊示意

在闪光对焊的焊接过程中，工件端面的氧化物和杂质，在最后加压时随液态金属挤出，因此接头中夹渣少，质量好，强度高。闪光对焊的缺点是金属损耗较大，闪光火花易污染其他设备与环境，接头处有毛刺需要加工清理。

闪光对焊常用于对重要工件的焊接，还可焊接一些异种金属，如铝与铜、铝与钢等的焊接，被焊工件直径可小到 0.01 mm 的金属丝，也可以是断面大到 20 mm^2 的金属棒和金属型材。

2. 摩擦焊

摩擦焊是利用工件间相互摩擦产生的热量，同时加压而进行焊接的方法。图 14.23 是摩擦焊示意。先将两焊件夹在焊机上，加一定压力使焊件紧密接触。然后一个焊件作旋转运动，另一个焊件向其靠拢，使焊件接触摩擦产生热量，待工件端面被加热到高温塑性状态时，立即使焊件停止旋转，同时对端面加大压力使两焊件产生塑性变形而焊接起来。

摩擦焊的特点是如下。

(1) 接头质量好而且稳定，在摩擦焊过程中，焊件接触表面的氧化膜与杂质被清除，因此，接头组织致密，不易产生气孔、夹渣等缺陷。

(2) 可焊接的金属范围较广，不仅可焊同种金属，也可以焊接异种金属。

(3) 生产率高、成本低，焊接操作简单，接头不需要特殊处理，不需要焊接材料，容易实现自动控制，电能消耗少。

(4) 设备复杂，一次性投资较大。

摩擦焊主要用于旋转件的压焊，非圆截面焊接比较困难。图14.24 所示摩擦焊可用的接头形式。

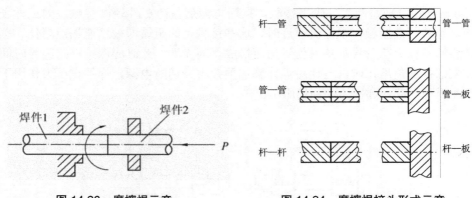

图 14.23　摩擦焊示意　　　　图 14.24　摩擦焊接头形式示意

3. 钎焊

钎焊是利用熔点比焊件低的钎料作为填充金属，加热时钎料熔化而母材不熔化，利用液态钎料浸润母材，填充接头间隙并与母材相互扩散而将焊件连接起来的焊接方法。

钎焊接头的承载能力很大程度上取决于钎料，根据钎料熔点的不同，钎焊可分为硬钎焊与软钎焊两类。

1) 硬钎焊

钎料熔点在 450℃ 以上，接头强度在 200 MPa 以上的钎焊，为硬钎焊。属于这类的钎料有铜基、银基钎料等。钎剂主要有硼砂、硼酸、氟化物和氯化物等。硬钎焊主要用于受力较大的钢铁和铜合金构件的焊接，如自行车架、刀具等。

2) 软钎焊

钎料熔点在450℃以下，焊接接头强度较低，一般不超过70MPa的钎焊，为软钎焊。如锡焊是常见的软钎焊，所用钎料为锡铅，钎剂有松香、氧化锌溶液等。软钎焊广泛用于电子元器件的焊接。

钎焊构件的接头形式都采用板料搭接和套件镶接，图14.25所示是几种常见的形式。

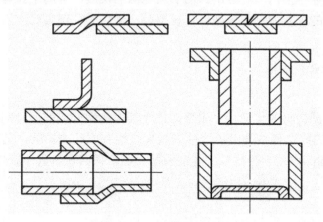

图 14.25 钎焊接头形式示意

3) 钎焊的特点

与一般熔化焊相比，钎焊的特点是如下。

(1) 工件加热温度较低，组织和力学性能变化很小，变形也小，接头光滑平整。

(2) 可焊接性能差异很大的异种金属，对工件厚度的差别也没有严格限制。

(3) 生产率高，工件整体加热时，可同时钎焊多条接缝。

(4) 设备简单，投资费用少。

但钎焊的接头强度较低，尤其是动载强度低，允许的工作温度不高。

14.3 常用金属材料的焊接

14.3.1 金属材料的焊接性

1. 金属焊接性的概念

金属材料的焊接性是指金属材料对焊接加工的适应能力。它主要是指在一定的焊接工艺条件下(包括焊接方法、焊接材料、焊接工艺参数和结构形式等)，一定的金属材料获得优质焊接接头的难易程度。焊接性包括两方面的内容：

(1) 工艺焊接性。它主要是指某种材料在给定的焊接工艺条件下，形成完整而无缺陷的焊接接头的能力。对于熔焊而言，焊接过程一般都要经历热过程和冶金过程，焊接热过程主要影响焊接热影响区的组织性能，而冶金过程则影响焊缝的性能。

(2) 使用焊接性。它是指在给定的焊接工艺条件下，焊接接头或整体结构满足使用要求的能力。其中包括焊接接头的常规力学性能、低温韧性、高温蠕变、抗疲劳性能，以及耐热、耐蚀、耐磨等特殊性能。

金属的焊接性是材料的一种加工性能。它取决于金属材料本身的性质和加工条件。因此，随着焊接技术的发展，金属焊接性也会改变。例如，化学活泼性极强的钛，焊接是比较困难的，以前认为钛的焊接性很不好。但自氩弧焊的应用比较成熟以后，钛及其合金的焊接结构已在航空业等部门广泛应用。由于新能源的发展，等离子弧焊接、真空电子束焊接、激光焊接等新的焊接方法相继出现，使得钨、铌、钼、钽等高熔点金属及其合金的焊接成为可能。

2. 金属焊接性评价方法

1) 碳当量法

碳当量法是根据钢材的化学成分粗略地估计其焊接性好坏的一种间接评估法。将钢中的合金元素(包括碳)的含量按其对焊接性影响程度换算成碳的影响，其总和称为碳当量，用符号 C_E 表示。国际焊接学会推荐的碳钢和低合金高强钢碳当量计算公式为

$$C_E = w_C + \frac{w_{Mn}}{6} + \frac{w_{Cr}+w_{Mo}+w_V}{5} + \frac{w_{Ni}+w_{Cu}}{15} \ (\%) \tag{14-1}$$

式中的化学元素符号表示该元素在钢材中含量的百分数。

碳当量 C_E 值越高，钢材的淬硬倾向越大，冷裂敏感性也越大，焊接性越差。

(1) 当 $C_E<0.4\%$ 时，钢材的淬硬倾向和冷裂敏感性不大，焊接性良好，焊接时一般可不预热。

(2) 当 $C_E=0.4\%\sim0.6\%$ 时，钢材的淬硬倾向和冷裂敏感性增大，焊接性较差，焊接时需要采取预热、控制焊接工艺参数、焊后缓冷等工艺措施。

(3) 当 $C_E>0.6\%$ 时，钢材的淬硬倾向大，容易产生冷裂纹，焊接性差，焊接时需要采用较高的预热温度、焊接时要采取减少焊接应力和防止开裂的工艺措施、焊后适当的热处理等措施来保证焊缝质量。

由于碳当量计算公式是在某种试验情况下得到的，对钢材的适用范围有限，它只考虑了化学成分对焊接性的影响，没有考虑冷却速度、结构刚性等重要因素对焊接性的影响，所以利用碳当量只能在一定范围内粗略地评估焊接性。

2) 冷裂纹敏感系数法

碳当量只考虑了钢材的化学成分对焊接性的影响，而没有考虑钢板厚度、焊缝含氢量等重要因素的影响。而冷裂纹敏感系数法是先通过化学成分、钢板厚度(h)、熔敷金属中扩散氢含量(H)计算冷裂敏感系数 P_C，然后利用 P_C 确定所需预热温度 θ_P，计算公式如下：

$$P_C = w_C + \frac{w_{Si}}{30} + \frac{w_{Mn}}{20} + \frac{w_{Cu}}{20} + \frac{w_{Ni}}{60} + \frac{w_{Cr}}{20} + \frac{w_{Mo}}{15} + \frac{w_V}{10} + 5B + \frac{h}{600} + \frac{H}{60}(\%) \tag{14-2}$$

$$\theta_P = 1440 P_C - 392 \ (\text{℃}) \tag{14-3}$$

冷裂纹敏感系数法只适用于低碳($w_C=0.07\%\sim0.22\%$)，且含多种微量合金元素的低合金高强度钢。

14.3.2 碳钢及低合金结构钢的焊接

1. 低碳钢的焊接

低碳钢的含碳量小于 0.25%，碳当量数值小于 0.40%，所以这类钢的焊接性能良好，焊接时一般不需要采取特殊的工艺措施，用各种焊接方法都能获得优质焊接接头。只有厚大结构件在低温下焊接时，才应考虑焊前预热，如板厚大于 50 mm、温度低于 0℃时，应预热到 100℃～150℃。

低碳钢结构件手工电弧焊时，根据母材强度等级一般选用酸性焊条 E4303(J422)、E4320(J424)等；承受动载荷、结构复杂的厚大焊件，选用抗裂性好的碱性焊条 E4351(J427)、E4316(J426)等。埋弧焊时，一般选用焊丝 H08A 或 H08MnA 配合焊剂 HJ431。

沸腾钢脱氧不完全，含氧量较高，S(硫)、P(磷)等杂质分布不均匀，焊接时裂纹倾向大，不宜作为焊接结构件，重要的结构件选用镇静钢。

2. 中、高碳钢的焊接

由于中碳钢含碳量增加(在 0.25%～0.6%C)，碳当量数值大于 0.40%，中碳钢焊接时，热影响区组织淬硬倾向增大，较易出现裂纹和气孔，为此要采取一定的工艺措施。

如 35、45 钢焊接时，焊前应预热到 150℃～250℃。根据母材强度级别，选用碱性焊条 E5015(J507)、E5016(J506)等。为避免母材过量熔入焊缝，导致碳含量增高，要开坡口并采用细焊条、小电流、多层焊等工艺。焊后缓冷，并进行 600℃～650℃回火，以消除应力。

高碳钢碳当量数值在 0.60%以上，淬硬倾向更大，易出现各种裂纹和气孔，焊接性差。一般不用来制作焊接结构，只用于破损工件的焊补。焊补时通常采用手工电弧焊或气焊，预热温度 250℃～350℃，焊后缓冷，并立即进行 650℃以上高温回火，以消除应力。

3. 低合金结构钢的焊接

焊接结构中，用得最多的是低合金结构钢，又称低合金高强钢。主要用于建筑结构和工程结构，如压力容器、锅炉、桥梁、船舶、车辆和起重机械等。

(1) 焊接特点如下。

① 热影响区有淬硬倾向，低合金结构钢焊接时，热影响区可能产生淬硬组织，淬硬程度与钢材的化学成分和强度级别有关。钢中含碳及合金元素越多，钢材强度级别越高，则焊后热影响区的淬硬倾向越大。如 300MPa 强度级的 09Mn$_2$、09Mn$_2$Si 等钢材的淬硬倾向很小，其焊接性与一般低碳钢基本一样。350MPa 级的 Q345 即(16Mn)钢淬硬倾向也不大，但当实际含碳量接近允许上限或焊接工艺参数不当时，过热区也完全可能出现马氏体等淬硬组织。强度级别较大的低合金钢，淬硬倾向增加。热影响区容易产生马氏体组织，硬度明显增高，塑性和韧度则下降。

② 焊接接头的裂纹倾向，随着钢材强度级别的提高，产生冷裂纹的倾向也加剧。影响冷裂纹的因素主要有三个方面：一是焊缝及热影响区的含氢量；其次是热影响区的淬硬程度；第三是焊接接头的应力大小。

(2) 根据低合金结构钢的焊接特点，生产中可分别采取以下工艺措施：

① 对于强度级别较低的钢材，在常温下焊接时与低碳钢基本一样。在低温或在大刚度、

大厚度构件上进行小焊脚、短焊缝焊接时，应防止出现淬硬组织，要适当增大焊接电流、减慢焊接速度、选用抗裂性强的低氢型焊条，必要时需采用预热措施，预热温度可参考表14-4。

② 对锅炉、压力容器等重要构件，当厚度大于20mm时，焊后必须进行退火处理，以消除应力。

③ 对于强度级别高的低合金结构钢件，焊前一般均需预热，焊接时，应调整焊接参数，以控制热影响区的冷却速度不宜过快。焊后还应进行热处理以消除内应力。

表14-4 不同环境温度下焊接16Mn钢的预热温度

板厚/mm	不同温度下的预热温度/℃
16以下	≥-10不预热，<10以下预热100~150
16~24	≥-5不预热，<5以下预热100~150
25~40	≥0不预热，<0以下预热100~150
40以上	均预热100~150

14.3.3 不锈钢的焊接

奥氏体型不锈钢如0Cr18Ni9等。虽然Cr，Ni元素含量较高，但C含量低，焊接性良好，焊接时一般不需要采取特殊的工艺措施，因此它在不锈钢焊接中应用最广。焊条电弧焊、埋弧焊、钨极氩弧焊时，焊条、焊丝和焊剂的选用应保证焊缝金属与母材成分类型相同。焊接时采用小电流、快速不摆动焊，焊后加大冷速，接触腐蚀介质的表面应最后施焊。

铁素体型不锈钢如1Cr17等，焊接时热影响区中的铁素体晶粒易过热粗化，使焊接接头性能下降。一般采取低温预热(不超过150℃)，缩短在高温停留时间。此外，采用小电流、快速焊等工艺可以减小晶粒长大倾向。

马氏体型不锈钢焊接时，因空冷条件下焊缝就能转变为马氏体组织，所以焊后淬硬倾向大，易出现冷裂纹。如果碳含量较高，淬硬倾向和冷裂纹现象更严重，因此，焊前预热温度(200℃~400℃)，焊后要进行热处理。如果不能实施预热或热处理，应选用奥氏体不锈钢焊条。

铁素体型不锈钢和马氏体型不锈钢焊接的常用方法是手工电弧焊和氩弧焊。

14.3.4 铸铁的焊补

铸铁中C、Si、Mn、S、P含量比碳钢高，组织不均匀，塑性很低，属于焊接性很差的材料。因此不能用铸铁设计和制造焊接构件。但铸铁件常出现铸造缺陷，铸铁零件在使用过程中有时会发生局部损坏或断裂，用焊接手段将其修复有很大的经济效益。所以，铸铁的焊接主要是焊补工作。

1. 铸铁的焊接特点

(1) 熔合区易产生白口组织。由于焊接时为局部加热，焊后铸铁件上的焊补区冷却速度远比铸造成形时快得多，因此很容易形成白口组织，焊后很难进行机械加工。

(2) 铸铁强度低，塑性差，当焊接应力较大时，就会产生裂纹。此外，铸铁因碳及硫、磷杂质含量高，基体材料过多熔入焊缝中，易产生裂纹。

(3) 铸铁含碳量高，焊接时易生成 CO_2 和 CO 气体，产生气孔。

此外，铸铁的流动性好，立焊时熔池金属容易流失，所以一般只应进行平焊。

2. 铸铁补焊方法

按焊前预热温度，铸铁的补焊可分为热焊法和冷焊法两大类。

(1) 热焊法。焊前将工件整体或局部预热到 600℃～700℃，焊补后缓慢冷却。热焊法能防止工件产生白口组织和裂纹，焊补质量较好，焊后可进行机械加工，但热焊法成本较高，生产率低，焊工劳动条件差。热焊采用手工电弧焊或气焊进行焊补较为适宜，一般选用铁基铸铁焊条(丝)或低碳钢芯铸铁焊条，应用于焊补形状复杂、焊后需进行加工的重要铸件，如床头箱、汽缸体等。

(2) 冷焊法。焊补前工件不预热或只进行 400℃ 以下的低温预热。焊补时主要依靠焊条来调整焊缝的化学成分以防止或减少白口组织，焊后及时锤击焊缝以松弛应力，防止焊后开裂。冷焊法方便、灵活、生产率高、成本低，劳动条件好，但焊接处切削加工性能较差。生产中多用于焊补要求不高的铸件以及不允许高温预热引起变形的铸件。

冷焊法一般采用手工电弧焊进行焊补。根据铸铁性能、焊后对切削加工的要求及铸件的重要性等来选定焊条。常用的有钢芯或铸铁芯铸铁焊条，适用于一般非加工面的焊补；镍基铸铁焊条，适用于重要铸件的加工面的焊补；铜基铸铁焊条，用于焊后需要加工的灰铸铁件的焊补。

14.3.5 非铁金属的焊接

常用的非铁金属有铝、铜、钛及其合金等。由于非铁金属具有许多特殊性能，在工业中应用越来越广，其焊接技术也越来越受到重视。

1. 铝及铝合金的焊接

工业中主要对纯铝、铝锰合金、铝镁合金和铸铝件进行焊接。其焊接特点如下。

(1) 极易氧化。铝与氧的亲和力很大，形成致密的氧化铝薄膜(熔点高达 2 050℃)，覆盖在金属表面，能阻碍母材金属熔合。此外，氧化铝的密度较大，进入焊缝易形成夹杂缺陷。

(2) 易变形、开裂。铝的导热系数较大，焊接中要使用大功率或能量集中的热源。焊件厚度较大时应考虑预热，铝的膨胀系数也较大，易产生焊接应力与变形，并可能导致裂纹的产生。

(3) 易生成气孔。液态铝及其合金能吸收大量氢气，而固态铝却几乎不能溶解氢。因此在熔池凝固中易产生气孔。

(4) 熔融状态难控制。铝及其合金固态向液态转变时无明显的颜色变化，不易控制，容易焊穿，此外，铝在高温时强度和塑性很低，焊接中经常由于不能支持熔池金属而形成焊缝塌陷，因此常需采用垫板进行焊接。

目前焊接铝及铝合金的常用方法有氩弧焊、气焊、点焊、缝焊和钎焊。其中氩弧焊是焊接铝及铝合金较好的方法；气焊常用于要求不高的铝及铝合金工件的焊接。

2. 铜及铜合金的焊接

铜及铜合金的焊接比低碳钢困难得多,其特点如下。

(1) 焊缝难熔合、易变形。铜的导热性很高(紫铜为低碳钢的 6～8 倍),焊接时热量非常容易散失,容易造成焊不透的缺陷;铜的线胀系数及收缩率都很大,结果焊接应力大,易变形。

(2) 热裂倾向大。液态铜易氧化,生成的 Cu_2O,与硫生成 Cu_2S,它们与铜可组成低熔点共晶体,分布在晶界上形成薄弱环节,焊接过程中极易引起开裂。

(3) 易产生气孔。铜在液态时吸气性强,特别容易吸收氢气,凝固时来不及逸出,就会在工件中形成气孔。

(4) 不适于电阻焊。铜的电阻极小,不能采用电阻焊。

某些铜合金比纯铜更容易氧化,使焊接的困难增大。例如,黄铜(铜锌合金)中的锌沸点很低,极易蒸发并生成氧化锌(ZnO),锌的烧损不但改变了接头的化学成分、降低接头性能,而且所形成的氧化锌烟雾易引起焊工中毒。铝青铜中的铝,在焊接中易生成难熔的氧化铝,增大熔渣黏度,易生成气孔和夹渣。

铜及铜合金可用氩弧焊、气焊、埋弧焊、钎焊等方法进行焊接。其中氩弧焊主要用于焊接紫铜和青铜件,气焊主要用于焊接黄铜件。

3. 钛及钛合金的焊接

钛的熔点 1 725℃,密度为 4.5g/cm³,钛合金具有高强度、低密度、强抗腐蚀性和优良的低温韧性,是航天工业的理想材料,因此焊接该种材料成为在尖端技术领域中必然要遇到的问题。

由于钛及钛合金的化学性质非常活泼,极易出现多种焊接缺陷,焊接性差,因此,主要采用氩弧焊,此外还可采用等离子弧焊、真空电子束焊和钎焊等。

钛及钛合金极易吸收各种气体,使焊缝出现气孔。过热区晶粒粗化或形成马氏体以及氢、氧、氮与母材金属的激烈反应,都使焊接接头脆化,产生裂纹。氢是使钛及钛合金焊接出现延迟裂纹的主要原因。

3mm 以下薄板钛合金的钨极氩弧焊焊接工艺比较成熟。但焊前的清理工作,焊接中工艺参数的选定和焊后热处理工艺都要严格控制。

14.4 焊接结构工艺性

设计焊接结构时,既要根据该结构的使用要求,包括一定的形状、工作条件和技术要求等,也要考虑结构的焊接工艺要求,力求焊接质量良好,焊接工艺简单,生产率高,成本低。焊接结构工艺性,一般包括焊接件材料的选择、焊接方法的选择、焊缝的布置和焊接接头及坡口形式设计等。

14.4.1 焊接结构的材料选择

焊接结构在满足使用性能要求的前提下,首先要考虑选择焊接性能较好的材料来制造。在选择焊接件的材料时,要注意以下几个问题。

(1) 尽量选择低碳钢和碳当量小于 0.4% 的低合金结构钢。

(2) 应优先选用强度等级低的低合金结构钢，这类钢的焊接性与低碳钢基本相同，钢材价格也不贵，而强度却能显著提高。

(3) 强度等级较高的低合金结构钢，焊接性能虽然差些，但只要采取合适的焊接材料与工艺，也能获得满意的焊接接头。设计强度要求高的重要结构可以选用。

(4) 镇静钢比沸腾钢脱氧完全，组织致密，质量较高，可选作重要的焊接结构。

(5) 异种金属的焊接，必须特别注意它们的焊接性及其差异，对不能用熔焊方法获得满意接头的异种金属应尽量不选用。

14.4.2 焊接方法的选择

各种焊接方法都有其各自特点及适用范围，选择焊接方法时要根据焊件的结构形状、材质、焊接质量要求、生产批量和现场设备等，确定最适宜的焊接方法。以保证获得优良质量的焊接接头，并具有较高的生产效率。

选择焊接方法时应遵循以下原则。

(1) 焊接接头使用性能及质量要符合要求，如点焊、缝焊都适于薄板结构焊接，缝焊才能焊出有密封要求的焊缝；又如氩弧焊和气焊都能焊接铝合金，但氩弧焊的接头质量高。

(2) 提高生产率，降低成本，若板材为中等厚度时，选择手工电弧焊、埋弧焊和气体保护焊均可。如果是平焊长直焊缝或大直径环焊缝，批量生产，应选用埋弧焊；如果是不同空间位置的短曲焊缝，单件或小批量生产，采用手工电弧焊为好。

(3) 可行性，要考虑现场是否具有相应的焊接设备，野外施工有否电源等。

14.4.3 焊接接头的工艺设计

焊接接头的工艺设计包括焊缝的布置、接头的形式和坡口的形式等。

1. 焊缝的布置

合理的焊缝位置是焊接结构设计的关键，与产品质量、生产率、成本及劳动条件密切相关。其一般工艺设计原则如下。

(1) 焊缝的布置尽可能的分散。焊缝密集或交叉，会造成金属过热，热影响区增大，使组织恶化。同时焊接应力增大，甚至引起裂纹，如图 14.26 所示。

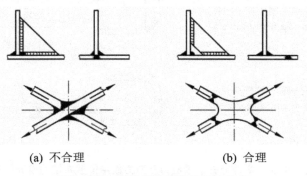

(a) 不合理　　　　　　　　(b) 合理

图 14.26　焊缝分散布置的设计示意

(2) 焊缝的布置尽可能的对称。为了减小变形,最好是能同时施焊,如图 14.27 所示。

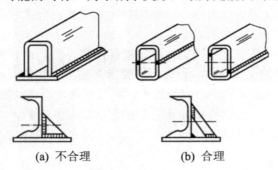

图 14.27　焊缝对称布置的设计示意

(3) 便于焊接操作。手工电弧焊时,至少焊条能够进入待焊的位置,如图 14.28 所示;点焊和缝焊时,电极能够进入待焊的位置,如图 14.29 所示。

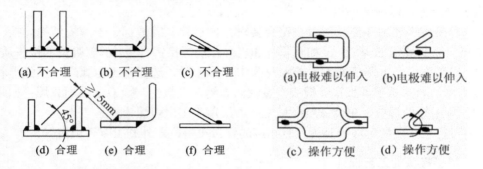

图 14.28　搭接缝焊的布置　　　　图 14.29　点焊或缝焊焊缝的布置

(4) 焊缝要避开应力较大和应力集中部位。对于受力较大、结构较复杂的焊接构件,在最大应力断面和应力集中位置不应布置焊缝。如大跨度的焊接钢梁,焊缝应避免在梁的中间,如图 14.30(a)所示;压力容器的封头应有一直壁段,不能采用如图 14.30(b)所示的无折边封头结构;在构件截面有急剧变化的位置,不应如图 14.30(c)所示布置焊缝。

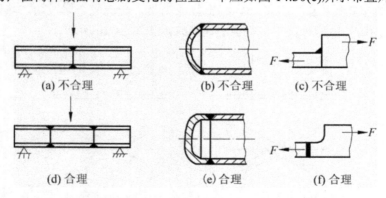

图 14.30　焊缝避开最大应力及应力集中位置布置的设计示意

(5) 焊缝应尽量避开机械加工表面。需要进行机械加工,如焊接轮毂、管配件等。其焊缝位置的设计应尽可能距离已加工表面远一些，如图 14.31 所示。

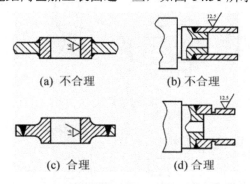

图 14.31 焊缝远离机械加工表面的设计示意

2. 接头的设计

焊接接头设计应根据焊件的结构形状、强度要求、工件厚度、焊后变形大小、焊条消耗量、坡口加工难易程度、焊接方法等因素综合考虑决定。主要包括接头形式和坡口形式等，如图 14.32 所示。

1) 焊接接头形式

焊接碳钢和低合金钢常用的接头形式可分为对接、角接、T 形接和搭接等。对接接头受力比较均匀，是最常用的接头形式，重要的受力焊缝应尽量选用。搭接接头因两工件不在同一平面，受力时将产生附加弯矩，金属消耗量也大，一般应避免采用。但搭接接头不需开坡口，装配时尺寸要求不高，对某些受力不大的平面连接与空间构架，采用塔接接头可节省工时。角接接头与 T 形接头受力情况都较对接接头复杂，但接头成直角或一定角度连接时，必须采用这种接头形式。

2) 焊接坡口形式

开坡口的目的是使焊件接头根部焊透，同时焊缝美观，此外，通过控制坡口的大小，来调节焊缝中母材金属与填充金属的比例，以保证焊缝的化学成分。手工电弧焊坡口的基本形式是 I 形坡口(或称不开坡口)、Y 形坡口、双 Y 形坡口、U 形坡口等 4 种，不同的接头形式有各种形式的坡口，其选择主要根据焊件的厚度(图 14.32)。

3) 接头过渡形式

两个焊接件的厚度相同时，双 Y 形坡口比 Y 形坡口节省填充金属，而且双 Y 形坡口焊后角变形较小，但是，这种坡口需要双面施焊。U 形坡口也比 Y 形坡口节省填充金属，但其坡口需要机械加工。坡口形式的选择既取决于板材厚度，也要考虑加工方法和焊接工艺性。如要求焊透的受力焊缝，尽量采用双面焊，以保证接头焊透，且变形小，但生产率低。若不能双面焊时才开单面坡口焊接。

对于不同厚度的板材，为保证焊接接头两侧加热均匀，接头两侧板厚截面应尽量相同或相近，如图 14.33 所示；不同厚度钢板对接时允许厚度差见表 14-5。

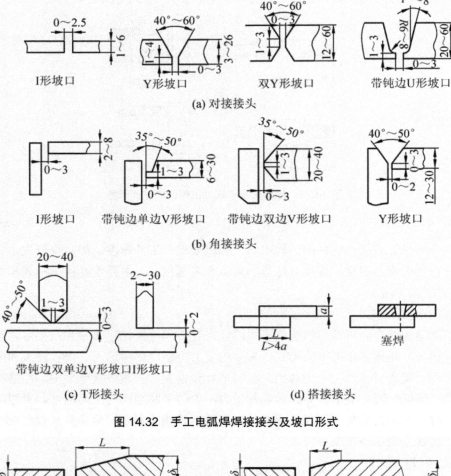

图 14.32 手工电弧焊焊接接头及坡口形式

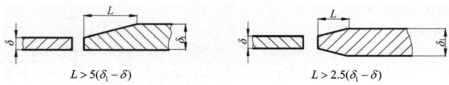

图 14.33 不同厚度对接

表 14-5 不同厚度钢板对接时允许厚度差(单位：mm)

较薄板的厚度	2~5	6~8	9~11	>12
允许厚度差	1	2	3	4

14.5 现代焊接技术与发展趋势

随着现代工业技术的发展，如原子能、航空、航天等技术的发展，需要焊接一些新的材料和结构，对焊接技术提出更高的要求，于是出现了一些新的焊接工艺，如等离子弧焊、真空电子束焊、激光焊、真空扩散焊等，本节仅对一些焊接新工艺及焊接技术发展趋势作简单介绍。

14.5.1 等离子弧焊接与切割

普通电弧焊中的电弧，不受外界约束，称为自由电弧，电弧区内的气体尚未完全电离，能量也未高度集中起来。等离子弧是经过压缩的高能量密度的电弧，它具有高温(可达 24 000K～50 000K)、高速(可数倍于声速)、高能量密度(可达 $10^5 W/cm^2$～$10^6 W/cm^2$)的特点。

1. 等离子弧的产生

等离子电弧发生装置如图 14.34 所示，在钨极和工件之间加一较高电压，经高频振荡使气体电离形成电弧，此电弧被强迫通过具有细孔道的喷嘴时，弧柱截面缩小，此作用称为机械压缩效应。

当通入一定压力和流量的氮气或氩气时，冷气流均匀地包围着电弧，形成了一层环绕弧柱的低温气流层，弧柱被进一步压缩，这种压缩作用称为热压缩作用。

同时，电弧周围存在磁场，电弧中定向运动的电子、离子流在自身磁场作用下，使弧柱被进一步压缩，此压缩称电磁压缩。

在机械压缩、热压缩和电磁压缩的共同作用下，弧柱直径被压缩到很细的范围内，弧柱内的气体电离度很高，便成为稳定的等离子弧。

2. 等离子弧焊接

等离子弧焊是利用等离子弧作为热源进行焊接的一种熔焊方法。它采用氩气作为等离子气，另外还应同时通入氩气作为保护气体。等离子弧焊接使用专用的焊接设备和焊炬，焊炬的构造保证在等离子弧周围通以均匀的氩气流，以保护熔池和焊缝不受空气的有害作用。因此，等离子弧焊接实质上是一种有压缩效应的钨极氩弧焊。等离子弧焊除具有氩弧焊的优点外，还有以下特点：

(1) 等离子弧能量密度大，弧柱温度高，穿透能力强，因此焊接厚度为12mm 以下的焊件可不开坡口，能一次焊透，实现单面焊双面成形。

(2) 等离子弧焊的焊接速度高，生产率高，焊接热影响区小，焊缝宽度和高度较均匀一致，焊缝表面光洁。

(3) 当电流小到 0.1A 时，电弧仍能稳定燃烧，并保持良好的直线和方向性，故等离子弧焊可以焊接很薄的箔材。

但是等离子弧焊接设备比较复杂，气体消耗量大，只宜于在室内焊接。另外，小孔形等离子弧焊不适于手工操作，灵活性比钨极氩弧焊差。

等离子弧焊接已在生产中广泛应用于焊接铜合金、合金钢、钨、钼、钴、钛等金属焊件。如钛合金导弹壳体、波纹管及膜盒、微型继电器、电容器的外壳等。

3. 等离子弧切割

等离子弧切割原理如图 14.35 所示，它是利用高温、高速、高能量密度的等离子焰流冲力大的特点，将被切割材料局部加热熔化并随即吹除，从而形成较整齐的割口。其割口窄，切割面的质量较好，切割速度快，切割厚度可达 150 mm～200 mm。等离子弧可以切割不锈钢、铸铁、铝、铜、钛、镍、钨及其合金等。

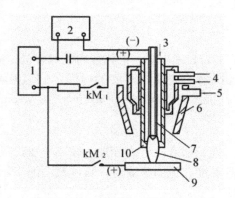

图 14.34 等离子弧发生装置示意

1—焊接电源 2—高频振荡器 3—离子气
4—冷却水 5—保护气体 6—保护气罩
7—钨极 8—等离子弧 9—焊件 10—喷嘴

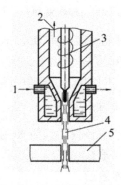

图 14.35 等离子弧切割示意

1—冷却水 2—离子气 3—钍钨极
4—等离子弧 5—工件

14.5.2 电子束焊接

电子束焊是利用高速、集中的电子束轰击焊件表面所产生的热量进行焊接的一种熔焊方法。电子束焊可分为：高真空型、低真空型和非真空型等。

真空电子束焊接如图 14.36 所示。电子枪、工件及夹具全部装在真空室内。电子枪由加热灯丝、阴极、阳极及聚焦装置等组成。当阴极被灯丝加热到 2 600 K 时，能发出大量电子。这些电子在阴极与阳极(焊件)间的高压作用下，经电磁透镜聚集成电子流束，以极高速度(可达到 160 000km/s)射向焊件表面，使电子的动能转变为热能，其能量密度(10^6W/cm^2～10^8W/cm^2)比普通电弧大 1 000 倍，故使焊件金属迅速熔化，甚至气化。根据焊件的熔化程度，适当移动焊件，即能得到要求的焊接接头。

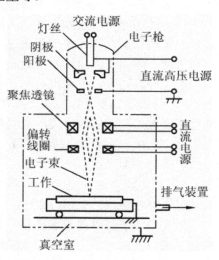

图 14.36 真空电子束焊示意

电子束焊具有以下优点。

(1) 效率高、成本低，电子束的能量密度很高(约为手工电弧焊的 5 000～10 000 倍)，穿透能力强，焊接速度快，焊缝深宽比大，在大批量或厚板焊件生产中，焊接成本仅为手工电弧焊的 50%左右。

(2) 电子束可控性好、适应性强，焊接工艺参数范围宽且稳定，单道焊熔深 0.03mm～300mm；既可以焊接低合金钢、不锈钢、铜、铝、钛及其合金，又可以焊接稀有金属、难熔金属、异种金属和非金属陶瓷等。

(3) 焊接质量很好。由于在高真空下进行焊接，无有害气体和金属电极污染，保证了焊缝金属的高纯度；焊接热影响区小，焊件变形也很小。

(4) 厚件也不用开坡口，焊接时一般不需另加填充金属。

电子束焊的主要缺点是焊接设备复杂，价格高，使用维护技术要求高，焊件尺寸受真空室限制，对接头装配质量要求严格。

电子束焊已在航空航天、核能、汽车等部门获得广泛应用，如焊接航空发动机喷管、起落架、各种压缩机转子、叶轮组件、反应堆壳体、齿轮组合件等。

14.5.3 激光焊接

激光是一种亮度高、方向性强、单色性好的光束。激光束经聚焦后能量密度可达 $10^6 W/cm^2 \sim 10^{12} W/cm^2$，可用作焊接热源。在焊接中应用的激光器有固体及气体介质两种。固体激光器常用的激光材料是红宝石、钕玻璃或掺钕钇铝石榴石。气体激光器则使用二氧化碳。

激光焊接的示意如图 14.37 所示，其基本原理是：利用激光器受激产生的激光束，通过聚焦系统可聚焦到十分微小的焦点(光斑)上，其能量密度很高。当调焦到焊件接缝时，光能转换为热能，使金属熔化形成焊接接头。

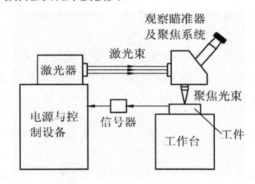

图 14.37　激光焊接示意

根据激光器的工作方式，激光焊接可分为脉冲激光点焊和连续激光焊接两种。目前脉冲激光点焊已得到广泛应用。

激光焊接的特点如下。

(1) 激光辐射的能量释放极其迅速，点焊过程只需几毫秒，不仅提高了生产率，而且被焊材料不易氧化。因此可在大气中进行焊接，不需要气体保护或真空环境。

(2) 激光焊接的能量密度很高，热量集中，作用时间很短，所以焊接热影响区极小，焊件不变形，特别适用于热敏感材料的焊接。

(3) 激光束可用反射镜、偏转棱镜或光导纤维将其在任何方向上弯曲、聚焦或引导到难以接近的部位。

(4) 激光可对绝缘材料直接焊接，易焊接异种金属材料。

但激光焊接的设备复杂，投资大，功率较小，可焊接的厚度受到一定限制，而且操作与维护的技术要求较高。

脉冲激光点焊特别适合焊接微型、精密、排列非常密集和热敏感材料的焊件，已广泛应用于微电子元件的焊接，如集成电路内外引线焊接、微型继电器、电容器等的焊接。连续激光焊可实现从薄板到 50 mm 厚板的焊接，如焊接传感器、波纹管、小型电机定子及变速箱齿轮组件等。

14.5.4 扩散焊接

扩散焊是在真空或保护性气氛下,使焊接表面在一定温度和压力下相互接触,通过微观塑性变形或连接表面产生微量液相而扩大物理接触,经较长时间的原子扩散,使焊接区的成分、组织均匀化,实现完全冶金结合的一种压焊方法。

扩散焊的加热方法常采用感应加热或电阻辐射加热,加压系统常采用液压,小型扩散焊机也可采用机械加压方式。

扩散焊的优点如下。

(1) 焊接时母材不过热或熔化,焊缝成分、组织、性能与母材接近或相同,不出现有过热组织的热影响区、裂纹和气孔等缺陷,焊接质量好且稳定。

(2) 可进行结构复杂以及厚度相差很大的焊件焊接。

(3) 可以焊接不同类型的材料,包括异种金属、金属与陶瓷等。

(4) 劳动条件好,容易实现焊接过程的程序化。

扩散焊的主要缺点是焊接时间长,生产率低,焊前对焊件加工和装配要求高,设备投资大,焊件尺寸受焊机真空室的限制。

扩散焊在核能、航空航天、电子和机械制造等工业部门中应用广泛,如焊接水冷反应堆燃料元件、发动机的喷管和蜂窝壁板、电真空器件、镍基高温合金泵轮等。

14.5.5 焊接技术的发展趋势

近年来,焊接技术已取得了巨大进步,发展步伐加快,力争在以下方面不断取得新的进展。

(1) 计算机技术的应用。近年来,多种类型和用途的焊接数据库和焊接专家系统已开发出来,并将不断完善和商品化。各种类型的微型化、智能化设备大量涌现,如数控焊接电源、智能焊机、焊接机器人等,计算机控制技术正向自适应控制和智能控制方向发展。

焊接生产中已实际应用了计算机辅助焊接结构设计(CAD)、计算机辅助焊接工艺设计(CAPP)、计算机辅助执行与控制焊接生产过程(CAM)及计算机辅助焊接材料配方设计(MCDD)等。目前,更高级的自动化生产系统,如柔性制造系统(FMS)和计算机集成制造系统(CIMS)也正在得到开发和应用。

(2) 扩大焊接结构的应用。焊接作为一种高柔性的制造工艺,可充分体现结构设计中的先进构思,制造出不同使用要求的产品,包括改进原焊接结构和把非焊接结构合理地改变为焊接结构,以减轻重量、提高功能和经济性。随着焊接技术的发展,具有高参数、长寿命、大型化或微型化等特征的焊接制品将会不断涌现,焊接结构的应用范围将不断扩大。

(3) 焊接工艺的改进。优质、高效的焊接技术将不断完善和迅速推广,如高效焊条电弧焊、药芯焊丝 CO_2 焊、混合气体保护焊、高效堆焊等。新型焊接技术将进一步开发和应用,如等离子弧焊、电子束焊、激光焊、扩散焊、线性摩擦焊、搅拌摩擦焊和真空钎焊等,以适应新材料、新结构和特殊工作环境的需要。

(4) 焊接热源的开发及应用。现有的热源尤其是电子束和激光束将得到改善,使其更方便、有效和经济适用。新的更有效的热源正在开发中,如等离子弧和激光、电弧和激光、电子束和激光等叠加热源,以期获得能量密度更大、利用效率更高的焊接热源。

(5) 焊接材料的开发及应用。与优质、高效的焊接技术相匹配的焊接材料将得到相应发展。高效焊条如铁粉焊条、重力焊条、埋弧焊高速焊剂、药芯焊丝等将发展为多品种、多规格，以扩大其应用范围，二元、三元等混合保护气体将得到进一步开发和扩大应用，以提高气体保护焊的焊接质量和效率。

小 结

1. 焊接的基本理论

(1) 焊接的冶金特点：温度高，冷却速度快。导致合金元素易烧损，焊接接头处气孔多，脆性大。因此，必须进行保护性焊接(焊条药皮、焊剂、气体保护或真空条件下施焊)。

(2) 低碳钢焊缝的热影响区：包括半熔化区、过热区、正火区和部分相变区，其中熔合区和过热区对焊缝性能不利。通过选择合理的焊接方法和焊接工艺能有效减低热影响区的不利作用。

(3) 焊接应力与变形：焊缝处受拉应力，可以通过合理的焊接结构设计和工艺措施来预防或消除(减小)焊接应力与变形。

2. 常见焊接方法

主要包括熔(化)焊、压(力)焊和钎焊等，要总结它们的特点及应用。

3. 焊接件的结构设计

结构设计既要满足使用要求，也要考虑结构的焊接工艺要求，力求焊接质量良好，焊接工艺简单，生产率高，成本低。

练习与思考

1. 名词解释

(1) 焊接热影响区；(2) 酸性焊条；(3) 碱性焊条；(4) 电阻焊；(5) 钎焊；(6) 焊接性能；(7) 碳当量。

2. 填空题

(1) J422 焊条可焊接的母材是_____，数字表示_____。

(2) 焊接熔池的冶金特点是_____，_____。

(3) 直流反接指焊条接_____极，工件接_____极。

(4) 按药皮类型可将电焊条分为_____两类。

(5) 常用的电阻焊方法除点焊外，还有_____，_____。

(6) 20钢、40钢、T8钢三种材料中，焊接性能最好的是_____，最差的是_____。

(7) 改善合金结构钢的焊接性能可用_____、_____等工艺措施。

(8) 酸性焊条的稳弧性比碱性焊条_____、焊接工艺性比碱性焊条_____、焊缝的塑韧性比碱性焊条焊缝的塑韧性_____。

3. 选择题

(1) 汽车油箱生产时常采用的焊接方法是( )。
  A. CO_2 保护焊   B. 手工电弧焊   C. 缝焊   D. 埋弧焊
(2) 车刀刀头一般采用的焊接方法是( )。
  A. 手工电弧焊   B. 埋弧焊   C. 氩弧焊   D. 铜钎焊
(3) 焊接时刚性夹持可以减少工件的( )。
  A. 应力   B. 变形   C. A和B都可以   D. 气孔
(4) 结构钢件选用焊条时,不必考虑的是( )。
  A. 钢板厚度   B. 母材强度   C. 工件工作环境   D. 工人技术水平
(6) 铝合金板最佳焊接方法是( )。
  A. 手工电弧焊   B. 氩弧焊   C. 埋弧焊   D. 钎焊
(7) 结构钢焊条的选择原则是( )。
  A. 焊缝强度不低于母材强度   B. 焊缝塑性不低于母材塑性
  C. 焊缝耐腐蚀性不低于母材   D. 焊缝刚度不低于母材

4. 简答题

(1) 低碳钢焊缝热影响区包括哪几个部分?简述其组织和性能。
(2) 简述酸性焊条、碱性焊条在成分、工艺性能、焊缝性能的主要区别。
(3) 电焊条的组织成分及其作用是什么?
(4) 简述手工电弧焊的原理及过程。
(5) 试从焊接质量、生产率、焊接材料、成本和应用范围等方面比较下列焊接方法:
① 手工电弧焊;② 埋弧焊;③ 氩弧焊;④ CO_2 保护焊。
(6) 试比较电阻焊和摩擦焊的焊接过程有何异同,电阻对焊与闪光对焊有何区别。
(7) 说明下列制品该采用什么焊接方法比较合适:① 自行车车架;② 钢窗;③ 汽车油箱;④ 电子印制线路板;⑤ 锅炉壳体;⑥ 汽车覆盖件;⑦ 铝合金板。

第 15 章

毛坯的选择

 教学提示

在机械零件的制造中,绝大多数零件是由原材料通过铸造、锻造、冲压或焊接等成形方法先制成毛坯,再经过切削加工制成的。切削加工只是为了提高毛坯件的精度和表面质量,它基本上不改变毛坯件的物理、化学和力学性能,而毛坯的成形方法选择正确与否,对零件的制造质量、使用性能和生产成本等都有很大的影响。因此,正确地选择毛坯的种类及成形方法是机械设计与制造中的重要任务。

教学要求

本章让学生较全面地了解常用的毛坯类型及其成形方法,通过对比清楚地认识它们的特点及主要应用;掌握毛坯选择的一般原则;能够具有为典型的零件合理地选择毛坯及其成形方法的能力。

15.1 毛坯的选择原则

毛坯的选择是机械制造过程中非常重要的环节，正确认识毛坯的种类和成形方法特点，掌握毛坯选择的原则，从而正确地为机器零件选择毛坯成形方法是每一个工程技术人员必备的知识和技能。

15.1.1 毛坯的种类及成形方法的比较

机械零件毛坯可以分为铸件、锻件、冲压件、焊接件、型材、粉末冶金件及各种非金属件等。不同种类的毛坯在满足零件使用性能要求方面各有特点，现将各种毛坯的成形特点及其适用范围分述如下。

1. 铸件

形状结构较为复杂的零件毛坯，选用铸件比较适宜。铸造与其他生产方法相比较，具有适应性广、灵活性大、成本低和加工余量较小等特点。在机床、内燃机、重型机械、汽车、拖拉机、农业机械、纺织机械等领域中占有很大的比重。因此，在一般机械中，铸件是零件毛坯的主要来源，其重量经常占到整机重量的50%以上。铸件的主要缺点是内部组织疏松，力学性能较差。

在各类铸件中，应用最多的是灰铸铁件。灰铸铁虽然抗拉强度低、塑性差，但是其抗压强度不低，减振性和减摩性好，缺口敏感性低，生产成本是金属材料中最低的，因而广泛应用于制造一般零件或承受中等负荷的重要件，如皮带罩、轴承座、机座、箱体、床身、汽缸体、衬套、泵体、带轮、齿轮和液压件等；可锻铸铁由于其具有一定的塑韧性，用于制造一些形状复杂、承受一定冲击载荷的薄壁件，如弯头、三通等水暖管件，犁刀、犁柱、护刃器、万向接头、棘轮、扳手等；球墨铸铁由于其良好的综合力学性能，经不同热处理后，可代替35、40、45钢及35CrMo、20CrMnTi钢用于制造负荷较大的重要零件，如中压阀体、阀盖、机油泵齿轮、柴油机曲轴、传动齿轮、空压机缸体、缸套等，也可取代部分可锻铸铁件，生产力学性能介于基体相同的灰铸铁和球墨铸铁之间的铸件，如大型柴油机汽缸体、缸盖、制动盘、钢锭模、金属模等；耐磨铸铁件常用于轧辊、车轮、犁铧等；耐热铸铁常用于炉底板、换热器、坩埚等；耐蚀铸铁常用于化工部件中的阀门、管道、泵壳、容器等；受力要求高且形状复杂的零件可以采用铸钢件，如坦克履带板、火车道岔、破碎机颚板等；一些形状复杂而又要求重量轻、耐磨、耐蚀的零件毛坯，可以采用铝合金、铜合金等，如摩托车汽缸、汽车活塞、轴瓦等。

铸造生产方法较多，根据零件的产量、尺寸及精度要求，可以采用不同的铸造方法。手工砂型铸造一般用于单件小批量生产，尺寸精度和表面质量较差；机器造型的铸件毛坯生产率较高，适于成批大量生产；熔模铸造适用于生产形状复杂的小型精密铸钢件；金属型铸造、压力铸造和离心铸造等特种铸造方法生产的毛坯精度、表面质量、力学性能及生产率都较高，但对零件的形状特征和尺寸大小有一定的适应性要求。

2. 锻件

由于锻件是金属材料经塑性变形获得的，其组织和性能比铸态的要好得多，但其形状复杂程度受到很大限制。力学性能要求高的零件其毛坯多为锻件。

锻造生产方法主要是自由锻和模锻。自由锻的适应性较强，但锻件毛坯的形状较为简单，而且加工余量大、生产率低，适于单件小批量生产和大型锻件的生产；模锻件的尺寸精度较高、加工余量小、生产率高，而且可以获得较为复杂的零件，但是，受到锻模加工、坯料流动条件和锻件出模条件的限制，无法制造出形状复杂的锻件，尤其要求复杂内腔的零件毛坯更是无法锻出，而且，生产成本高于铸件，其适于重量小于 150kg 锻件的大批量生产。

锻件主要应用于受力情况复杂、重载、力学性能要求较高的零件及工具模具的毛坯制造，如常见的锻件有齿轮、连杆、传动轴、主轴、曲轴、吊钩、拨叉、配气阀、气门阀、摇臂、冲模、刀杆、刀体等。

零件的挤压和轧制适于生产一些具有特定形状的零件，如氧气瓶、麻花钻头、轴承座圈、活动扳手、连杆、旋耕机的犁刀、火车轮圈、丝木工和叶片等。

3. 冲压件

绝大多数冲压件是通过常温下对具有良好塑性的金属薄板进行变形或分离工序制成的。板料冲压件的主要特点是具有足够强度和刚度、有很高的尺寸精度、表面质量好、切削加工量少及互换性好，因此，应用十分广泛。但其模具生产成本高，故冲压件只适于大批量生产条件。

冲压件所用的材料有碳钢、合金结构钢及塑性较高的有色金属。常见的冲压件有汽车覆盖件、轮翼、油箱、电器柜、弹壳、链条、滚珠轴承的隔离圈、消声器壳、风扇叶片、自行车链盘、电机的硅钢片、收割机的滚筒壳、播种机的圆盘等。

4. 焊接件

焊接是一种永久性的连接金属的方法，其主要用途不是生产机器零件毛坯，而是制造金属结构件，如梁、柱、桁架、容器等。

焊接方法在制造机械零件毛坯时，主要用于下列情况。

(1) 复杂的大型结构件的生产。焊接件在制造大型或特大型零件时，具有突出的优越性，可拼小成大，或采用铸-焊、锻-焊、冲压-焊复合工艺，这是其他工艺方法难以做到的。如万吨水压机的主柱和横梁可以通过电渣焊方法完成。

(2) 生产异种材质零件。锻件或铸件通常都是单一材质的，这显然不能满足有些零件不同部位的不同使用性能要求的特点，而采用焊接方法可以比较方便地制造不同种材质的零件或结构件。例如，硬质合金刀头与中碳钢刀体的焊接等。

(3) 某些特殊形状的零件或结构件。例如，蜂窝状结构的零件、波纹管、同轴凸轮组等，这些只能或主要依靠焊接的方法生产毛坯或零件。

(4) 单件或小批量生产。在铸造或模锻生产单件小批量零件时，由于模样或模具的制造费用在生产成本中所占比例太大，而自由锻件的形状一般又很简单，因此，采用焊接件代替铸锻件更合理。例如，以焊接件代替铸件生产箱体或机架，代替锻件制造齿轮或连杆毛坯等。

5. 型材

机械制造中常用的型材有圆钢、方钢、扁钢、钢管及钢板，切割下料后可直接作为毛坯进行机械加工。型材根据精度分为普通精度的热轧料和高精度的冷拉料两种。普通机械零件毛坯多采用热轧型材，当成品零件的尺寸精度与冷拉料精度相符时，其最大外形尺寸可不进行机械加工。型材的尺寸有多种规格，可根据零件的尺寸选用，使切去的金属最少。

6. 粉末冶金件

粉末冶金是将按一定比例均匀混合的金属粉末或金属与非金属粉末，经过压制、烧结工艺制成毛坯或零件的加工方法。粉末冶金件一般具有某些特殊性能，如良好的减摩性、耐磨性、密封性、过滤性、多孔性、耐热性及某些特殊的电磁性等。主要应用于含油轴承、离合器片、摩擦片及硬质合金刀具等。

7. 非金属件

非金属材料在各类机械中的应用日益广泛，尤其以工程塑料发展迅猛。与金属材料相比，工程塑料具有重量轻、化学稳定性好、绝缘、耐磨、减振、成形及切削加工性好，以及材料来源丰富、价格低等一系列优点，但其力学性能比金属材料低很多。

常用的工程塑料有聚酰胺(尼龙)、聚甲醛、聚碳酸酯、聚砜、ABS、聚四氟乙烯、环氧树脂等，可用于制造一般结构件、传动件、摩擦件、耐蚀件、绝缘件、高强度高模量结构件等。常见的零件有油管、螺母、轴套、齿轮、带轮、叶轮、凸轮、电机外壳、仪表壳、各类容器、阀体、蜗轮、蜗杆、传动链、闸瓦、刹车片及减摩件、密封件等。

15.1.2 毛坯的选择原则

优质、高效、低耗是生产任何产品所遵循的原则，毛坯的选择原则也不例外，应该在满足使用要求的前提下，尽量降低生产成本。同一个零件的毛坯可以用不同的材料和不同的工艺方法去制造，应对各种生产方案进行多方面的比较，从中选出综合性能指标最佳的制造方法。具体体现为要遵循以下3个原则，即适应性原则、经济性原则和可行性原则。

1. 适应性原则

在多数情况下，零件的使用性能要求直接决定了毛坯的材料，同时在很大程度上也决定了毛坯的成形方法。因此，在选择毛坯时，首先要考虑的是零件毛坯的材料和成形方法均能最大限度地满足零件的使用要求。

零件的使用要求具体体现在对其形状、尺寸、加工精度、表面粗糙度等外观质量和对其化学成分、金相组织、力学性能、物理性能和化学性能等内部质量的要求上。

例如，对于强度要求较高，且具有一定综合力学性能的重要轴类零件，通常选用合金结构钢经过适当热处理才能满足使用性能要求。从毛坯生产方式上看，采用锻件可以获得比选择其他成形方式都要可靠的毛坯。

纺织机械的机架、支承板、托架等零件的结构形状比较复杂，要求具有一定的吸振性能，选择普通灰铸铁件即可满足使用性能要求，不仅制造成本低，而且比碳钢焊接件的振动噪声小得多。

汽车、拖拉机的传动齿轮要求具有足够的强度、硬度、耐磨性及冲击韧度，一般选合金渗碳钢 20CrMnTi 模锻件毛坯或球墨铸铁 QT1200-1 铸件毛坯均可满足使用性能要求。20CrMnTi 经渗碳及淬火处理，QT1200-1 经等温淬火后，均能获得良好的使用性能。因此，上述两种毛坯的选择是较为普遍的。

2. 经济性原则

选择毛坯种类及其制造方法时，应在满足零件适应性的基础上，将可能采用的技术方案进行综合分析，从中选择出成本最低的方案。

当零件的生产数量很大时，最好是采用生产率高的毛坯生产方式，如精密铸件、精密模锻件。这样可使毛坯的制造成本下降，同时能节省大量金属材料，并可以降低机械加工的成本。例如，CA6140 车床中采用 1 000kg 的精密铸件可以节省机械加工工时 3 500 个，具有十分显著的经济效益。

3. 可行性原则

毛坯选择的可行性原则，就是要把主观设想的毛坯制造方案与特定企业的生产条件以及社会协作条件和供货条件结合起来，以便保质、保量、按时获得所需要的毛坯或零件。

例如，中等批量生产汽车、拖拉机的后半轴，如果采用平锻机进行模锻，其毛坯精度与生产率最高，但需昂贵的模锻设备，这对一些中小型企业来说完全不具备这种生产条件。如果采用热轧棒料局部加热后在摩擦压力机上进行顶镦，工艺是十分简便可行的，同样会收到比较理想的技术经济效果。再如，某零件原设计的毛坯为锻钢，但某厂具有稳定生产球墨铸铁件的条件和经验，而球铁件在稍微改动零件设计后，不仅可以满足使用要求，而且可以显著降低生产成本。

在上述 3 个原则中，适应性原则是第一位的，一切产品必须满足其使用性能要求，否则，在使用过程中会造成严重的恶果。可行性是确定毛坯或零件生产方案的现实出发点。与此同时，还要尽量降低生产成本。

15.2 零件的结构分析及毛坯选择

常用的机器零件按照其结构形状特征可分为轴杆类零件、盘套类零件和机架、箱体类零件三大类。这三类零件的结构特征、基本工作条件和毛坯的一般制造方法，大致如下。

15.2.1 轴杆类零件

轴杆类零件是各种机械产品中用量较大的重要结构件，常见的有光轴、阶梯轴、曲轴、凸轮轴、齿轮轴、连杆、销轴等。轴在工作中大多承受着交变扭转载荷、交变弯曲载荷和冲击载荷，有的同时还承受拉—压交变载荷。

1. 材料选择

从选材角度考虑，轴杆类零件必须要有较高的综合力学性能、淬透性和抗疲劳性能，对局部承受摩擦的部位如轴颈、花键等还应有一定硬度。为此，一般用中碳钢或合金调质钢制造，主要钢种有 45 钢、40Cr、40MnB、30CrMnSi、35CrMo 和 40CrNiMo 等。其中 45 钢价格较低，调质状态具有优异的综合力学性能，在碳钢中用得最多。常采用的合金钢为 40Cr 钢。对于受力较小且不重要的轴，可采用 Q235-A 及 Q275 普通碳钢制造。而一些重载、高转速工作的轴，如磨床主轴、汽车花键轴等可采用 20CrMnTi、20Mn2B 等制造，以保证较高的表面硬度、耐磨性和一定的心部强度及抗冲击的能力。对于一些大型结构复杂的轴，如柴油机曲轴和凸轮轴已普遍采用 QT600-2、QT800-2 球墨铸铁来制造，球墨铸铁具有足够的强度以及良好的耐磨性、吸振性，对应力集中敏感性低，适宜于结构形状复杂的轴类零件。

2. 成形方法选择

获得轴类杆类零件毛坯的成形方法通常有锻造、铸造和直接选用轧制的棒料等。

锻造生产的轴，组织致密，并能获得具有较高抗拉和抗弯强度的合理分布的纤维组织。重要的机床主轴、发电机轴、高速或大功率内燃机曲轴等可采用锻造毛坯。单件小批量生产或重型轴的生产采用自由锻；大批量生产应采用模锻；中、小批量生产可采用胎模锻。大多数轴杆类零件的毛坯采用锻件。

球墨铸铁曲轴毛坯成形容易，加工余量较小，制造成本较低。

热轧棒料毛坯，主要在大批量生产中用于制造小直径的轴，或是在单件小批量生产中用于制造中小直径的阶梯轴。冷拉棒料因其尺寸精度较高，在农业机械和起重设备中有时可不经加工直接作为小型光轴使用。

15.2.2 盘套类零件

盘套类零件在机械制造中用得最多，常见的盘类零件有齿轮、带轮、凸轮、端盖、法兰盘等，常见的套筒类零件有轴套、汽缸套、液压油缸套、轴承套等。由于这类零件在各种机械中的工作条件和使用性能要求差异很大，因此，它们所选用的材料和毛坯也各不相同。

1. 齿轮类零件

齿轮是用来传递功率和调节速度的重要传动零件(盘类零件的代表)，从钟表齿轮到直径 2m 大的矿山设备齿轮，所选用的毛坯种类是多种多样的。齿轮的工作条件较为复杂，齿面要求具有高硬度和高耐磨性，齿根和轮齿心部要求高的强度、韧性和耐疲劳性，这是选择齿轮材料的主要依据。在选择齿轮毛坯制造方法时，则要根据齿轮的结构形状、尺寸、生产批量及生产条件来选择经济性好的生产方法。

(1) 材料的选择。普通齿轮常采用的材料为具有良好综合性能的中碳钢 40 钢或 45 钢，进行正火或调质处理。

高速中载冲击条件下工作的汽车、拖拉机齿轮，常选 20Cr、20CrMnTi 等合金渗碳钢进行表面强硬化处理。

以耐疲劳性能要求为主的齿轮，可选 35CrMo、40Cr、40MnB 等合金调质钢，调质处理或采用表面淬火处理。

对于一些开式传动、低速轻载齿轮，如拖拉机正时齿轮、油泵齿轮、农机传动齿轮等可采用铸铁齿轮，常用铸铁牌号有 HT200、HT250、KTZ450-5、QT500-5、QT600-2 等。

对有特殊耐磨耐蚀性要求的齿轮、蜗轮应采用 ZQSn10-1、ZQA19-4 铸造青铜制造。

此外，粉末冶金齿轮、胶木和工程塑料齿轮也多用于受力不大的传动机构中。

(2) 成形方法选择。多数齿轮是在冲击条件下工作的，因此锻件毛坯是齿轮制造中的主要毛坯形式。单件小批量生产的齿轮和较大型齿轮选自由锻件；批量较大的齿轮应在专业化条件下模锻，以求获得最佳经济性；形状复杂的大型齿轮(直径 500mm 以上)则应选用铸钢件或球铁件毛坯；仪器仪表中的齿轮则可采用冲压件。

2. 套筒类零件

套筒零件根据不同的使用要求，其材料和成形方法选择有较大的差异。

(1) 材料的选择。套筒类零件选用的材料通常有 Q235-A、45、40Cr、HT200、QT600-2、QT700-2、ZQSn10-1、ZQSn6-6-3 等。

(2) 成形方法选择。套筒类零件常用的毛坯有普通砂型铸件、离心铸件、金属型铸件、自由锻件、板料冲压件、轧制件、挤压件及焊接件等多种形式。对孔径小于 20mm 的套筒，一般采用热轧棒料或实心铸件；对孔径较大的套筒也可选用无缝钢管；对一些技术要求较高的套类零件，如耐磨铸铁汽缸套和大型铸造青铜轴套则应采用离心铸件。

此外，端盖、带轮、凸轮及法兰盘等盘类零件的毛坯依使用要求而定，多采用铸铁件、铸钢件、锻钢件或用圆钢切割。

15.2.3 机架、壳体类零件

机架、壳体类零件是机器的基础零件，包括各种机械的机身、底座、支架、减速器壳体、机床主轴箱、内燃机汽缸体、汽缸盖、电机壳体、阀体、泵体等。一般来说，这类零件的尺寸较大、结构复杂、薄壁多孔、设有加强筋及凸台等结构，重量由几千克到数十吨。要求具有一定的强度、刚度、抗振性及良好的切削加工性。

1. 材料的选择

机架、壳体类零件的毛坯在一般受力情况下多采用 HT200 和 HT250 铸铁件；一些负荷较大的部件可采用 KT330-08、QT420-10、QT700-2 或 ZG40 等铸件；对小型汽油机缸体、化油器壳体、调速器壳体、手电钻外壳、仪表外壳等则可采用 ZL101 等铸造铝合金毛坯。由于机架、壳体类零件结构复杂，铸件毛坯内残余较大的内应力，所以加工前均应进行去应力退火。

2. 成形方法选择

这类部件的成形方法主要是铸造。单件小批量生产时，采用手工造型；大批量生产采用金属型机器造型；小型铝合金壳体件最好采用压力铸造；对单件小批量生产的形状简单的零件，为了缩短生产周期，可采用 Q235-A 钢板焊接；对薄壁壳罩类零件，在大批量生产时则常采用板料冲压件。

15.3 毛坯选择实例

图 15.1 所示为一台单级齿轮减速器，外形尺寸为 430mm×410mm×320mm，传动功率为 5kW，传动比为 3.95。这台齿轮减速器部分零件的材料和毛坯选择方案见表 15-1。

表 15-1 单级齿轮减速器部分零件的材料及毛坯选择

零件序号	零件名称	受力状况及使用要求	毛坯类别和制造方法		材料
			单件小批量	大批量	
1	窥视孔盖	观察箱内情况及加油	钢板下料或铸铁件	冲压件或铸铁件	钢板：Q235 铸铁：HT150 冲压件：08钢
2 6	箱盖 箱体	结构复杂，箱体承受压力，要求有良好的刚性、减振性和密封性	铸铁件或焊接件	铸铁件(机器造型)	铸铁：HT150 焊接件：Q235A
3 4	螺栓 螺母	固定箱体和箱盖，受纵向拉应力和横向切应力	镦、挤标准件		Q235A
5	弹簧垫圈	防止螺栓松动	冲压标准件		60Mn
7	调整环	调整轴和齿轮轴的轴向位置	圆钢车制	冲压件	圆钢：Q235A 冲压：08钢
8	端盖	防止轴承窜动	铸铁(手工造型)或圆钢车	铸铁(机器造型)	铸铁件：HT150 圆钢：Q235A
9	齿轮轴	重要传动件，轴杆部分应有较好的综合力学性能；轮齿部分受较大的接触和弯曲应力，应有良好的耐磨性和较高的强度	锻件(自由锻或胎模锻)或圆钢车制	模锻件	45 钢
12	传动轴	重要的传动件，受弯曲和扭转力，应有良好的综合力学性能			
13	齿轮	重要的传动件，轮齿部分有较大的弯曲和接触应力			
10	挡油盘	防止箱内机油进入轴承	圆钢车制	冲压件	圆钢：Q235A 冲压：08钢
11	滚动轴承	受径向和轴向压应力，要求有较高的强度和耐磨性	标准件，内外环用扩孔锻造，滚珠用螺旋斜轧，保持器为压件		内外环及滚珠：GGr15 保持器：08钢

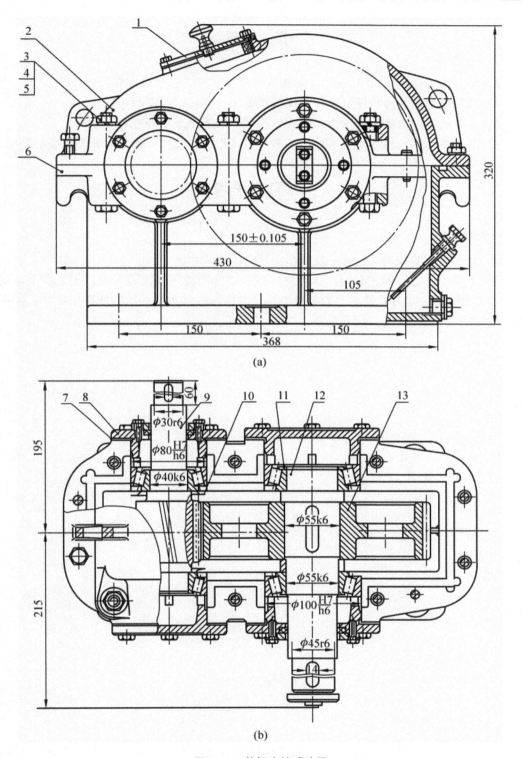

图 15.1 单级齿轮减速器

小 结

正确进行毛坯成形方法的设计,是机械设计与制造过程中非常重要的环节。
(1) 毛坯的种类包括铸件、锻件、板料冲压件、焊件以及型材等。
(2) 毛坯成形方法的选择原则:适应性原则、经济性原则和可行性原则。
(3) 毛坯具体的成形方法受零件的使用性能、形状、尺寸、所用材料等因素的影响。

练习与思考

简答题

(1) 简述毛坯的种类及选择毛坯成形工艺的原则。

(2) 下列零件选用何种材料,采用什么成形方法制造毛坯比较合理:①形状复杂要求减振的大型机座;②大批量生产的重载中、小型齿轮;③薄壁杯状的低碳钢零件;④形状复杂的铝合金构件。

参 考 文 献

[1] 许本枢．机械制造概论．北京：机械工业出版社，2003．
[2] 王爱珍．工程材料及成型技术．北京：机械工业出版社，2005．
[3] 丁厚福，王立人．工程材料．武汉：武汉理工大学出版社，2001．
[4] 赵程，杨建民．机械工程材料．北京：机械工业出版社，2003．
[5] 齐乐华．工程材料及成形工艺基础．西安：西北工业大学出版社，2002．
[6] 潘强，朱美华．工程材料．上海：上海科学技术出版社，2003．
[7] 曲国阳，舒庆．工程材料与机械制造基础(上篇)．哈尔滨：哈尔滨工程大学出版社，1996．
[8] 邢忠文，张学仁．金属工艺学．哈尔滨：哈尔滨工业大学出版社，1999．
[9] 崔占全．机械工程材料．哈尔滨：哈尔滨工程大学出版社，2000．
[10] 卢志文．工程材料及成形工艺．北京：机械工业出版社，2005．
[11] 鞠鲁粤．工程材料及成形技术基础．北京：高等教育出版社，2004．
[12] 吕广庶，张远明．工程材料及成形技术基础．北京：高等教育出版社，2005．
[13] 朱张校．工程材料．北京：清华大学出版社，2001．
[14] 凌爱林．工程材料及成形技术基础．北京：机械工业出版社，2005．
[15] 侯旭明．工程材料及成形工艺．北京：化学工业出版社，2003．
[16] 相瑜才，孙维连．工程材料及机械制造基础(工程材料)．北京：机械工业出版社，2004．
[17] 王俊昌，王荣声．工程材料及机械制造基础(热加工工艺基础)．北京：机械工业出版社，2004．
[18] 黄勇．工程材料及机械制造基础．北京：国防工业出版社，2004．
[19] 丁德全．金属工艺学．北京：机械工业出版社，2000．
[20] 周世权．机械制造工艺基础．武汉：华中科技大学出版社，2005．
[21] 汤晓华，邢立平．工程材料．哈尔滨：东北林业大学出版社，2002．
[22] 邓文英．金属工艺学．4版．北京：高等教育出版社，
[23] 严绍华．材料成型工艺基础．北京：清华大学出版社，2001．
[24] 张万昌．热加工工艺基础．北京：高等教育出版社，2002．
[25] 张政兴．机械制造基础．3版．北京：中国农业出版社，2000．
[26] 曹正明．机械工程材料手册：金属材料．6版．北京：机械工业出版社，2003．
[27] 侯书林，朱海．机械制造基础(上册)．北京：中国林业出版社，北京大学出版社．2006．
[28] 侯书林，徐杨．机械制造基础(上册)．北京：中国农业出版社，2010．